变化环境下小清河流域生态水量调度研究

仕玉治　黄继文　黎明扬　王　锐　等著

黄河水利出版社
·郑州·

内 容 提 要

本书重点分析了小清河流域降水、径流及旱涝变化，识别了小清河流域水资源时空演变特征；构建了小清河流域 GWAS 模拟模型，评价了气候因素和人类活动对径流量的影响程度；分析了小清河流域水供给与需求的空间平衡关系，模拟了小清河流域水供给服务空间流动过程；分析了小清河流域植被、水生生物、生态景观与水文响应关系，采用水文学、水力学和生境模拟法确定了小清河干流适宜生态流量；最后提出了"多目标-多水源-多闸坝"条件下小清河流域水资源优化配置与调度方案等。

本书可供从事河流生态保护、水资源调度管理的技术人员以及相关领域的研究人员阅读参考。

图书在版编目(CIP)数据

变化环境下小清河流域生态水量调度研究 / 仕玉治等著. -- 郑州 : 黄河水利出版社, 2025. 2. -- ISBN 978-7-5509-4157-1

Ⅰ. TV213. 4

中国国家版本馆 CIP 数据核字第 2025YP8357 号

组稿编辑:王路平　电话:0371-66022212　微信:hhslwlp
田丽萍　66025553　13663819970

责任编辑　陈彦霞　　责任校对　鲁　宁
封面设计　黄瑞宁　　责任监制　常红昕
出版发行　黄河水利出版社
地址:河南省郑州市顺河路 49 号　邮政编码:450003
网址:www.yrcp.com　E-mail:hhslcbs@126.com
发行部电话:0371-66020550、66028024
承印单位　广东虎彩云印刷有限公司
开　　本　787 mm×1 092 mm　1/16
印　　张　21.75
字　　数　520 千字
版次印次　2025 年 2 月第 1 版　　2025 年 2 月第 1 次印刷

定　　价　160.00 元

前 言

河流生态系统是地球生态系统必不可少的组成部分,健康的河流生态系统不仅有利于维护自然生态平衡和生物多样性,也关乎人类生存和发展。近年来,受气候变化和人类活动的影响,水资源短缺、水质污染等问题日益凸显,水生生物栖息地及生物多样性遭到破坏,河流生态系统健康受到严重威胁,水资源开发利用与生态保护之间的矛盾日益加剧,严重制约了经济社会的可持续发展。小清河是鲁中地区的重要河流,兼具防洪、供水、生态、航运等功能,开发利用程度较高,对区域的经济发展有着明显的带动作用,但流域水文情势也显著受到人类活动的影响。因此,研究小清河的生态流量与水量调度对于河流生态系统恢复及区域经济社会可持续发展具有重要意义。

本书从河流生态健康与调度管理的角度出发,以北方小流域为研究对象,采用统计分析与评价、模型构建与过程模拟等相结合的系统方法,分析小清河流域水资源时空变化特征,量化影响流域径流量变化因素的贡献度,模拟水供给服务空间流动过程,确定小清河干流适宜生态流量,提出“多目标-多水源-多闸坝”条件下小清河流域水资源优化配置与调度方案。本书共分 5 章。第 1 章介绍小清河流域概况,采用统计法分析小清河流域降水与径流的趋势、周期、突变特征规律以及旱涝急转情形和频次。第 2 章构建小清河流域 GWAS 模型,采用径流影响评价法计算气候因素和人类活动对径流量的影响贡献程度,并探究了小清河流域径流量变化原因。第 3 章在分析单元尺度上小清河流域水供给量、水需求量及供需平衡关系时空变化的基础上,构建水供给服务供需平衡与流动模型,并模拟小清河流域水供给服务空间流动过程。第 4 章划定小清河干流生态分区,探究小清河水文-生态响应关系,遴选小清河干流鱼类指示物种,利用水文学方法、水力学方法和生境模拟法计算确定满足小清河干流航运、生态与水文节律要求的适宜生态流量。第 5 章在前 4 章分析计算的基础上,提出在“多目标-多水源-多闸坝”条件下小清河水资源优化配置与调度方案,保障小清河供水、生态、航运等功能用水。本书探讨充实了北方小流域生态流量与调度理论,为政府部门河流生态保护、管理和开发利用提供科学依据和技术支持。

本书以山东省水利科学研究院立院科研计划项目“基于流域水循环的山东水生态安全研究”子课题:基于水文过程调控的水生态保护技术研究(SDSKYZX202121-3)为依托。第 1 章由刁艳芳、邱庆泰撰写,第 2 章由王锐、陈华伟撰写,第 3 章由黎明扬、刁艳芳撰写,第 4 章由仕玉治、吴振、傅世东撰写,第 5 章由黄继文、刘莉莉撰写,全书由仕玉治、黄继文统稿完成,黎明扬、王锐亦做了大量统稿工作。

本书在编写过程中得到了山东省海河淮河小清河流域水利管理服务中心、济南市水文中心、淄博市水文中心等有关部门的领导和专家，以及长期以来支持项目研究的山东省水利科学研究院的领导和同事的大力支持与帮助，许多同志参与了本书的研究和实践工作。在此，谨向为本书的完成提供支持和帮助的单位、所有研究人员和参考文献的作者表示衷心感谢！

本书的研究仅仅是一项阶段性成果，由于作者水平有限，书中不妥之处在所难免，敬请读者批评指正。

作　者

2024 年 10 月

目 录

第1章 小清河流域水资源时空演变特征

本章主要分析了小清河流域降水量和实测径流量的变化规律。在水文气象要素的演变特征分析中，采用线性回归分析法、5 年滑动平均法及 Mann-Kendall 趋势检验法对降水量和径流量进行趋势分析，采用小波分析和差积曲线法进行周期性分析，采用 Mann-Kendall 突变检验法、有序聚类法、滑动 T 检验法及 Pettitt 突变分析法进行突变分析，采用长、短周期旱涝急转指数分析旱涝急转的情形及旱涝急转频次。

1.1 流域概况

1.1.1 自然地理

小清河流域位于鲁北平原南部,东邻弥河,西靠玉符河,南依泰沂山脉,北以黄河、支脉河为界,地理坐标为东经116°50′~118°45′、北纬36°15′~37°20′,流域面积10 182 km^2,约占山东省总面积的1/15。小清河发源于济南西郊睦里庄,流经济南、淄博、滨州、东营、潍坊5市的14个县(市、区),至寿光羊角沟进入莱州湾,全长237 km(含羊角沟以下21 km)。小清河流域地势南高北低,水系支流众多,沿岸的支流绝大部分从南岸注入,形成极不对称的羽状水系。一级支流共46条,较大支流包括巨野河、漯河、杏花河、潴龙河、孝妇河、织女河、淄河、阳河、埸河等9条,沿河湖泊洼地较多,主要有白云湖、芽庄湖、马踏湖、巨淀湖等,均为天然滞洪区。据《小清河流域水资源调查评价报告》,在小清河流域内,济南市境内所占面积为2 870 km^2,东营市境内所占面积为881 km^2,滨州市境内所占面积为1 484 km^2,潍坊市境内所占面积为1 463 km^2,淄博市境内所占面积为3 484 km^2。小清河流域1956~2016年多年平均地表水资源量为101 186万m^3,多年平均地下水资源量为177 000万m^3,多年平均水资源总量为204 755万m^3。

1.1.2 社会经济

小清河流域地理位置优越,流域内各市的城市化水平较高,工业发达,是山东省GDP(国内生产总值)的重要组成部分。2019年,小清河流域内总人口1 112万人,其中城镇常住人口844万人、乡村人口268万人,城镇化率76%,国内生产总值12 065亿元,人均10.8万元;工业增加值4 994亿元,耕地面积609万亩(1亩=1/15 hm^2,全书同),有效灌溉面积551万亩,实灌面积534万亩,鱼塘补水面积19万亩,大牲畜33万头,小牲畜376万头。在小清河流经的各市中,济南段人口占全流域人口的比例最大,为36.51%;其余各市人口比例依次为淄博段(30.75%)、潍坊段(17.47%)、滨州段(10.79%)和东营段(4.48%)。在国内生产总值中,济南段和淄博段所占的比例最大,分别为38.45%和32.48%;其余各市依次为潍坊段、滨州段和东营段,其国内生产总值所占全流域的比例分别为12.35%、10.03%和6.69%。

1.1.3 水利工程

小清河支流中上游共有大中型水库9座,其中淄河上太河水库为大型水库,其余8座水库(狼猫山、杜张、大站、垛庄、杏林、石马、萌山、仁河)均为中型水库;总计控制流域面积2 207 km^2,总库容3.13亿m^3,总兴利库容2.56亿m^3。

小清河干流河道上主要包括洪园闸、柴庄闸等2座节制闸以及水牛韩枢纽、金家堰枢纽、金家桥枢纽、王道枢纽等4座航运枢纽,其中航运枢纽包括节制闸和船闸等工程。

1.2 研究方法

1.2.1　趋势检验方法

1.2.1.1　线性回归法

设有时间序列 $x_i(i=1,2,\cdots,n)$，t_i 表示 x_i 所对应的时间，建立 x_i 与 t_i 之间的一元线性回归方程：

$$x_i = a + bt_i \quad (i = 1,2,\cdots,n) \tag{1-1}$$

式中：x_i 为时间序列；t_i 为年份；a，b 为回归常数。

a 和 b 可以利用最小二乘法进行估计，计算公式为

$$\left.\begin{aligned} a &= \bar{x} - b\bar{t} \\ b &= \frac{\sum_{i=1}^{n} x_i t_i - \frac{1}{n}\left(\sum_{i=1}^{n} x_i\right)\left(\sum_{i=1}^{n} t_i\right)}{\sum_{i=1}^{n} t_i^2 - \frac{1}{n}\left(\sum_{i=1}^{n} t_i\right)^2} \end{aligned}\right\} \tag{1-2}$$

式中：$\bar{x} = \frac{1}{n}\sum_{i=1}^{n} x_i$；$\bar{t} = \frac{1}{n}\sum_{i=1}^{n} t_i$。

回归系数 b 的正负表示时间序列的趋势倾向，若 $b>0$，则表示时间序列有增大的趋势；反之，则有减小的趋势。

为判断变化趋势是否显著，对 x_i 与 t_i 的相关系数进行显著性检验，其步骤如下：

(1)提出原假设 H_0：$r=0$，即趋势不显著；备择假设 H_1：$r\neq0$，即趋势显著。

(2)构造相关系数统计量 r：

$$r = \sqrt{\frac{\sum_{i=1}^{n} t_i^2 - \frac{1}{n}\left(\sum_{i=1}^{n} t_i\right)^2}{\sum_{i=1}^{n} x_i^2 - \frac{1}{n}\left(\sum_{i=1}^{n} x_i\right)^2}} \tag{1-3}$$

(3)给定显著性水平 α，查相关系数临界值 $r_\alpha(n-2)$。

(4)当 $|r| \geqslant r_\alpha(n-2)$ 时，拒绝 H_0，接受 H_1，认为变化趋势显著；反之，则说明变化趋势不显著。

1.2.1.2　5 年滑动平均法

设有时间序列 $x_i(i=1,2,\cdots,n)$，其几个前期值和后期值取平均，求出新的序列 y_i，使原序列光滑化，数学表达式为

$$y_i = \frac{1}{2k+1}\sum_{j=-k}^{k} x_{i+j} \tag{1-4}$$

当 $k=2$ 时为 5 年滑动平均法，当 $k=3$ 时为 7 年滑动平均法。若 x_i 具有趋势成分，选择合适的 k，y_i 就能把趋势清晰地显示出来。

1.2.1.3 Mann-Kendall 趋势检验法

设有时间序列 $x_i(i=1,2,\cdots,n)$，Mann-Kendall 的检验统计量 S 可用式(1-5)表示：

$$S=\sum_{i=1}^{n-1}\sum_{j=i+1}^{n}\operatorname{sgn}(x_j-x_i) \tag{1-5}$$

$$\operatorname{sgn}(x_j-x_i)=\begin{cases}+1 & x_j-x_i>0\\ 0 & x_j-x_i=0\\ -1 & x_j-x_i<0\end{cases} \tag{1-6}$$

式中：x_i 和 x_j 分别为第 i 年和第 j 年的实测值，且 $j>i$；n 为序列的长度。假设序列没有趋势，检验统计量 S 服从均值为 0 且方差为式(1-7)的分布：

$$\operatorname{Var}(S)=\left[n(n-1)(2n+5)-\sum_{k=1}^{m}t_k(t_k-1)(2t_k+5)\right]/18 \tag{1-7}$$

式中：m 为相等数据的组数；t_k 为第 k 组相等数据的个数。

正态 Z 检验统计量计算为

$$Z=\begin{cases}\dfrac{S-1}{\sqrt{\operatorname{Var}(S)}} & S>0\\ 0 & S=0\\ \dfrac{S+1}{\sqrt{\operatorname{Var}(S)}} & S<0\end{cases} \tag{1-8}$$

对于给定的显著性水平 α，若 $|Z|\geqslant Z_{1-\alpha/2}$，则拒绝原假设，即时间序列存在趋势，且当 $Z>0$ 时，存在显著上升趋势，当 $Z<0$ 时，存在显著下降趋势；反之，则接受原假设，表明序列不存在明显趋势变化。

1.2.2 周期分析方法

1.2.2.1 小波分析法

小波分析应用于分析水文气象序列时可以给出序列不同层次的变化尺度及变化时间；而水文序列变化时域存在多尺度性和局部性，既有确定性因素，又有随机干扰因素，因此小波分析对水文气象序列分析具有很好的适用性。Morlet 小波为复数小波，其实部和虚部位相相差 π/2，消除了实数小波在变换过程中系数模的振荡，目前应用也最为广泛。

1. 小波变换

假设连续函数 $\psi(x)$，其函数值在远离原点处迅速衰减到 0，且在实数 R 范围内有：

$$\int_R \psi(x)\mathrm{d}x=0 \tag{1-9}$$

式中：$\psi(x)$ 为基小波或母小波。对母小波通过伸缩平移因子 a、b 可以得到一簇小波：

$$\psi_{(a,b)}(x)=|a|^{-0.5}\psi\left(\frac{x-b}{a}\right) \tag{1-10}$$

式中：a 为尺度因子，反映了小波的周期长度；b 为时间因子，反映了小波在时间上的平移。

连续复 Morlet 小波作为母小波进行小波变换时,能够很好地对水文气象序列连续进行时频局部化分析。Morlet 小波函数形式为

$$\psi(t) = e^{i\omega_0 t} e^{-\frac{t^2}{2}} \tag{1-11}$$

式中:ω_0 为常数且 $\omega_0 \geq 5$;i 为虚数。

对于任意函数 $f(x)$,其小波变换定义如下:

$$W_f(a,b) = \int_R f(x)\overline{\psi}_{(a,b)}(x)\mathrm{d}x = |a|^{-0.5}\int_R f(x)\overline{\psi}\left(\frac{x-b}{a}\right)\mathrm{d}x \tag{1-12}$$

式中:$\psi(x)$ 与 $\overline{\psi}(x)$ 互为复共轭函数;$W_f(a,b)$ 为小波系数,写成离散变换式如下:

$$W_f(a,b) = |a|^{-0.5}\Delta t\sum_{k=1}^{n} f(k\Delta t)\overline{\psi}\left(\frac{k\Delta t - b}{a}\right) \tag{1-13}$$

$W_f(a,b)$ 为时间序列 $f(k\Delta t)$ 通过单位脉冲响应的滤波器的输出,能同时反映时域参数 b 和频域参数 a 的特性。当 a 增大时,对频域的分辨率高,而对时域的分辨率低;当 a 减小时,对频域的分辨率低,而对时域的分辨率高。

以 b 为横坐标、a 为纵坐标作关于 $W_f(a,b)$ 的二维等值线图,得到小波变换系数的实部及模平方图。其中,模的大小表示特征时间尺度信号的强弱,实部表示不同特征时间尺度信号在不同时间上的分布信息。通过等值线图可以反映水文气象序列变化的小波变化特征。

2. 小波方差

将时间域上关于 a 的所有小波变换系数的平方进行积分,便得到小波方差:

$$\mathrm{Var}(a) = \int_{-\infty}^{+\infty} |W_f(a,b)|^2 \mathrm{d}b \tag{1-14}$$

小波方差随尺度 a 的变化过程即为小波方差图,它反映了波动的能量随尺度 a 的分布。通过小波方差图可以得知水文气象序列存在的主周期。

1.2.2.2　差积曲线法

差积曲线法是指将每年的水文气象要素与其多年平均值的离差逐年依次累加,然后绘制差积值与时间的关系曲线进行周期分析的方法。计算公式如下:

$$S_i = S_{i-1} + (x_i - \overline{x}) \tag{1-15}$$

式中:$\overline{x}$ 为水文气象要素系列的均值;x_i 为第 i 年的降水量;S_i 为第 i 年的差积值。

当水文气象要素数值较大时,习惯用模比系数表示,即

$$S_i = S_{i-1} + (K_i - 1) = S_{i-1} + (x_i/\overline{x} - 1) \tag{1-16}$$

差积曲线具有如下特性:曲线上一个完整的上升段表示一个丰水期,一个完整的下降段则表示一个枯水期,一上一下或一下一上组成一个周期。当均值稳定的时间较短时,差积曲线表现为一种多峰式的过程,说明年降水量年际丰枯变化频繁,但变幅不大;当均值稳定的时间较长时,差积曲线则表现为一种单一半峰或馒头式过程,说明年降水量年际丰枯变化持续时间长,变幅较大。差积曲线又分顺时序和逆时序两种,水资源评价中进行周期分析的目的是选择评价所需的代表期即代表系列,因此采用逆时序差积曲线较好。这样,可以以最近资料的实测年份作为周期的相对起点,逆时序取一个或两个周期数为代表期。

1.2.3 突变检验方法

1.2.3.1 Mann-Kendall 突变检验法

设有时间序列 $x_i(i=1,2,\cdots,n)$，构造一个秩序列：

$$d_k = \sum_{i=1}^{k} m_i \quad (2 \leqslant k \leqslant n) \tag{1-17}$$

式中：m_i 为 $x_i>x_j(1\leqslant j\leqslant i,1\leqslant i\leqslant n)$ 的累计数。

在时间序列随机独立的假定下，定义统计量：

$$\mathrm{UF}_k = \frac{d_k - E(d_k)}{\sqrt{D(d_k)}} \tag{1-18}$$

式中：$E(d_k) = k(k-1)/4$、$D(d_k) = k(k-1)(2k+5)/72$ 分别为 d_k 的数学期望和方差；$\mathrm{UF}_1=0$；UF_k 为一条随 k 变化的曲线，当 n 增加时，UF_k 很快趋向于标准正态分布。

基于上述思想，将 $x_1,x_2,\cdots,x_n$ 反向，统计 $x_i>x_j(i\leqslant j\leqslant n)$ 的累计数 $\overline{m_i}$，则反序列对应的标准化统计量为

$$\mathrm{UD}_k = -\mathrm{UD}_{k'} \quad , \quad k' = n+1-k \quad (k、k' = 1,2,\cdots,n) \tag{1-19}$$

UD_k 也是一条随 k 变化的曲线。在坐标轴上绘制 UF_k、UD_k 两条曲线，若相交，则交点为突变点。

1.2.3.2 有序聚类法

有序聚类法是一种数学统计方法，其目的是寻找样本序列的最优分割点。有序聚类法的实质是：首先对所需检验的样本序列进行分割并得到各分割点，之后分别计算分割点前与分割点后各子序列的离差平方和，当总离差平方和取最小值时，即认为该最小值所对应的分割点为该样本序列的最优分割点。在水文学中，利用有序聚类法可以确定水文要素中的突变点。其计算公式为

$$V_\tau = \sum_{i=1}^{\tau} (x_i - \bar{x}_\tau)^2 \tag{1-20}$$

$$V_{n-\tau} = \sum_{i=\tau+1}^{n} (x_i - \bar{x}_{n-\tau})^2 \tag{1-21}$$

$$S_n = V_\tau + V_{n-\tau} \tag{1-22}$$

式中：τ 为总样本中突变点位置序列号；$\bar{x}_\tau$ 为突变点之前的样本平均值；$\bar{x}_{n-\tau}$ 为突变点之后的样本平均值；S_n 为该样本序列的总离差平方和。

1.2.3.3 滑动 T 检验法

滑动 T 检验法用于比较两组样本平均值的差异以评估突变发生。若两组样本序列的均值差异显著，即通过了显著性检验，则认为有突变发生。具体步骤是：设置某一基准点，在其前后两段分别设置样本容量为 n_1 和 n_2 的两个子序列，均值分别为 $\bar{x}_1$、$\bar{x}_2$，方差分别为 s_1^2 和 s_2^2，定义统计量 T 为

$$T = \frac{\bar{x}_1 - \bar{x}_2}{s\sqrt{\dfrac{1}{n_1} + \dfrac{1}{n_2}}} \tag{1-23}$$

$$s=\sqrt{\frac{(n_1-1)s_1^2+(n_2-1)s_2^2}{n_1+n_2-2}} \tag{1-24}$$

T 服从自由度为 n_1+n_2 的 t 分布。一般选取两序列样本容量相同，连续设置基准点，并计算统计量 T_i，在一定的显著性水平 α 下，查 t 分布表以获得 α 的临界值 t_α。若 T_i 的绝对值大于或等于 t_α，则可判断在基准点前后出现了显著的突变，否则不存在突变现象。

1.2.3.4　Pettitt 突变分析法

Pettitt 突变分析法是一种非参数检验方法，该方法不仅能够判断出突变点的位置及数量，还能判断突变点是否在统计意义上显著。其基本原理为：假设时间序列 $x_i(i=1,2,\cdots,n)$ 在时间 τ 发生了突变，将时间序列以 τ 为分割点，分为 $(x_1,x_2,\cdots,x_\tau)$ 和 $(x_{\tau+1},x_{\tau+2},\cdots,x_{\tau+n})$ 前后两部分，定义统计量 U_τ：

$$U_\tau=\sum_{i=1}^{\tau}\sum_{j=1}^{n}\operatorname{sgn}(x_i-x_j) \tag{1-25}$$

$$\operatorname{sgn}(x_i-x_j)=\begin{cases}+1 & x_i-x_j>0\\ 0 & x_i-x_j=0\\ -1 & x_i-x_j<0\end{cases} \tag{1-26}$$

取 $\tau=1,2,\cdots,n$，突变点统计量 $U_{\max}$ 计算公式为

$$U_{\max}=\max_{1\leqslant\tau\leqslant n}|U_\tau| \tag{1-27}$$

则 τ 为可能的突变点。建立统计量 p，对可能突变点进行显著性检验：

$$p=\exp\left(\frac{-6U_{\max}}{n^3+n^2}\right) \tag{1-28}$$

给定显著性水平为 α，若 p 小于该值，则认为检测出的突变点在统计意义上是显著的。

1.2.4　旱涝急转频次分析

本书采用长、短周期降雨旱涝急转指数表征旱涝急转的情形及旱涝急转频次。

1.2.4.1　**长周期降雨旱涝急转指数的计算**

为定量地研究夏季长周期旱涝急转的科学内涵和基本特征，吴志伟等定义了长周期降雨旱涝急转指数 LDFAI(long-cycle drought-flood abrupt alternation index)：

$$\mathrm{LDFAI}=(P_{后}-P_{前})(|P_{前}|+|P_{后}|)\times 1.8^{-|P_{前}+P_{后}|} \tag{1-29}$$

式中：$P_{前}$ 为前汛期标准化降水量；$P_{后}$ 为后汛期标准化降水量；$(P_{后}-P_{前})$ 为旱涝急转强度项；$(|P_{前}|+|P_{后}|)$ 为旱涝强度项；$1.8^{-|P_{前}+P_{后}|}$ 为权重系数，作用是增加长周期旱涝急转事件所占权重，降低全旱或全涝事件权重。

降水距平标准差大于 0.5 为偏涝，大于 1 为显著偏涝；小于-0.5 为偏旱，小于-1 为显著偏旱；介于-0.5~0.5 的属于降水正常状态。基于已有研究成果，本书定义长周期旱涝急转指数计算的时间尺度为 2 个月，即 6 月、7 月(前汛期)和 8 月、9 月(后汛期)。

长周期降雨旱涝急转事件评判标准为：LDFAI 大于 1 为旱转涝事件，小于-1 为涝转旱事件，介于-1~1 的属于正常状态，LDFAI 绝对值越大说明旱涝急转事件越严重。

1.2.4.2 短周期降雨旱涝急转指数的计算

短周期降雨旱涝急转指数 SDFAI(short-cycle drought-flood abrupt alternation index)与长周期降雨旱涝急转指数 LDFAI 基本一致,表示为

$$\mathrm{SDFAI}=(P_j-P_i)(|P_i|+|P_j|)\times 3.2^{-|P_i+P_j|} \tag{1-30}$$

式中:$3.2^{-|P_i+P_j|}$ 为权重系数,$j=i+1(i=6,7,8)$。

短周期降雨旱涝急转指数计算的时间尺度为 1 个月。短周期降雨旱涝急转事件评判标准与长周期相同。

1.3 降水量时空演变特征分析

1.3.1 站点分布及资料情况

根据已掌握的气象站点资料,本书选择小清河流域内及其周边的济南站、博兴站、淄博站、广饶站及寿光站等 13 个气象站点进行分析,共计 9 348 站月资料,其中实测资料占 96%以上。气象站点情况见表 1-1,其空间位置见图 1-1。

表 1-1 气象站点信息

站名	站类	纬度(° ′)		经度(° ′)		权重	站名	站类	纬度(° ′)		经度(° ′)		权重
济南	基本站	36	36	117	00	0.087	章丘	基本站	36	41	117	00	0.172
高青	一般站	37	10	117	52	0.018	邹平	一般站	36	52	117	52	0.096
博兴	一般站	37	09	118	09	0.015	周村	一般站	36	46	118	09	0.027
桓台	一般站	36	58	118	05	0.049	临淄	一般站	36	52	118	05	0.105
淄川	一般站	36	38	117	57	0.093	博山	一般站	36	31	117	57	0.086
淄博	一般站	36	49	117	56	0.038	广饶	一般站	37	03	117	56	0.095
寿光	一般站	36	52	118	48	0.118							

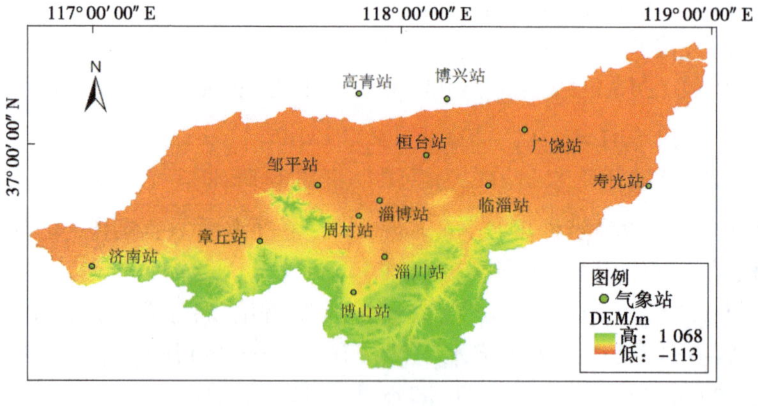

图 1-1 小清河流域气象站点位置

根据代表性强、空间分布均匀、地形影响及兼顾小清河流域 5 个省辖市地级的原则，选择济南站、博兴站、淄博站、广饶站及寿光站分析其降水量时空演变特征。

在已知 13 个气象站点逐月降水量资料的基础上，采用泰森多边形法求得小清河流域逐月降水量，各站点控制流域面积见图 1-2，其权重见表 1-1。

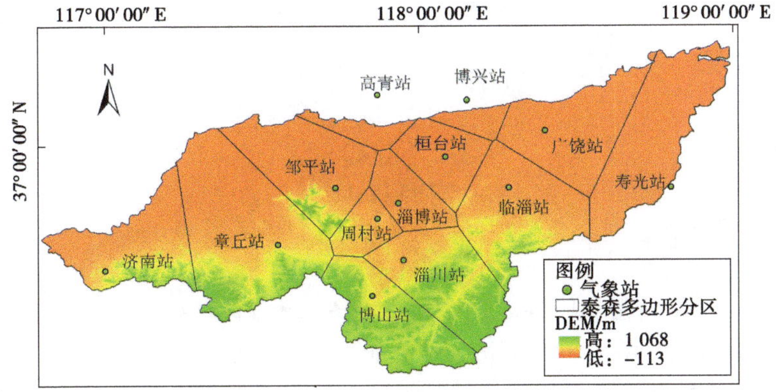

图 1-2　小清河流域气象站点泰森多边形

1.3.2　降水量年内分配

1.3.2.1　济南站降水量年内分配特征

根据 1956~2021 年济南站逐月降水量，分析各年代（1956~1959 年、1960~1969 年、1970~1979 年、1980~1989 年、1990~1999 年、2000~2009 年、2010~2021 年）及长系列（1956~2021 年）平均降水量年内分配，如图 1-3 所示；1956~2021 年各季、月的降水量年内占比如图 1-4 所示。

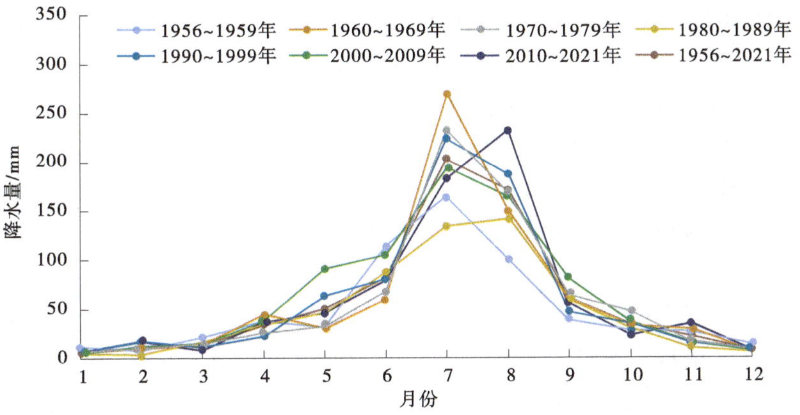

图 1-3　济南站各年代及长系列平均降水量年内分配

由图 1-3 可知，济南站各年代及长系列降水量年内分配曲线均呈单峰状，除 1980~1989 年、2010~2021 年为 8 月降水量最大外，其他情况均为 7 月降水量最大，同时 1956~2021 年 7 月降水量最大，由此表明济南站降水量在 7 月最为集中。1960~1969 年、1970~

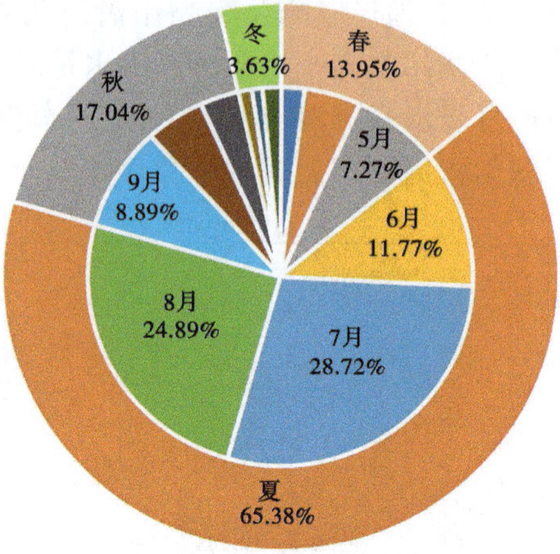

图 1-4 济南站 1956~2021 年降水量年内占比

1979 年、1990~1999 年、2010~2021 年 1 月降水量最小，1956~1959 年、1980~1989 年 2 月降水量最小，2000~2009 年 12 月降水量最小，同时 1956~2021 年 1 月降水量最小，由此表明降水量最小值通常出现在 1 月。各年代月降水量最大值中，1960~1969 年 7 月最大，为 271.7 mm，1980~1989 年 8 月最小，为 143.0 mm，极值比为 1.9，差异较大。各年代月降水量最小值中，2000~2009 年 12 月最大，为 7.3 mm，1990~1999 年 1 月最小，为 4.2 mm，极值比为 1.7，差异亦较大。长系列的年内分配曲线位于各年代曲线之间。不同时期的降水在年内主要集中在汛期的 6 月、7 月、8 月，其余时期降水量较少，说明济南站在不同时期降水量分配不均。

由图 1-4 可知，降水量分配在不同季节存在差异，夏季降水量占全年降水量的比例最大，达到 65.38%；其次为秋季、春季，降水量分别占全年的 17.04% 和 13.95%；冬季占比最低，仅有 3.63%。从月尺度来看，7 月降水量占比最大，达到 28.72%；其次为 8 月，占全年降水量的 24.89%；1 月占比最小，仅有 0.89%。汛期 6~9 月降水量占比为 74.27%，非汛期仅为 25.73%，由此可见济南站降水量年内分配极不均匀。

1.3.2.2 博兴站降水量年内分配特征

根据 1959~2021 年博兴站逐月降水量，分析各年代（1959 ~1969 年、1970~1979 年、1980~1989 年、1990~1999 年、2000~2009 年、2010~2021 年）及长系列 1959~2021 年平均降水量年内分配，如图 1-5 所示；1959~2021 年各季、月的降水量年内占比如图 1-6 所示。

由图 1-5 可知，博兴站各年代及长系列降水量年内分配曲线均呈单峰状，除 2010~2021 年为 8 月降水量最大外，其他情况均为 7 月降水量最大，同时 1959~2021 年 7 月降水量最大，由此表明博兴站降水量在 7 月最为集中。1959~1969 年、1970~1979 年、1990~1999 年、2010~2021 年 1 月降水量最小，1980~1989 年 2 月降水量最小，2000~2009 年 12 月降水量最小，同时 1959~2021 年 1 月降水量最小，由此表明降水量最小值最常出现在 1 月。各年代月降水量最大值中，1959~1969 年 7 月最大，为 212.9 mm，1980~1989 年 8 月最小，为 91.7 mm，极值比为 2.3，差异较大。各年代月降水量最小值中，1970~1979 年 12 月最大，为 6.7 mm；1980~1989 年 1 月最小，为 2.6 mm，极值比为 2.6，

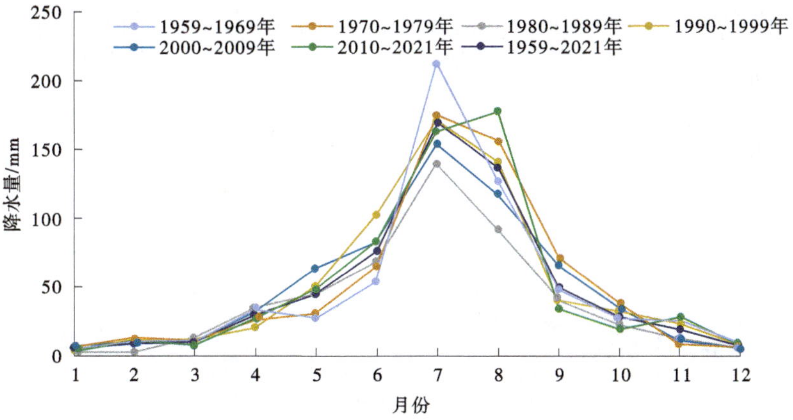

图 1-5　博兴站各年代及长系列平均降水量年内分配

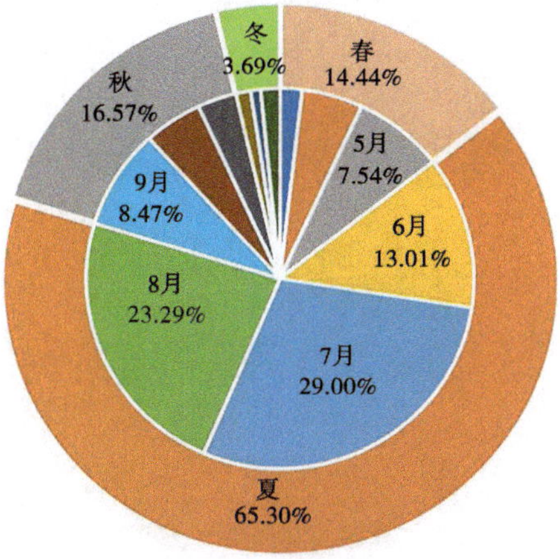

图 1-6　博兴站 1959~2021 年降水量年内占比

差异亦较大。长系列的年内分配曲线位于各年代曲线之间。不同时期的降水在年内主要集中在汛期的 6 月、7 月、8 月，其余时期降水量较少，说明博兴站在不同时期降水量分配不均。

由图 1-6 可知，降水量分配在不同季节存在差异，夏季降水量占全年降水量的比例最大，达到 65.30%；其次为秋季、春季，降水量分别占全年的 16.57% 和 14.44%，冬季占比最低，仅有 3.69%。从月尺度来看，7 月降水量占比最大，达到 29.00%；其次为 8 月，占全年降水量的 23.29%；1 月占比最低，仅有 0.83%。汛期 6~9 月降水量占比为 73.77%，非汛期仅为 26.23%，由此可见博兴站降水量年内分配极不均匀。

1.3.2.3　淄博站降水量年内分配特征

根据 1956~2021 年淄博站逐月降水量，分析各年代（1956~1959 年、1960~1969 年、1970~1979 年、1980~1989 年、1990~1999 年、2000~2009 年、2010~2021 年）及长系列 1956~2021 年平均降水量年内分配，如图 1-7 所示；1956~2021 年降水量年内占比如图 1-8 所示。

由图 1-7 可知，淄博站各年代及长系列降水量年内分配曲线均呈单峰状，除 1990~

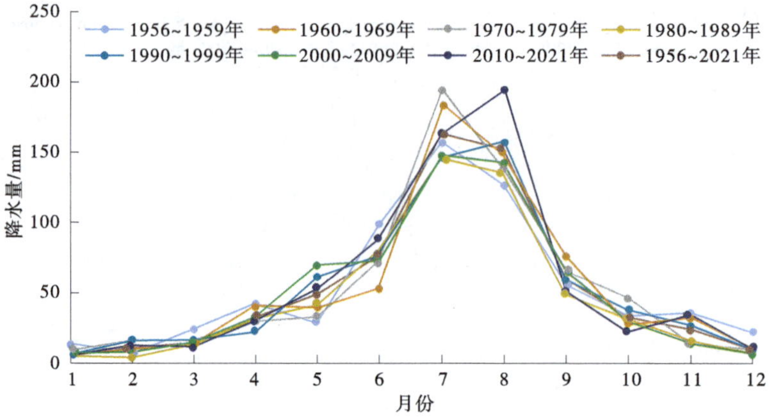

图 1-7　淄博站各年代及长系列平均降水量年内分配

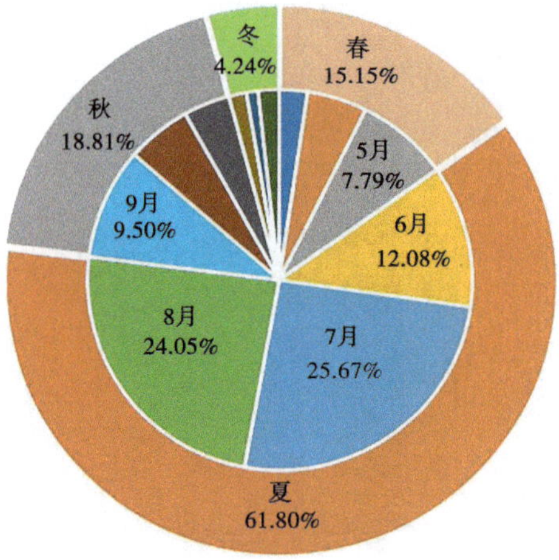

图 1-8　淄博站 1956~2021 年降水量年内占比

1999 年、2010~2021 年为 8 月降水量最大外,其他情况均为 7 月降水量最大,同时 1956~2021 年 7 月降水量最大,由此表明淄博站降水量在 7 月最为集中。1960~1969 年、1970~1979 年、1990~1999 年、2000~2009 年、2010~2021 年 1 月降水量最小,1956~1959 年、1980~1989 年 2 月降水量最小,同时 1956~2021 年 1 月降水量最小,由此表明降水量最小值最常出现在 1 月。各年代月降水量最大值中,2010~2021 年 8 月最大,为 195.6 mm,1980~1989 年 7 月最小,为 147.5 mm,极值比为 1.3,差异较大。各年代月降水量最小值中,1970~1979 年 1 月最大,为 8.6 mm,1980~1989 年 1 月最小,极值 4.4 mm,极值比为 2.0,差异亦较大。长系列的年内分配曲线位于各年代曲线之间。不同时期的降水在年内主要集中在汛期,其余时期降水量较少,说明淄博站在不同时期降水量分配不均。

由图 1-8 可知,降水量分配在不同季节存在差异,夏季降水量占全年比例最大,达到 61.80%;其次为秋季、春季,降水量分别占全年的 18.81%和 15.15%;冬季占比最小,仅有 4.24%。从月尺度来看,7 月降水量占比最大,达到 25.67%;其次为 8 月,占全年降水量的 24.05%;1 月占比最低,仅有 0.98%。汛期 6~9 月降水量占比为 71.30%, 非汛期仅为

28.70%,由此可见淄博站降水量年内分配极不均匀。

1.3.2.4　广饶站降水量年内分配特征

根据 1959～2021 年广饶站逐月降水量,分析各年代(1959～1969 年、1970～1979 年、1980～1989 年、1990～1999 年、2000～2009 年、2010～2021 年)及长系列 1959～2021 年平均降水量年内分配,如图 1-9 所示;1959～2021 年各季、月的降水量年内占比如图 1-10 所示。

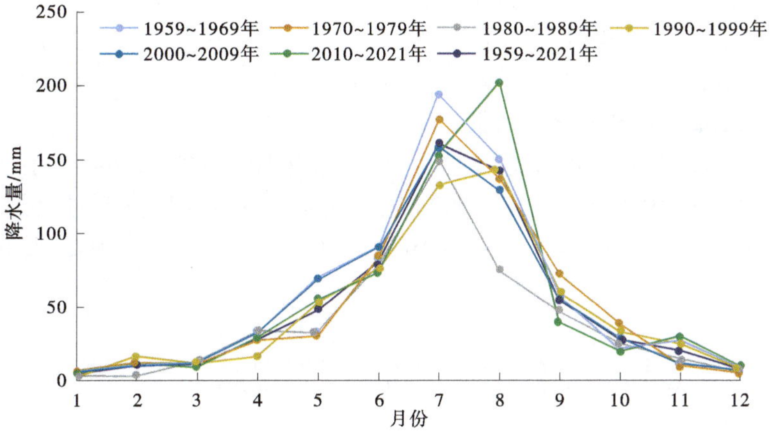

图 1-9　广饶站各年代及长系列平均降水量年内分配

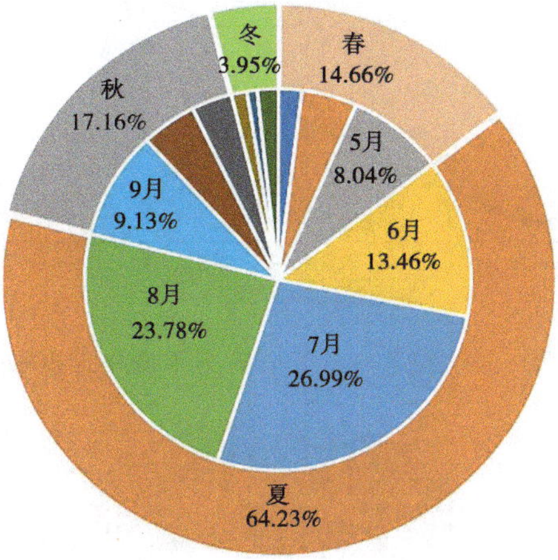

图 1-10　广饶站 1959～2021 年降水量年内占比

由图 1-9 可知,广饶站各年代及长系列降水量年内分配曲线均呈单峰状,除 1990～1999 年、2010～2021 年为 8 月降水量最大外,其他情况均为 7 月降水量最大,同时 1959～2021 年 7 月降水量最大,由此表明广饶站降水量在 7 月最为集中。1959～1969 年、1970～1979 年、1990～1999 年、2010～2021 年 1 月降水量最小,1980～1989 年 2 月降水量最小,2000～2009 年 12 月降水量最小,同时 1959～2021 年 1 月降水量最小,由此表明降水量最小值通常出现在 1 月。各年代月降水量最大值中,2010～2021 年 8 月最大,为 203.4 mm,1990～1999 年 7 月最小,为 143.5 mm,极值比为 1.4,差异较大。各年代月降水量最小值中,1970~1979 年 12 月最大,为 7.4 mm,1980~1989 年 1 月最小,为 3.0 mm,极值比为 2.5,差异亦较大。长系列的年内分配曲线位于各年代曲线之间。不同时期的降水在年内主要集中在汛期的 6 月、7 月、8 月,其余时期降水量较少,说明广饶站在不同时期降水量分配不均。

由图 1-10 可知,降水量分配在不同季节存在差异,夏季降水量占全年的比例最大,达到 64.23%;其次为秋季、春季,降水量分别占全年的 17.16%和 14.66%;冬季占比最小,仅有 3.95%。从月尺度来看,7 月降水量占比最大,达到 26.99%;其次为 8 月,占全年降水量的 23.78%;1 月占比最小,仅有 0.86%。汛期 6~9 月降水量占比为 73.36%,非汛期仅为 26.64%,由此可见广饶站降水量年内分配极不均匀。

1.3.2.5 **寿光站降水量年内分配特征**

根据 1959~2021 年寿光站逐月降水量,分析各年代(1959~1969 年、1970~1979 年、1980~1989 年、1990~1999 年、2000~2009 年、2010~2021 年)及长系列 1959~2021 年平均降水量年内分配,如图 1-11 所示;1959~2021 年各季、月的降水量年内占比如图 1-12 所示。

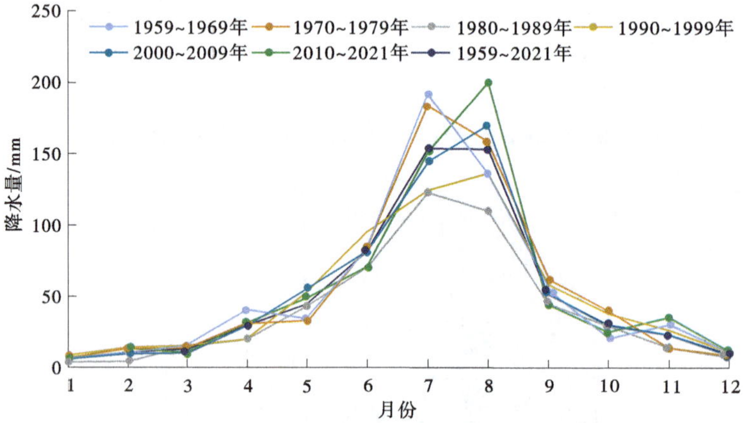

图 1-11 寿光站各年代及长系列平均降水量年内分配

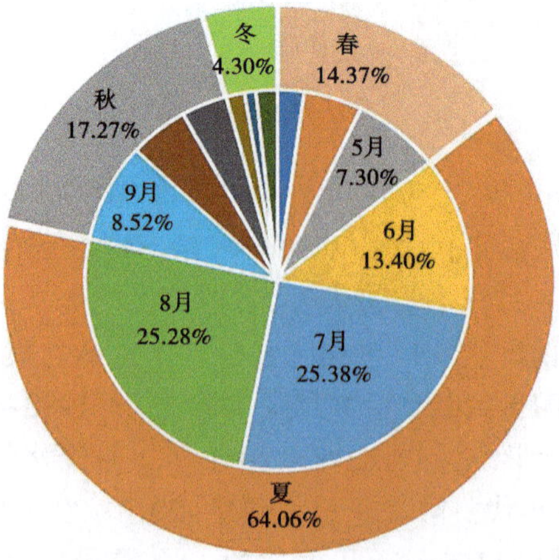

图 1-12 寿光站 1959~2021 年降水量年内占比

由图 1-11 可知,寿光站各年代及长系列降水量年内分配曲线均呈单峰状,除 1990~1999 年、2000~2009 年和 2010~2021 年为 8 月降水量最大外,其他情况均为 7 月降水量最大,1959~2021 年 7 月降水量最大,但与 8 月的差异仅为 0.6 mm,由此表明寿光站降水量在 7 月、8 月最为集中。所有年代 1 月降水量最小,由此表明降水量最小值最常出现在 1 月。各年代月降水量最大值中,2010~2021 年 8 月最大,为 200.7 mm,1980~1989 年 7 月最小,为 123.5 mm,极值比为 1.6,差异较大。各年代月降水量最小值中,1970~1979 年 1 月最大,为 7.3 mm,1980~1989 年 1 月最小,为 4.4 mm,极值比为 1.7,差异亦较大。长系列的年内分配曲线位于各年代曲线之间。不同时期的降水在年内主要集中在汛期的 6 月、7 月、8 月,其余时期降水量较少,说明寿光站在不同时期降水量分配不均。

由图 1-12 可知,降水量分配在不同季节存在差异,夏季降水量占全年的比例最大,达到 64.06%;其次为秋季、春季,降水量分别占全年的 17.27% 和 14.37%;冬季占比最小,仅有 4.30%。从月尺度来看,7 月降水量占比最大,达到 25.38%;其次为 8 月,占全年降水量的 25.28%;1 月占比最低,仅有 0.96%。汛期 6~9 月降水量占比为 72.58%,非汛期仅为 27.42%,由此可见寿光站降水量年内分配极不均匀。

1.3.2.6 小清河流域降水量年内分配特征

根据 1956~2021 年小清河流域逐月降水量,分析各年代(1956~1959 年、1960~1969 年、1970~1979 年、1980~1989 年、1990~1999 年、2000~2009 年、2010~2021 年)及长系列 1956~2021 年平均降水量年内分配,如图 1-13 所示;1956~2021 年各季、月的降水量年内占比如图 1-14 所示。

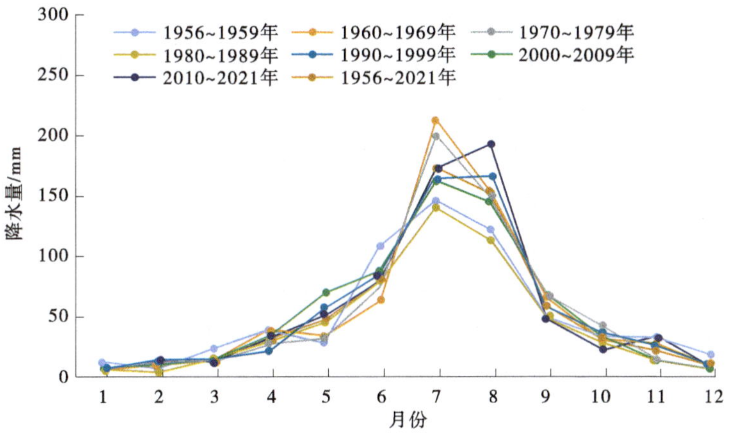

图 1-13 小清河流域各年代及长系列平均降水量年内分配

由图 1-13 可知,小清河流域各年代及长系列降水量年内分配曲线均呈单峰状,除 1990~1999 年、2010~2021 年为 8 月降水量最大外,其他情况均为 7 月降水量最大,同时 1956~2021 年 7 月降水量最大,由此表明小清河流域降水量在 7 月最为集中。1956~

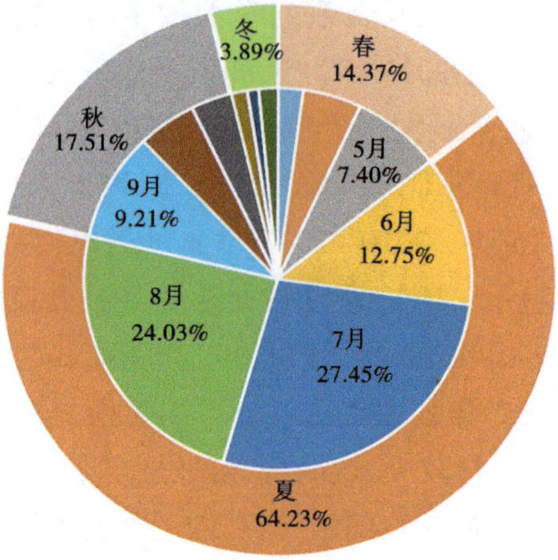

图 1-14　小清河流域 1956~2021 年降水量年内占比

1959 年和 1980~1989 年 2 月降水量最小,2000~2009 年 12 月降水量最小,其余年代均为 1 月降水量最小,同时 1956~2021 年 1 月降水量最小,由此表明降水量最小值通常出现在 1 月。各年代月降水量最大值中,1960~1969 年 7 月最大,为 212. 7 mm,1980~1989 年 7 月最小,为 140. 5 mm,极值比为 1. 51,差异较大。各年代月降水量最小值中,1970~1979 年 1 月最大,为 7. 4 mm;1980~1989 年 2 月最小,为 3. 8 mm,极值比为 1. 94,差异亦较大。长系列的年内分配曲线位于各年代曲线之间。不同时期的降水在年内主要集中在汛期的 6 月、7 月、8 月,其余时期降水量较少,说明小清河流域在不同时期降水量分配不均。

由图 1-14 可知,降水量分配在不同季节存在差异,夏季降水量占全年的比例最大,达到 64. 23%;其次为秋季、春季,降水量分别占全年的 17. 51%和 14. 37%;冬季占比最小,仅有 3. 89%。从月尺度来看,7 月降水量占比最大,达到 27. 45%;其次为 8 月,占全年降水量的 24. 03%;1 月占比最小,仅有 0. 90%。汛期 6~9 月降水量占比为 73. 44%,非汛期仅为 26. 56%,由此可见小清河流域降水量年内分配极不均匀。

综上可见,从月降水量来看,5 个气象站点和小清河流域降水量均在 7 月最集中,在 1 月最小;从季节来看,降水量占比从大到小均为夏季、秋季、春季和冬季,占比均值分别为 64. 23%、17. 51%、14. 37%、3. 89%;汛期降水量占比均在 73%左右,非汛期在 27%左右。由此可见,小清河全流域降水量存在年内分配不均匀的现象。

1. 3. 3　降水量年际变化

1. 3. 3. 1　**趋势分析**

1. 年尺度演变趋势分析

5 个站点和小清河流域 1956~2021 年降水量的线性回归趋势线与 5 年滑动平均线见图 1-15~图 1-20。线性回归法检验趋势显著性及其 Mann-Kendall 趋势检验法检验结果列于表 1-2。

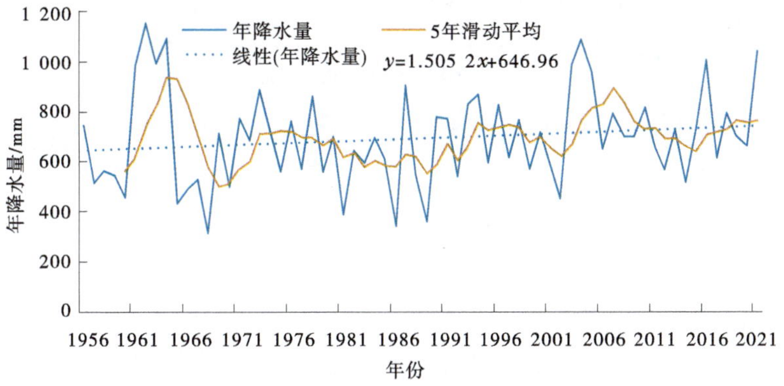

图 1-15　济南站年降水量变化趋势

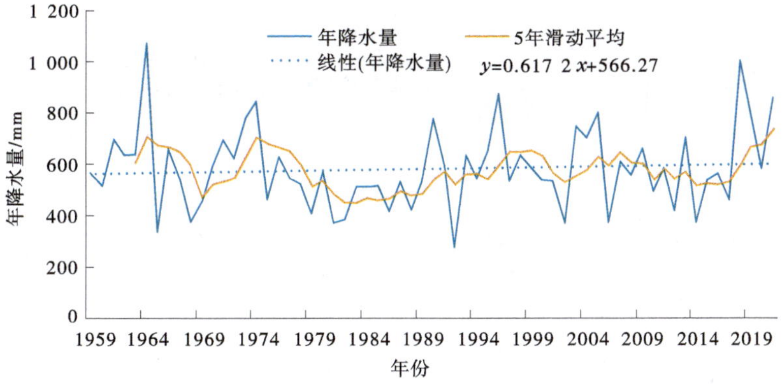

图 1-16　博兴站年降水量变化趋势

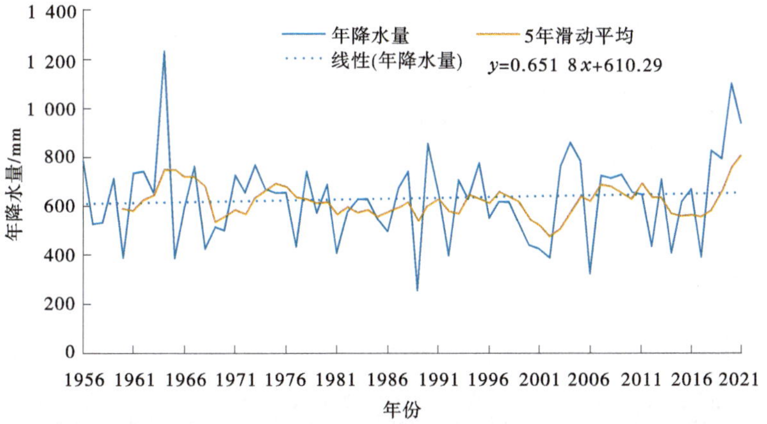

图 1-17　淄博站年降水量变化趋势

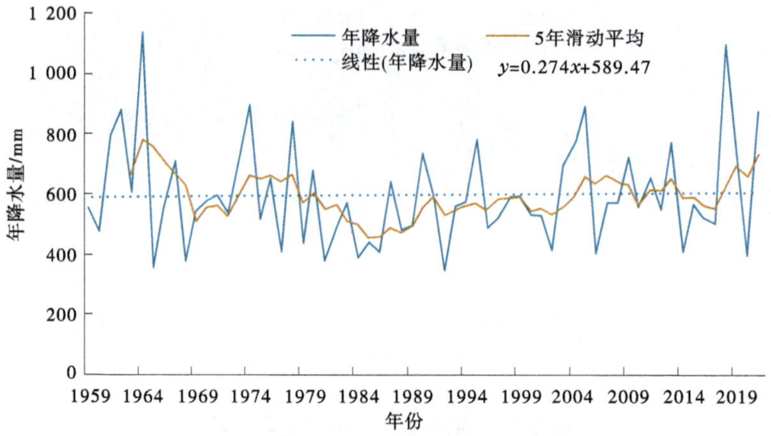

图 1-18　广饶站年降水量变化趋势

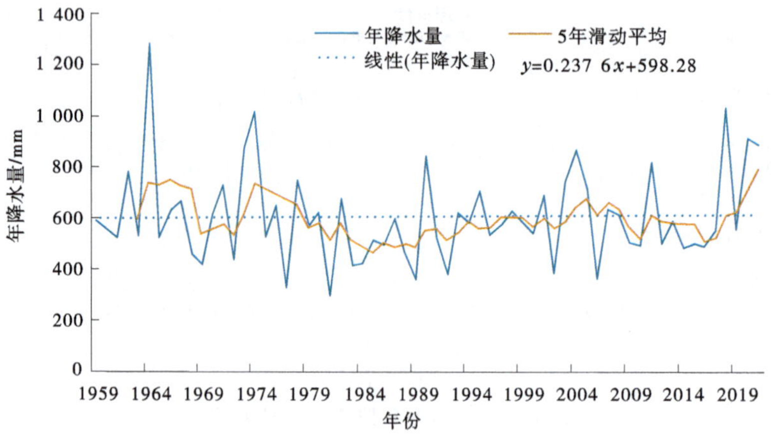

图 1-19　寿光站年降水量变化趋势

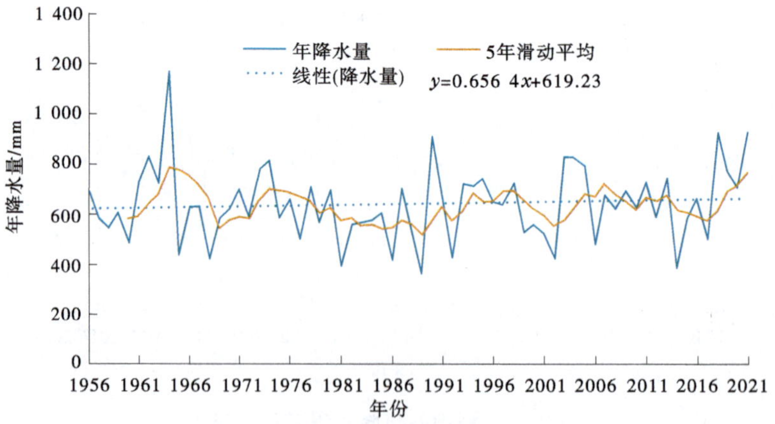

图 1-20　小清河流域年降水量变化趋势

表 1-2　5 个站点及小清河流域年降水量特征及检验结果

站点	平均值/mm	最大值/mm	最小值/mm	标准差	线性回归检验		Mann-Kendall 检验	
					r 值	显著性	*Z* 值	显著性
济南	695.4	1 160.0	320.7	188.7	1.51	/	1.53	/
博兴	586.0	1 073.1	276.0	157.3	0.62	/	0.66	/
淄博	632.1	1 237.1	250.4	175.2	0.65	/	0.59	/
广饶	598.2	1 142.6	346.0	172.2	0.27	/	0.28	/
寿光	605.9	1 286.7	299.5	181.3	0.24	/	0.24	/
小清河流域	642.2	1 172.1	356.5	148.7	0.66	/	0.99	/

注：表中“/”表示不显著。

由图 1-15 和表 1-2 可知，济南站多年平均降水量为 695.4 mm，最大年降水量发生在 1964 年，为 1 160.0 mm，最小年降水量发生在 1968 年，为 320.7 mm。济南站年降水量呈缓慢增加趋势，增长率约为 15.1 mm/10 a，由线性回归检验和 Mann-Kendall 趋势检验法可知济南站降水量呈不显著上升趋势。从局部来看，1956～1960 年呈下降趋势，1960～1964 年呈上升趋势，1964～1969 年呈下降趋势，1969～1973 年呈上升趋势，1973～1989 年呈波动下降趋势，1989～1994 年呈波动上升趋势，1994～2002 年呈波动下降趋势，2002～2007 年呈波动上升趋势，2007～2015 年呈下降趋势，2015～2021 年呈上升趋势。

由图 1-16 和表 1-2 可知，博兴站多年平均降水量为 586.0 mm，最大年降水量发生在 1964 年，为 1 073.1 mm，最小年降水量发生在 1992 年，为 276.0 mm。博兴站年降水量呈缓慢增加趋势，增长率约为 6.1 mm/10 a，由线性回归检验和 Mann-Kendall 趋势检验法可知博兴站降水量呈不显著上升趋势。从局部来看，1959～1964 年呈上升趋势，1964～1969 年呈下降趋势，1969～1974 年呈上升趋势，1974～1983 年呈波动下降趋势，1983～1999 年呈波动上升趋势，1999～2002 年呈下降趋势，2002～2007 年呈波动上升趋势，2007～2014 年呈波动下降趋势，2014～2021 年呈上升趋势。

由图 1-17 和表 1-2 可知，淄博站多年平均降水量为 632.1 mm，最大年降水量发生在 1964 年，为 1 237.1 mm，最小年降水量发生在 1989 年，为 250.4 mm。淄博站年降水量呈缓慢增加趋势，增长率约为 6.5 mm/10 a，由线性回归检验和 Mann-Kendall 趋势检验法可知淄博站降水量呈不显著上升趋势。从局部来看，1956～1965 年呈波动上升趋势，1965～1969 年呈下降趋势，1969～1976 年呈波动上升趋势，1976～1989 年呈现平稳波动，1989～2002 年呈下降趋势，2002～2011 年呈波动上升趋势，2011～2018 年呈下降趋势，2018～2021 年呈上升趋势。

由图 1-18 和表 1-2 可知，广饶站多年平均降水量为 598.2 mm，最大年降水量发生在 1964 年，为 1 142.6 mm，最小年降水量发生在 1992 年，为 346.0 mm。广饶站年降水量呈缓慢增加趋势，增长率约为 2.7 mm/10 a，由线性回归检验和 Mann-Kendall 趋势检验法可知广饶站降水量呈不显著上升趋势。从局部来看，1959～1964 年呈上升趋势，1964～1969 年呈下降趋势，1969～1974 年呈波动上升趋势，1974～1985 年呈波动下降趋势，1985～

2007 年呈波动上升趋势,2007~2010 年呈下降趋势,2010~2013 年呈上升趋势,2013~2017 年呈下降趋势,2017~2021 年呈上升趋势。

由图 1-19 和表 1-2 可知,寿光站多年平均降水量为 605.9 mm,最大年降水量发生在 1964 年,为 1 286.7 mm,最小年降水量发生在 1981 年,为 299.5 mm。寿光站年降水量呈缓慢增加趋势,增长率约为 2.4 mm/10 a,由线性回归检验和 Mann-Kendall 趋势检验法可知寿光站降水量呈不显著上升趋势。从局部来看,1959~1966 年呈上升趋势,1966~1972 年呈波动下降趋势,1972~1974 年呈上升趋势,1974~1985 年呈波动下降趋势,1985~2005 年呈波动上升趋势,2005~2016 年呈波动下降趋势,2016~2021 年呈上升趋势。

由图 1-20 和表 1-2 可知,小清河流域多年平均降水量为 642.2 mm,最大年降水量发生在 1964 年,为 1 172.1 mm,最小年降水量发生在 1989 年,为 356.5 mm。小清河流域年降水量呈缓慢增加趋势,增长率约为 6.6 mm/10 a,由线性回归检验和 Mann-Kendall 趋势检验法可知小清河流域降水量呈不显著上升趋势。从局部来看,1956~1964 年呈上升趋势,1964~1969 年呈下降趋势,1965~1975 年呈上升趋势,1975~1989 年呈波动下降趋势,1989~1998 年呈波动上升趋势,1998~2002 年呈下降趋势,2002~2007 年呈波动上升趋势,2007~2017 年呈波动下降趋势,2017~2021 年呈上升趋势。

对比 5 个站点和小清河流域降水量趋势性可知,它们均呈不显著的上升趋势,济南站年降水量变化程度最大,寿光站最小,小清河流域介于 5 个站点之间。对比特征值可知,济南站年平均降水量最大,博兴站的最小,比值为 1.19;寿光站年降水量最大值最大,博兴站的最小,比值为 1.24;济南站年降水量标准差最大,因此年际变化最大,博兴站年降水量标准差最小,故年际变化最小,比值为 1.20。可见,5 个站点降水量特征差异较小。

2. 季尺度演变趋势分析

1)济南站季尺度演变趋势分析

济南站不同年份各季降水量变化趋势如图 1-21 所示,不同年代各季降水量变化率见表 1-3。

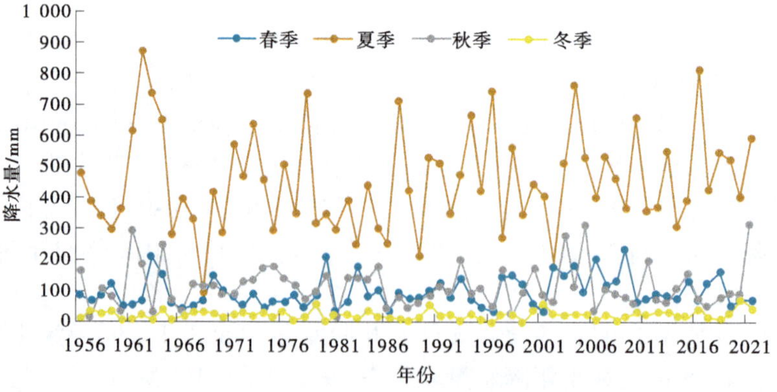

图 1-21 济南站各季降水量变化趋势

表 1-3　济南站不同年代各季降水量变化率　　单位:mm/a

时段	春季	夏季	秋季	冬季
1956~1959 年	12. 810	-58. 570	-15. 880	6. 620
1960~1969 年	1. 954	-43. 889	-7. 020	2. 641
1970~1979 年	-1. 664	1. 373	-0. 547	1. 428
1980~1989 年	-7. 584	6. 349	-6. 730	-0. 729
1990~1999 年	2. 312	-6. 669	-3. 437	-2. 870
2000~2009 年	11. 721	4. 938	-6. 582	-3. 140
2010~2021 年	1. 278	5. 600	6. 046	1. 949
1956~2021 年	0. 514	0. 837	0. 002	0. 131

由图 1-21 和表 1-3 可知,济南站多年来夏季降水量最大,冬季降水量最小,春季降水量与秋季降水量较接近。4 个季节降水量在 1956~2021 年总体上均呈缓慢上升趋势,其中夏季变化率最大,为 0. 837 mm/a;其次为春季和冬季,变化率分别为 0. 514 mm/a 和 0. 131 mm/a;变化率最小的为秋季,为 0. 002 mm/a。从各年代变化率来看(鉴于 1956~1959 年仅有 4 年数据,序列较短,由此计算的变化率不具有代表性,故不参与对比分析),春季在 1970~1979 年、1980~1989 年呈阶段性下降趋势,其他年代均呈阶段性上升趋势,变化趋势最显著的为 2000~2009 年,呈现变化率为 11. 721 mm/a 的上升趋势,变化趋势最不显著的为 2010~2021 年,呈现变化率为 1. 278 mm/a 的上升趋势;夏季在 1960~1969 年、1990~1999 年呈阶段性下降趋势,其他年代均呈阶段性上升趋势,变化趋势最显著的为 1960~1969 年,呈现变化率为-43. 889 mm/a 的下降趋势,变化趋势最不显著的为 1970~1979 年,呈现变化率为 1. 373 mm/a 的上升趋势;秋季在 2010~2021 年呈阶段性上升趋势,其他年代均呈阶段性下降趋势,变化趋势最显著的为 1960~1969 年,呈现变化率为-7. 020 mm/a 的下降趋势,变化趋势最不显著的为 1970~1979 年,呈现变化率为-0. 547 mm/a 的下降趋势;冬季在 1980~1989 年、1990~1999 年、2000~2009 年呈阶段性下降趋势,其他年代均呈阶段性上升趋势,变化趋势最显著的为 2000~2009 年,呈现变化率为-3. 140 mm/a 的下降趋势,变化趋势最不显著的为 1980~1989 年,呈现变化率为-0. 729 mm/a 的下降趋势。此外,1956~2021 年变化率的绝对值均小于各年代变化率的绝对值。

2)博兴站季尺度演变趋势分析

博兴站不同年份各季降水量变化趋势如图 1-22 所示,不同年代各季降水量变化率见表 1-4。

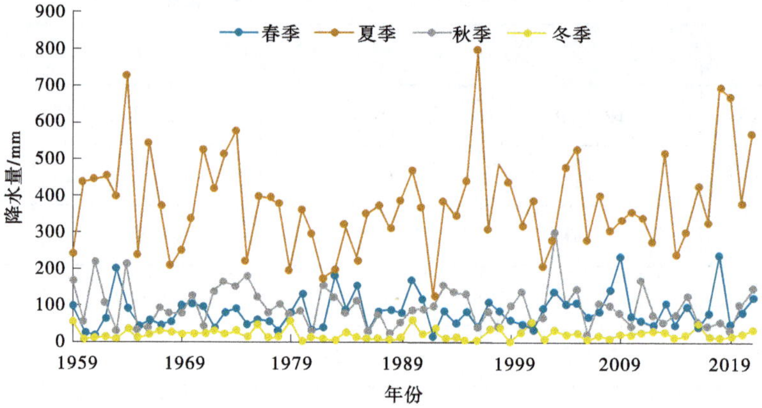

图 1-22　博兴站各季降水量变化趋势

表 1-4　博兴站不同年代各季降水量变化率

单位:mm/a

时段	春季	夏季	秋季	冬季
1959~1969 年	0. 313	-9. 378	-7. 766	-0. 083
1970~1979 年	-4. 099	-19. 393	-2. 915	1. 541
1980~1989 年	-1. 662	10. 188	-5. 592	0. 141
1990~1999 年	-5. 204	16. 375	-4. 690	-2. 556
2000~2009 年	13. 072	3. 436	-5. 025	-2. 312
2010~2021 年	5. 252	23. 690	-0. 087	0. 007
1959~2021 年	0. 460	0. 584	-0. 413	-0. 014

由图 1-22 和表 1-4 可知,博兴站多年来夏季降水量最大,冬季降水量最小,春季降水量与秋季降水量较接近。4 个季节降水量在 1959~2021 年,秋季和冬季呈下降趋势,其余季节均呈上升趋势,其中夏季变化率最大,为 0. 584 mm/a;其次为春季和秋季,变化率分别为 0. 460 mm/a 和-0. 413 mm/a;变化率最小的为冬季,为-0. 014 mm/a。从各年代变化率来看,春季在 1970~1979 年、1980~1989 年和 1990~1999 年呈阶段性下降趋势,其他年代均呈阶段性上升趋势,变化趋势最显著的为 2000~2009 年,呈现变化率为 13. 072 mm/a 的上升趋势,变化趋势最不显著的为 1959~1969 年,呈现变化率为 0. 313 mm/a 的上升趋势;夏季在 1959~1969 年、1970~1979 年呈阶段性下降趋势,其他年代均呈阶段性上升趋势,变化趋势最显著的为 2010~2021 年,呈现变化率为 23. 690 mm/a 的上升趋势,变化趋势最不显著的为 2000~2009 年,呈现变化率为 3. 436 mm/a 的上升趋势;秋季在所有年代均呈阶段性下降趋势,变化趋势最显著的为 1959~1969 年,呈现变化率为-7. 766 mm/a 的下降趋势,变化趋势最不显著的为 2010~2021 年,呈现变化率为-0. 087 mm/a 的下降趋势;冬季在 1959~1969 年、1990~1999 年和 2000~2009 年呈阶段性下降趋势,其他年代均呈阶段性上升趋势,变化趋势最显著的为 1990~1999 年,呈现变化率为-2. 556 mm/a 的下降趋势,变化趋势最不显著的为 2010~2021 年,呈现变化率为 0. 007 mm/a 的

上升趋势。

3) 淄博站季尺度演变趋势分析

淄博站不同年份各季降水量变化趋势如图 1-23 所示,不同年代各季降水量变化率见表 1-5。

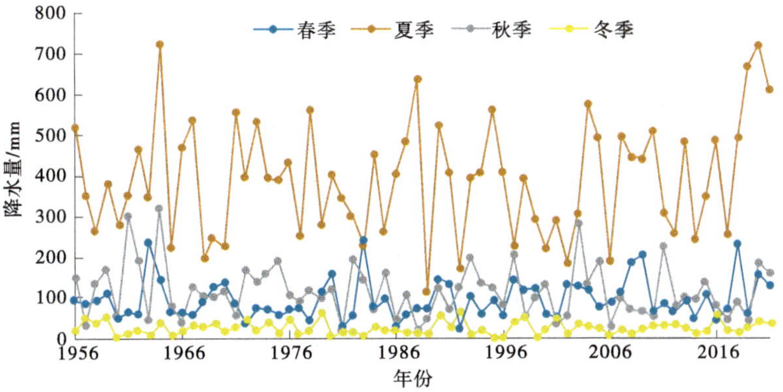

图 1-23　淄博站各季降水量变化趋势

表 1-5　淄博站不同年代各季降水量变化率　　单位:mm/a

时段	春季	夏季	秋季	冬季
1956~1959 年	6. 010	-49. 660	15. 130	8. 300
1960~1969 年	1. 677	-6. 797	-9. 572	2. 893
1970~1979 年	-2. 013	-2. 909	-1. 022	1. 562
1980~1989 年	-6. 281	4. 062	-7. 998	0. 507
1990~1999 年	1. 058	-10. 231	-1. 852	-3. 404
2000~2009 年	11. 795	25. 395	-5. 175	-1. 914
2010~2021 年	6. 989	27. 480	1. 126	0. 236
1956~2021 年	0. 344	0. 816	-0. 481	-0. 027

由图 1-23 和表 1-5 可知,淄博站多年来夏季降水量最大,冬季降水量最小,春季降水量与秋季降水量较接近。4 个季节降水量在 1956~2021 年总体上,春季和夏季呈上升趋势,秋季和冬季呈下降趋势,其中夏季变化率最大,为 0. 816 mm/a;其次为秋季和春季,变化率分别为-0. 481 mm/a 和 0. 344 mm/a;变化率最小的为冬季,为-0. 027 mm/a。从各年代变化率来看(鉴于 1956~1959 年仅有 4 年数据,序列较短,由此计算的变化率不具有代表性,故不参与对比分析),春季在 1970~1979 年、1980~1989 年呈阶段性下降趋势,其他年代均呈阶段性上升趋势,变化趋势最显著的为 2000~2009 年,呈现变化率为 11. 795 mm/a 的上升趋势,变化趋势最不显著的为 1990~1999 年,呈现变化率为 1. 058 mm/a 的上升趋势;夏季在 1960~1969 年、1970~1979 年和 1990~1999 年呈阶段性下降趋势,其他年代均呈阶段性上升趋势,变化趋势最显著的为 2010~2021 年,呈现变化率为 27. 480 mm/a 的上升趋势,变化趋势最不显著的为 1970~1979 年,呈现变化率为-2. 909 mm/a 的

下降趋势;秋季在 2010~2021 年呈阶段性上升趋势,其他年代均呈阶段性下降趋势,变化趋势最显著的为 1960~1969 年,呈现变化率为-9.572 mm/a 的下降趋势,变化趋势最不显著的为 1970~1979 年,呈现变化率为-1.022 mm/a 的下降趋势;冬季在 1990~1999 年、2000~2009 年呈阶段性下降趋势,其他年代均呈阶段性上升趋势,变化趋势最显著的为 1990~1999 年,呈现变化率为-3.404 mm/a 的下降趋势,变化趋势最不显著的为 2010~2021 年,呈现变化率为 0.236 mm/a 的上升趋势。此外,1956~2021 年变化率的绝对值均小于各年代变化率的绝对值。

4)广饶站季尺度演变趋势分析

广饶站不同年份各季降水量变化趋势如图 1-24 所示,不同年代各季降水量变化率见表 1-6。

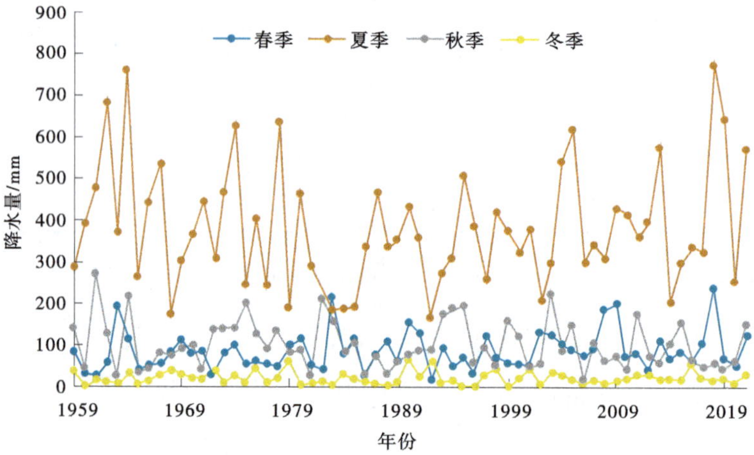

图 1-24 广饶站各季降水量变化趋势

表 1-6 广饶站不同年代各季降水量变化率

单位:mm/a

时段	春季	夏季	秋季	冬季
1959~1969 年	2.288	-10.646	-7.664	1.317
1970~1979 年	-0.998	-6.829	1.476	1.912
1980~1989 年	-2.713	6.372	-7.510	0.302
1990~1999 年	-5.645	5.767	0.949	-3.915
2000~2009 年	11.337	7.290	-4.153	-2.056
2010~2021 年	4.305	13.576	-1.154	-0.512
1959~2021 年	0.561	0.166	-0.479	0.026

由图 1-24 和表 1-6 可知,广饶站多年来夏季降水量最大,冬季降水量最小,春季降水量与秋季降水量较接近。4 个季节降水量在 1959~2021 年,秋季呈下降趋势,其余季节均呈缓慢上升趋势,其中春季变化率最大,为 0.561 mm/a;其次为秋季和夏季,变化率分别为-0.479 mm/a 和 0.166 mm/a;变化率最小的为冬季,为 0.026 mm/a。从各年代变化率来看,春季在 1970~1979 年、1980~1989 年和 1990~1999 年呈阶段性下降趋势,其他年代

均呈阶段性上升趋势，变化趋势最显著的为 2000～2009 年，呈现变化率为 11. 337 mm/a 的上升趋势，变化趋势最不显著的为 1970～1979 年，呈现变化率为-0. 998 mm/a 的下降趋势；夏季在 1959～1969 年、1970～1979 年呈阶段性下降趋势，其他年代均呈阶段性上升趋势，变化趋势最显著的为 2010～2021 年，呈现变化率为 13. 576 mm/a 的上升趋势，变化趋势最不显著的为 1990～1999 年，呈现变化率为 5. 767 mm/a 的上升趋势；秋季在 1970～1979 年、1990～1999 年呈阶段性上升趋势，其他年代均呈阶段性下降趋势，变化趋势最显著的为 1959～1969 年，呈现变化率为-7. 664 mm/a 的下降趋势，变化趋势最不显著的为 1990～1999 年，呈现变化率为 0. 949 mm/a 的上升趋势；冬季在 1990～1999 年、2000～2009 年和 2010～2021 年呈阶段性下降趋势，其他年代均呈阶段性上升趋势，变化趋势最显著的为 1990～1999 年，呈现变化率为-3. 915 mm/a 的下降趋势，变化趋势最不显著的为 1980～1989 年，呈现变化率为 0. 302 mm/a 的上升趋势。此外，1959～2021 年变化率的绝对值均小于各年代变化率的绝对值。

5）寿光站季尺度演变趋势分析

寿光站不同年份各季降水量变化趋势如图 1-25 所示，不同年代各季降水量变化率见表 1-7。

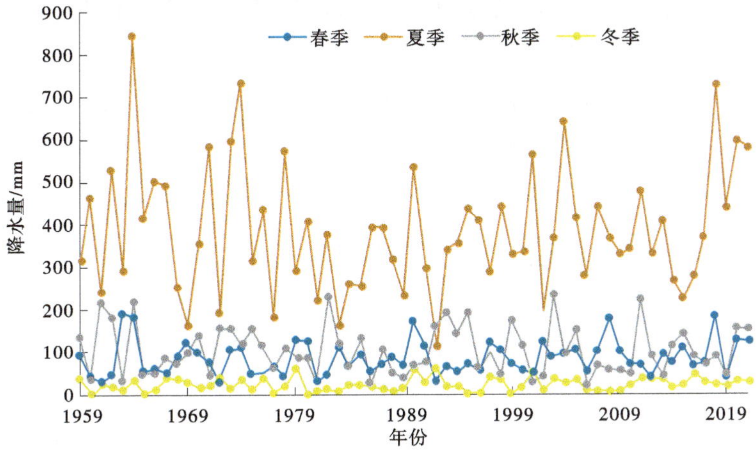

图 1-25　寿光站各季降水量变化趋势

表 1-7　寿光站不同年代各季降水量变化率　　单位：mm/a

时段	春季	夏季	秋季	冬季
1959～1969 年	2. 313	-6. 981	-6. 638	0. 931
1970～1979 年	-0. 350	-10. 055	-3. 958	1. 995
1980～1989 年	-0. 898	-0. 986	-6. 553	0. 802
1990～1999 年	-2. 827	1. 725	0. 252	-4. 082
2000～2009 年	7. 268	-4. 111	-5. 334	-2. 946
2010～2021 年	5. 312	22. 213	0. 729	-0. 373
1959～2021 年	0. 247	0. 146	-0. 226	0. 071

由图 1-25 和表 1-7 可知，寿光站多年来夏季降水量最大，冬季降水量最小，春季降水量与秋季降水量较接近。4 个季节降水量在 1959~2021 年，秋季呈下降趋势，其余季节均呈缓慢上升趋势，其中春季变化率最大，为 0.247 mm/a；其次为秋季和夏季，变化率分别为-0.226 mm/a 和 0.146 mm/a；变化率最小的为冬季，为 0.071 mm/a。从各年代变化率来看，春季在 1970~1979 年、1980~1989 年和 1990~1999 年呈阶段性下降趋势，其他年代均呈阶段性上升趋势，变化趋势最显著的为 2000~2009 年，呈现变化率为 7.268 mm/a 的上升趋势，变化趋势最不显著的为 1970~1979 年，呈现变化率为-0.350 mm/a 的下降趋势；夏季在 1990~1999 年、2010~2021 年呈阶段性上升趋势，其他年代均呈阶段性下降趋势，变化趋势最显著的为 2010~2021 年，呈现变化率为 22.213 mm/a 的上升趋势，变化趋势最不显著的为 1980~1989 年，呈现变化率为-0.986 mm/a 的下降趋势；秋季在 1990~1999 年、2010~2021 年呈阶段性上升趋势，其他年代均呈阶段性下降趋势，变化趋势最显著的为 1959~1969 年，呈现变化率为-6.638 mm/a 的下降趋势，变化趋势最不显著的为 1990~1999 年，呈现变化率为 0.252 mm/a 的上升趋势；冬季在 1990~1999 年、2000~2009 年和 2010~2021 年呈阶段性下降趋势，其他年代均呈阶段性上升趋势，变化趋势最显著的为 1990~1999 年，呈现变化率为-4.082 mm/a 的下降趋势，变化趋势最不显著的为 2010~2021 年，呈现变化率为-0.373 mm/a 的下降趋势。此外，1959~2021 年变化率的绝对值均小于各年代变化率的绝对值。

6) 小清河流域季尺度演变趋势分析

小清河流域不同年份各季降水量变化趋势如图 1-26 所示，不同年代各季降水量变化率见表 1-8。

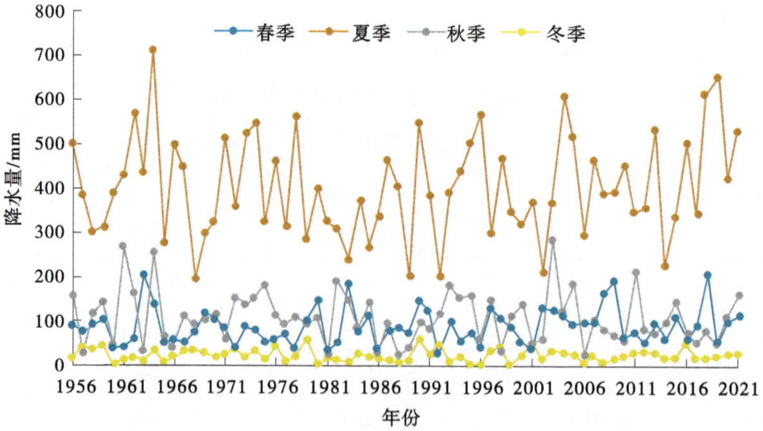

图 1-26　小清河流域各季降水量变化趋势

表 1-8　小清河流域不同年代各季降水量变化率　　单位:mm/a

时段	春季	夏季	秋季	冬季
1956~1959 年	5.381	-65.943	4.468	7.700
1960~1969 年	2.612	-19.943	-6.914	2.590
1970~1979 年	-1.825	-4.261	-1.829	1.688
1980~1989 年	-3.827	-1.598	-8.305	0.205
1990~1999 年	-2.061	-0.519	-2.481	-3.366
2000~2009 年	11.038	10.560	-5.516	-2.474
2010~2021 年	4.627	15.686	-0.590	-0.374
1956~2021 年	0.395	0.480	-0.315	-0.009

由图 1-26 和表 1-8 可知,小清河流域多年来夏季降水量最大,冬季降水量最小,春季降水量与秋季降水量较接近。总体上 4 个季节降水量在 1956~2021 年,春季和夏季呈上升趋势,秋季和冬季呈下降趋势,其中夏季变化率最大,为 0.480 mm/a;其次为春季和秋季,变化率分别为 0.395 mm/a 和-0.315 mm/a;变化率最小的为冬季,为-0.009 mm/a。从各年代变化率来看(鉴于 1956~1959 年仅有 4 年数据,序列较短,由此计算的变化率不具有代表性,故不参与对比分析),春季在 1970~1979 年、1980~1989 年、1990~1999 年呈阶段性下降趋势,其他年代均呈阶段性上升趋势,变化趋势最显著的为 2000~2009 年,呈现变化率为 11.038 mm/a 的上升趋势,变化趋势最不显著的为 1970~1979 年,呈现变化率为-1.825 mm/a 的下降趋势;夏季在 2000~2009 年、2010~2021 年呈阶段性上升趋势,其他年代均呈阶段性下降趋势,变化趋势最显著的为 1960~1969 年,呈现变化率为-19.943 mm/a 的下降趋势,变化趋势最不显著的为 1990~1999 年,呈现变化率为-0.519 mm/a 的下降趋势;秋季均呈阶段性下降趋势,变化趋势最显著的为 1980~1989 年,呈现变化率为-8.305 mm/a 的下降趋势,变化趋势最不显著的为 2010~2021 年,呈现变化率为-0.590 mm/a 的下降趋势;冬季在 1960~1969 年、1970~1979 年、1980~1989 年呈阶段性上升趋势,其他年代均呈阶段性下降趋势,变化趋势最显著的为 1990~1999 年,呈现变化率为-3.366 mm/a 的下降趋势,变化趋势最不显著的为 1980~1989 年,呈现变化率为 0.205 mm/a 的上升趋势。此外,1956~2021 年变化率的绝对值均小于各年代变化率的绝对值。

3. 月尺度演变趋势分析

1) 济南站月尺度演变趋势分析

济南站 1956~2021 年月降水量分布特征见图 1-27,其变化趋势见图 1-28,各年代变化率见表 1-9。

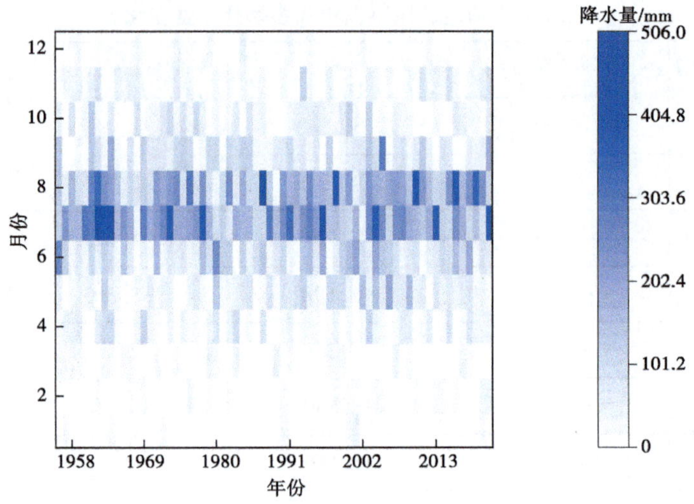

图 1-27　济南站 1956~2021 年月降水量分布热图

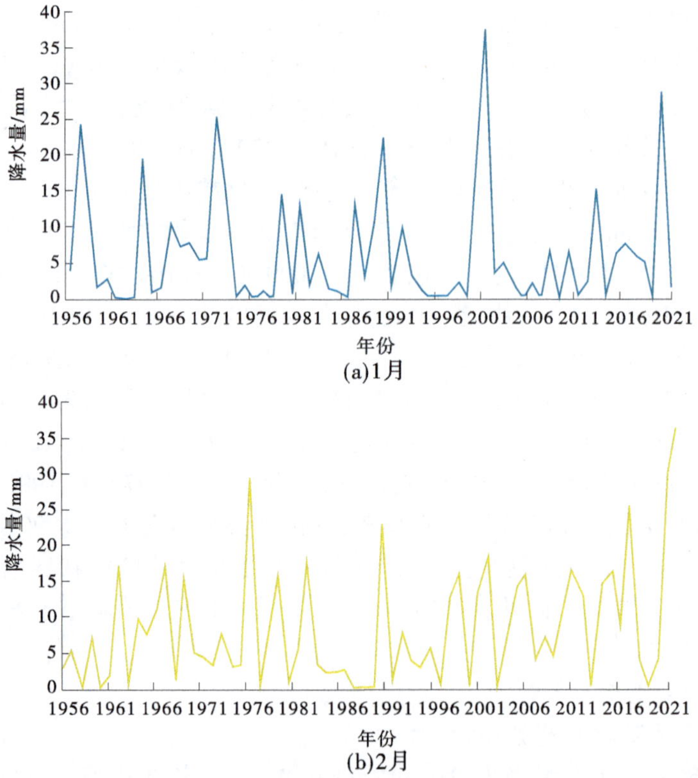

图 1-28　济南站月降水量变化趋势

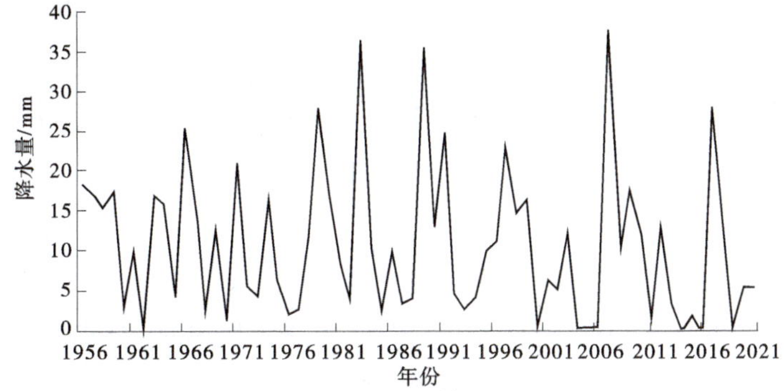

(c)3月

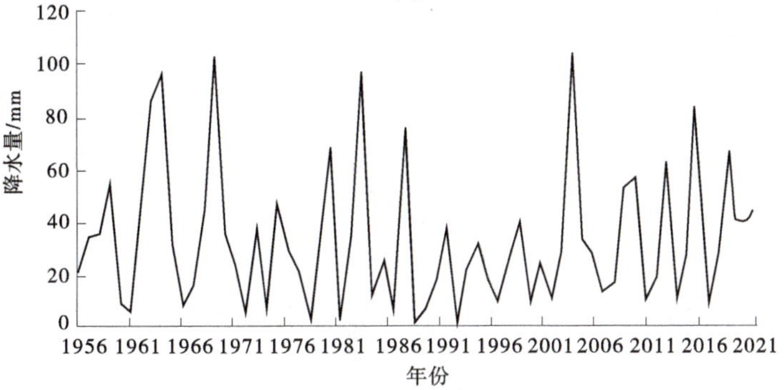

(d)4月

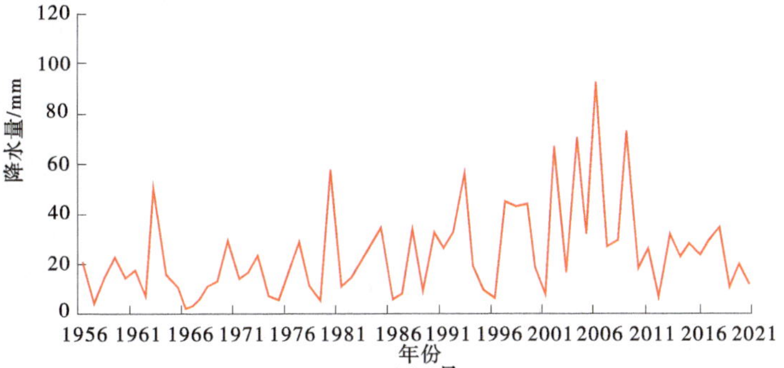

(e)5月

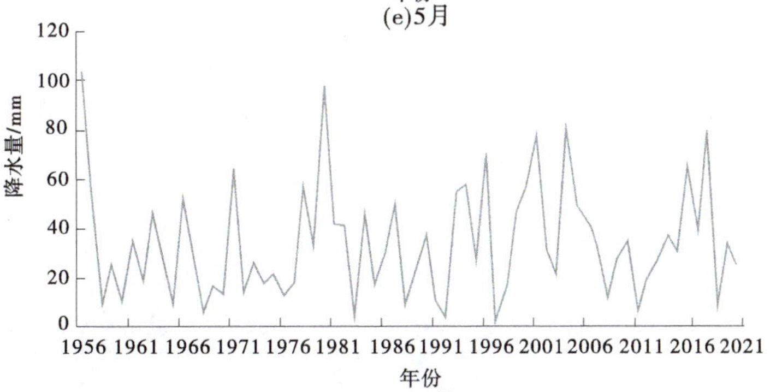

(f)6月

续图 1-28

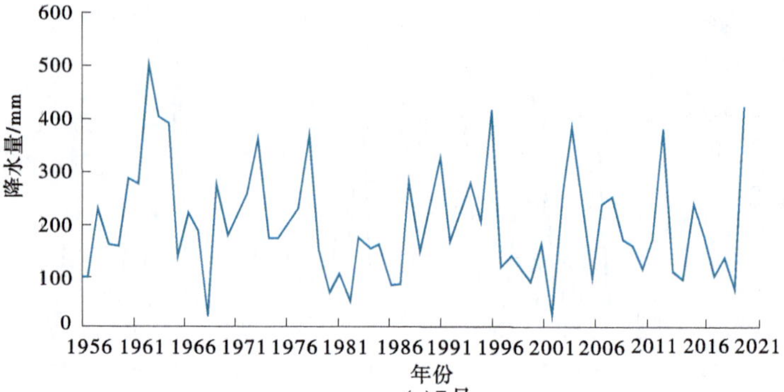

(g)7月

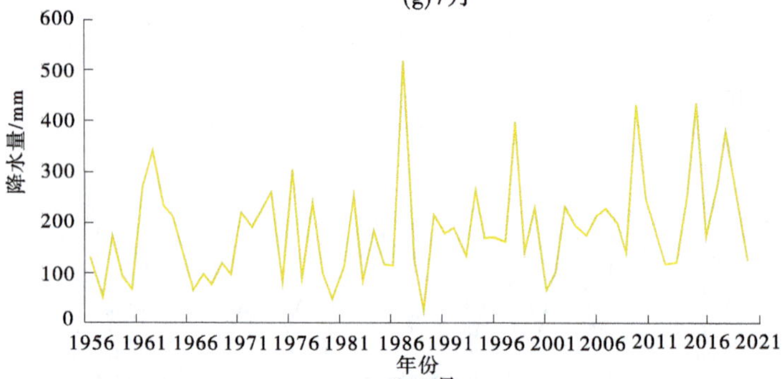

(h)8月

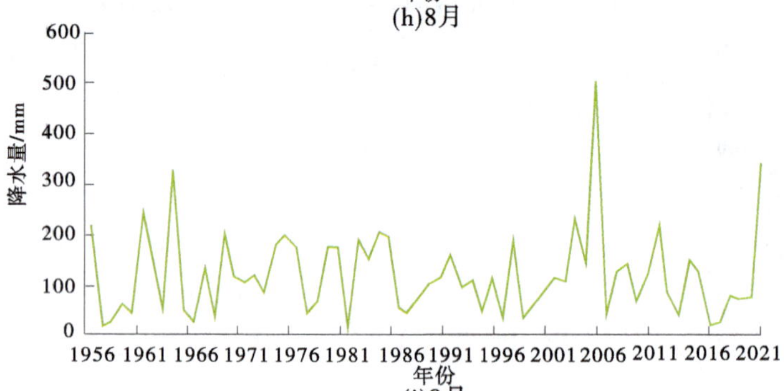

(i)9月

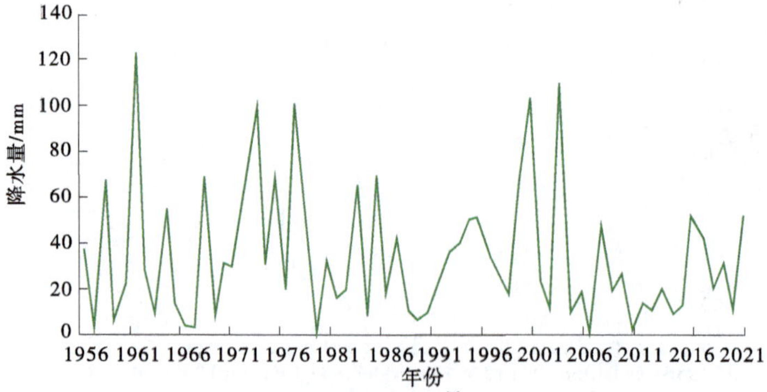

(j)10月

续图 1-28

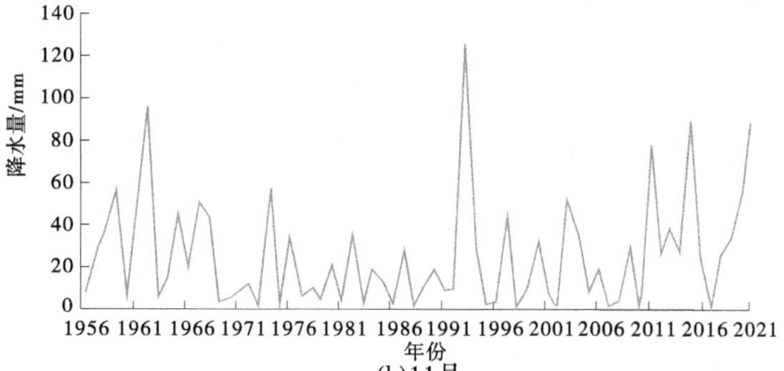

(k)11月

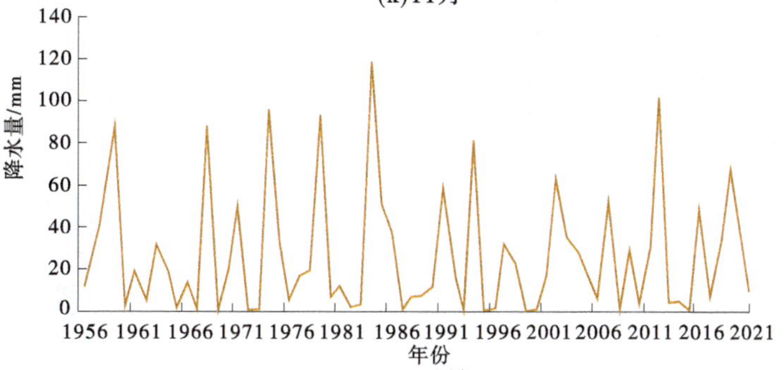

(l)12月

续图 1-28

表 1-9 济南站月降水量各年代变化率 单位:mm/a

月份	1956~1959 年	1960~1969 年	1970~1979 年	1980~1989 年	1990~1999 年	2000~2009 年	2010~2021 年	1956~2021 年
1	-1.720	0.815	-0.745	0.307	-1.546	-2.424	0.547	-0.017
2	0.900	1.214	1.309	-1.032	-0.657	-0.709	1.352	0.157
3	-0.570	1.011	1.074	0.435	0.632	2.363	0.077	-0.090
4	10.030	3.767	-0.301	-3.684	0.067	1.436	1.711	-0.038
5	3.350	-2.824	-2.436	-4.335	1.614	7.922	-0.510	0.642
6	-68.050	-1.521	1.577	-12.331	2.065	-10.306	3.233	0.218
7	8.230	-25.816	1.641	10.923	-13.202	11.038	4.477	-0.849
8	1.250	-16.552	-1.846	7.757	4.468	4.206	-2.110	1.468
9	-26.520	-1.642	0.664	-4.445	-4.031	-0.310	1.402	0.089
10	-3.070	-4.129	-1.270	-1.448	2.524	-5.312	2.801	-0.177
11	13.710	-1.249	0.060	-0.837	-1.930	-0.960	1.842	0.112
12	7.440	0.613	0.864	-0.004	-0.667	-0.007	0.051	-0.009

从图 1-27 可以看出,济南站降水量主要分布在汛期的 7 月、8 月和 9 月,汛期月平均降

水量为 129.6 mm,月降水量最大值发生在 1962 年 7 月,达到 504.5 mm,最小值为 0,多发生在 1 月、11 月和 12 月。由图 1-28 和表 1-9 可知,各月降水量在 1956~2021 年均呈横向波动震荡趋势,无明显上升或下降趋势,其中 2 月、5 月、6 月、8 月、9 月、11 月呈现缓慢上升趋势,其他月份呈缓慢下降趋势;变化率最大的为 8 月,呈现变化率为 1.468 mm/a 的上升趋势,变化率最小的为 1 月,呈现变化率为-0.017 mm/a 的下降趋势。从各年代变化率来看(鉴于 1956~1959 年仅有 4 年数据,序列较短,由此计算的变化率不具有代表性,故不参与对比分析),变化趋势最为显著的为 1960~1969 年 7 月和 8 月,分别呈现变化率为-25.816 mm/a 和-16.552 mm/a 的下降趋势;变化趋势最不显著的为 1980~1989 年 12 月和 2000~2009 年 12 月,分别呈现变化率为-0.004 mm/a 和-0.007 mm/a 的下降趋势。

2) 博兴站月尺度演变趋势分析

博兴站 1959~2021 年月降水量分布特征见图 1-29,其变化趋势见图 1-30,各年代变化率见表 1-10。

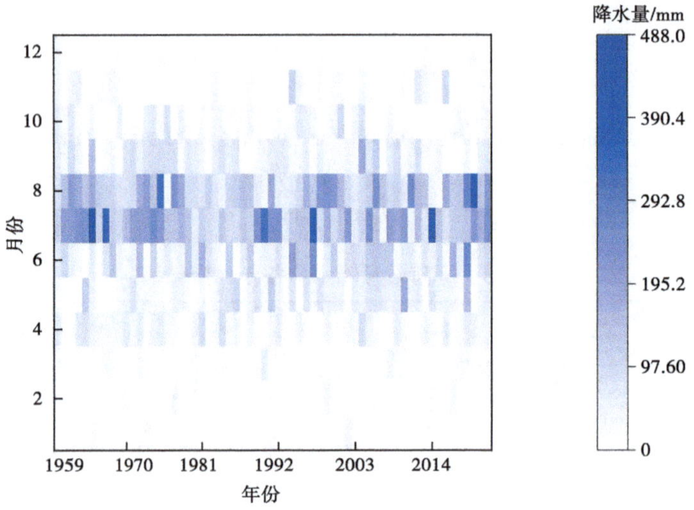

图 1-29 博兴站 1959~2021 年月降水量分布热图

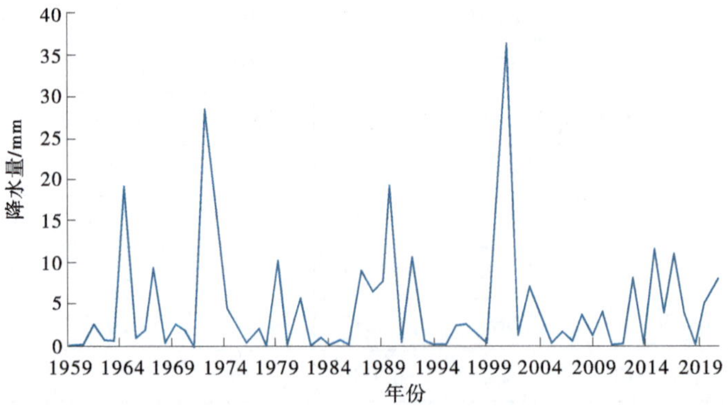

图 1-30 博兴站月降水量变化趋势

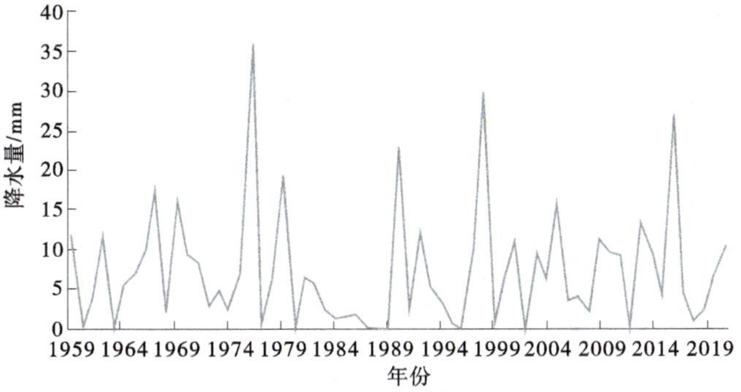

(b)2月

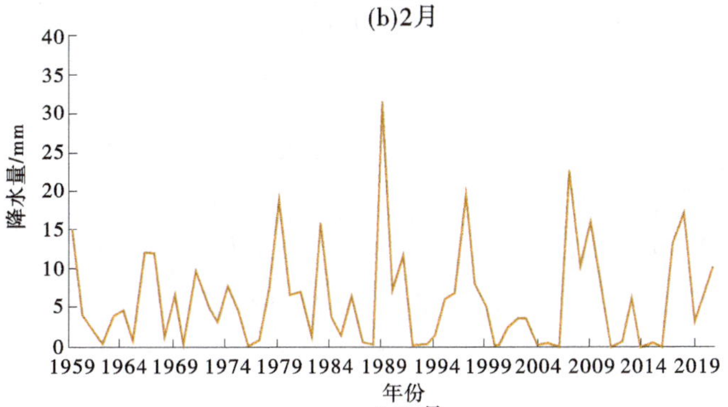

(c)3月

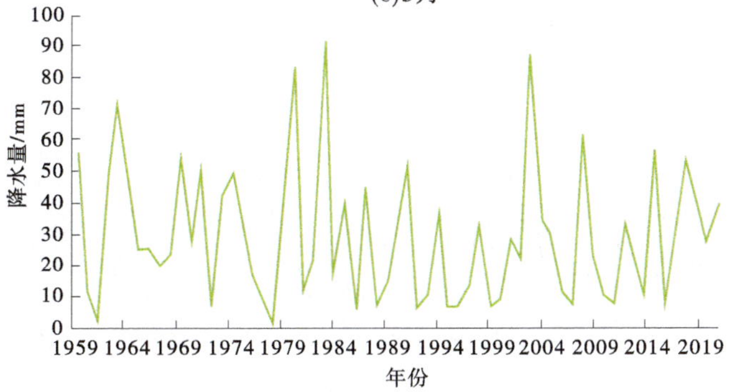

(d)4月

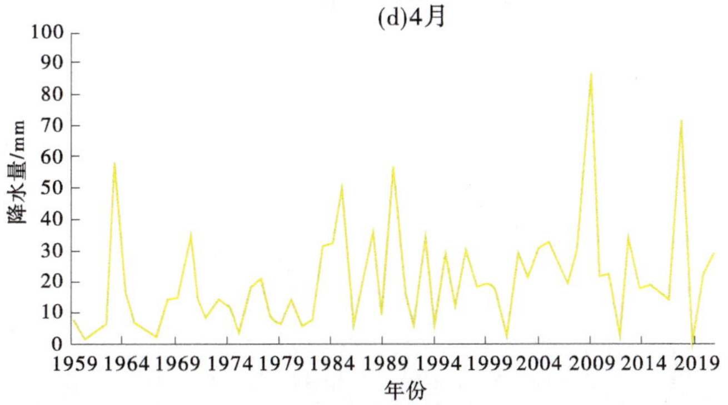

(e)5月

续图 1-30

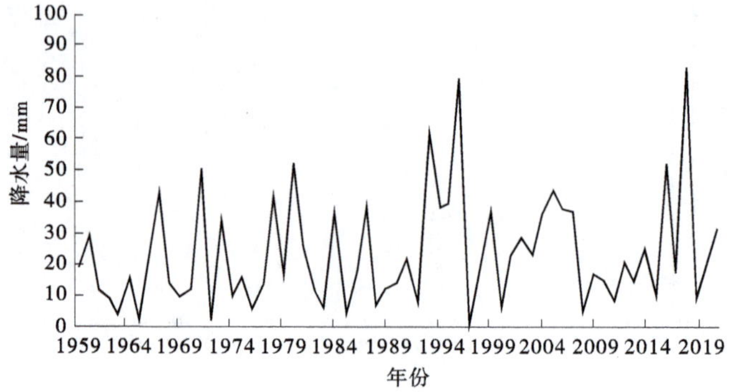

(f)6月

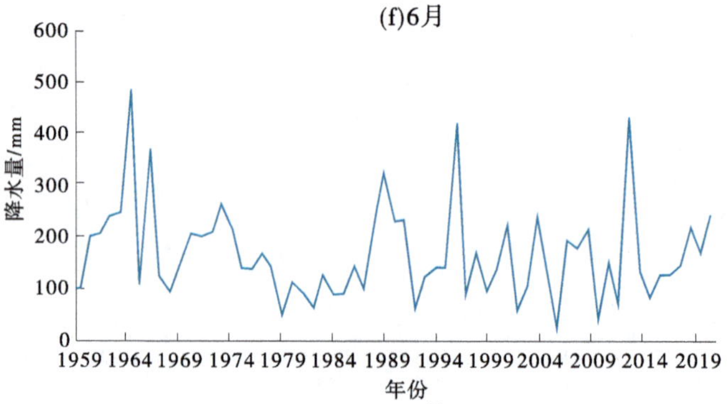

(g)7月

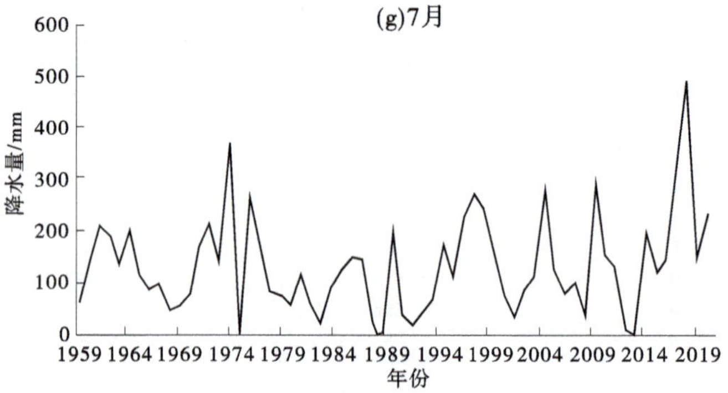

(h)8月

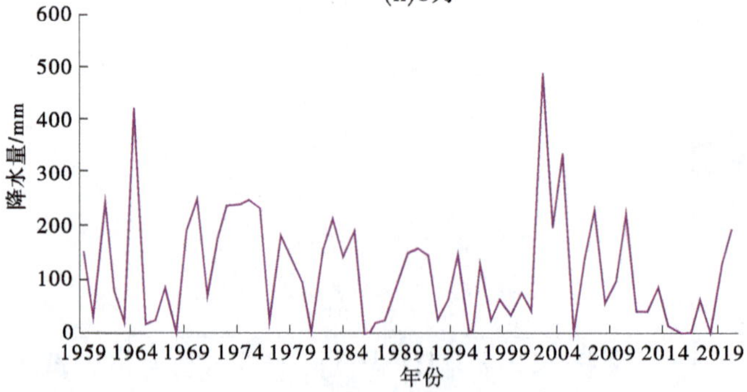

(i)9月

续图 1-30

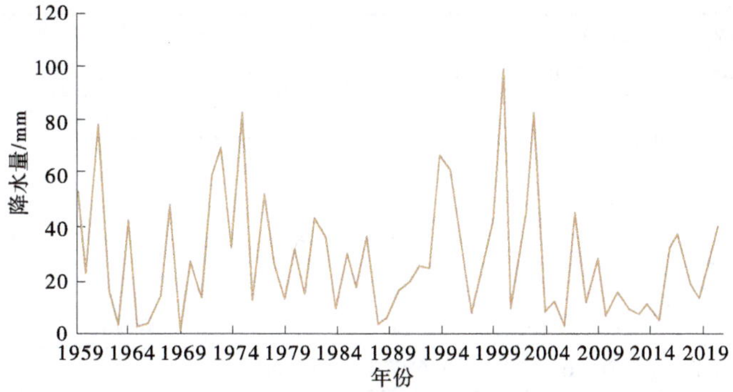

(j)10月

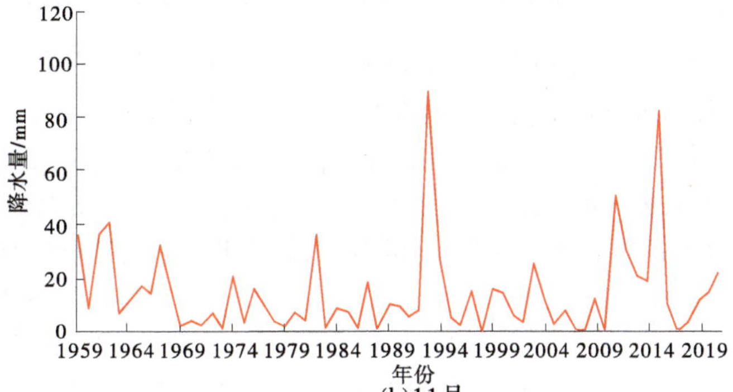

(k)11月

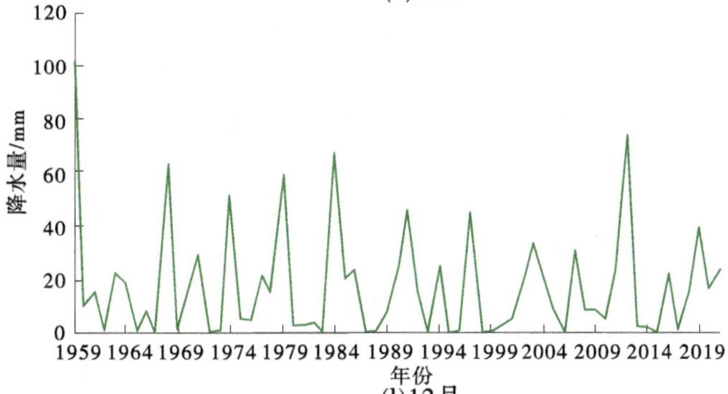

(l)12月

续图 1-30

表 1-10　博兴站月降水量各年代变化率　　单位：mm/a

月份	1959～1969 年	1970～1979 年	1980～1989 年	1990～1999 年	2000～2009 年	2010～2021 年	1959～2021 年
1	0.353	-0.644	0.664	-1.209	-2.330	0.303	0.012
2	0.857	1.244	-0.607	-0.321	-0.046	-0.224	0.011
3	-0.025	1.076	1.340	0.752	2.743	1.100	0.014
4	-0.049	-2.178	-4.646	-2.306	0.409	2.490	-0.115

续表 1-10

月份	1959~1969 年	1970~1979 年	1980~1989 年	1990~1999 年	2000~2009 年	2010~2021 年	1959~2021 年
5	0.386	-2.996	1.644	-3.651	9.919	1.662	0.561
6	0.370	-0.841	-6.696	3.882	1.379	6.334	0.649
7	-2.718	-14.980	18.738	-3.910	4.198	6.978	-0.711
8	-7.030	-3.575	-1.853	16.402	-2.142	10.378	0.647
9	-1.768	-1.989	-2.578	-3.876	-2.142	10.378	-0.306
10	-3.636	-1.192	-2.317	0.997	-4.987	2.427	-0.158
11	-2.362	0.266	-0.697	-1.811	-1.067	-1.986	0.052
12	-1.293	0.941	0.085	-1.027	0.064	-0.072	-0.037

从图 1-29 可以看出,博兴站降水量主要分布在汛期的 7 月、8 月和 9 月,汛期月平均降水量为 108.1 mm,月降水量最大值发生在 1964 年 7 月,达到 486.1 mm,最小值为 0,多发生在 1 月、11 月和 12 月。由图 1-30 和表 1-10 可知,各月降水量在 1959~2021 年均呈横向波动震荡趋势,无明显上升或下降趋势,其中 1 月、2 月、3 月、5 月、6 月、8 月、11 月呈缓慢上升趋势,其他月份呈缓慢下降趋势;变化率最大的为 7 月,呈现变化率为-0.711 mm/a 的下降趋势,变化率最小的为 2 月,呈现变化率为 0.011 mm/a 的上升趋势。从各年代变化率来看,变化趋势最为显著的为 1980~1989 年 7 月和 1990~1999 年 8 月,分别呈现变化率为 18.738 mm/a 和 16.402 mm/a 的上升趋势;变化趋势最不显著的为 1959~1969 年 3 月和 2000~2009 年 2 月,分别呈现变化率为-0.025 mm/a 和-0.046 mm/a 的下降趋势。

3) 淄博站月尺度演变趋势分析

淄博站 1956~2021 年月降水量分布特征见图 1-31,其变化趋势见图 1-32,各年代变化率见表 1-11。

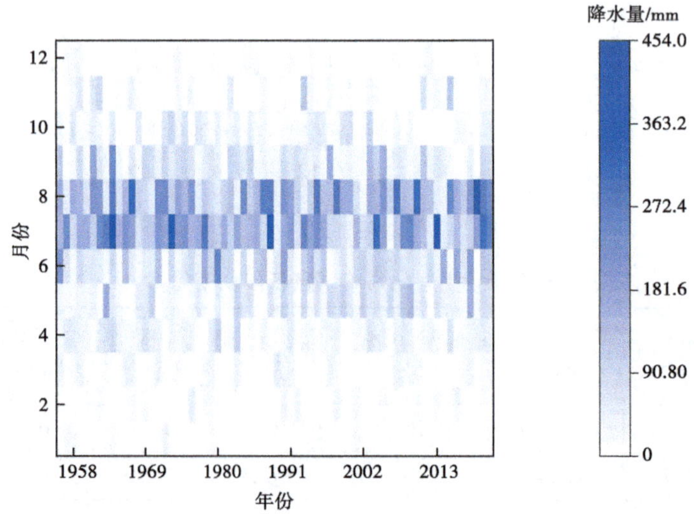

图 1-31 淄博站 1956~2021 年月降水量分布热图

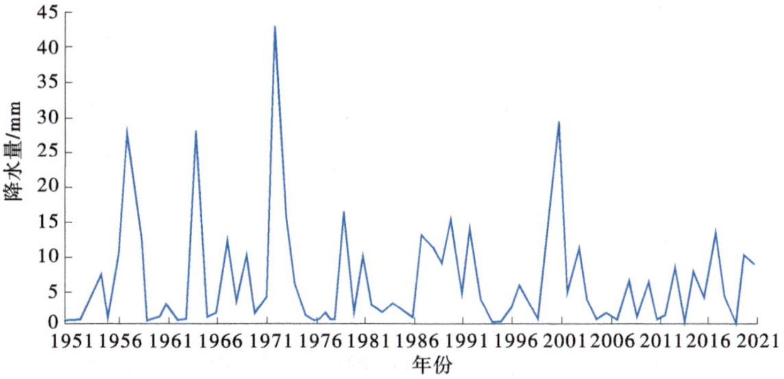

(a)1月

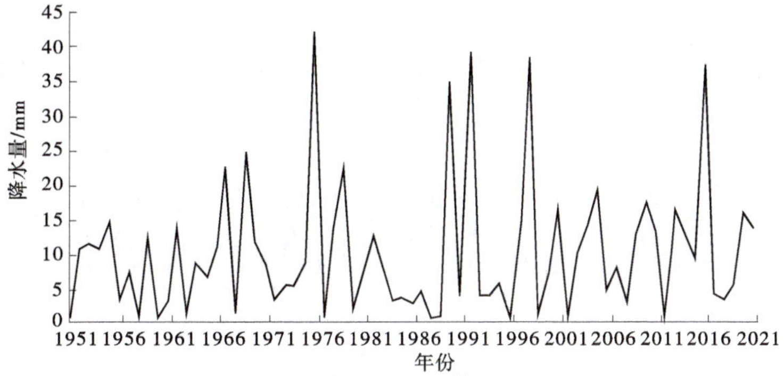

(b)2月

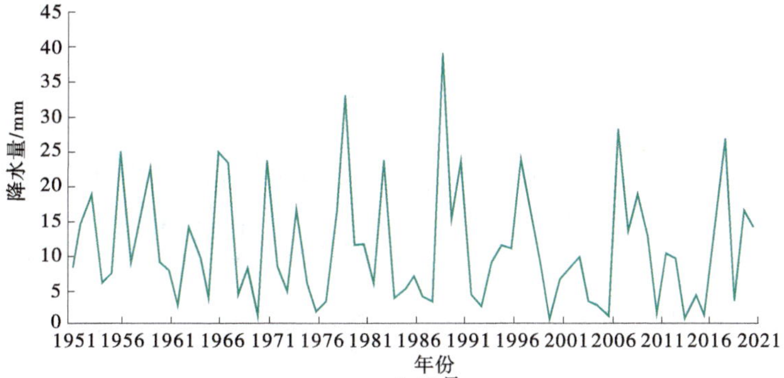

(c)3月

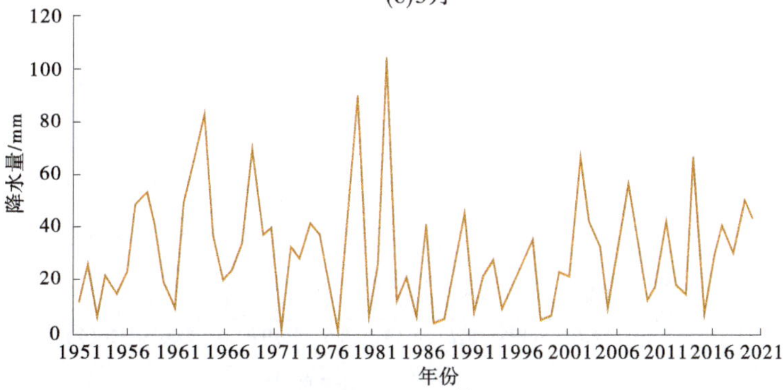

(d)4月

图 1-32　淄博站月降水量变化趋势

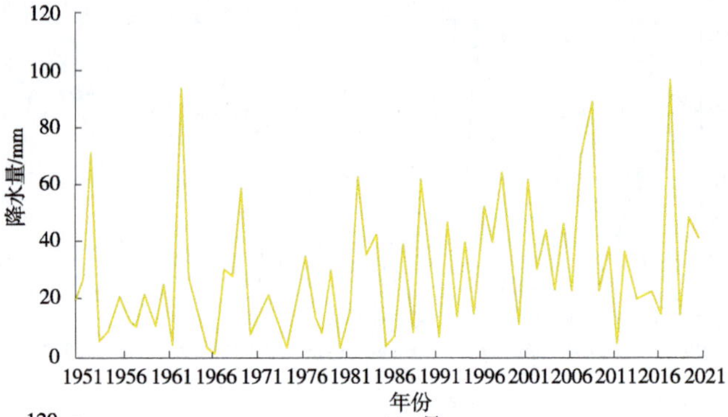

(e)5月

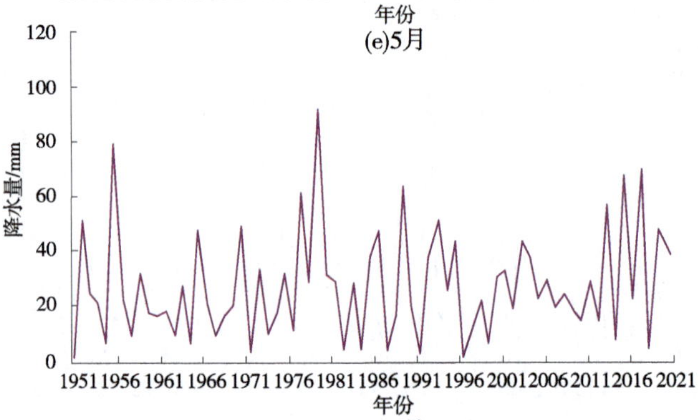

(f)6月

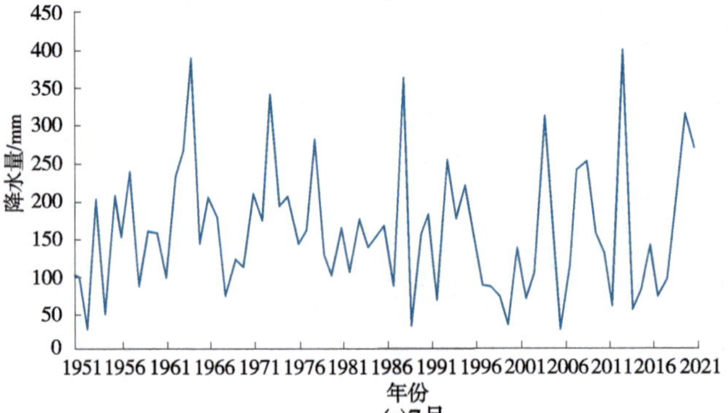

(g)7月

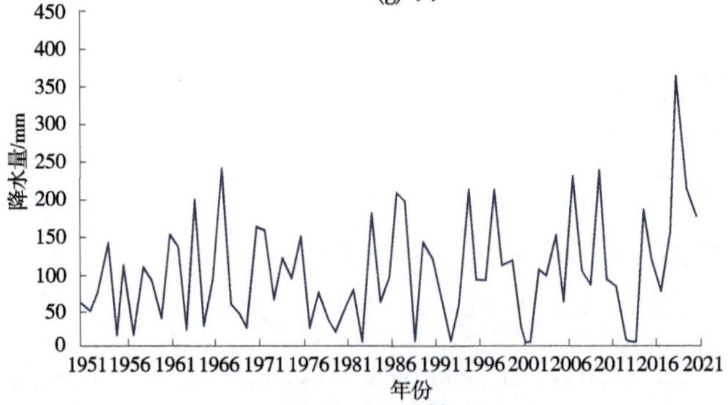

(h)8月

续图 1-32

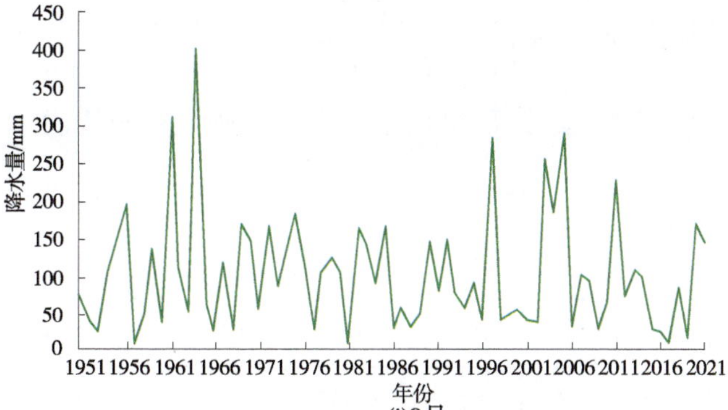

(i)9月

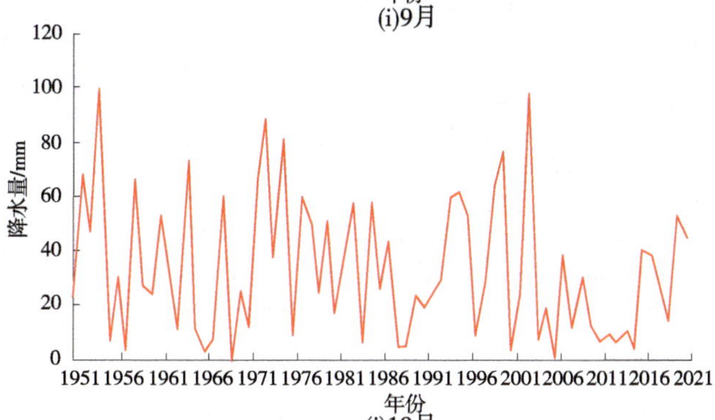

(j)10月

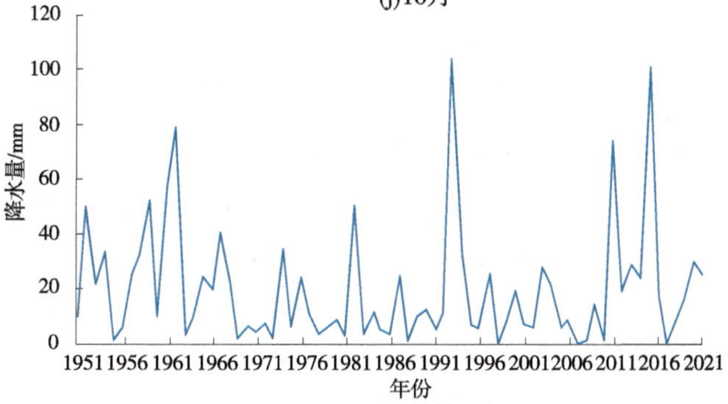

(k)11月

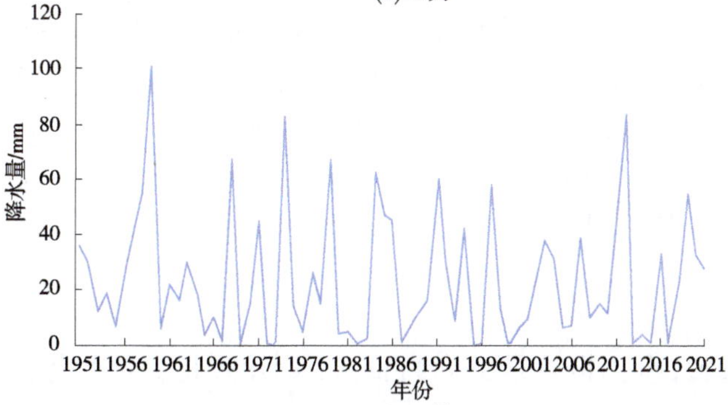

(l)12月

续图 1-32

表 1-11 淄博站月降水量各年代变化率　　单位:mm/a

月份	1956~1959 年	1960~1969 年	1970~1979 年	1980~1989 年	1990~1999 年	2000~2009 年	2010~2021 年	1956~2021 年
1	-3. 390	0. 691	-0. 893	0. 747	-1. 101	-1. 938	0. 423	-0. 066
2	2. 390	1. 931	1. 666	-0. 712	-1. 373	-0. 101	-0. 206	0. 079
3	-0. 090	0. 828	1. 396	1. 141	0. 216	2. 426	1. 082	-0. 063
4	6. 100	1. 958	-0. 067	-5. 993	-1. 142	2. 181	2. 328	-0. 156
5	0	-1. 109	-3. 343	-1. 429	1. 985	7. 189	3. 580	0. 563
6	-39. 740	0. 762	3. 256	-11. 272	-7. 224	1. 147	5. 576	0. 266
7	-12. 270	-7. 273	0. 110	4. 104	-9. 679	15. 071	8. 923	-0. 419
8	2. 350	-0. 286	-6. 275	11. 231	6. 673	9. 178	12. 981	0. 970
9	-7. 860	-4. 198	-1. 504	-3. 864	-1. 840	-0. 335	0. 893	-0. 298
10	5. 400	-2. 281	0. 179	-3. 139	2. 449	-3. 491	3. 645	-0. 167
11	17. 590	-3. 093	0. 302	-0. 995	-2. 461	-1. 349	-1. 626	-0. 016
12	9. 300	0. 271	0. 789	0. 472	-0. 930	0. 124	0. 019	-0. 040

从图 1-31 可以看出,淄博站降水量主要分布在汛期的 7 月、8 月和 9 月,汛期月平均降水量为 113. 2 mm,月降水量最大值发生在 2019 年 8 月,达到 453. 3 mm,最小值为 0,多发生在 1 月、11 月和 12 月。由图 1-32 和表 1-11 可知,各月降水量在 1956~2021 年均呈横向波动震荡趋势,无明显上升或下降趋势,其中 2 月、5 月、6 月、8 月呈现缓慢上升趋势,其他月份呈缓慢下降趋势;变化率最大的为 8 月,呈现变化率为 0. 970 mm/a 的上升趋势,变化率最小的为 11 月,呈现变化率为-0. 016 mm/a 的下降趋势。从各年代变化率来看(鉴于 1956~1959 年仅有 4 年数据,序列较短,由此计算的变化率不具有代表性,故不参与对比分析),变化趋势最为显著的为 2000~2009 年 7 月和 2010~2021 年 8 月,分别呈现变化率为 15. 071 mm/a 和 12. 981 mm/a 的上升趋势;变化趋势最不显著的为 2010~2021 年 12 月和 1970~1979 年 4 月,分别呈现变化率为 0. 019 mm/a 的上升趋势和-0. 067 mm/a 的下降趋势。

4)广饶站月尺度演变趋势分析

广饶站 1959~2021 年月降水量分布特征见图 1-33,其变化趋势见图 1-34,各年代变化率见表 1-12。

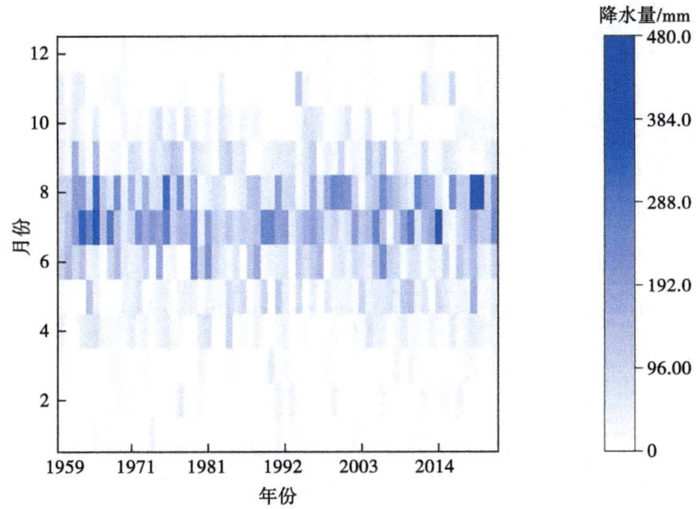

图 1-33　广饶站 1959~2021 年月降水量分布热图

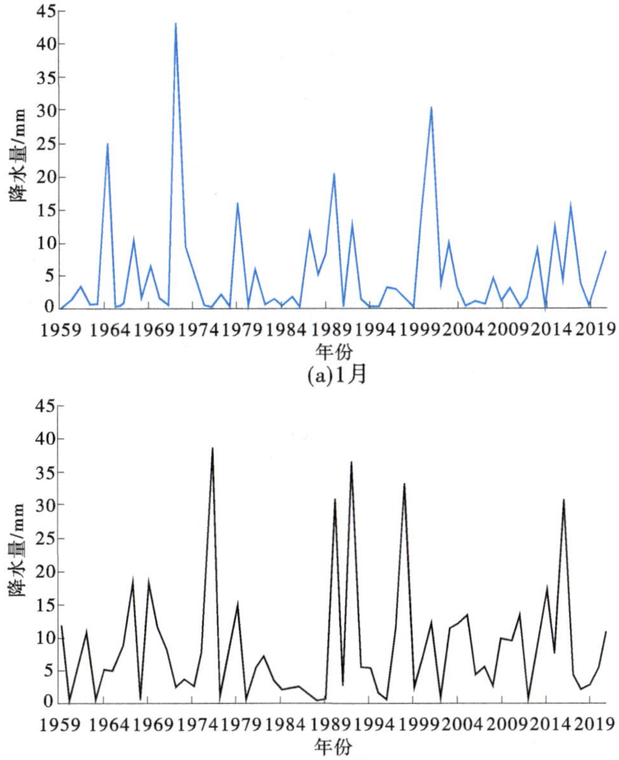

(a)1月

(b)2月

图 1-34　广饶站 1959~2021 年月降水量变化趋势

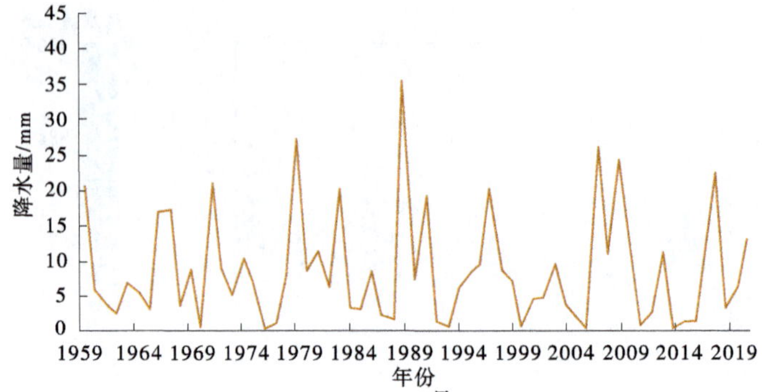

(c)3月

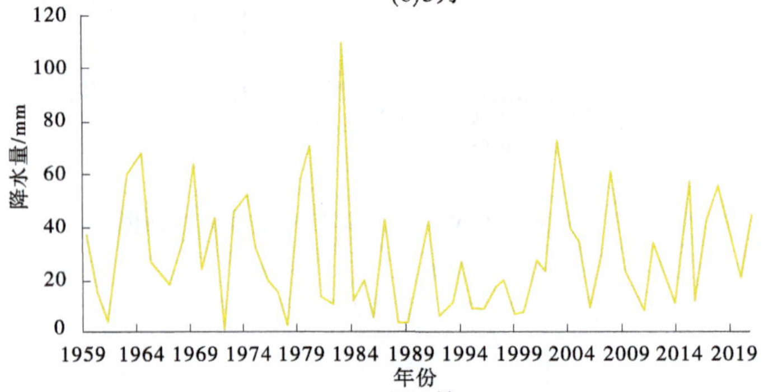

(d)4月

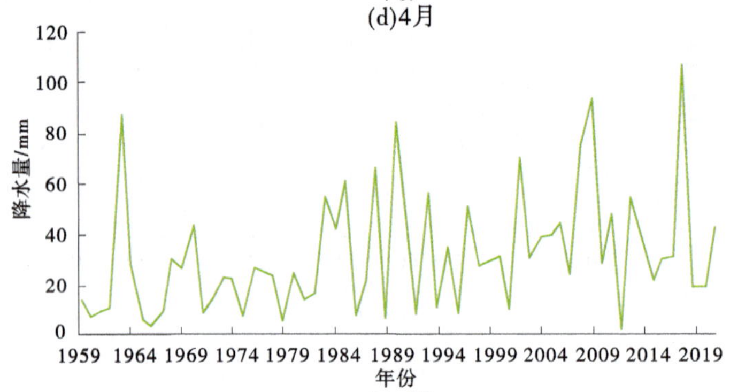

(e)5月

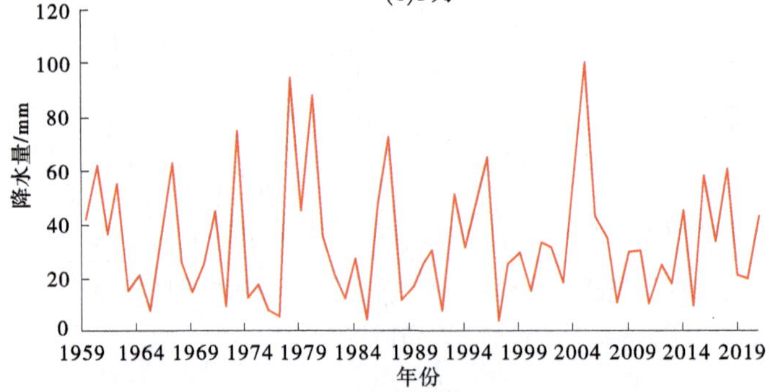

(f)6月

续图 1-34

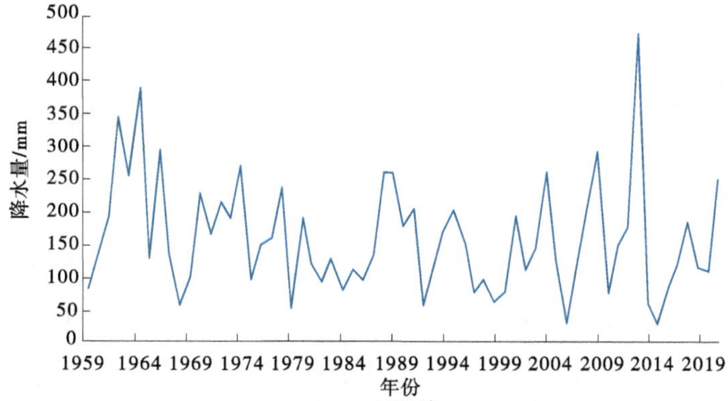

(g)7月

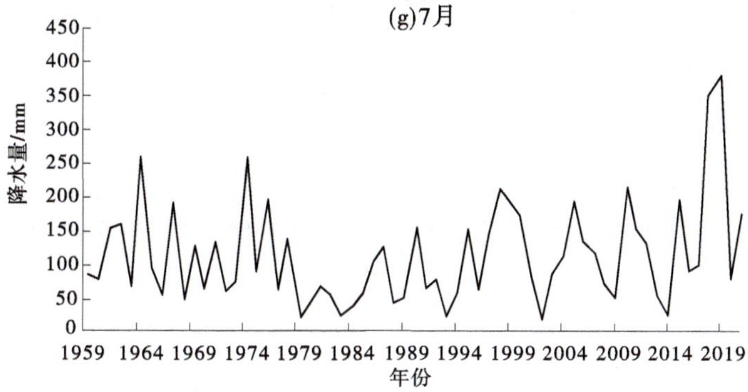

(h)8月

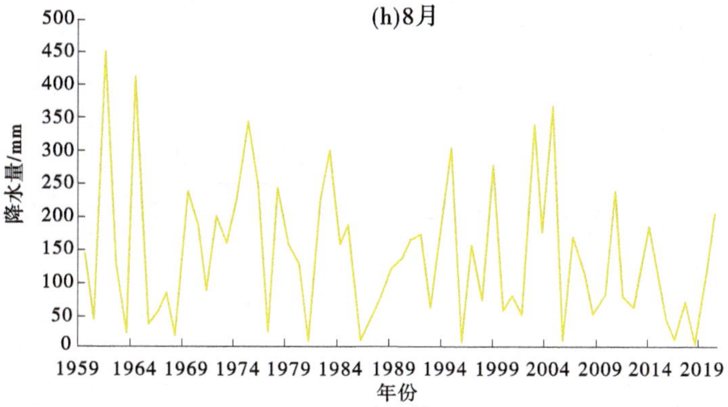

(i)9月

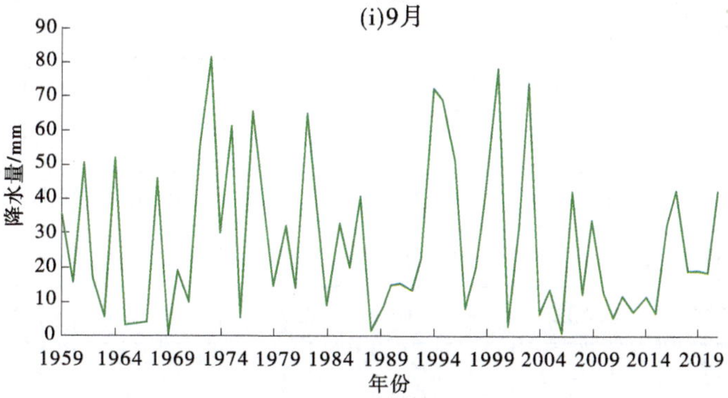

(j)10月

续图 1-34

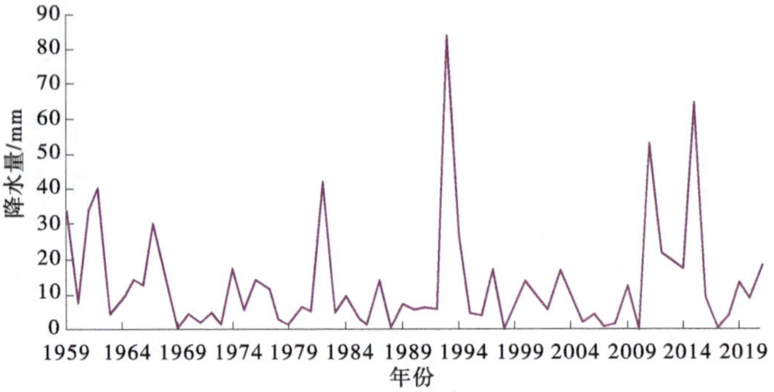

(k)11月

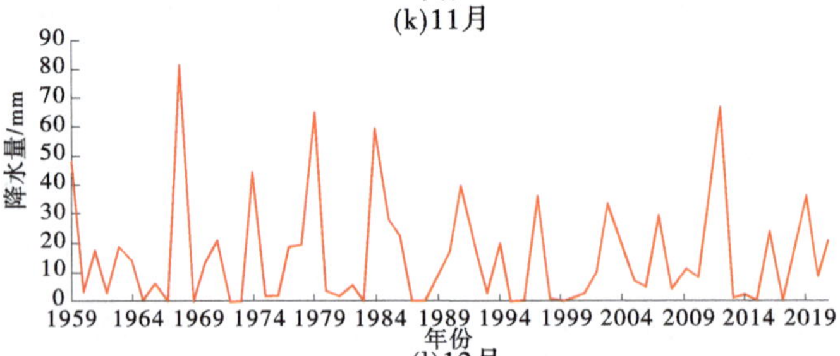

(l)12月

续图 1-34

表 1-12 广饶站月降水量各年代变化率

单位:mm/a

月份	1959~1969 年	1970~1979 年	1980~1989 年	1990~1999 年	2000~2009 年	2010~2021 年	1959~2021 年
1	0.471	-0.641	0.702	-1.253	-2.111	0.289	-0.004
2	0.829	1.030	-0.527	-1.546	-0.238	-0.422	0.038
3	-0.067	0.756	1.010	0.376	2.663	0.782	-0.013
4	1.590	-0.031	-4.735	-1.527	1.166	2.088	-0.068
5	0.766	-1.723	1.012	-4.494	7.508	1.435	0.642
6	-5.601	4.742	-7.317	0.721	1.638	3.739	-0.069
7	-5.716	-10.36	10.212	-9.449	9.243	-0.024	-0.788
8	0.670	-1.216	3.478	14.496	-3.591	9.861	1.022
9	-2.952	0.934	-3.029	1.408	0.101	-1.266	-0.395
10	-2.058	0.139	-2.836	1.752	-2.920	2.421	-0.105
11	-2.654	0.402	-1.646	-2.210	-1.334	-2.310	0.021
12	0.017	1.522	0.126	-1.116	0.293	-0.379	-0.008

从图 1-33 可以看出,广饶站降水量主要分布在汛期的 7 月、8 月和 9 月,汛期月平均

降水量为 109.7 mm,月降水量最大值发生在 2019 年 8 月,达到 478.2 mm,最小值为 0,多发生在 1 月、11 月和 12 月。由图 1-34 和表 1-12 可知,各月降水量在 1959~2021 年均呈横向波动震荡趋势,无明显上升或下降趋势,其中 2 月、5 月、8 月、11 月呈现缓慢上升趋势,其他月份呈缓慢下降趋势;变化率最大的为 8 月,呈现变化率为 1.022 mm/a 的上升趋势,变化率最小的为 1 月,呈现变化率为-0.004 mm/a 的下降趋势。从各年代变化率来看,变化趋势最为显著的为 1990~1999 年 8 月和 1970~1979 年 7 月,分别呈现变化率为 14.496 mm/a 的上升趋势和-10.36 mm/a 的下降趋势;变化趋势最不显著的为 1959~1969 年 12 月和 1970~1979 年 4 月,分别呈现变化率为 0.017 mm/a 的上升趋势和-0.031 mm/a 的下降趋势。

5)寿光站月尺度演变趋势分析

寿光站 1959~2021 年月降水量分布特征见图 1-35,其变化趋势见图 1-36,各年代变化率见表 1-13。

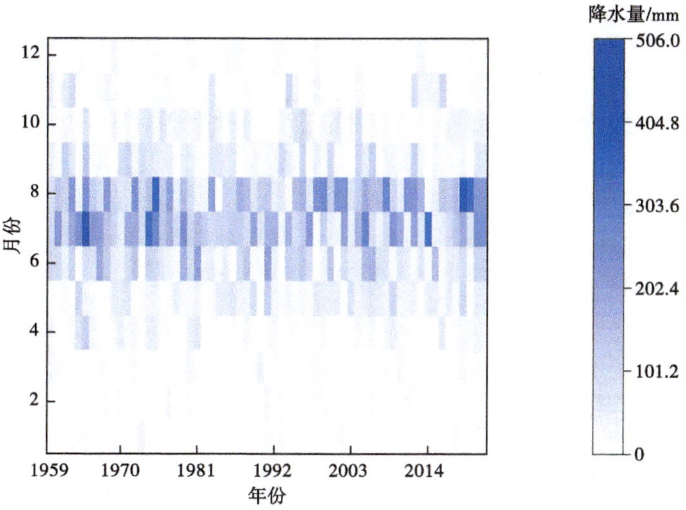

图 1-35　寿光站 1959~2021 年月降水量分布热图

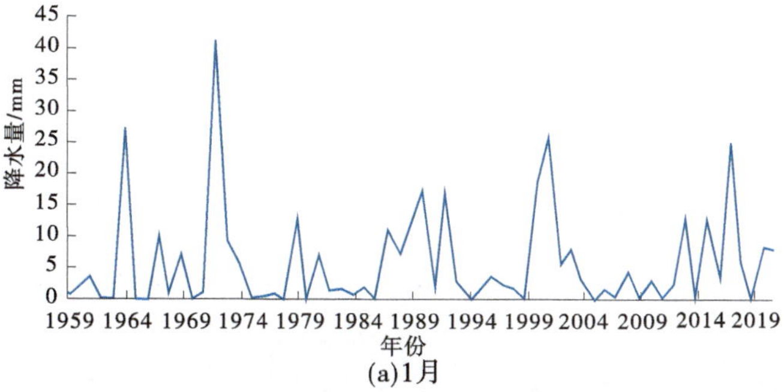

图 1-36　寿光站 1959~2021 年月降水量变化趋势

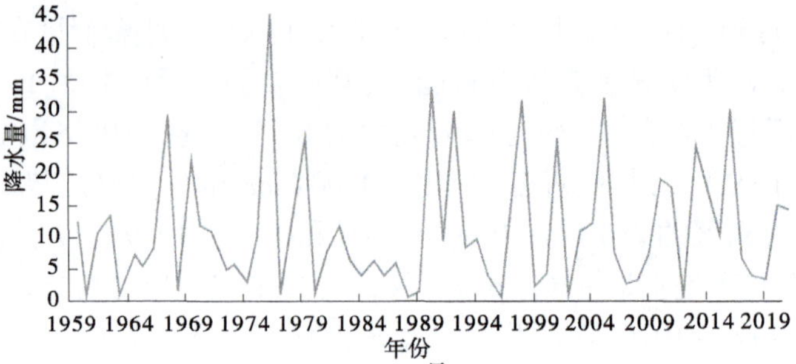

(b)2月

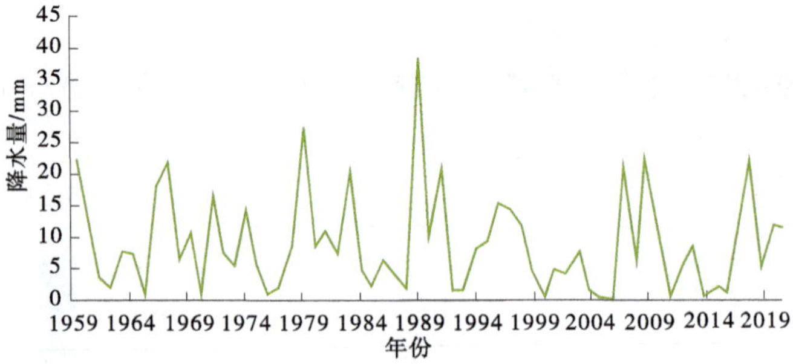

(c)3月

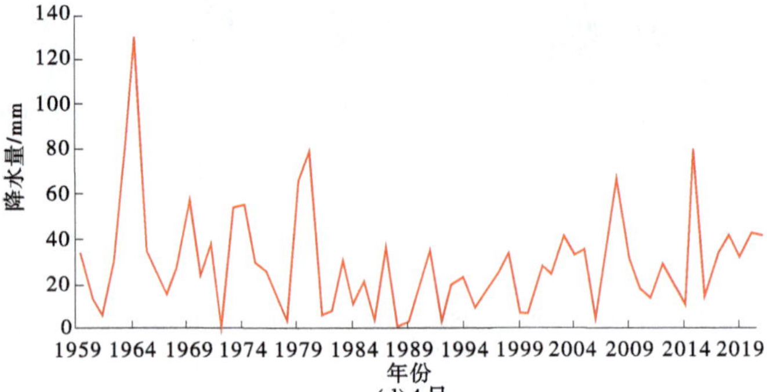

(d)4月

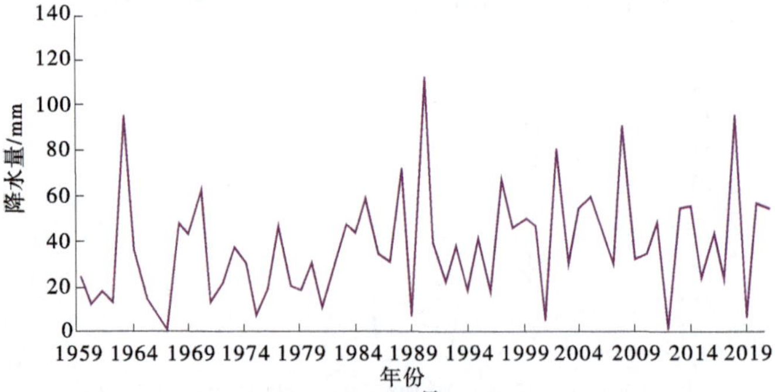

(e)5月

续图 1-36

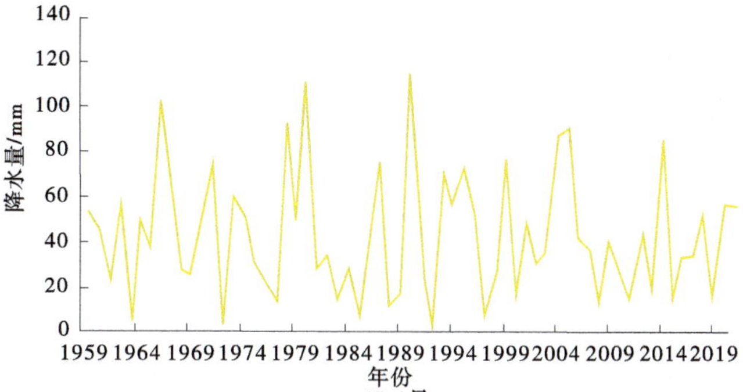

(f)6月

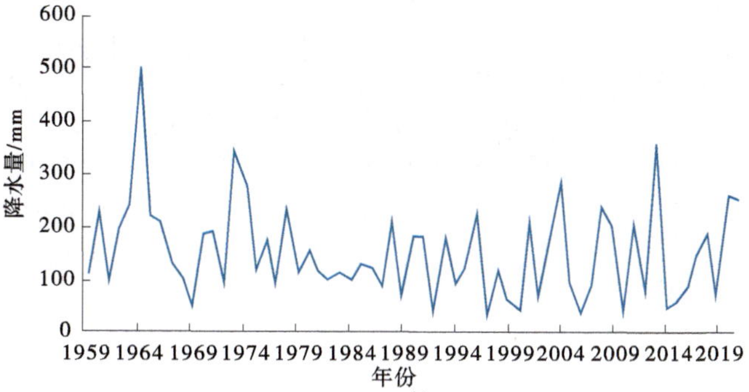

(g)7月

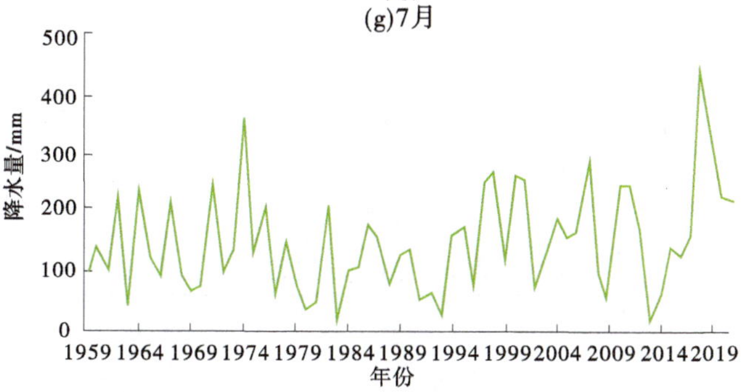

(h)8月

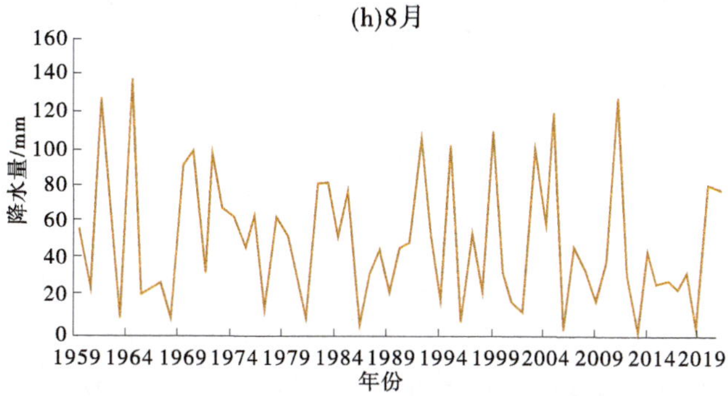

(i)9月

续图 1-36

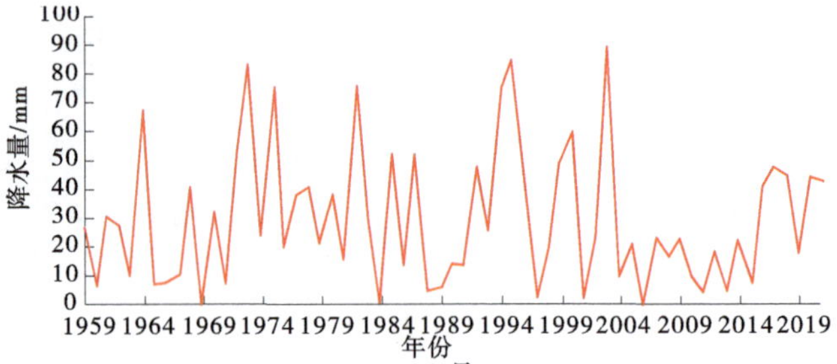

(j)10月

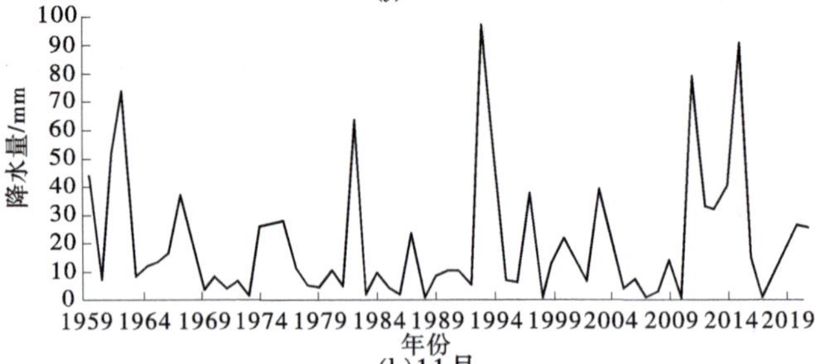

(k)11月

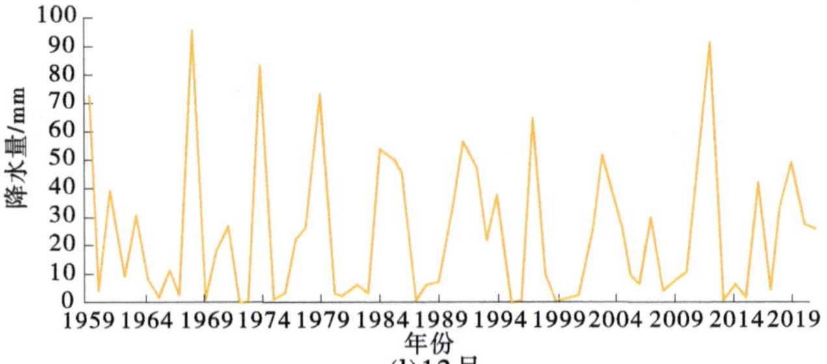

(l)12月

续图 1-36

表 1-13　寿光站月降水量各年代变化率　　单位:mm/a

月份	1959～1969 年	1970～1979 年	1980～1989 年	1990～1999 年	2000～2009 年	2010～2021 年	1959～2021 年
1	0.441	-0.785	0.948	-1.373	-2.159	0.503	0.016
2	0.962	1.551	-0.495	-1.358	-0.644	-0.611	0.049
3	-0.024	1.193	1.346	-0.035	2.502	1.151	-0.061
4	1.334	0.648	-3.944	-2.873	2.696	2.222	-0.103
5	1.003	-2.190	1.701	-2.506	2.070	1.939	0.412
6	-0.656	0.750	-7.777	-4.436	0.416	3.329	-0.178
7	-6.225	-6.074	-0.656	-8.398	6.592	8.052	-0.855
8	-1.413	-4.731	7.448	14.559	-11.119	10.833	1.178
9	-2.386	-3.986	-1.765	0.470	-0.414	-0.405	-0.278
10	-0.946	-0.507	-2.993	1.157	-2.949	3.553	-0.026
11	-3.306	0.535	-1.795	-1.375	-1.972	-2.419	0.079
12	-0.472	1.229	0.349	-1.351	-0.142	-0.265	-0.005

从图 1-35 可以看出,寿光站降水量主要分布在汛期的 7 月、8 月和 9 月,汛期月平均降水量为 109.9 mm,月降水量最大值发生在 1964 年 7 月,达到 504.3 mm,最小值为 0,多发生在 1 月、11 月和 12 月。由图 1-36 和表 1-13 可知,各月降水量在 1959~2021 年均呈横向波动震荡趋势,无明显上升或下降趋势,其中 1 月、2 月、5 月、8 月、11 月呈缓慢上升趋势,其他月份呈缓慢下降趋势;变化率最大的为 8 月,呈现变化率为 1.178 mm/a 的上升趋势,变化率最小的为 12 月,呈现变化率为-0.005 mm/a 的下降趋势。从各年代变化率来看,变化趋势最为显著的为 1990~1999 年和 2000~2009 年的 8 月,分别呈现变化率为 14.559 mm/a 的上升趋势和-11.119 mm/a 的下降趋势;变化趋势最不显著的为 1959~1969 年和 1990~1999 年的 3 月,分别呈现变化率为-0.024 mm/a 的上升趋势和-0.035 mm/a 的下降趋势。

6) 小清河流域月尺度演变趋势分析

小清河流域 1956~2021 年月降水量分布特征见图 1-37,其变化趋势见图 1-38,各年代变化率见表 1-14。

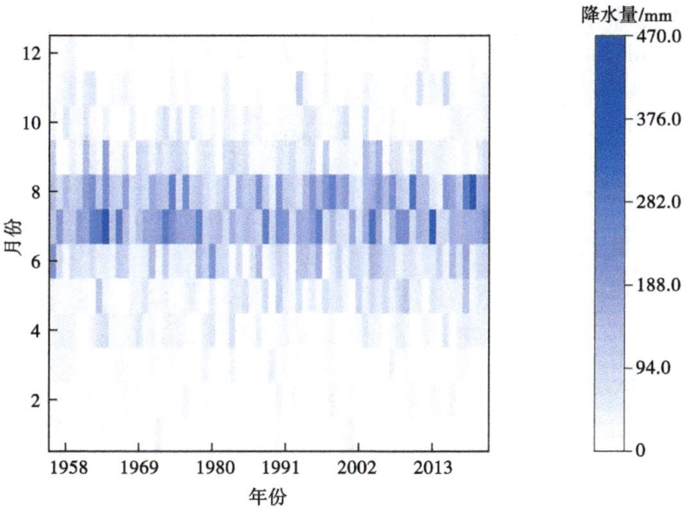

图 1-37　小清河流域 1956~2021 年月降水量分布热图

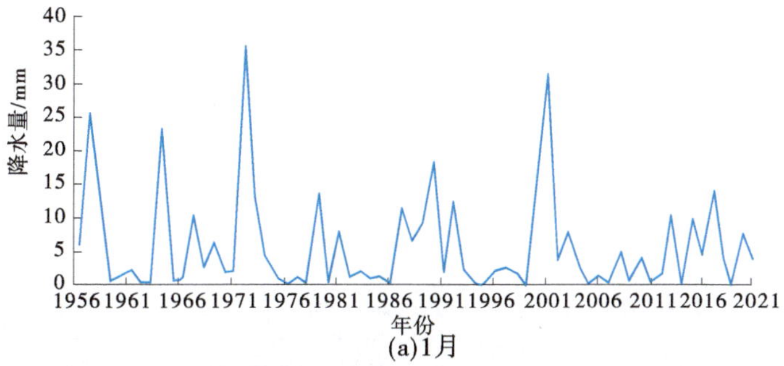

图 1-38　小清河流域 1956~2021 年月降水量变化趋势

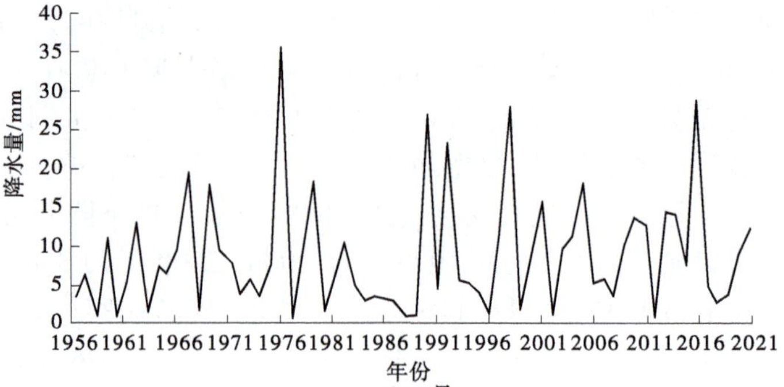

(b)2月

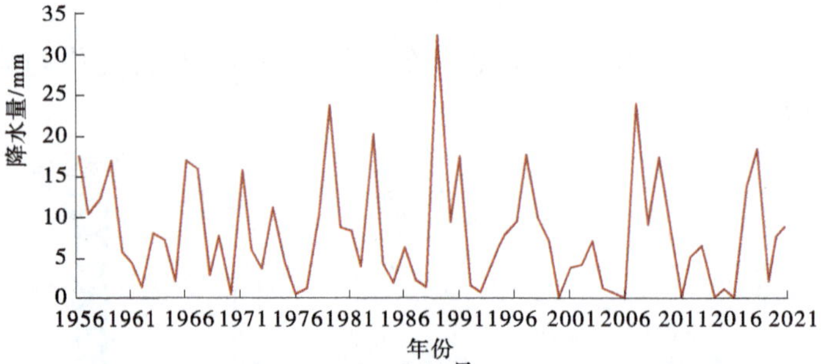

(c)3月

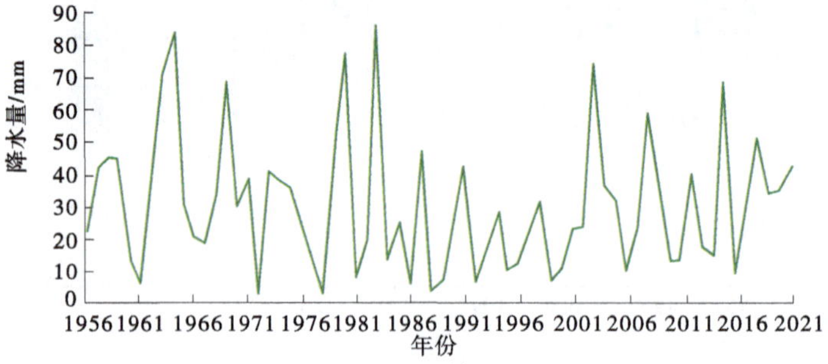

(d)4月

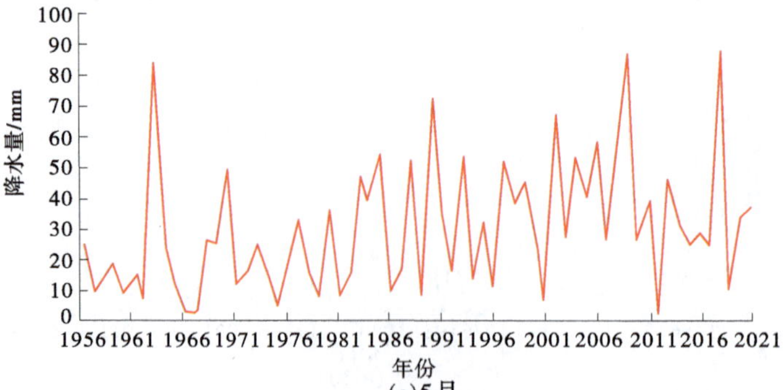

(e)5月

续图 1-38

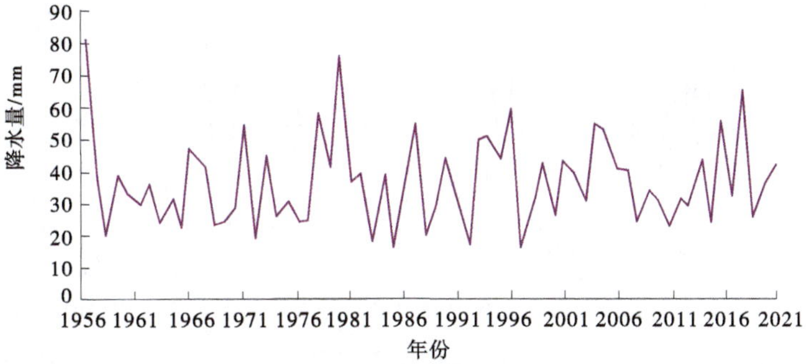

(f)6月

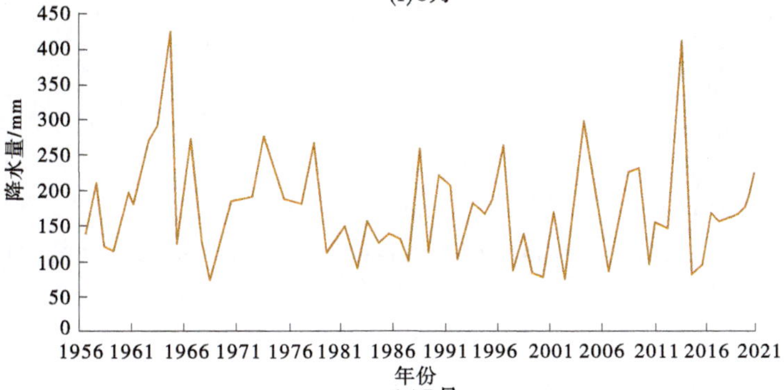

(g)7月

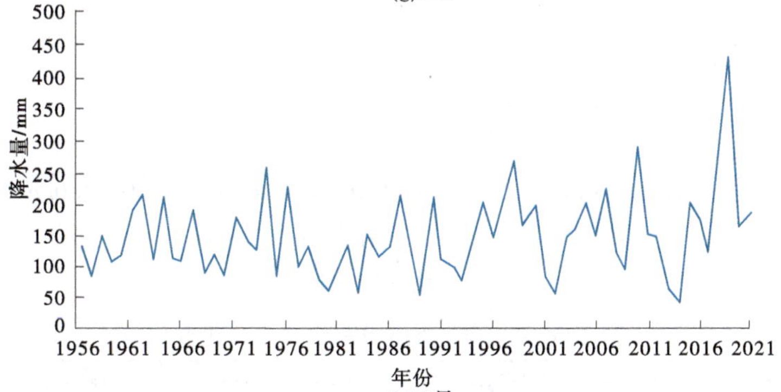

(h)8月

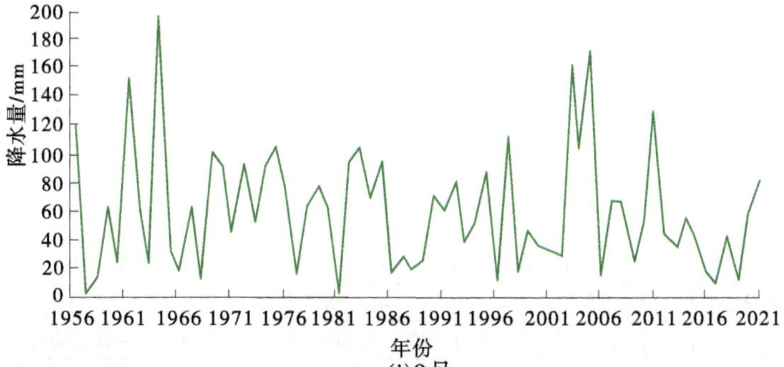

(i)9月

续图 1-38

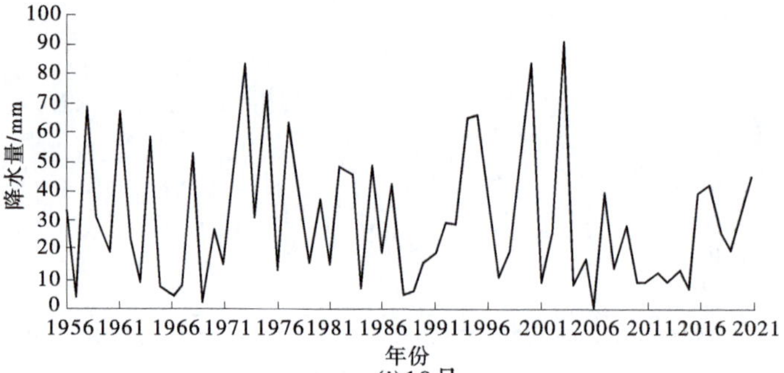

(j)10月

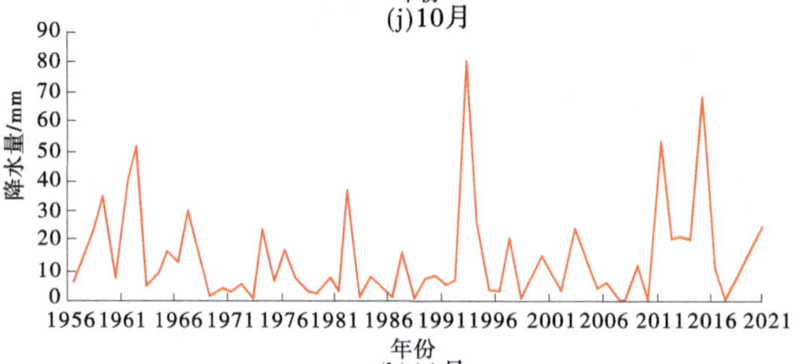

(k)11月

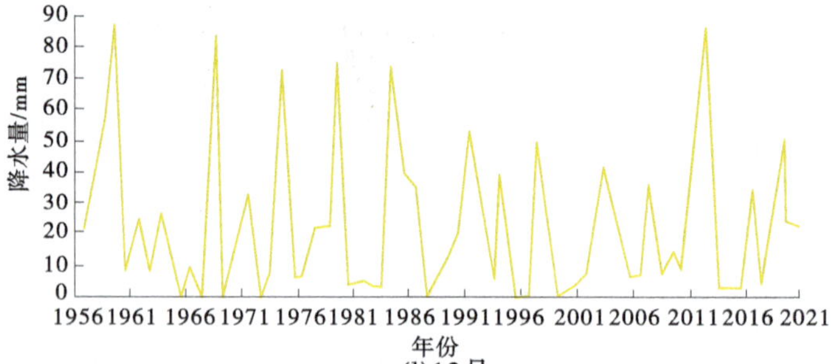

(l)12月

续图 1-38

表 1-14　小清河流域月降水量各年代变化率　　单位：mm/a

月份	1956~1959年	1960~1969年	1970~1979年	1980~1989年	1990~1999年	2000~2009年	2010~2021年	1956~2021年
1	-2.693	0.475	-0.742	0.674	-1.296	-2.192	0.196	-0.046
2	2.227	1.518	1.360	-0.674	-1.051	-0.348	-0.441	0.064
3	-0.192	0.996	1.099	1.054	0.388	2.539	0.839	-4.600
4	6.928	2.129	-0.386	-4.600	-1.039	1.578	2.168	-0.107
5	-1.739	-0.514	-2.538	-0.282	-1.410	6.922	1.621	0.566
6	-49.527	-0.649	1.930	-9.368	-0.583	-0.635	4.411	0.094
7	-13.503	-13.602	-3.523	3.093	-9.369	10.147	3.054	-0.499
8	-2.913	-5.693	-2.668	4.678	9.432	1.049	8.221	0.886
9	-15.242	-2.315	-1.611	-4.564	-2.299	-0.248	-2.259	-0.220
10	5.203	-2.387	-0.530	-2.547	1.776	-3.932	2.969	-0.135
11	14.507	-2.211	0.313	-1.194	-1.957	-1.336	-1.230	0.041
12	8.166	0.597	1.069	0.206	-1.018	0.066	-0.129	-0.027

由图 1-37 可以看出,小清河流域降水量主要分布在汛期的 7 月、8 月和 9 月,汛期月平均降水量为 116.0 mm,月降水量最大值发生在 2019 年 8 月,达到 454.9 mm,最小值为 0,多发生在 1 月、11 月和 12 月。由图 1-38 和表 1-14 可知,各月降水量在 1956~2021 年均呈横向波动震荡趋势,无明显上升或下降趋势,其中 2 月、5 月、6 月、8 月、11 月呈缓慢上升趋势,其他月份呈缓慢下降趋势;变化率最大的为 3 月,呈现变化率为-4.600 mm/a 的下降趋势,变化率最小的为 12 月,呈现变化率为-0.027 mm/a 的下降趋势。从各年代变化率来看(鉴于 1956~1959 年仅有 4 年数据,序列较短,由此计算的变化率不具有代表性,故不参与对比分析),变化趋势最为显著的为 1960~1969 年和 2000~2009 年的 7 月,分别呈现变化率为-13.602 mm/a 的下降趋势和 10.147 mm/a 的上升趋势;变化趋势最不显著的为 2000~2009 年和 2010~2021 年的 12 月,分别呈现变化率为 0.066 mm/a 的上升趋势和-0.129 mm/a 的下降趋势。

1.3.3.2 周期分析

1. 济南站年降水量周期分析

济南站 1956~2021 年降水量 Morlet 小波系数实部等值线见图 1-39,该图体现出不同时间段各时间尺度的强弱分布。当小波系数≥0 时,表明年降水量较高;反之年降水量较低。

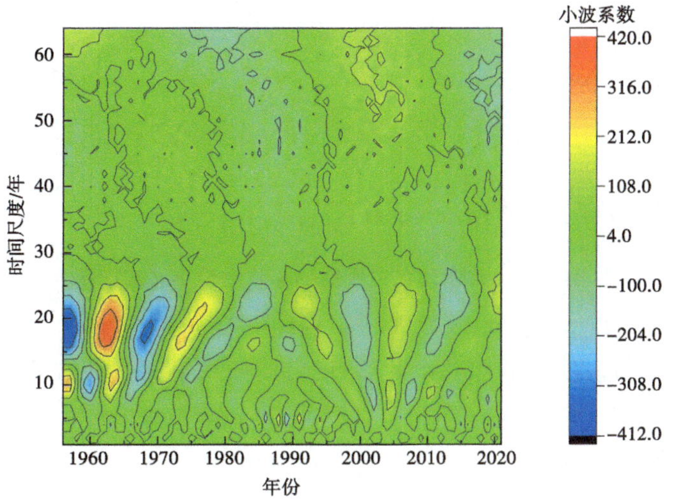

图 1-39 济南站 1956~2021 年降水量 Morlet 小波系数实部等值线

济南站 1956~2021 年降水量小波方差见图 1-40,可见存在 2 个明显峰值,对应的时间尺度分别为 17 年和 21 年。其中,最大峰值对应的时间尺度为 17 年,为第 1 主周期;第 2 峰值对应的时间尺度为 21 年,为第 2 主周期。绘制两个主周期年降水量的小波实部图,见图 1-41。由此可见,济南站 1956~2021 年降水量在主周期为 17 年和 21 年的情况下周期分别为 12 年和 16 年,故济南站年降水量第 1 周期为 12 年,第 2 周期为 16 年。

采用差积曲线法对济南站小波分析结果进行验证,见图 1-42。由此可看出,丰枯所在年份及演变趋势,1964 年为差积曲线最大值,即该年份及附近年份降水量较多;2002 年为最小值,即该年份及附近年份降水量较少。在图 1-42 中,一上一下表示一个周期,1960~

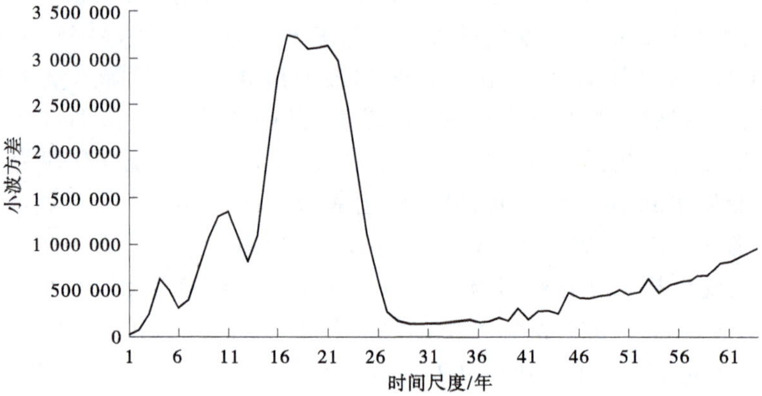

图 1-40　济南站 1956~2021 年降水量小波方差

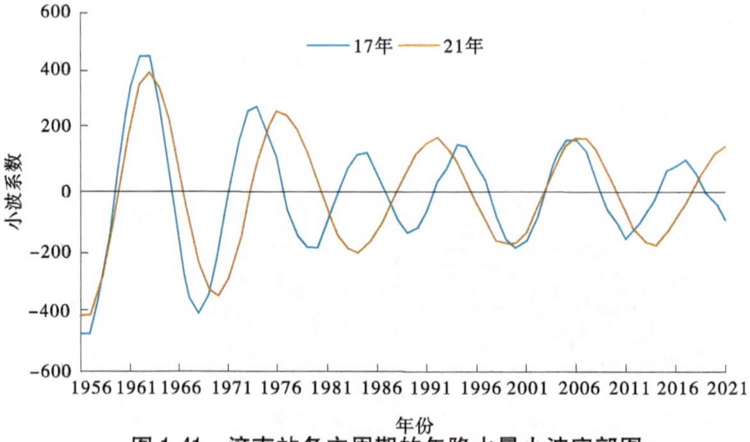

图 1-41　济南站各主周期的年降水量小波实部图

1970 年、1989~2002 年、2002~2014 年为一个周期，周期约为 12 年；1970~1986 年、1994~2010 年为一个周期，周期为 16 年。由此可见，其周期与小波分析结果相同。

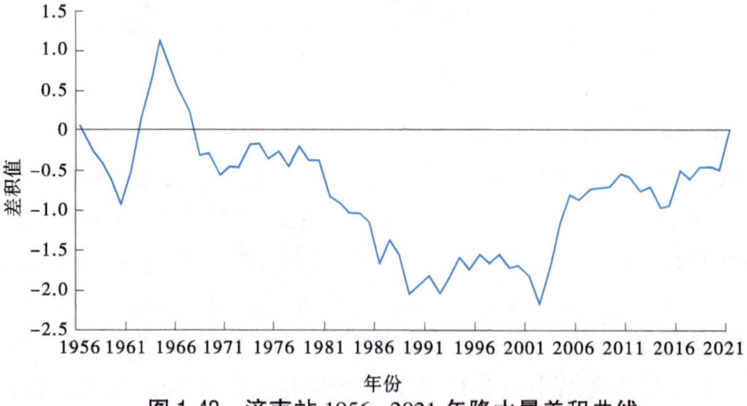

图 1-42　济南站 1956~2021 年降水量差积曲线

2. 博兴站年降水量周期分析

博兴站 1959~2021 年降水量 Morlet 小波系数实部等值线见图 1-43,该图体现出不同时间段各时间尺度的强弱分布。当小波系数≥0 时,表明年降水量较高;反之年降水量较低。

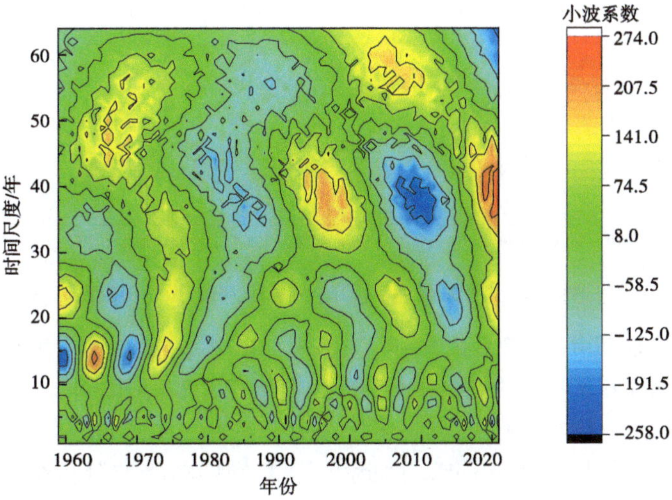

图 1-43　博兴站 1959~2021 年降水量的 Morlet 小波系数的实部等值线

博兴站 1959~2021 年降水量小波方差见图 1-44,可见存在 4 个明显峰值,对应的时间尺度分别为 15 年、24 年、38 年和 57 年。其中,最大峰值对应的时间尺度 38 年为第 1 主周期,第 2 峰值对应的时间尺度 57 年为第 2 主周期,第 3 峰值对应的时间尺度 24 年为第 3 主周期,第 4 峰值对应的时间尺度 15 年为第 4 主周期。绘制 4 个主周期年降水量的小波实部图,见图 1-45。由此可见,博兴站 1959~2021 年降水量在 15 年、24 年、38 年和 57 年主周期情况下周期分别为 11 年、16 年、24 年和 40 年,故博兴站年降水量第 1 周期为 24 年,第 2 周期为 40 年,第 3 周期为 16 年,第 4 周期为 11 年。

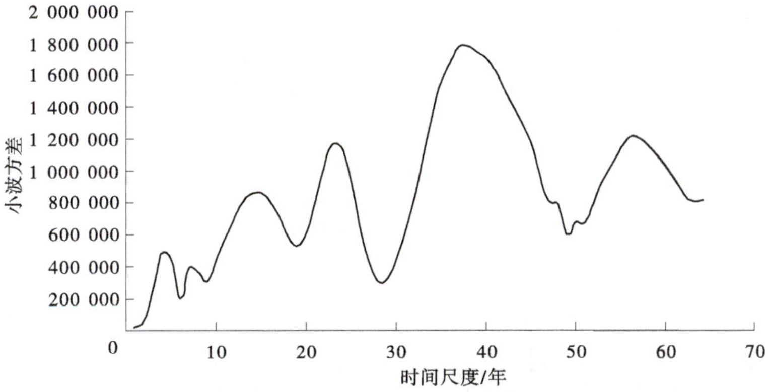

图 1-44　博兴站 1959~2021 年降水量的小波方差

采用差积曲线法对博兴站小波分析结果进行验证,见图 1-46。由此看出丰枯所在年份及演变趋势,1974 年为差积曲线最大值,即该年份及附近年份降水量较多;2017 年为最

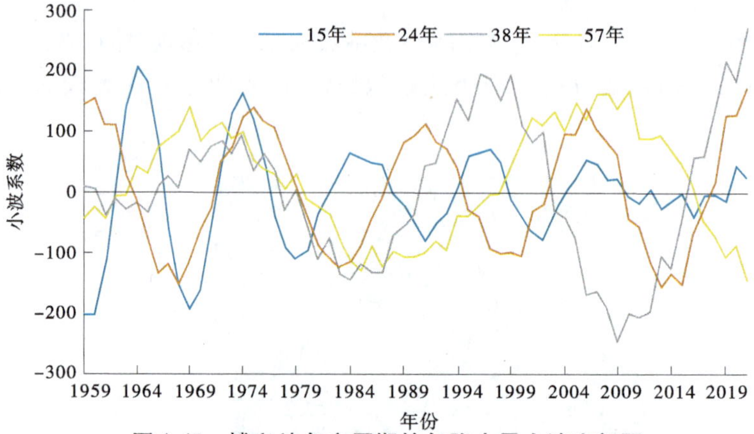

图 1-45　博兴站各主周期的年降水量小波实部图

小值，即该年份及附近年份降水量较少。在图 1-46 中，一上一下表示一个周期，1964～1974 年、1996～2005 年为一个周期，周期约为 11 年；2002～2017 年、2005～2021 年为一个周期，周期约为 16 年；1969～1992 年、1992～2017 年为一个周期，周期约为 24 年；1964～2005 年为一个周期，周期约为 40 年。由此可见，其周期与小波分析结果相同。

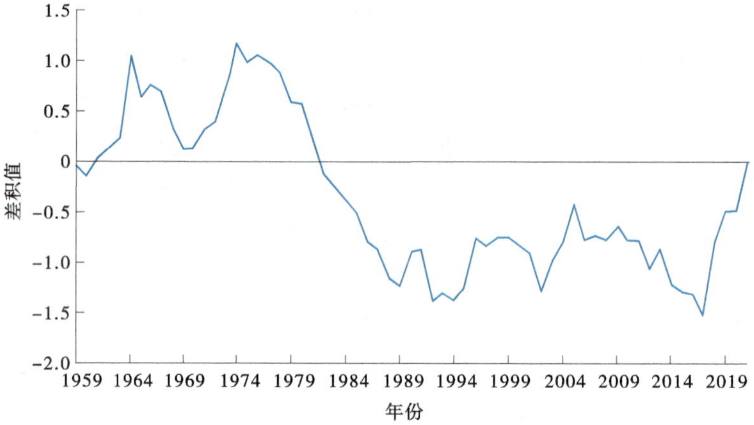

图 1-46　博兴站 1959～2021 年降水量差积曲线

3. 淄博站年降水量周期分析

淄博站 1956～2021 年降水量 Morlet 小波系数实部等值线见图 1-47，该图体现出不同时间段各时间尺度的强弱分布。当小波系数≥0 时，表明年降水量较高；反之年降水量较低。

淄博站 1956～2021 年降水量小波方差见图 1-48，可见存在 1 个明显峰值，对应的时间尺度为 22 年，即主周期。绘制主周期年降水量的小波实部图，见图 1-49。由此可见，淄博站 1956～2021 年降水量在 22 年主周期情况下周期为 15 年，故淄博站年降水量周期为 15 年。

采用差积曲线法对淄博站小波分析结果进行验证，见图 1-50。由此看出丰枯所在年份及演变趋势，1964 年为差积曲线最大值，即该年份及附近年份降水量较多，2017 年为最

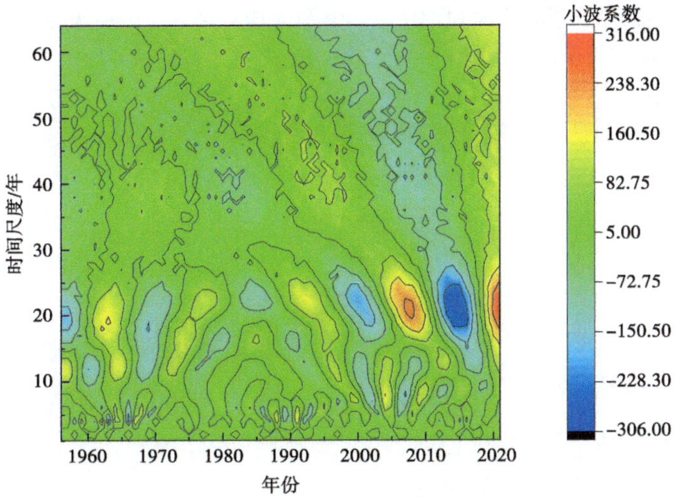

图 1-47　淄博站 1956~2021 年降水量的 Morlet 小波系数的实部等值线

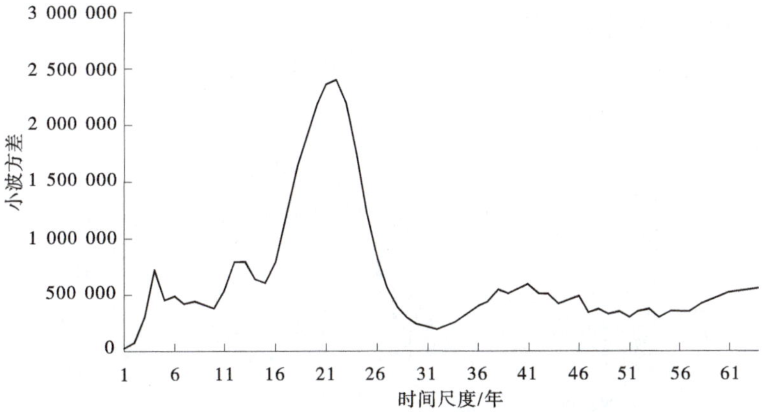

图 1-48　淄博站 1956~2021 年降水量的小波方差

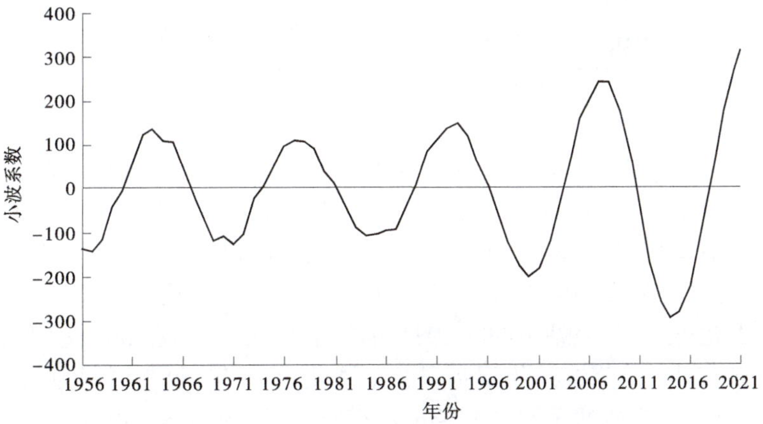

图 1-49　淄博站主周期的年降水量小波实部图

小值,即该年份及附近年份降水量较少。在图 1-50 中,一上一下表示一个周期,1970~1986 年、1989~2002 年、1996~2011 年为一个周期,周期约为 15 年。由此可见,其周期与小波分析结果相同。

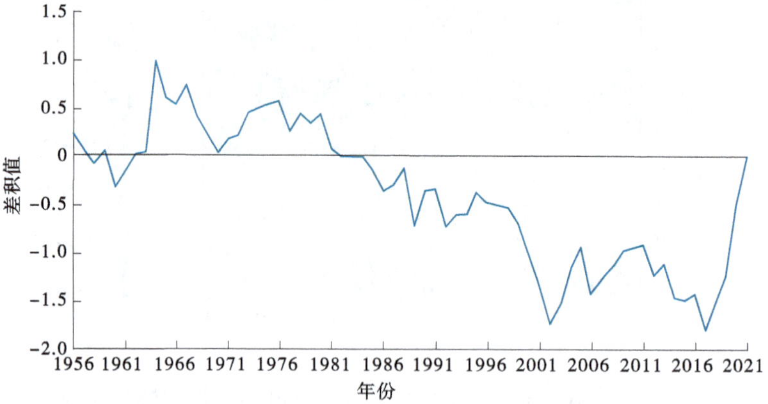

图 1-50 淄博站 1956~2021 年降水量差积曲线

4. 广饶站年降水量周期分析

广饶站 1959~2021 年降水量 Morlet 小波系数实部等值线见图 1-51,该图体现出不同时间段各时间尺度的强弱分布。当小波系数≥0 时,表明年降水量较高;反之年降水量较低。

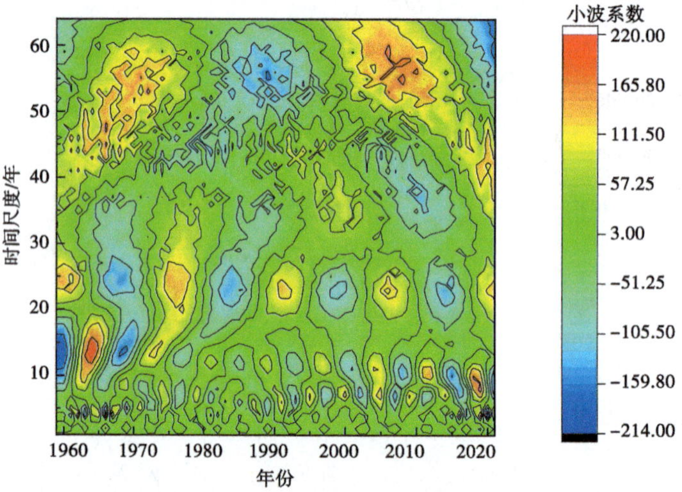

图 1-51 广饶站 1959~2021 年降水量的 Morlet 小波系数的实部等值线

广饶站 1959~2021 年降水量小波方差见图 1-52,可见存在 2 个明显峰值,对应的时间尺度分别为 24 年和 56 年。其中,最大峰值对应的时间尺度为 56 年,为第 1 主周期;第 2 峰值对应的时间尺度为 24 年,为第 2 主周期。绘制两个主周期年降水量的小波实部图,见图 1-53。由此可见,广饶站 1959~2021 年降水量在 24 年和 56 年主周期情况下周期分别为 16 年和 35 年,故广饶站年降水量第 1 周期为 35 年,第 2 周期为 16 年。

采用差积曲线法对广饶站小波分析结果进行验证,见图 1-54。由此看出,丰枯所在年份及演变趋势,1964 年为差积曲线最大值,即该年份及附近年份降水量较多;2002 年为最

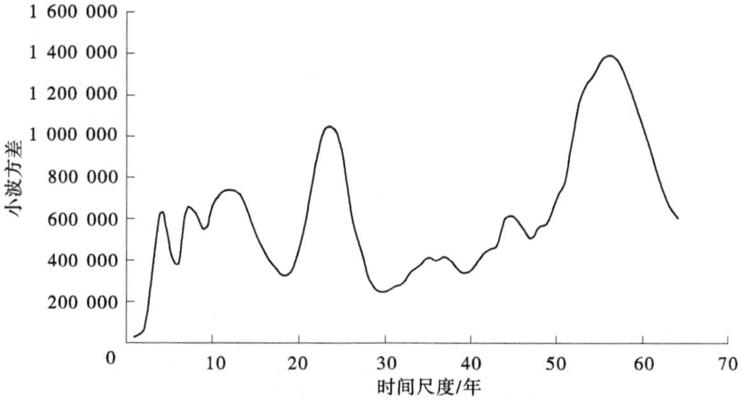

图 1-52　广饶站 1959~2021 年降水量的小波方差

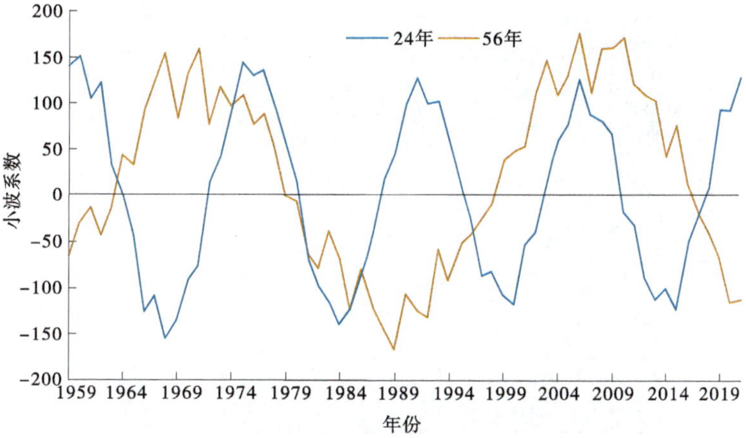

图 1-53　广饶站各主周期的年降水量小波实部图

小值,即该年份及附近年份降水量较少。在图 1-54 中,一上一下表示一个周期,1964~1978 年、2002~2017 年、2005~2019 年为一个周期,周期约为 16 年;1978~2013 年为一个周期,周期约为 35 年。由此可见,其周期与小波分析结果相同。

5. 寿光站年降水量周期分析

寿光站 1959~2021 年降水量 Morlet 小波系数实部等值线见图 1-55,该图体现出不同时间段各时间尺度的强弱分布。当小波系数≥0 时,表明年降水量较高;反之年降水量较低。

寿光站 1959~2021 年降水量小波方差见图 1-56,可见存在 3 个明显峰值,对应的时间尺度分别为 14 年、37 年和 55 年。其中,最大峰值对应的时间尺度 37 年为第 1 主周期,第 2 峰值对应的时间尺度 55 年为第 2 主周期,第 3 峰值对应的时间尺度 14 年为第 3 主周期。绘制 3 个主周期年降水量的小波实部图,见图 1-57。由此可见,寿光站 1959~2021 年降水量在 14 年、37 年和 55 年主周期情况下周期分别为 10 年、25 年和 32 年,故寿光站年降水量第 1 周期为 25 年,第 2 周期为 32 年,第 3 周期为 10 年。

采用差积曲线法对寿光站小波分析结果进行验证,见图 1-58。由此看出丰枯所在年

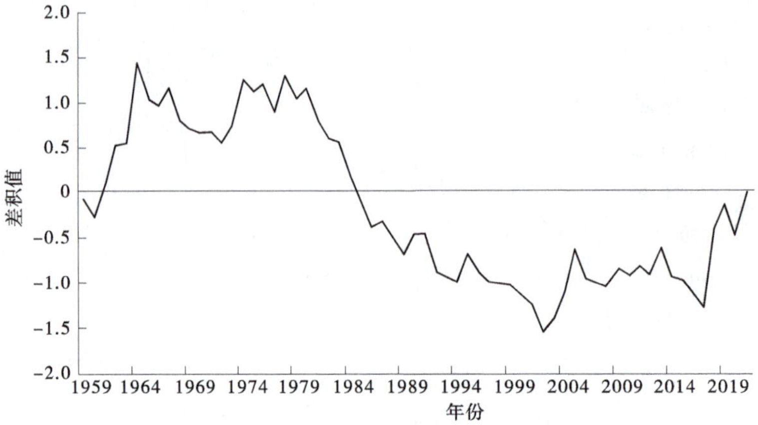

图 1-54　广饶站 1959~2021 年降水量差积曲线

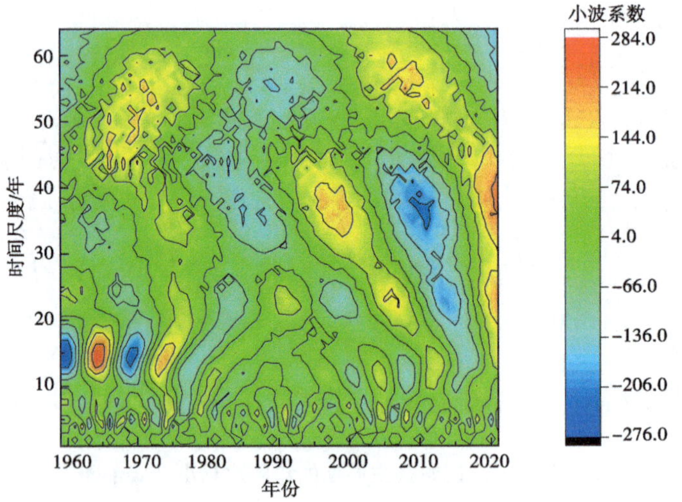

图 1-55　寿光站 1959~2021 年降水量的 Morlet 小波系数的实部等值线

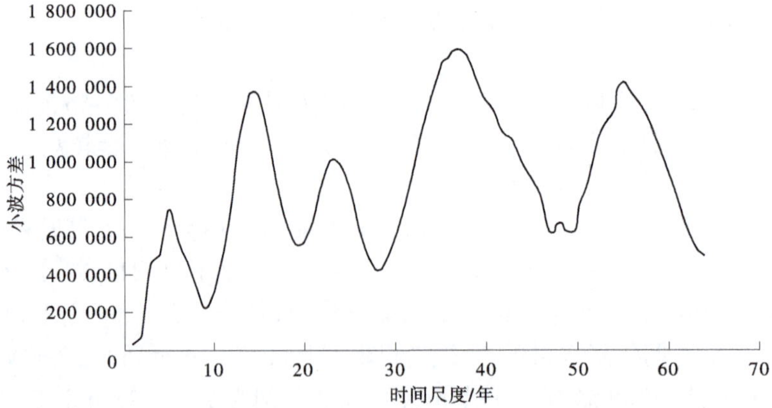

图 1-56　寿光站 1959~2021 年降水量的小波方差

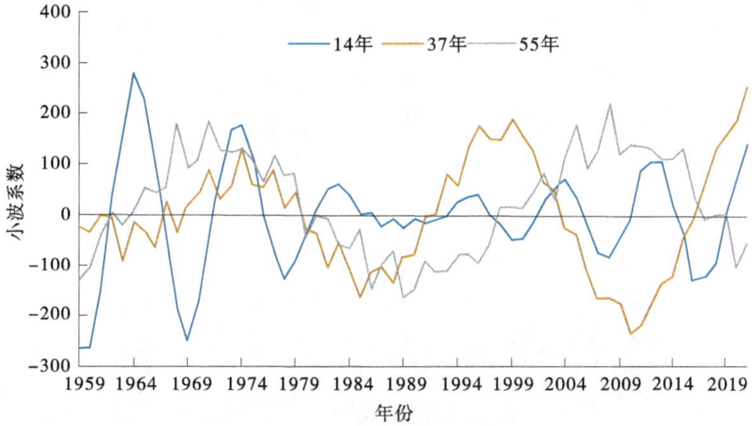

图 1-57　寿光站各主周期年降水量的小波实部图

份及演变趋势，1974 年为差积曲线最大值，即该年份及附近年份降水量较多；2017 年为最小值，即该年份及附近年份降水量较少。在图 1-58 中，一上一下表示一个周期，1965~1975 年、1991~2005 年、2002~2010 年为一个周期，周期约为 10 年；1963~1989 年、1972~1994 年为一个周期，周期约为 25 年；1972~2002 年、1974~2005 年为一个周期，周期约为 32 年。由此可见，其周期与小波分析结果相同。

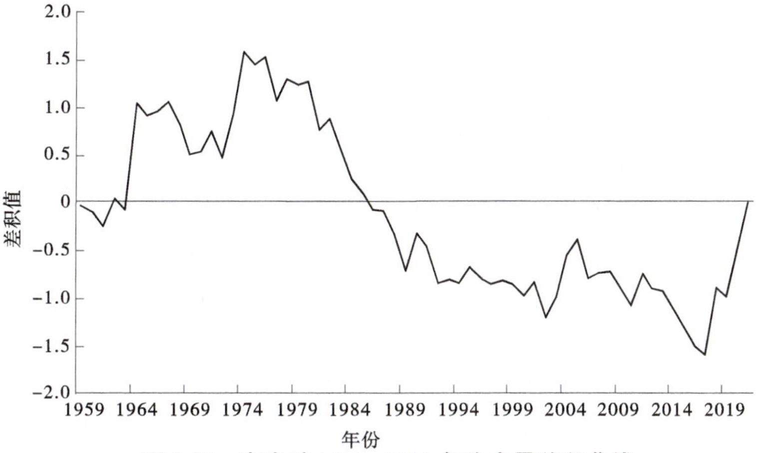

图 1-58　寿光站 1959~2021 年降水量差积曲线

6. 小清河年降水量周期分析

小清河流域 1956~2021 年降水量 Morlet 小波系数实部等值线见图 1-59，该图体现出不同时间段各时间尺度的强弱分布。当小波系数≥0 时，表明年降水量较高；反之年降水量较低。

小清河流域 1956~2021 年降水量小波方差见图 1-60，可见存在 3 个明显峰值，对应的时间尺度分别为 16 年、22 年和 38 年。其中，最大峰值对应的时间尺度 16 年为第 1 主周期，第 2 峰值对应的时间尺度 22 年为第 2 主周期，第 3 峰值对应的时间尺度 38 年为第 3 主周期。绘制 3 个主周期年降水量的小波实部图，见图 1-61。由此可见，小清河流域

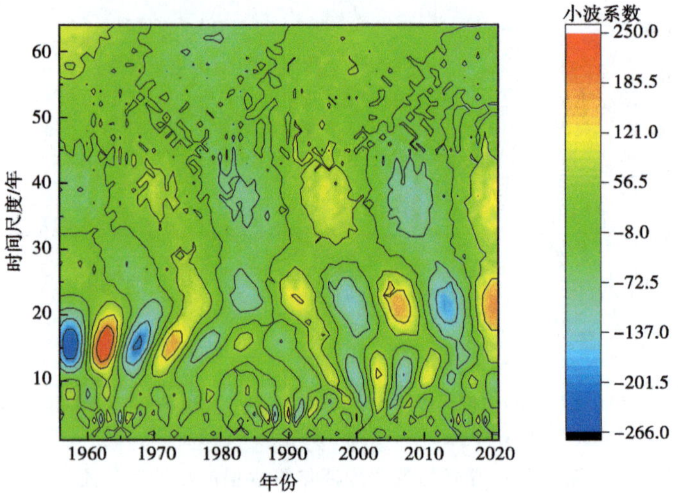

图 1-59 小清河流域年降水量的 Morlet 小波系数的实部等值线

1956~2021 年降水量在 16 年、22 年和 38 年主周期情况下周期分别为 11 年、15 年和 25 年,故小清河流域年降水量第 1 周期为 11 年,第 2 周期为 15 年,第 3 周期为 25 年。

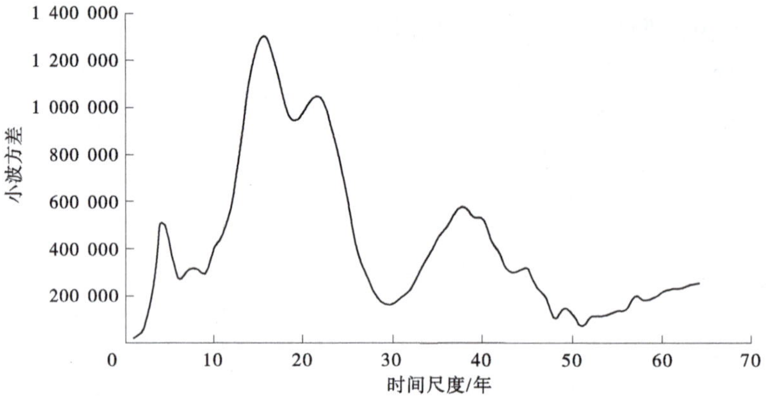

图 1-60 小清河流域 1956~2021 年降水量的小波方差

采用差积曲线法对小清河流域小波分析结果进行验证,见图 1-62。由此看出,丰枯所在年份及演变趋势,1964 年为差积曲线最大值,即该年份及附近年份降水量较多;2002 年为最小值,即该年份及附近年份降水量较少。在图 1-62 中,一上一下表示一个周期,1960~1970 年、1964~1974 年、2013~2021 年为一个周期,周期约为 11 年;1972~1989 年、1989~2002 年、2002~2017 年为一个周期,周期约为 15 年;1974~1998 年、1980~2005 年为一个周期,周期约为 25 年。由此可见,其周期与小波分析结果相同。

综上所述,5 个气象站点和小清河流域的周期集中在 11 年、15 年、25 年和 35 年左右,周期 11 年左右的有济南站、博兴站、寿光站和小清河流域,15 年左右的有博兴站、淄博站、广饶站、小清河流域,25 年左右的有博兴站、寿光站和小清河流域,35 年左右的有济南站、博兴站、广饶站和寿光站。由此可见,整个流域的周期具有一致性。

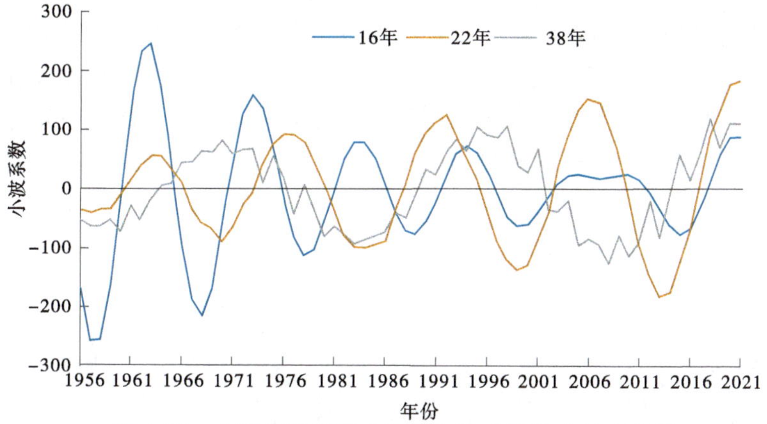

图 1-61　小清河流域各主周期年降水量的小波实部图

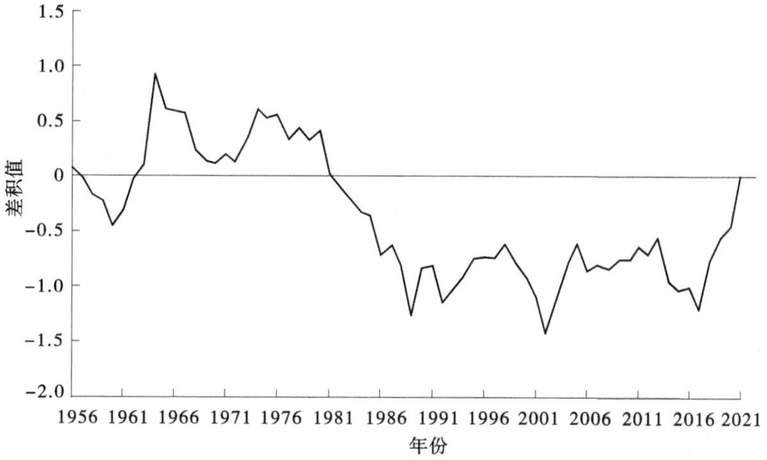

图 1-62　小清河流域 1956~2021 年降水量差积曲线

1.3.3.3　突变分析

1. 济南站年降水量突变分析

本书在探究 1956~2021 年济南站降水量突变点诊断时,分别采用 Mann-Kendall 突变检验法、有序聚类法、滑动 T 检验法和 Pettitt 检验法,结果见图 1-63~图 1-65 及表 1-15,显著性水平均取 0.05。为避免滑动 T 检验法任意选择子序列长度造成的突变点漂移,通过反复变动子序列长度进行试验比较,最终确定济南站滑动 T 检验的步长为 3 年。对于 Pettitt 检验法,先对长系列 1956~2021 年降水量进行检验,找出突变年份,再以突变年份为分割点对不同时段的径流量进行检验,分别得到其突变年份及其所对应的 k_0 值和统计量 P 值。

由 Mann-Kendall 突变检验可知,在临界范围±1.96 内的交点可能存在突变现象,故由图 1-63 可知,可能的突变点为 1997 年、1999 年及 2014 年。由图 1-64 有序聚类检验曲线可知,极小值发生在 1960 年、1964 年和 2002 年,为可能的突变点。由图 1-65 可知,1960 年、1964 年、2002 年和 2005 年降水量的滑动 T 检验统计量分别为 −7.967、10.719、−4.918 和 5.161,超过了临界范围±2.276,即可能存在突变现象。由表 1-15 可知,Pettitt

检验计算出的突变年份的统计量 P 值均小于预先设定的显著水平 $\alpha=0.05$，即 1.96，则认为通过 Pettitt 检验得到的突变点在统计意义上发生了显著性变化。综合以上 4 种方法的检验结果，1960 年、1964 年和 2002 年均被后 3 种方法识别为突变点，基于上述 3 个突变点分别计算不同时段的济南站降水量的平均值及变化率（见表 1-16）。变化率越大，表明前后差异性越大，突变越显著，故最显著的突变点为 1960 年，其次是 1964 年和 2002 年。

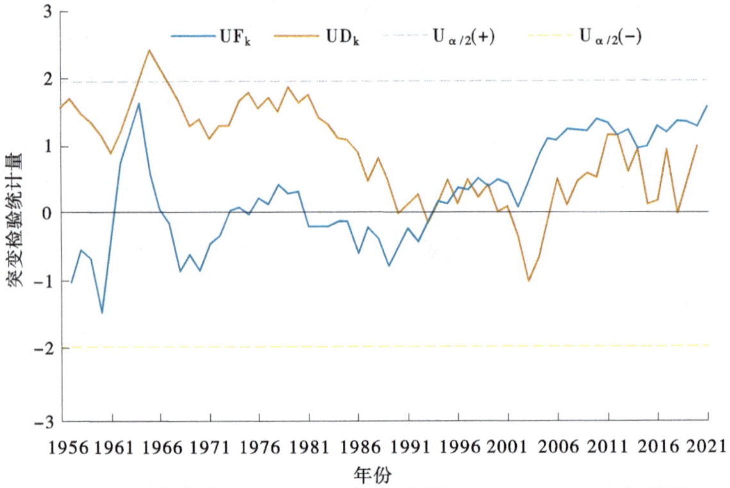

图 1-63 济南站 1956~2021 年降水量 Mann-Kendall 突变检验

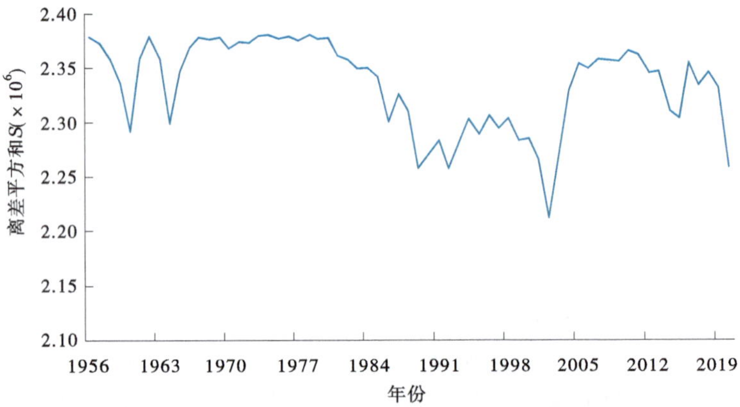

图 1-64 济南站 1956~2021 年降水量有序聚类检验

2. 博兴站年降水量突变分析

本书在探究 1959~2021 年博兴站降水量突变点诊断时，分别采用 Mann-Kendall 突变检验法、有序聚类法、滑动 T 检验法和 Pettitt 检验法，结果见图 1-66~图 1-68 及表 1-17，显著性水平均取 0.05。为避免滑动 T 检验法任意选择子序列长度造成的突变点漂移，通过反复变动子序列长度进行试验比较，最终确定博兴站滑动 T 检验的步长为 5 年。对于 Pettitt 检验法，先对长系列（1959~2021 年）降水量进行检验，找出突变年份，再以突变年份为分割点对不同时段的径流量进行检验，分别得到其突变年份及其所对应的 k_0 值与统计量 P 值。

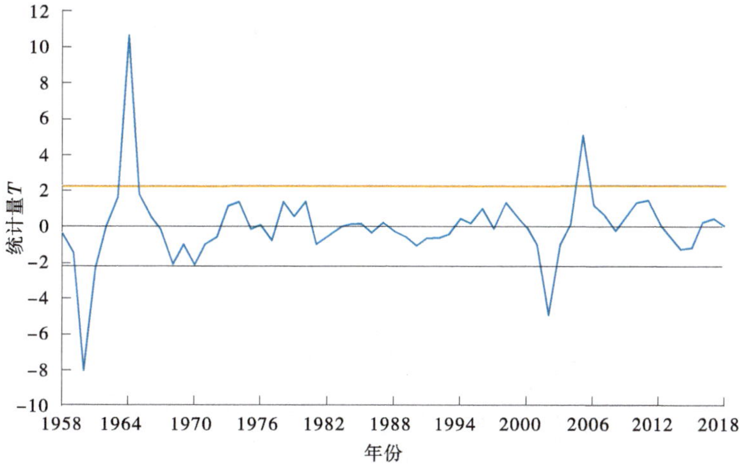

图 1-65　济南站 1956~2021 年降水量滑动 T 平均检验

表 1-15　济南站降水量 Pettitt 突变检验结果

时段	突变年	k_0 值	统计量 P 值
1956~2021 年	1989 年	340	0. 186
1956~1989 年	1964 年	79	0. 793
1956~1964 年	1960 年	20	0. 103
1964~1989 年	1968 年、1970 年	43	1. 090
1989~2021 年	2002 年	76	0. 784
2002~2021 年	2005 年	24	0. 950
2005~2021 年	2014 年	18	1. 376

表 1-16　济南站突变年份前后不同时段降水量平均值

项目	1956~1960 年	1961~1964 年	1965~2002 年	2003~2021 年
降水量/mm	567. 9	1 059. 3	636. 6	776. 9
变化率/%		86. 5	39. 9	22. 1

由 Mann-Kendall 突变检验可知，在临界范围±1. 96 内的交点可能存在突变现象，故由图 1-66 可知，可能的突变点为 1961 年、1963 年、1964 年、2017 年及 2019 年。由图 1-67 有序聚类检验曲线可知，极小值发生在 1964 年和 2017 年，为可能的突变点。由图 1-68 可知，1969 年、1971 年和 1977 年降水量的滑动 T 检验统计量分别为-3. 109、3. 192 和 2. 453 超过了临界范围±2. 306，即可能存在突变现象。由表 1-17 可知，Pettitt 检验计算出的突变年份的统计量 P 值均小于预先设定的显著水平 $\alpha=0.05$，即 1. 96，则认为通过 Pettitt 检验得到的突变点在统计意义上发生了显著性变化。综合以上 4 种方法的检验结果，1964 年、2017 年被 3 种方法识别为突变点，1977 年被两种方法识别为突变点，基于上述 3 个突变点分别计算不同时段博兴站降水量的平均值及变化率，见表 1-18，变化率越大，表明前后差异性越大，突变越显著，故最显著的突变点为 2017 年，其次是 1964 年和 1977 年。

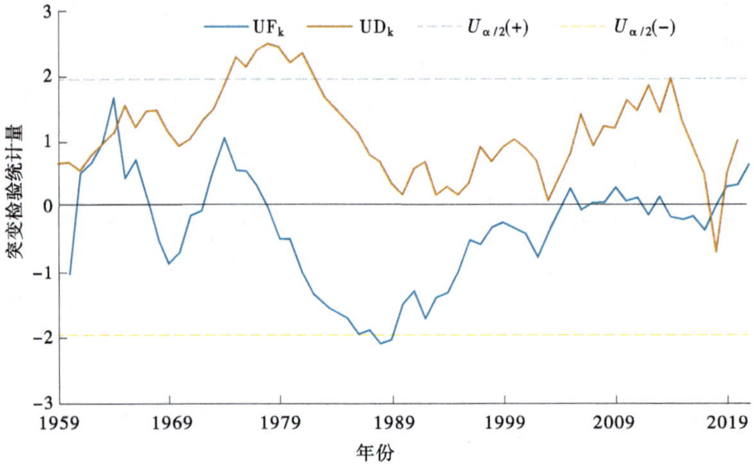

图 1-66　博兴站年降水量 Mann-Kendall 突变检验

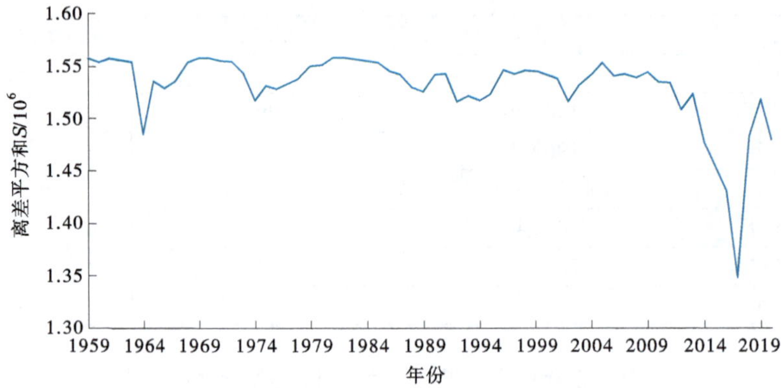

图 1-67　博兴站年降水量有序聚类检验

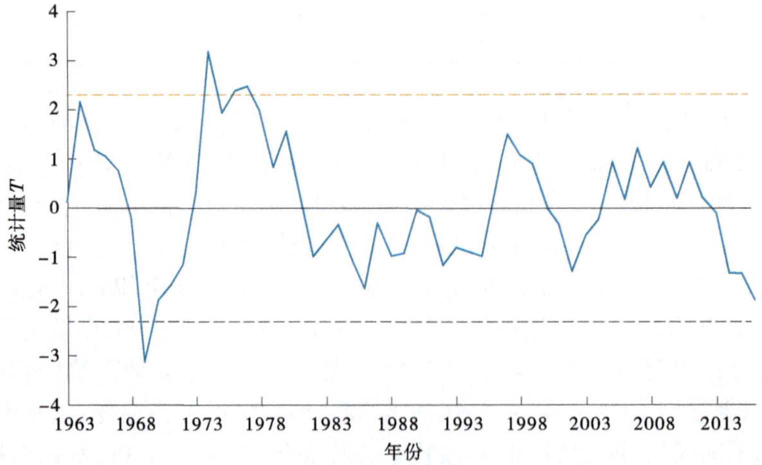

图 1-68　博兴站年降水量滑动 T 平均检验

表 1-17　博兴站降水量 Pettitt 突变检验结果

时段	突变年	k_0 值	统计量 P 值
1959~2021 年	1989 年	220	0.63
1959~1989 年	1977 年	140	0.04
1989~2021 年	2017 年	80	0.71
1989~2017 年	2005 年、2009 年	60	0.84
1959~1977 年	1964 年	26	1.14

表 1-18　博兴站突变年份前后不同时段降水量平均值

项目	1959~1964 年	1965~1977 年	1978~2017 年	2018~2021 年
降水量/mm	690.1	582.9	549.3	807.5
变化率/%		15.5	5.8	47.0

3. 淄博站年降水量突变分析

本书在探究 1956~2021 年淄博站降水量突变点诊断时，分别采用 Mann-Kendall 突变检验法、有序聚类法、滑动 T 检验法和 Pettitt 检验法，结果见表 1-19 及图 1-69~图 1-71，显著性水平均取 0.05。为避免滑动 T 检验法任意选择子序列长度造成的突变点漂移，通过反复变动子序列长度进行试验比较，最终确定淄博站滑动 T 检验的步长为 3 年。对于 Pettitt 检验法，先对长系列 1956~2021 年降水量进行检验，找出突变年份，再以突变年份为分割点对不同时段的径流量进行检验，分别得到其突变年份及其所对应的 k_0 值与统计量 P 值。

由 Mann-Kendall 突变检验可知，在临界范围±1.96 内的交点可能存在突变现象，故由图 1-69 可知，可能的突变点为 2017 年。由图 1-70 有序聚类检验曲线可知，极小值发生在 1964 年、2002 年和 2017 年，为可能的突变点。由图 1-71 可知，1999 年和 2003 年降水量的滑动 T 检验统计量分别为 2.815 和−2.298，超过了临界范围±2.276，即可能存在突变现象。由表 1-19 可知，Pettitt 检验法计算出的突变年份的统计量 P 值均小于预先设定的显著水平 $\alpha=0.05$，即 1.96，则认为通过 Pettitt 检验得到的突变点在统计意义上发生了显著性变化。综合以上 4 种方法的检验结果，2017 年被 3 种方法识别为突变点，1964 年和 2002 年均被两种方法识别为突变点，基于上述 3 个突变点分别计算不同时段的淄博站降水量的平均值及变化率，见表 1-20，变化率越大，表明前后差异性越大，突变越显著，故最显著的突变点为 2017 年，其次是 1964 年和 2002 年。

表 1-19　淄博站降水量 Pettitt 突变检验结果

时段	突变年	k_0 值	统计量 P 值
1956~2021 年	2002 年	275	0.42
2002~2021 年	2017 年	60	0.15
1956~2002 年	1995 年	142	0.64
1956~1995 年	1964 年	65	1.36
1964~1995 年	1986 年	41	1.48

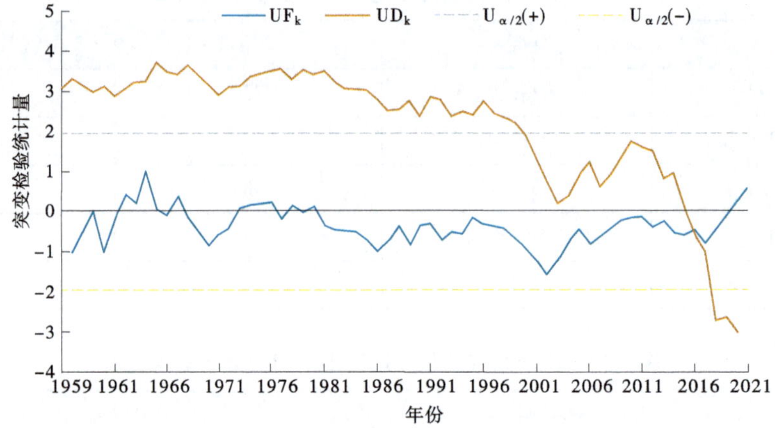

图 1-69　淄博站年降水量 Mann-Kendall 突变检验

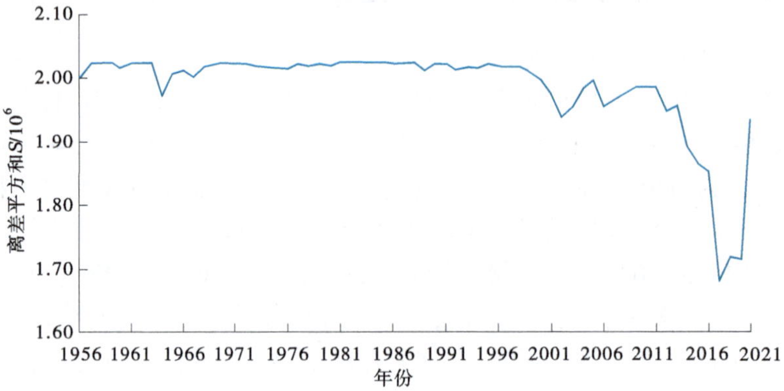

图 1-70　淄博站年降水量有序聚类检验

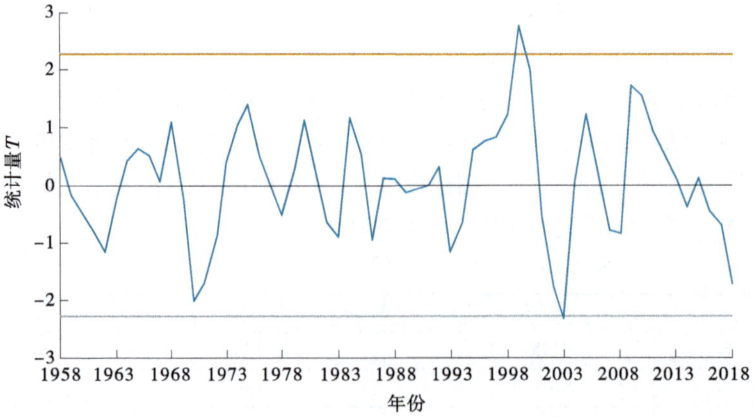

图 1-71　淄博站年降水量滑动 T 平均检验

表 1-20　淄博站突变年份前后不同时段降水量平均值

项目	1956~1964 年	1965~2002 年	2003~2017 年	2018~2021 年
降水量/mm	635.95	609.30	628.31	810.86
变化率/%		4.2	3.1	29.1

4. 广饶站年降水量突变分析

本书在探究 1959~2021 年广饶站降水量突变点诊断时，分别采用 Mann-Kendall 法、有序聚类法、滑动 T 检验法和 Pettitt 检验法，结果见图 1-72~图 1-74 及表 1-21，显著性水平均取 0.05。为避免滑动 T 检验法任意选择子序列长度造成的突变点漂移，通过反复变动子序列长度进行试验比较，最终确定广饶站滑动 T 检验的步长为 3 年。对于 Pettitt 检验法，先对长系列 1959~2021 年降水量进行检验，找出突变年份，再以突变年份为分割点对不同时段的径流量进行检验，分别得到其突变年份及其所对应的 k_0 值与统计量 P 值。

由 Mann-Kendall 突变检验可知，在临界范围±1.96 内的交点可能存在突变现象，故由图 1-72 可知，可能的突变点为 1961 年、1965 年、2004 年、2005 年、2018 年及 2019 年。由图 1-73 可知，极小值发生在 1964 年、2002 年和 2017 年，为可能的突变点。由图 1-74 可知，2003 年降水量的滑动 T 检验统计量分别为-2.379，超过了临界范围±2.276，即可能存在突变现象。由表 1-21 可知，Pettitt 检验计算出的突变年份的统计量 P 值均小于预先设定的显著水平 $\alpha=0.05$，即 1.96，则认为通过 Pettitt 检验得到的突变点在统计意义上发生了显著性变化。综合以上 4 种方法的检验结果，1964 年、2002 年和 2017 年均被两种方法识别为突变点，基于上述 3 个突变点分别计算不同时段的广饶站降水量的平均值及变化率，见表 1-22，变化率越大，表明前后差异性越大，突变越显著，故最显著的突变点为 2017 年，其次是 1964 年和 2002 年。

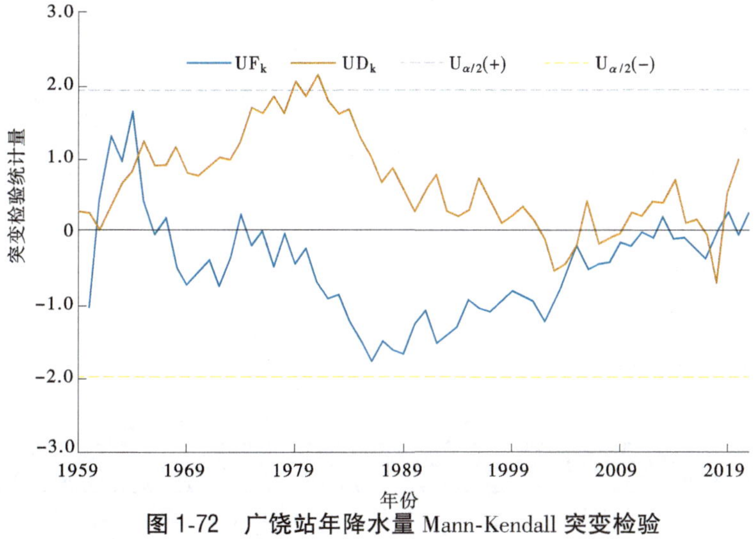

图 1-72　广饶站年降水量 Mann-Kendall 突变检验

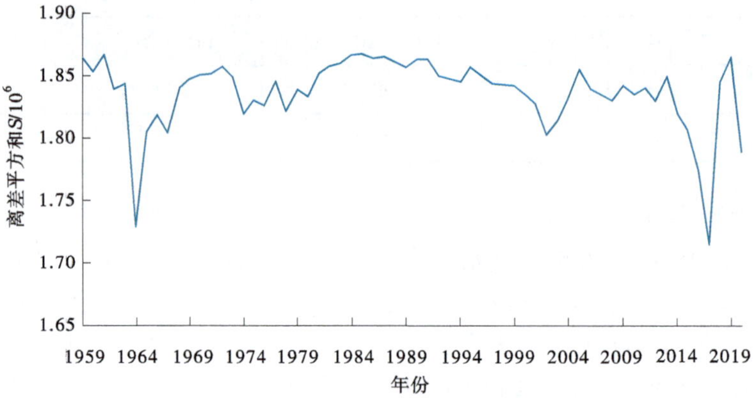

图 1-73　广饶站年降水量有序聚类检验

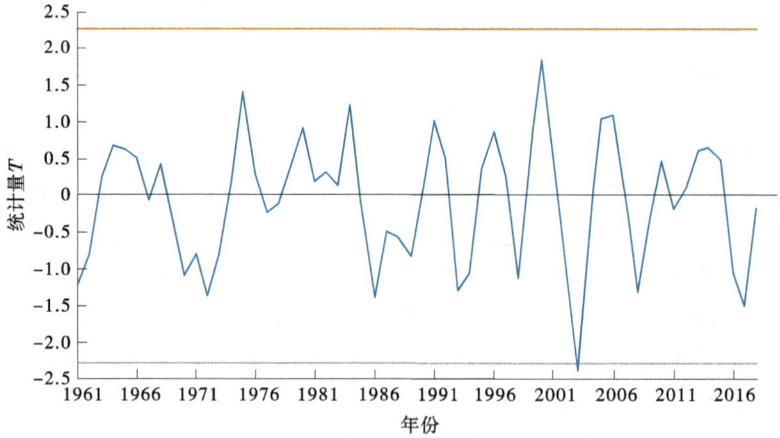

图 1-74　广饶站年降水量滑动 T 平均检验

表 1-21　广饶站降水量 Pettitt 突变检验结果

时段	突变年	k_0 值	统计量 P 值
1959~2021 年	2002 年	182	0.91
1959~2002 年	1978 年	162	0.33
1959~1978 年	1964 年	32	0.96
1978~2002 年	1989 年	44	0.97
2002~2021 年	2017 年	28	1.14

表 1-22　广饶站突变年份前后不同时段降水量平均值

项目	1959~1964 年	1965~2002 年	2003~2017 年	2018~2021 年
降水量/mm	702.7	587.0	628.6	915.4
变化率/%		16.5	7.1	45.6

5. 寿光站年降水量突变分析

本书在探究 1959~2021 年寿光站降水量突变点诊断时，分别采用 Mann-Kendall 突变检验法、有序聚类法、滑动 T 检验法和 Pettitt 检验法，结果见图 1-75~图 1-77 及表 1-23，显著性水平均取 0.05。为避免滑动 T 检验法任意选择子序列长度造成的突变点漂移，通过反复变动子序列长度进行试验比较，最终确定寿光站滑动 T 检验的步长为 5 年。对于 Pettitt 检验法，先对长系列 1959~2021 年降水量进行检验，找出突变年份，再以突变年份为分割点对不同时段的径流量进行检验，分别得到其突变年份及其所对应的 k_0 值以及统计量 P 值。

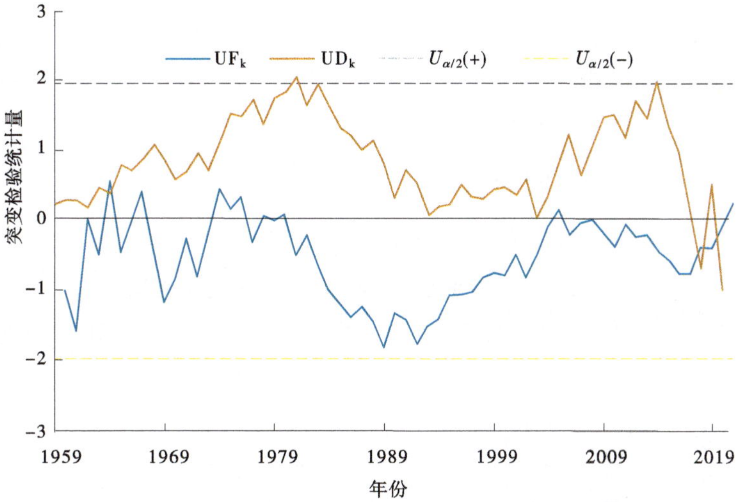

图 1-75　寿光站年降水量 Mann-Kendall 突变检验

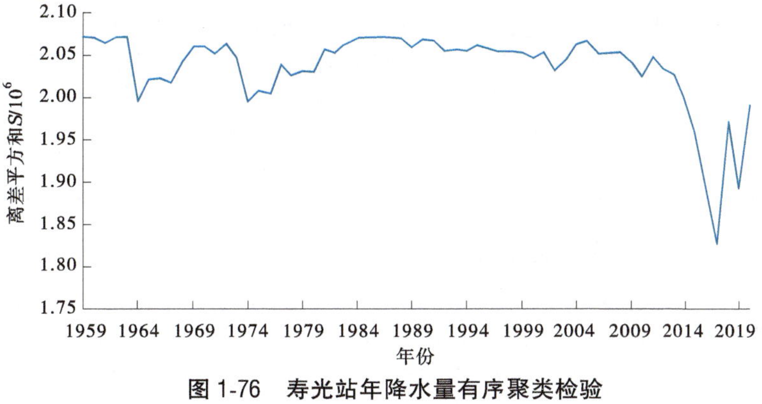

图 1-76　寿光站年降水量有序聚类检验

由 Mann-Kendall 突变检验可知，在临界范围±1. 96 内的交点可能存在突变现象，故由图 1-75 可知，可能的突变点为 1964 年、1965 年、2018 年、2019 年及 2020 年。由图 1-76 可知，极小值发生在 1964 年、1974 年和 2017 年，为可能的突变点。由图 1-77 可知，2016 年降水量的滑动 T 检验统计量为−2. 727 5，超过了临界范围±2. 306，即存在明显突变现象。由表 1-23 可知，Pettitt 检验计算出的突变年份的统计量 P 值均小于预先设定的显著水平 α=0. 05，即 1. 96，则认为通过 Pettitt 检验得到的突变点在统计意义上发生了显著性变化。综合以上 4 种方法的检验结果，1964 年、2017 年均被两种方法识别为突变点，基于上述 2

个突变点分别计算不同时段的寿光站降水量的平均值及变化率，见表 1-24，变化率越大，表明前后差异性越大，突变越显著，故最显著的突变点为 2017 年，其次是 1964 年。

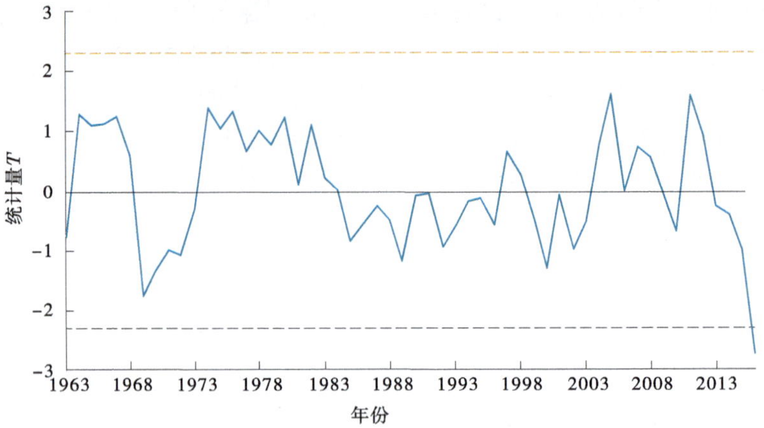

图 1-77　寿光站年降水量滑动 T 平均检验

表 1-23　寿光站降水量 Pettitt 突变检验结果

时段	突变年	k_0 值	统计量 P 值
1959~2021 年	2017 年	162	1.08
1959~2017 年	1980 年	194	0.68
1959~1980 年	1972 年	26	1.39
1980~2017 年	1992 年	121	0.42
1992~2017 年	2005 年	64	0.52

表 1-24　寿光站突变年份前后不同时段降水量平均值

项目	1959~1964 年	1965~2017 年	2018~2021 年
降水量/mm	712.6	575.7	842.9
变化率/%		19.2	46.9

6. 小清河流域年降水量突变分析

本书在探究 1956~2021 年小清河流域降水量突变点诊断时，分别采用 Mann-Kendall 突变检验法、有序聚类法、滑动 T 检验法和 Pettitt 检验法，结果见图 1-78 ~ 图 1-80 及表 1-25，显著性水平均取 0.05。为避免滑动 T 检验法任意选择子序列长度造成的突变点漂移，通过反复变动子序列长度进行试验比较，最终确定小清河流域滑动 T 检验的步长为 5 年。对于 Pettitt 检验法，先对长系列 1956~2021 年降水量进行检验，找出突变年份，再以突变年份为分割点对不同时段的径流量进行检验，分别得到其突变年份及其所对应的 k_0 值以及统计量 P 值。

由 Mann-Kendall 突变检验可知，在临界范围±1.96 内的交点可能存在突变现象，故由图 1-78 可知，可能的突变点为 1962 年、1964 年、2017 年。由图 1-79 有序聚类检验曲线可知，极小值发生在 1964 年、2002 年和 2017 年，为可能的突变点。由图 1-80 可知，1969 年和 1997 年降水量的滑动 T 检验统计量分别为−2.510 7 和 2.654 5，均超过了临界范围

±2.276，即存在明显突变现象。由表 1-25 可知，Pettitt 检验计算出的突变年份的统计量 P 值均小于预先设定的显著水平 $\alpha=0.05$，即 1.96，则认为通过 Pettitt 检验得到的突变点在统计意义上发生了显著性变化。综合以上 4 种方法的检验结果，2017 年被 3 种方法识别为突变点，1964 年和 2002 年均被两种方法识别为突变点，基于上述 3 个突变点分别计算不同时段的小清河流域降水量的平均值及变化率，见表 1-26，变化率越大，表明前后差异性越大，突变越显著，故最显著的突变点为 2017 年，其次是 1964 年和 2002 年。

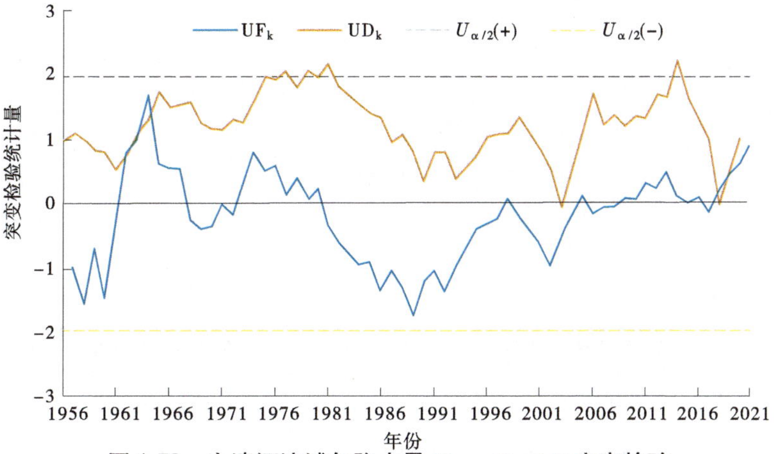

图 1-78　小清河流域年降水量 Mann-Kendall 突变检验

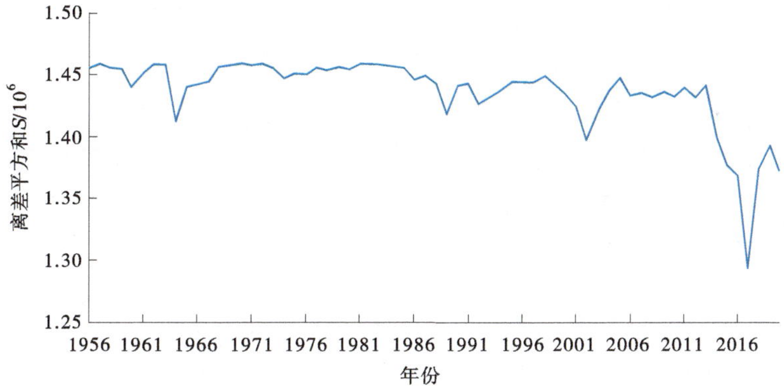

图 1-79　小清河流域年降水量有序聚类检验

对比 5 个站点和小清河流域降水量突变年份可知，突变最显著年份，除济南站为 1960 年外，其余站点及小清河流域最显著年份均为 2017 年；5 个站点和小清河流域均有共同突变点 1964 年，济南站、淄博站、广饶站和小清河流域均有共同突变年 2002 年。

1.3.4　空间变化特征分析

小清河流域 1956～2021 年平均年降水量为 642.2 mm，由于受地理位置、地形等因素的影响，流域内年降水量在地区分布上很不均匀。以 13 个气象站的降水量资料为基础，绘制小清河流域 1956～2021 年、1956～2000 年、1980～2021 年 3 个时间段的多年平均降

水量等值线图和 C_v 等值线图,见图 1-81~图 1-86。由图 1-81~图 1-83 可以看出,年降水量总的分布趋势是自流域西南部向东北部递减,700 mm 等值线东西走向穿过博山区、章丘区,650 mm 等值线东西走向穿过淄川区、周村区、邹平市,600 mm 等值线东西走向穿过寿光市、广饶县。

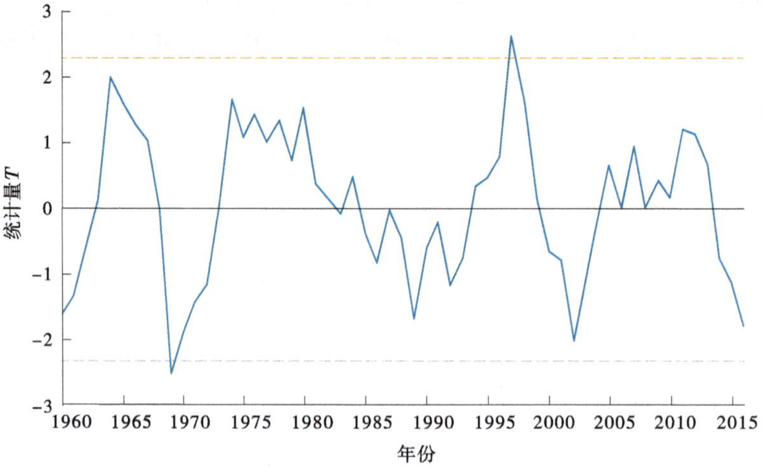

图 1-80 小清河流域年降水量滑动 T 平均检验

表 1-25 小清河流域降水量 Pettitt 突变检验结果

时段	突变年	k_0 值	统计量 P 值
1956~2021 年	2002 年	283	0.39
1956~2002 年	1976 年	138	0.68
1956~1976 年	1960 年	40	0.74
1976~2002 年	1989 年	60	0.69
2002~2021 年	2017 年	48	0.39

表 1-26 小清河流域突变年份前后不同时段降水量平均值

项目	1956~1964 年	1965~2002 年	2003~2017 年	2018~2021 年
降水量/mm	705.0	588.6	650.3	803.6
变化率/%		16.5	10.5	23.6

全国年降水量划分的五大类型地带标准是:

(1)十分湿润带。相当于年降水量 1 600 mm 以上的地带。

(2)湿润带。相当于年降水量 800~1 600 mm 的地带。

(3)过渡带。相当于年降水量 400~800 mm 的地带。

(4)干旱带。相当于年降水量 200~400 mm 的地带。

(5)严重干旱带。相当于年降水量 200 mm 以下的地带。

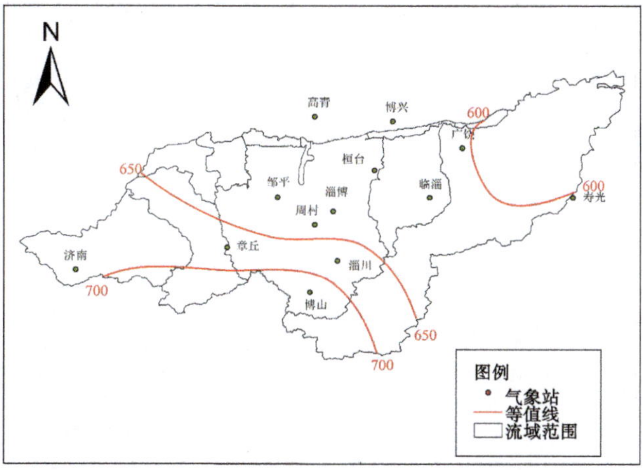

图 1-81 小清河流域 1956~2021 年平均降水量等值线

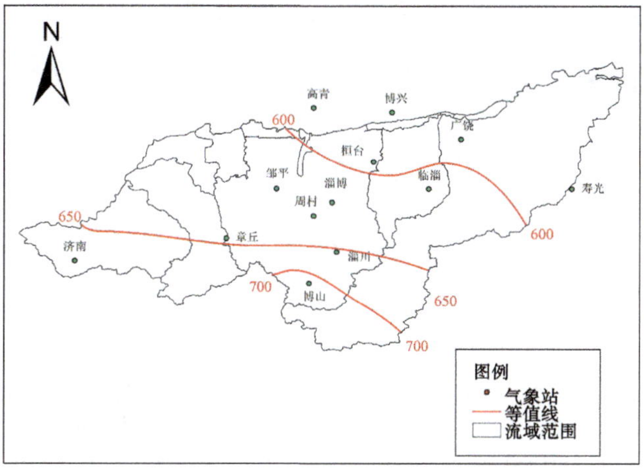

图 1-82 小清河流域 1956~2000 年平均降水量等值线

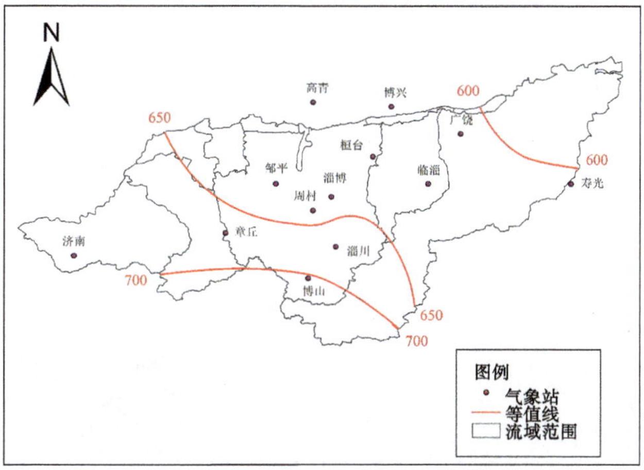

图 1-83 小清河流域 1980~2021 年平均降水量等值线

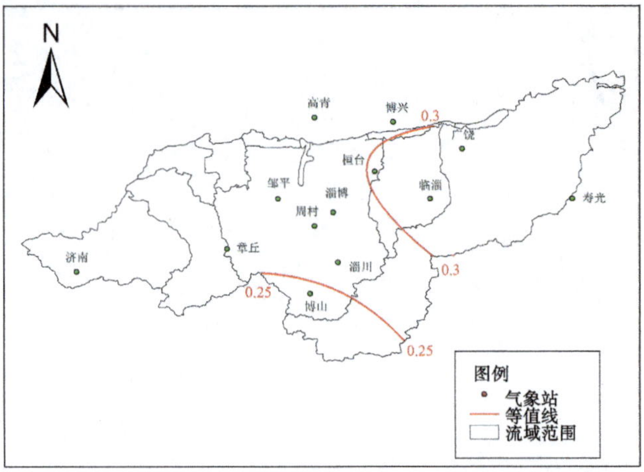

图 1-84　小清河流域 1956~2021 年降水量 C_v 等值线

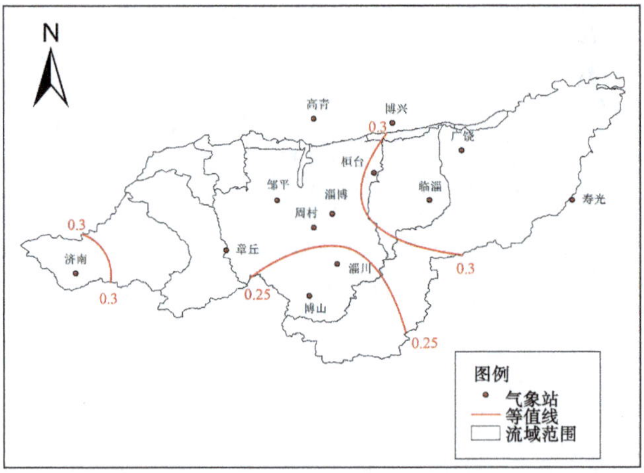

图 1-85　小清河流域 1956~2000 年降水量 C_v 等值线

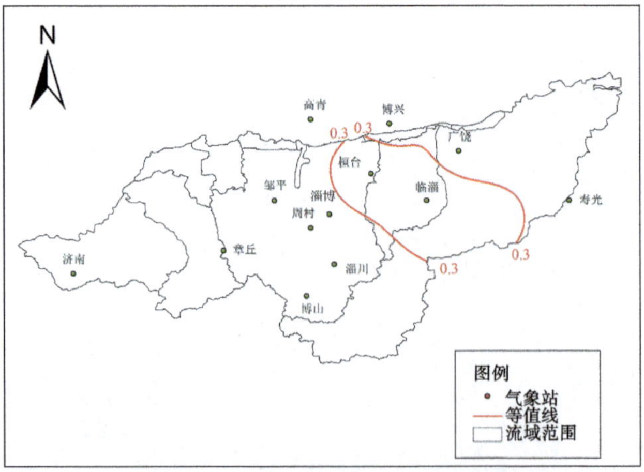

图 1-86　小清河流域 1980~2021 年降水量 C_v 等值线

根据上述分类标准,从 3 个时间段的多年平均降水量等值线可以看出,小清河流域属于过渡带。小清河流域年降水量的地带分布同各地的地理位置、地形地貌特征变化等因素密切相关。由于流域内平原面积比较大,约占总面积的 3/4,故降水量分布波动不大。

13 个气象站点降水量的 C_v 均为 0.23~0.35,从图 1-84~图 1-86 可见,基本呈现西南向东北增大的趋势,这与年降水量越小年际变化越大的特征相符。

1.4 实测径流量时间演变特征分析

本书收集了黄台桥站(1951~2022 年)和岔河站(1968~2022 年)的实测径流量数据,以下分析它们的年内分配特征和年际变化特征。

1.4.1 径流量年内分配

1.4.1.1 黄台桥站径流量年内分配特征

根据 1951~2022 年黄台桥站逐月径流量,分析各年代(1951~1959 年、1960~1969 年、1970~1979 年、1980~1989 年、1990~1999 年、2000~2009 年、2010~2022 年)及长系列(1951~2022 年)平均径流量年内分配,如图 1-87 所示;1951~2022 年各季、月的径流量年内占比如图 1-88 所示。

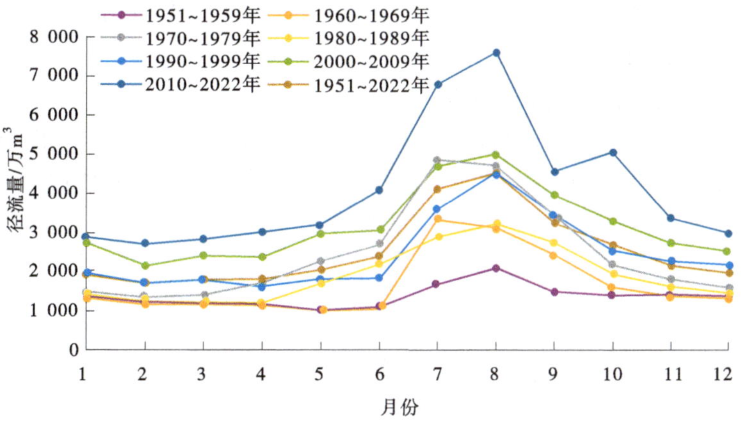

图 1-87　黄台桥站各年代及长系列平均径流量年内分配

由图 1-87 可知,黄台桥站各年代及长系列径流量年内分配曲线均呈单峰状, 1970~1979 年、1960~1969 年径流量是 7 月最大,其余月份均是 8 月最大,而且 1951~2022 年径流量也是 8 月最大,由此表明黄台桥站径流量在 8 月最为集中。1951~1959 年、1960~1969 年 5 月径流量最小,1980~1989 年、1990~1999 年 4 月径流量最小,1970~1979 年、2000~2009 年、2010~2022 年 2 月径流量最小,而且 1951~2022 年 2 月径流量最小,由此表明径流量最小值最常出现在 2 月、4 月、5 月。各年代月径流量最大值中,2010~2022 年 8 月最大,为 7 623 万 m^3,1951~1959 年 8 月最小,为 2 126 万 m^3,极值比为 3.6,差异较大。各年代月径流量最小值中,2010~2022 年 2 月最大,为 2 710 万 m^3,1960~1969 年 5

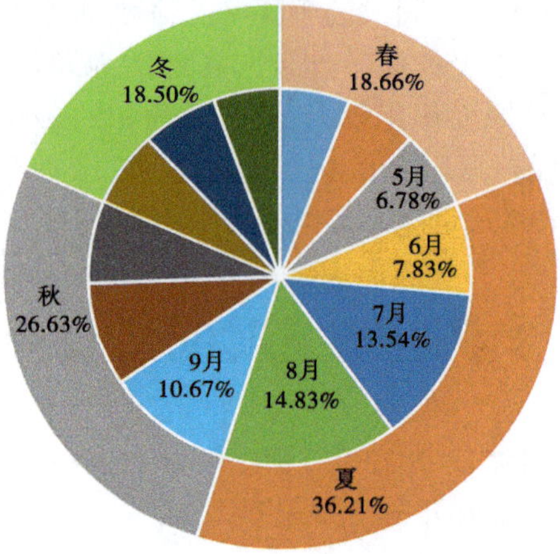

图 1-88 黄台桥站 1951~2022 年径流量年内占比

月最小,为 1 025 万 m^3,极值比为 2.6,差异亦较大。长系列的年内分配曲线位于各年代曲线之间。不同时期的径流量在年内主要集中在汛期的 7 月、8 月、9 月,其余时期径流量较少,说明黄台桥站在不同时期径流量分配不均。

由图 1-88 可知,径流量分配在不同季节存在差异,夏季径流量占全年的比例最大,达到 36.21%;其次为秋季,占全年的 26.63%;春季和冬季径流量全年占比相差不大,分别为 18.66%和 18.50%。从月尺度来看,8 月径流量占比最大,达到 14.83%;其次为 7 月,占全年径流量的 13.54%;2 月占比最低,仅有 5.61%。汛期 6~9 月径流量占比为 46.87%,非汛期为 53.13%,由此可见黄台桥站径流量年内分配极不均匀。

1.4.1.2 岔河站径流量年内分配特征

根据 1968~2022 年岔河站逐月径流量,分析各年代(1968~1979 年、1980~1989 年、1990~1999 年、2000~2009 年、2010~2022 年)及长系列(1968~2022)年平均径流量年内分配,如图 1-89 所示;1968~2022 年各季、月的径流量年内占比如图 1-90 所示。

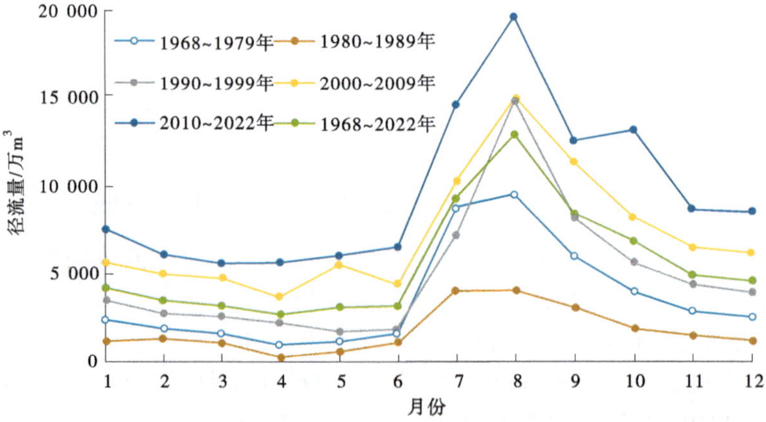

图 1-89 岔河站各年代及长系列平均径流量年内分配

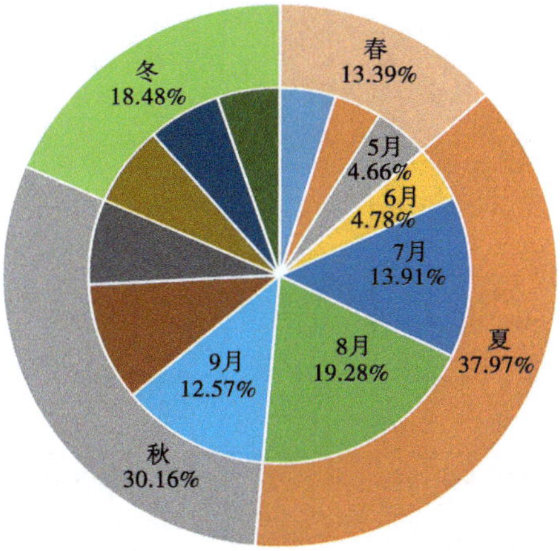

图 1-90　岔河站 1968~2022 年径流量年内占比

由图 1-89 可知，岔河站各年代及长系列径流量年内分配曲线均呈单峰状，除了 1980~1989 年是 7 月径流量最大，其他情况均是 8 月径流量最大，由此表明岔河站径流量在 8 月最为集中。2010~2022 年 3 月径流量最小，1968~1979 年、1980~1989 年、2000~2009 年 4 月径流量最小，1990~1999 年 5 月径流量最小，且 1968~2022 年 4 月径流量最小，由此表明径流量最小值通常出现在 4 月。各年代月径流量最大值中，2010~2022 年 8 月最大，为 19 651 万 m^3，1980~1989 年 7 月最小，为 4 106 万 m^3，极值比为 4. 8，差异较大。各年代月径流量最小值中，2010~2022 年 3 月最大，为 5 608 万 m^3，1980~1989 年 4 月最小，为 274 万 m^3，极值比为 20. 5，差异较大。长系列的年内分配曲线位于各年代曲线之间。不同时期的径流量在年内主要集中在汛期的 7~10 月，其余时期径流量较少，说明岔河站在不同时期径流量分配不均。

由图 1-90 可知，径流量分配在不同季节存在差异，夏季径流量占全年的比例最大，达到 37. 97%；其次为秋季、冬季，径流量分别占全年的 30. 16% 和 18. 48%；春季占比最低，仅有 13. 39%。从月尺度来看，8 月径流量占比最大，达到 19. 28%；其次为 7 月，占全年径流量的 13. 91%；4 月占比最低，仅有 3. 98%。汛期 6~9 月径流量占比为 50. 54%，非汛期仅为 49. 46%，由此可见岔河站径流量年内分配极不均匀。

1. 4. 2　径流量年际变化

1. 4. 2. 1　趋势分析

1. 年尺度演变趋势分析

分析黄台桥站和岔河站实测年径流量的线性回归趋势线与 5 年滑动平均线见图 1-91、图 1-92。线性回归法检验趋势显著性及其 Mann-Kendall 趋势检验法检验结果列于表 1-27。

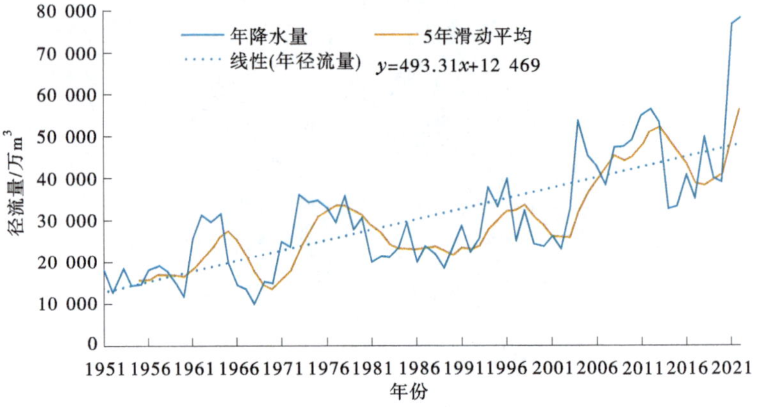

图 1-91　黄台桥站年径流量变化趋势

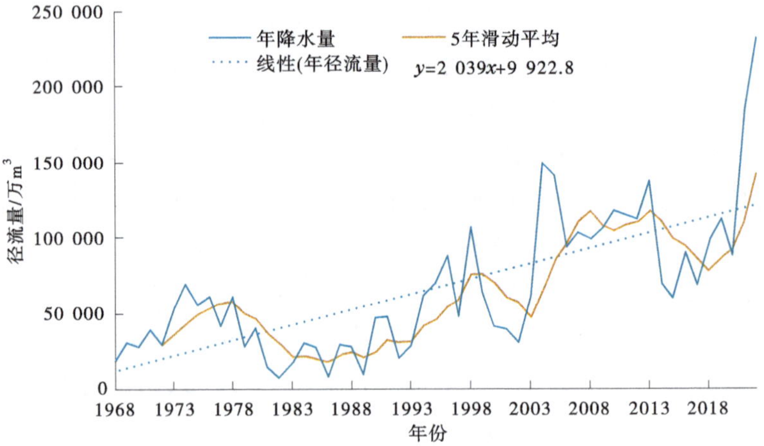

图 1-92　岔河站年径流量变化趋势

表 1-27　黄台桥站和岔河站实测年径流量特征及检验结果

站点	平均值/万 m^3	最大值/万 m^3	最小值/万 m^3	标准差	线性回归检验		Mann-Kendall 检验	
					r 值	显著性	Z 值	显著性
黄台桥	30 475	78 040	9 998	13 866	493.31	↑↑	6.96	↑↑
岔河	67 019	233 228	7 660	45 844	2 039.10	↑↑	5.34	↑↑

注：表中↑↑表示极显著增加。

由图 1-91 和表 1-27 可知，黄台桥站多年平均径流量为 30 475 万 m^3，最大年径流量发生在 2022 年，为 78 040 万 m^3，最小年径流量发生在 1968 年，为 9 998 万 m^3。黄台桥站年径流量呈显著增加趋势，增长率约为 493.31 万 m^3/a，由线性回归检验和 Mann-Kendall 趋势检验法可知黄台桥站径流量呈显著的上升趋势。从局部来看，1951～1966 年呈波动上升趋势，1966～1970 年呈下降趋势，1970～1978 年呈上升趋势，1978～1990 年呈波动下降趋势，1990～1998 年呈波动上升趋势，1998～2003 年呈波动下降趋势，2003～2013 年呈波动上升趋势,2013~2018 年呈波动下降趋势,2018~2022 年呈上升趋势。

由图 1-92 和表 1-27 可知,岔河站多年平均径流量为 67 019 万 m^3,最大年径流量发生在 2022 年,为 233 228 万 m^3,最小年径流量发生于 1982 年,为 7 660 万 m^3。岔河站年径流量呈显著上升趋势,上升率约为 2 039 万 m^3/a,由线性回归检验和 Mann-Kendall 趋势检验法可知,岔河站径流量呈显著的上升趋势。从局部来看,1968~1978 年呈波动上升趋势,1978~1986 年呈波动下降趋势,1986~1999 年呈波动上升趋势,1999~2003 年呈下降趋势,2003~2008 年呈波动上升趋势,2003~2018 年呈波动下降趋势,2018~2022 年呈波动上升趋势。

2. 季尺度演变趋势分析

1) 黄台桥站季尺度演变趋势分析

黄台桥站不同年份各季径流量变化趋势如图 1-93 所示,不同年代各季径流量变化率见表 1-28。

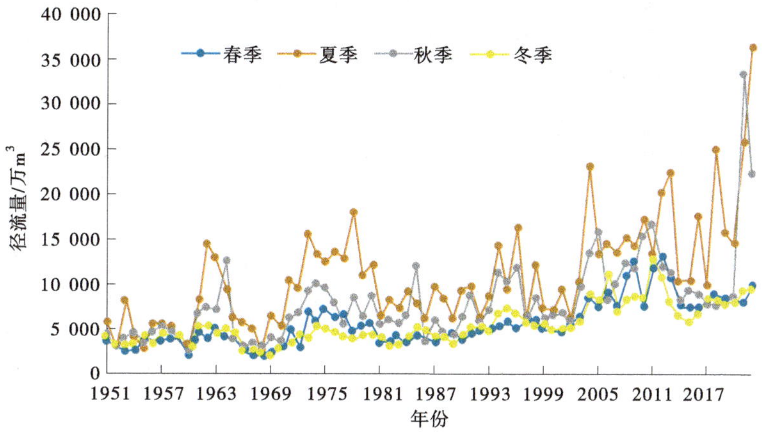

图 1-93　黄台桥站各季径流量变化趋势

表 1-28　黄台桥站不同年代各季径流量变化率　　单位:mm/a

时段	春季	夏季	秋季	冬季
1951~1959 年	70. 42	-89. 86	77. 49	92. 61
1960~1969 年	-196. 99	-505. 96	-348. 9	-303. 29
1970~1979 年	239. 05	708. 17	202. 18	136. 66
1980~1989 年	-18. 30	-222. 38	-267. 17	9. 92
1990~1999 年	183. 72	102. 03	49. 77	133. 70
2000~2009 年	762. 43	874. 27	661. 31	500. 06
2010~2022 年	-165. 68	883. 08	537. 86	-103. 06
1951~2022 年	93. 03	184. 59	133. 25	82. 44

由图 1-93 和表 1-28 可知,黄台桥站多年来夏季径流量最大,其次为秋季,冬季和春季径流量相近且最小。4 个季节径流量在 1951~2022 年总体均呈上升趋势,其中夏季变化

率最大，为 184.59 万 m^3/a；其次为秋季和春季，变化率分别为 133.25 万 m^3/a 和 93.03 万 m^3/a；变化率最小的为冬季，为 82.44 万 m^3/a。从各年代变化率来看，春季在 1960~1969 年、1980~1989 年、2010~2022 年呈阶段性下降趋势，其他年代均呈阶段性上升趋势，变化趋势最显著的为 2000~2009 年，呈现变化率为 762.43 万 m^3/a 的上升趋势，变化趋势最不显著的为 1980~1989 年，呈现变化率为-18.30 万 m^3/a 的下降趋势；夏季在 1951~1959 年、1960~1969 年、1980~1989 年呈阶段性下降趋势，其他年代均呈阶段性上升趋势，变化趋势最显著的为 2010~2022 年，呈现变化率为 883.08 万 m^3/a 的上升趋势，变化趋势最不显著的为 1951~1959 年，呈现变化率为-89.86 万 m^3/a 的下降趋势；秋季在 1960~1969 年、1980~1989 年呈阶段性下降趋势，其他年代均呈阶段性上升趋势，变化趋势最显著的为 2000~2009 年，呈现变化率为 661.31 万 m^3/a 的上升趋势，变化趋势最不显著的为 1990~1999 年，呈现变化率为 49.77 万 m^3/a 的上升趋势；冬季在 1960~1969 年、2010~2022 年呈阶段性下降趋势，其他年代均呈阶段性上升趋势，变化趋势最显著的为 2000~2009 年，呈现变化率为 500.06 万 m^3/a 的上升趋势，变化趋势最不显著的为 1980~1989 年，呈现变化率为 9.92 万 m^3/a 的上升趋势。

2）岔河站季尺度演变趋势分析

岔河站不同年份各季径流量变化趋势如图 1-94 所示，不同年代各季径流量变化率见表 1-29。

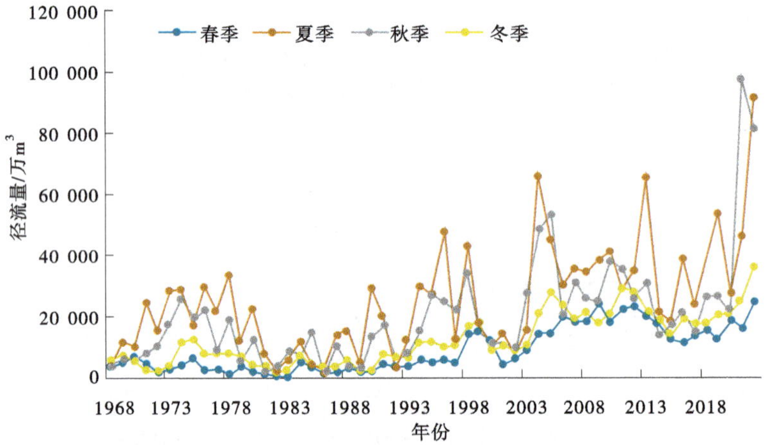

图 1-94 岔河站各季径流量变化趋势

表 1-29 岔河站不同年代各季径流量变化率　　单位：万 m^3/a

时段	春季	夏季	秋季	冬季
1968~1979 年	-199.48	1 404.20	894.02	341.26
1980~1989 年	92.06	-423.09	-352.97	48.62
1990~1999 年	1 191.90	1 148.20	1 679.40	1 427.20
2000~2009 年	1 886.50	3 334.70	1 971.60	1 573.70
2010~2022 年	-229.02	2 576.50	4 075.70	177.81
1968~2022 年	364.29	625.22	632.62	417.00

由图 1-94 和表 1-29 可知，岔河站多年来夏季径流量最大，秋季次之，冬季和春季径流量相近且最小。4 个季节径流量在 1968～2022 年呈上升趋势，其中秋季变化率最大，为 632.62 万 m^3/a；其次为夏季和冬季，变化率分别为 625.22 万 m^3/a 和 417.00 万 m^3/a；变化率最小的为春季，为 364.29 万 m^3/a。从各年代变化率来看，春季在 1968～1979 年、2010～2022 年呈阶段性下降趋势，其他年代均呈阶段性上升趋势，变化趋势最显著的为 2000～2009 年，呈现变化率为 1 886.50 万 m^3/a 的上升趋势，变化趋势最不显著的为 1980～1989 年，呈现变化率为 92.06 万 m^3/a 的上升趋势；夏季在 1980～1989 年呈阶段性下降趋势，其他年代均呈阶段性上升趋势，变化趋势最显著的为 2000～2009 年，呈现变化率为 3 334.70 万 m^3/a 的上升趋势，变化趋势最不显著的为 1980～1989 年，呈现变化率为 −423.09 万 m^3/a 的下降趋势；秋季在 1980～1989 年呈阶段性下降趋势，其他年代均呈阶段性上升趋势，变化趋势最显著的为 2010～2022 年，呈现变化率为 4 075.70 万 m^3/a 的上升趋势，变化趋势最不显著的为 1980～1989 年，呈现变化率为−352.97 万 m^3/a 的下降趋势；冬季均呈上升趋势，变化趋势最显著的为 2000～2009 年，呈现变化率为 1 573.70 万 m^3/a 的上升趋势，变化趋势最不显著的为 1980～1989 年，呈现变化率为 48.62 万 m^3/a 的上升趋势。

3. 月尺度演变趋势分析

1) 黄台桥站月尺度变化趋势

黄台桥站 1951～2022 年径流量月分布特征见图 1-95，其变化趋势见图 1-96，各年代变化率见表 1-30。

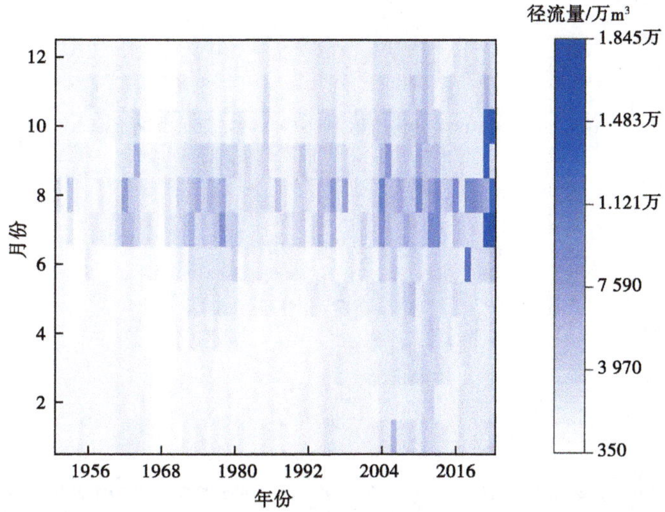

图 1-95　黄台桥站 1951～2022 年月径流量分布热图

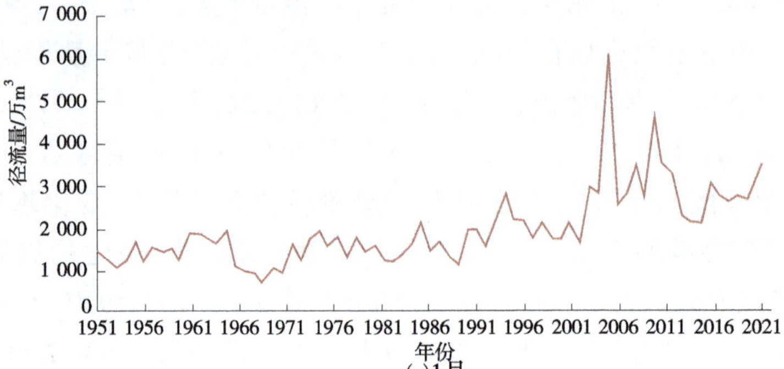

(a)1月

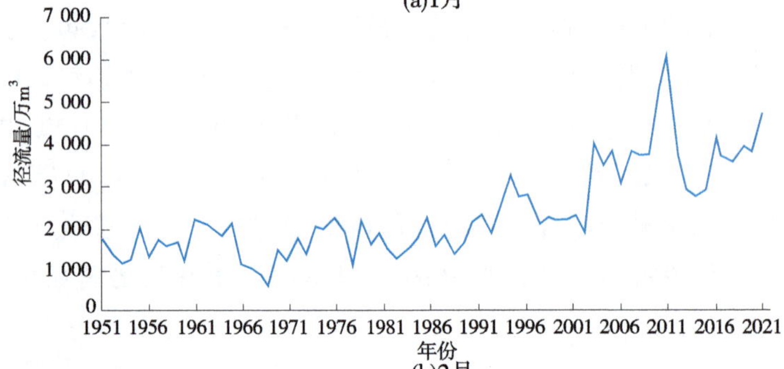

(b)2月

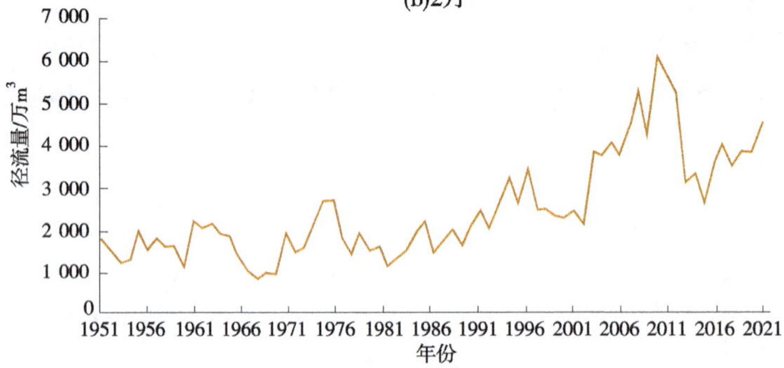

(c)3月

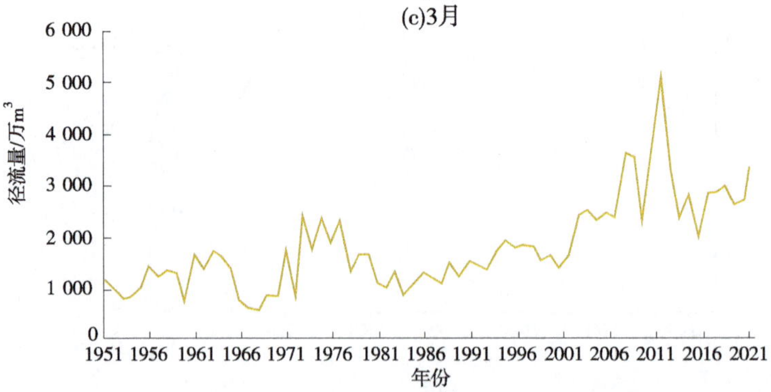

(d)4月

图 1-96　黄台桥站月径流量变化趋势

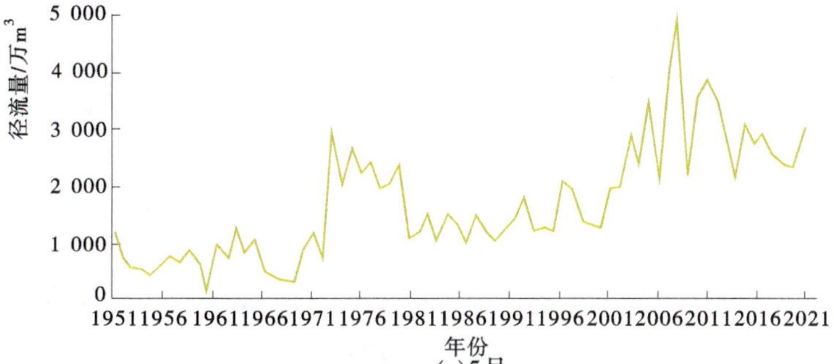

(e)5月

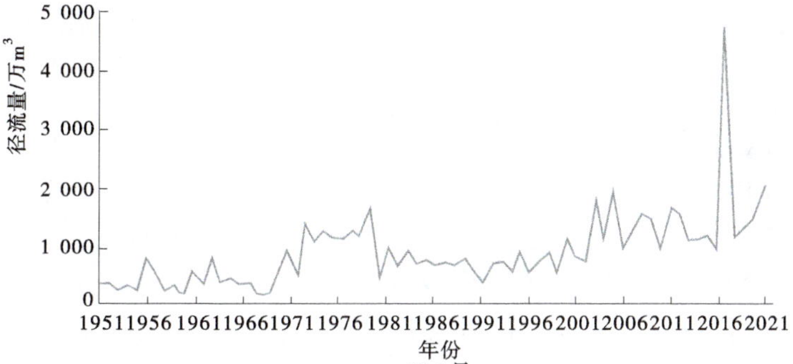

(f)6月

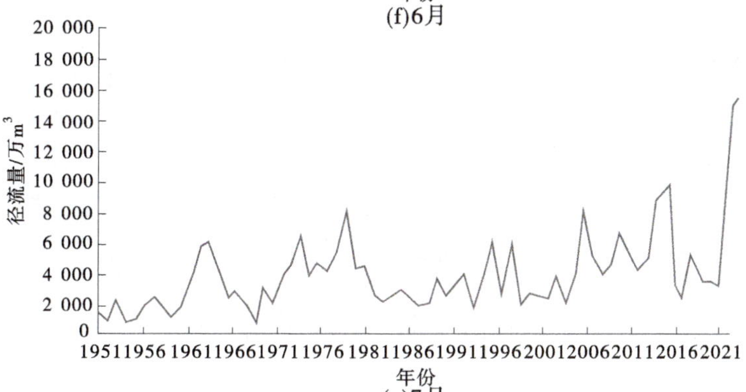

(g)7月

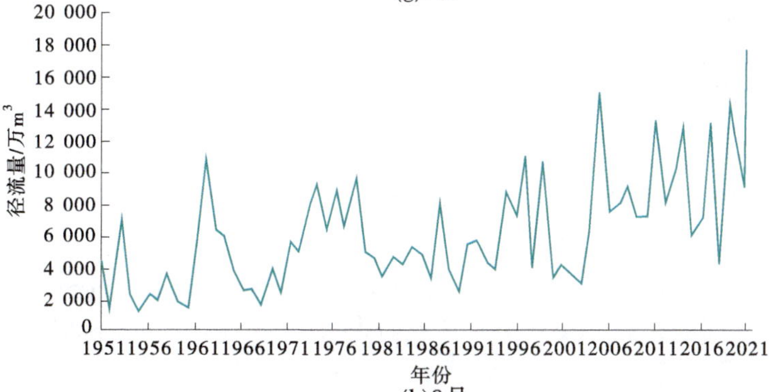

(h)8月

续图 1-96

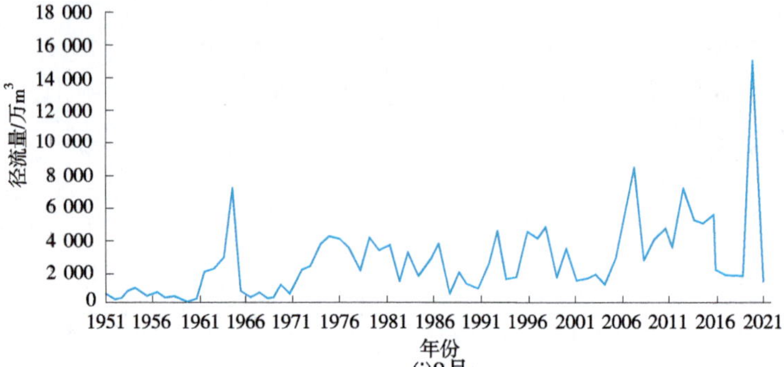

(i)9月

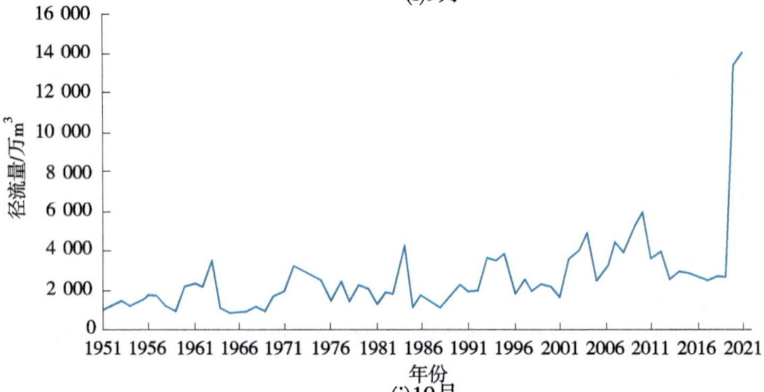

(j)10月

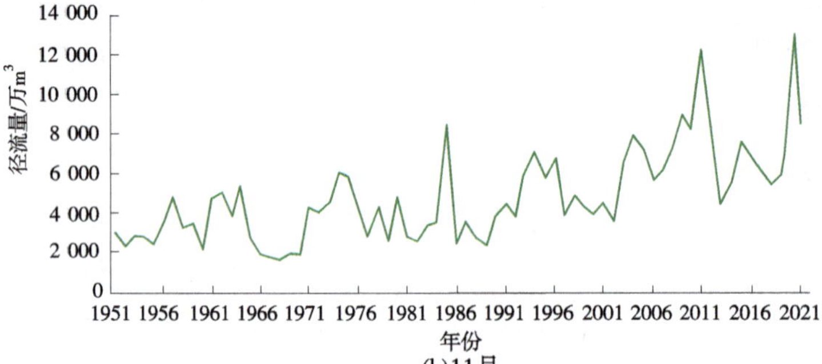

(k)11月

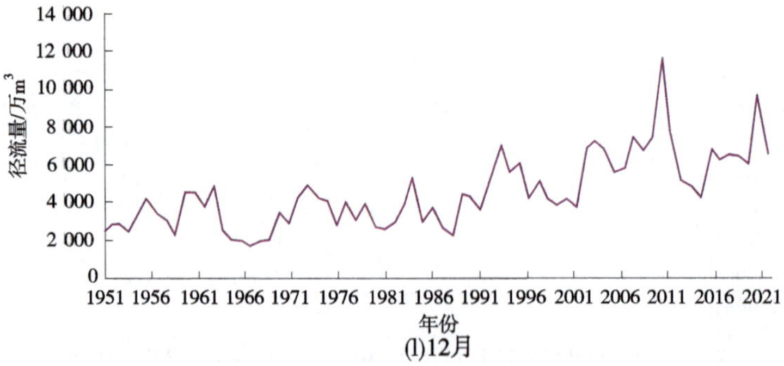

(l)12月

续图 1-96

表 1-30　黄台桥站不同年代月径流量变化率　　　单位:万 m^3/a

月份	1951～1959 年	1960～1969 年	1970～1979 年	1980～1989 年	1990～1999 年	2000～2009 年	2010～2022 年	1951～2022 年
1	26.06	-105.74	71.73	21.16	73.28	231.17	-44.07	28.87
2	16.44	-83.75	33.74	6.27	42.44	128.16	-26.50	24.93
3	8.76	-73.58	43.26	36.31	69.35	207.27	-68.08	27.85
4	46.86	-78.67	61.89	-2.98	49.69	219.66	-49.28	29.63
5	14.80	-44.74	133.90	-51.64	64.68	335.50	-48.32	35.56
6	21.28	-58.46	172.47	-132.10	44.64	203.76	142.95	45.09
7	51.84	-227.72	296.03	-79.26	-83.99	325.30	538.30	64.68
8	-162.98	-219.78	239.67	-11.02	141.38	345.22	201.83	74.83
9	-23.32	-95.50	177.98	-152.25	-24.16	252.47	54.69	43.32
10	33.09	-123.92	27.00	-75.44	49.26	209.74	462.22	57.13
11	67.73	-129.48	-2.79	-39.47	24.67	199.10	20.95	32.81
12	50.11	-113.80	30.99	-17.52	469.22	140.72	-32.49	28.63

从图 1-95 中可以看出,黄台桥站径流主要分布在汛期的 7 月、8 月和 9 月,汛期月平均径流量为 3 967 万 m^3,径流量较低时期主要分布在 1 月、2 月,均值为 1 828 万 m^3,月径流量最大值发生在 2022 年 7 月,达到 18 434 万 m^3,最小值为 399 万 m^3,发生在 1960 年 6 月。由图 1-96 和表 1-30 可知,1951～2022 年的各个月份均呈现上升趋势;变化率最大的为 8 月,呈现变化率为 74.83 万 m^3/a 的上升趋势;变化率最小的为 2 月,呈现变化率为 24.93 万 m^3/a 的上升趋势。从不同年代各月的变化率来看,变化趋势有升有降,5～9 月变化率较其他月份显著,5 个月变化率最大值分别为 335.50 万 m^3/a(2000～2009 年)、203.76 万 m^3/a(2000～2009 年)、538.30 万 m^3/a(2010～2022 年)、345.22 万 m^3/a(2000～2009 年)、252.47 万 m^3/a(2000～2009 年),其中变化率最大的为 2010～2022 年 7 月;1～4 月和 10～12 月变化率均较小,7 个月的变化率最小值分别为 21.16 万 m^3/a(1980～1989 年)、6.27 万 m^3/a(1980～1989 年)、8.76 万 m^3/a(1951～1959 年)、-2.98 万 m^3/a(1980～1989 年)、27.00 万 m^3/a(1970～1979 年)、-2.79 万 m^3/a(1970～1979 年)、-17.52 万 m^3/a(1980～1989 年),其中变化率最小值为 1970～1979 年 11 月。从各年代变化率来看,对各年代 12 个月变化率取绝对值后再平均,得各年代平均变化率分别为 43.61 万 m^3/a (1951～1959 年)、112.93 万 m^3/a(1960～1969 年)、107.62 万 m^3/a(1970～1979 年)、52.12 万 m^3/a(1980～1989 年)、94.73 万 m^3/a(1990～1999 年)、233.17 万 m^3/a(2000～2009 年)、140.81 万 m^3/a(2010～2022 年),由此可见,2000～2009 年变化率最大,1951～1959 年最小。

2)岔河站月尺度变化趋势

岔河站 1968～2022 年月径流量分布特征见图 1-97,其变化趋势见图 1-98,各年代变化率见表 1-31。

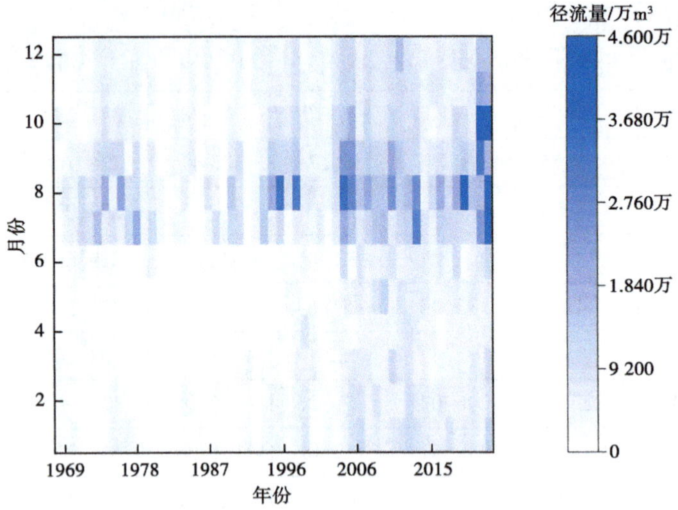

图 1-97　岔河站 1968~2022 年月径流量分布热图

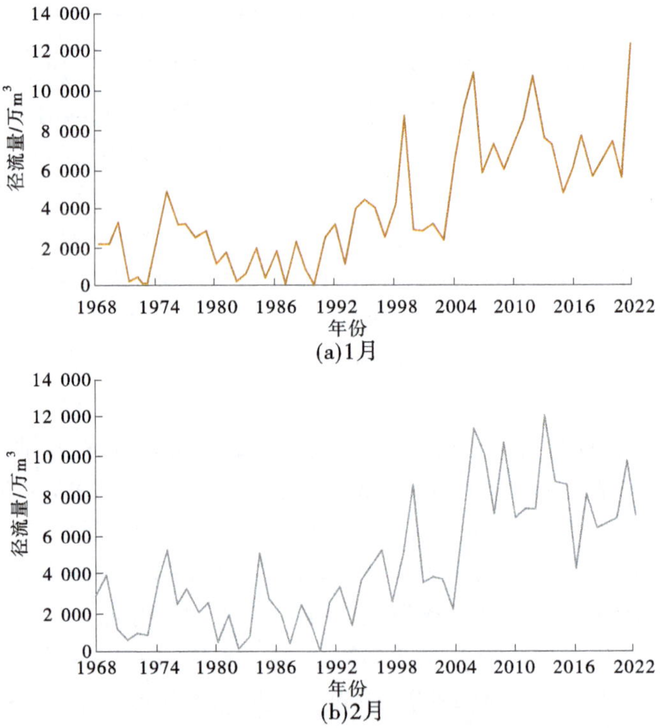

图 1-98　岔河站月径流量变化趋势

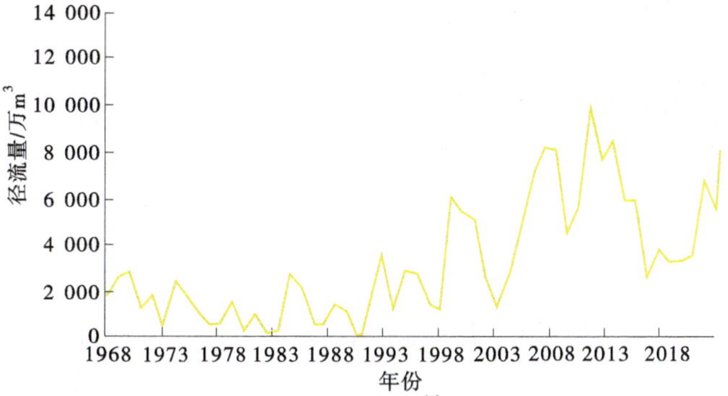

(c)3月

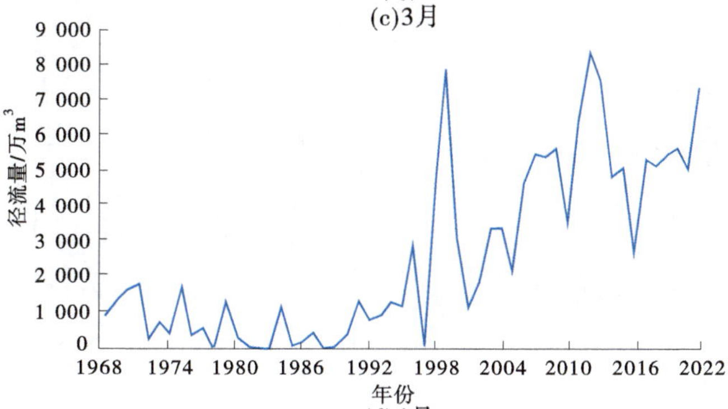

(d)4月

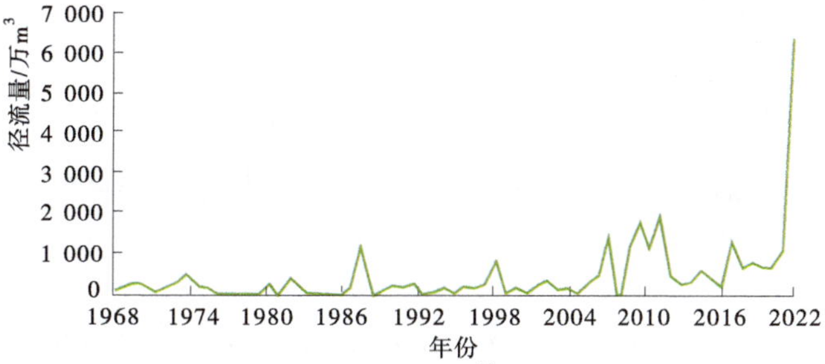

(e)5月

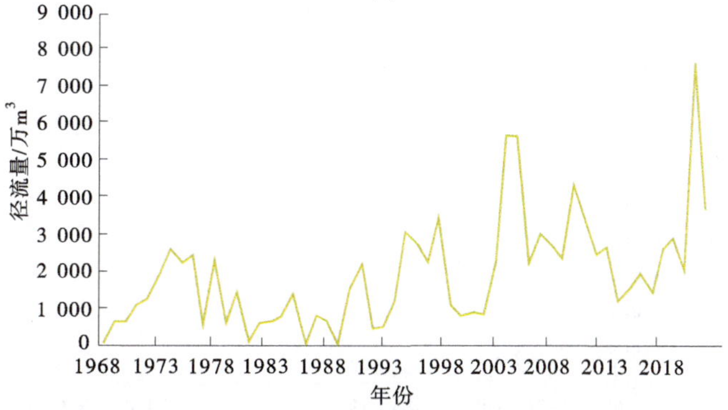

(f)6月

续图 1-98

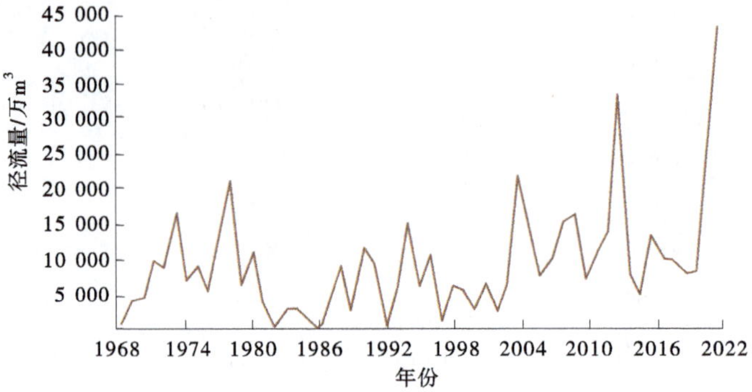

(g)7月

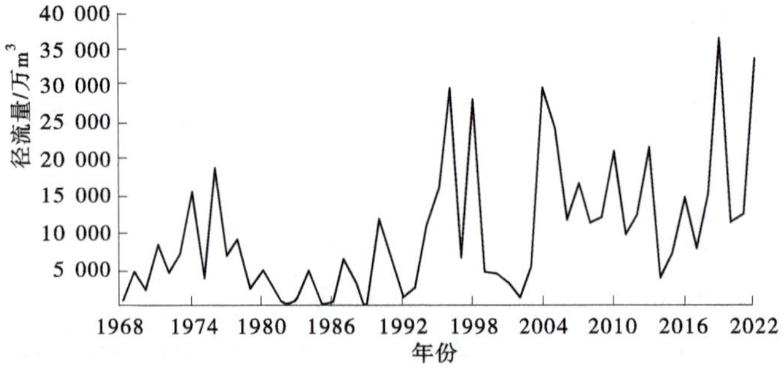

(h)8月

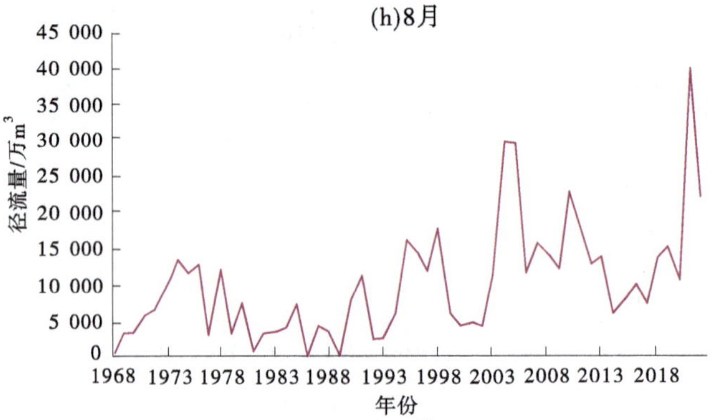

(i)9月

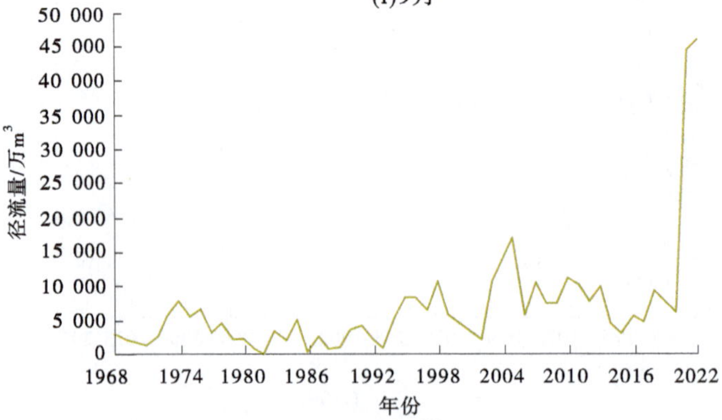

(j)10月

续图 1-98

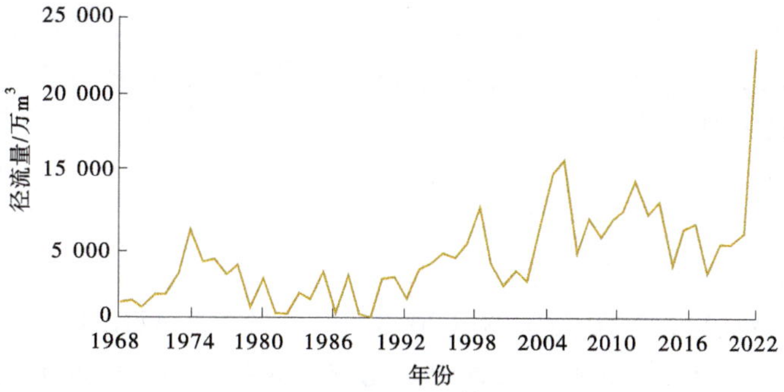

(k)11月

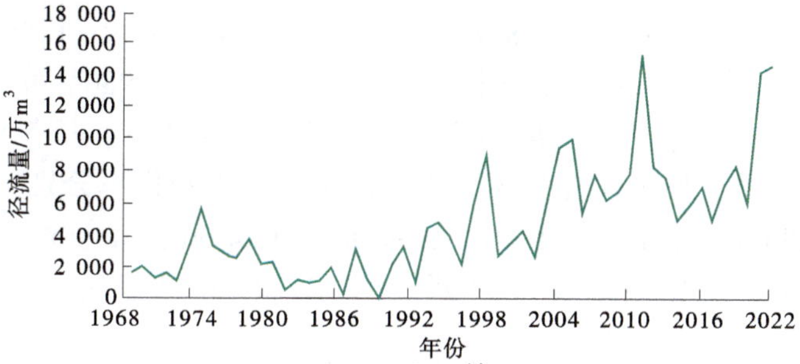

(l)12月

续图 1-98

表 1-31　岔河站月径流量各年代变化率　　单位：万 m^3/a

月份	1968~1979 年	1980~1989 年	1990~1999 年	2000~2009 年	2010~2022 年	1968~2022 年
1	143.87	17.50	585.02	605.45	-12.07	140.54
2	44.96	69.90	466.71	568.22	9.10	115.54
3	-108.87	70.29	387.28	392.75	13.98	106.52
4	-62.71	-4.58	559.78	438.48	-97.44	120.54
5	-27.91	26.35	244.79	1 055.20	-145.56	137.23
6	74.31	-112.72	97.42	620.12	154.83	125.69
7	745.50	-179.96	-338.80	1 242.70	957.59	188.10
8	584.38	-130.42	1 389.60	1 471.90	1 464.10	311.43
9	450.17	-232.76	580.86	949.54	937.39	207.16
10	230.05	-17.40	655.85	533.48	2 528.9	262.40
11	213.81	-102.80	442.70	488.56	609.40	163.06
12	152.43	-38.77	375.46	400.03	180.77	160.92

从图 1-97 中可以看出，岔河站径流主要分布在汛期的 7 月、8 月和 9 月，汛期月平均径流量为 8 467.49 万 m^3，径流量较低时期主要分布在 1 月、2 月，均值为 3 856.43 万 m^3，月径流量最大值发生在 2022 年 10 月，达到 45 801 万 m^3，最小值为 0，多发生于春、冬两季。由图 1-98 和表 1-31 可知，1968～2022 年各月均呈上升趋势；变化率最大的为 8 月，呈现变化率为 311.43 万 m^3/a 的上升趋势，变化率最小的为 3 月，呈现变化率为 106.52 万 m^3/a 的上升趋势。从不同年代各月的变化率来看，变化趋势有升有降，5～9 月变化率较其他月份显著，5 个月变化率最大值分别为 1 055.20 万 m^3/a(2000～2009 年)、620.12 万 m^3/a(2000～2009 年)、1 242.70 万 m^3/a(2000～2009 年)、1 471.90 万 m^3/a(2000～2009 年)、949.54 万 m^3/a(2000～2009 年)，其中变化率最大的为 2000～2009 年 8 月；1～4 月和 10～12 月变化率均较小，7 个月的变化率最小值分别为 −12.07 万 m^3/a(2010～2022 年)、9.10 万 m^3/a(2010～2022 年)、13.98 万 m^3/a(2010～2022 年)、−4.58 万 m^3/a(1980～1989 年)、−17.40 万 m^3/a(1980～1989 年)、−102.80 万 m^3/a(1980～1989 年)、−38.77 万 m^3/a(1980～1989 年)，其中变化率最小值为 1980～1989 年 4 月。从各年代变化率来看，对各年代 12 个月变化率取绝对值后再平均得各年代平均变化率分别为 236.58 万 m^3/a(1968～1979 年)、83.62 万 m^3/a(1980～1989 年)、510.36 万 m^3/a(1990～1999 年)、730.54 万 m^3/a(2000～2009 年)、592.59 万 m^3/a(2010～2022 年)，由此可见，2000～2009 年变化率最大，1980～1989 年变化率最小。

1.4.2.2 周期分析

1. 黄台桥站年径流量周期分析

黄台桥站 1951～2022 年径流量 Morlet 小波系数实部等值线见图 1-99，该图体现出不同时间段各时间尺度的强弱分布。当小波系数≥0 时，表明年径流量较高；反之年径流量较低。

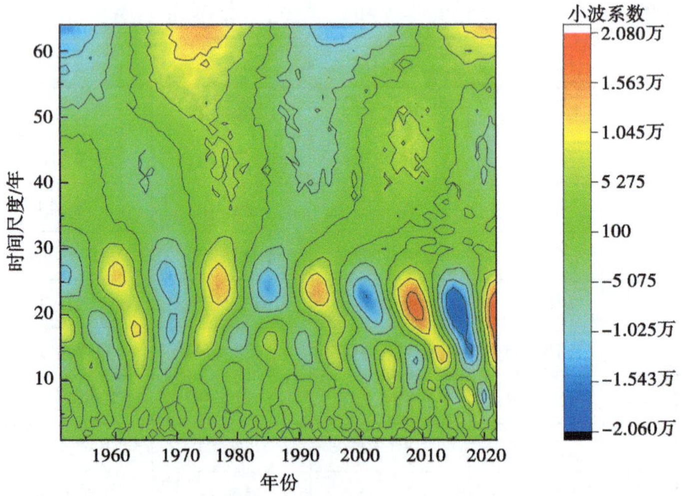

图 1-99　黄台桥站年径流量 Morlet 小波系数实部等值线

黄台桥站 1951～2022 年径流量小波方差见图 1-100，可见存在 1 个明显峰值，对应的时间尺度为 23 年，为黄台桥站年径流量的主周期。绘制主周期年径流量的小波实部图，见图 1-101。由此可见,黄台桥站 1951~2022 年径流量在主周期为 23 年的情况下周期为 15 年,故黄台桥站年径流量周期为 15 年。

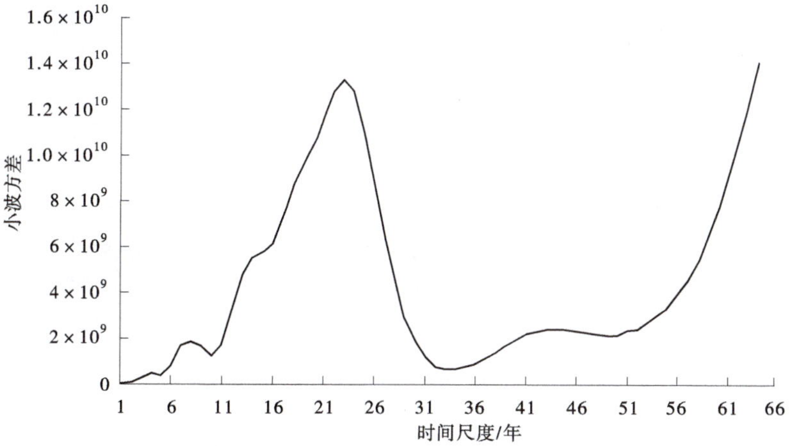

图 1-100　黄台桥站年径流量小波方差

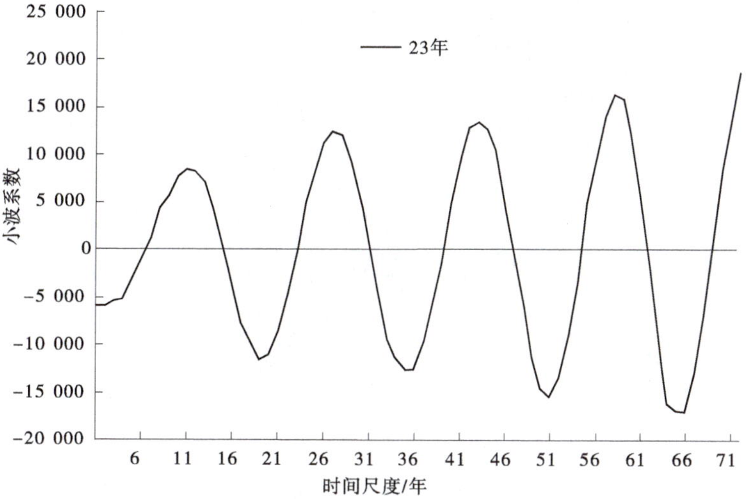

图 1-101　黄台桥站各主周期年径流量小波实部图

采用差积曲线法对黄台桥站小波分析结果进行验证,见图 1-102。由此看出,丰枯所在年份及演变趋势,2022 年为差积曲线最大值,即该年份及附近年份径流量较多,2003 年为差积曲线最小值,即该年份及附近年份径流量较少;在图 1-102 中,一上一下表示一个周期,1980~1996 年、1997~2013 年为一个周期,周期约为 15 年,由此可见其周期与小波分析结果相同。

2. 岔河站年径流量周期分析

岔河站 1968~2022 年径流量 Morlet 小波系数实部等值线见图 1-103,该图体现出不同时间段各时间尺度的强弱分布。当小波系数≥0 时,表明年径流量较高;反之年径流量较低。

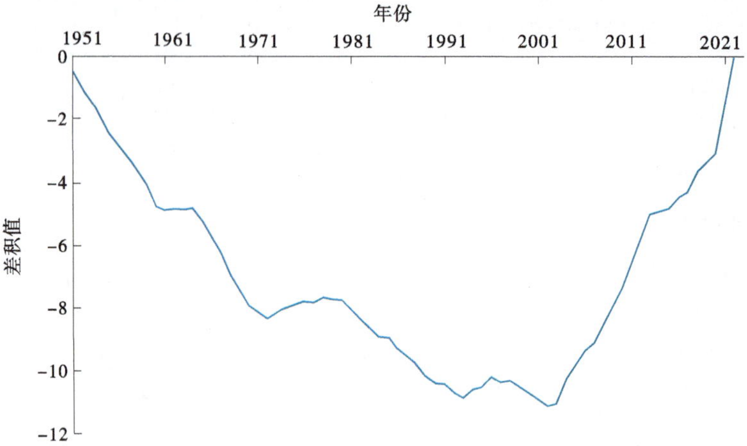

图 1-102　黄台桥站 1951~2022 年径流量差积曲线

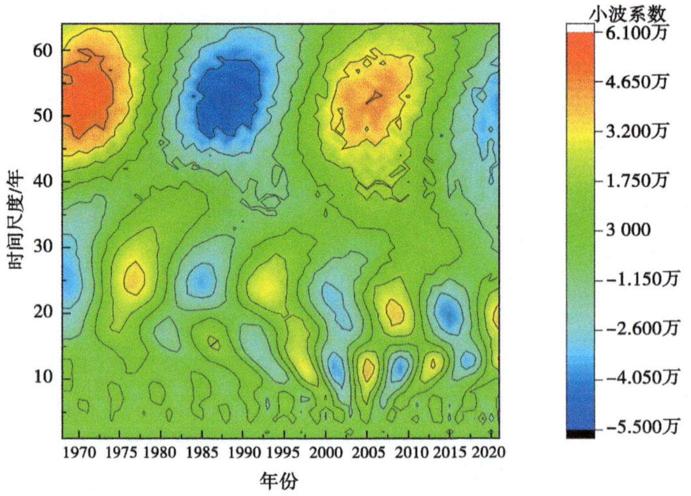

图 1-103　岔河站年径流量 Morlet 小波系数实部等值线

岔河站 1968~2022 年径流量小波方差见图 1-104，可见存在 3 个明显峰值，对应的时间尺度分别为 12 年、23 年和 53 年。其中，最大峰值对应的时间尺度为 53 年，为岔河年径流量的第 1 主周期；第 2 峰值对应的时间尺度为 23 年，为第 2 主周期；第 3 峰值对应的时间尺度为 12 年，为第 3 主周期。绘制 3 个主周期年径流量的小波实部图，分别见图 1-105。由此可见，岔河站 1968~2022 年径流量在主周期为 12 年、23 年和 53 年情况下周期分别为 8 年、15 年和 34 年，故岔河站年径流量第 1 周期为 34 年，第 2 周期为 15 年，第 3 周期为 8 年。

采用差积曲线法对岔河站小波分析结果进行验证，见图 1-106。由此看出，丰枯所在年份及演变趋势，2022 年为差积曲线最大值，即该年份及附近年份径流量较多，2003 年为差积曲线最小值，即该年份及附近年份径流量较少；在图 1-106 中，一上一下表示一个周

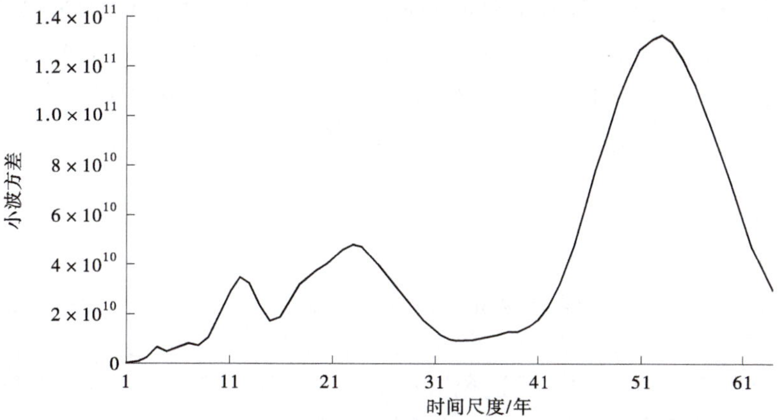

图 1-104　岔河站年径流量小波方差

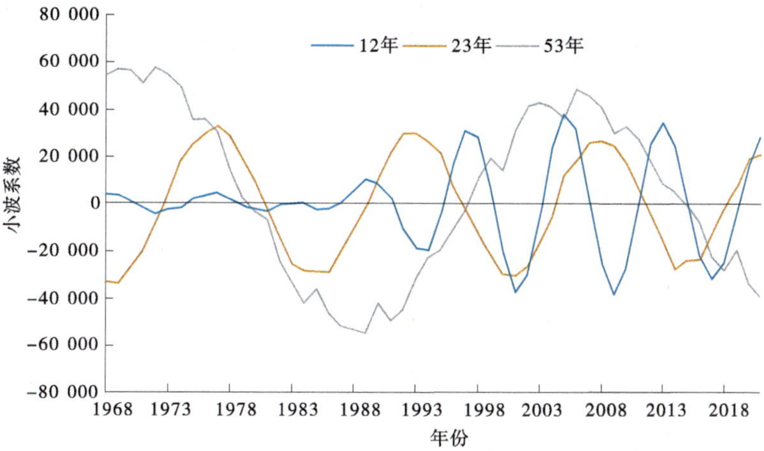

图 1-105　岔河各主周期年径流量小波实部图

期，1998～2005 年为一个周期，周期约为 8 年，1989～2005 年为一个周期，周期约为 15 年，1980～2013 年为一个周期，周期约为 34 年，由此可见其周期与小波分析结果相同。

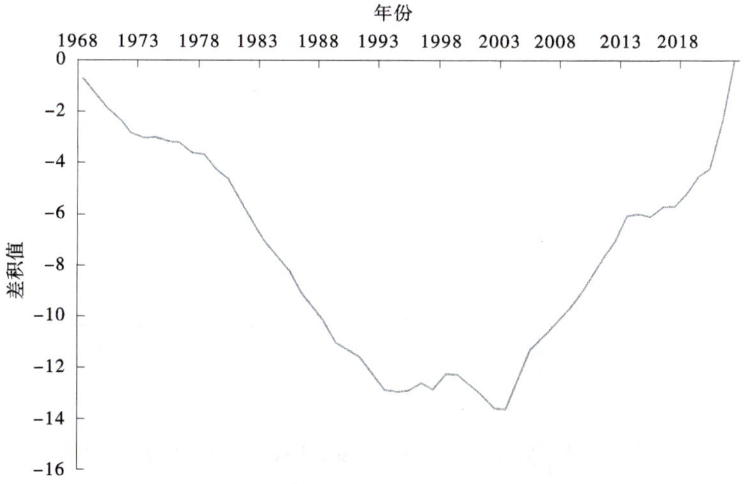

图 1-106　岔河站 1956～2022 年径流量差积曲线

由黄台桥站和岔河站实测径流量的周期分析可知，两个站点均具有15年的周期，可见，整个流域实测径流量的周期具有一致性，这是由于两个站点距离较近致使气象因素具有相似性引起的。但是岔河站还具有34年和8年的周期，与黄台桥站具有差异性，原因之一为两个站点时间序列起始年份不一致；原因之二为人类活动对径流的影响程度较大，改变了径流的变化规律。

1.4.2.3 突变分析

1. 黄台桥站实测年径流量突变分析

本书在探究1951~2022年黄台桥站径流量突变点诊断时，分别采用Mann-Kendall突变检验法、有序聚类法、滑动T检验法和Pettitt检验法，结果见图1-107~图1-109及表1-32，显著性水平均取0.05。为避免滑动T检验法任意选择子序列长度造成的突变点漂移，通过反复变动子序列长度进行试验比较，最终确定黄台桥站滑动T检验的步长为3年。对于Pettitt检验法，先对长系列1951~2022年径流量进行检验，找出突变年份，再以突变年份为分割点对不同时段的径流量进行检验，分别得到突变年份及其所对应的k_0值与统计量P值。

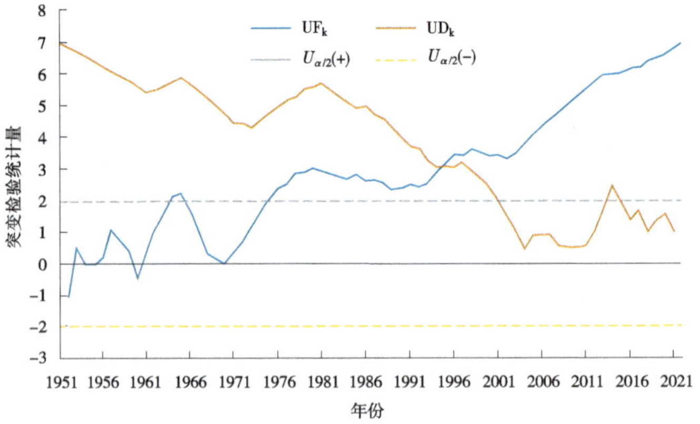

图1-107 黄台桥站1951~2022年径流量Mann-Kendall突变检验

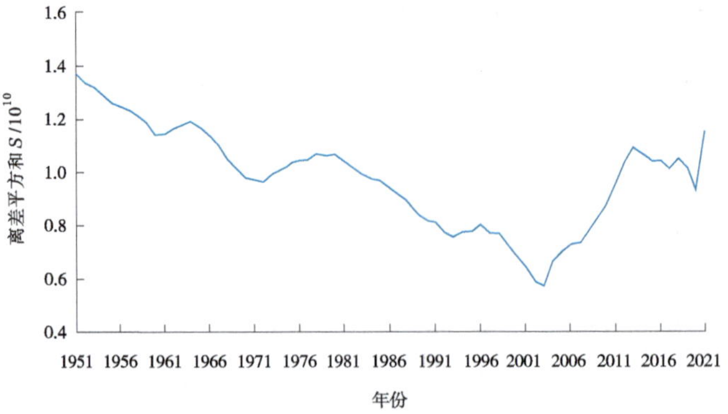

图1-108 黄台桥站1951~2022年径流量有序聚类检验

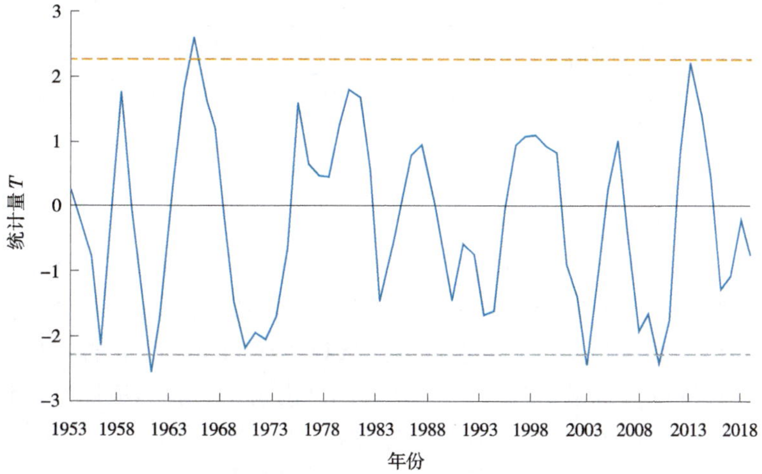

图 1-109　黄台桥站年径流量滑动 T 平均检验

表 1-32　黄台桥站径流量 Pettitt 突变检验结果

时段	突变年份	k_0 值	统计量 P 值
1951~2022 年	1993	1 029	0
1951~1993 年	1970	324	0.0009
1951~1970 年	1965	47	0.412 8
1970~1993 年	1980	95	0.046 5
1993~2022 年	2003	189	0.000 9
2003~2022 年	2020	36	0.792 5

由 Mann-Kendall 突变检验可知，在临界范围±1.96 内的交点可能存在突变现象，故由图 1-107 可知无突变点。由图 1-108 有序聚类检验曲线可知，极小值发生在 1960 年、1972 年、1993 年、2003 年、2020 年，为可能的突变点。由图 1-109 可知，1961 年、1965 年、2003 年、2010 年径流量的滑动 T 检验统计量分别为−2.55、2.64、−2.45、−2.41，超过了临界范围±2.276，即可能存在突变现象。由表 1-32 可知，Pettitt 检验计算出的突变年份的统计量 P 值均小于预先设定的显著水平 $\alpha=0.05$，即 1.96，则认为通过 Pettitt 检验得到的突变点在统计意义上发生了显著性变化。综合以上 4 种方法的检验结果，2003 年被 3 种方法识别为突变点，1965 年、1993 年和 2020 年均被两种方法识别为突变点，基于上述 3 个突变点分别计算不同时段的黄台桥站径流量的平均值及变化率，见表 1-33，变化率越大，表明前后差异性越大，突变越显著，故最显著的突变点为 2020 年，其次是 2003 年、1993 年和 1965 年。

表 1-33　黄台桥站突变年份前后不同时段径流量平均值

项目	1951~1965 年	1966~1993 年	1994~2003 年	2004~2020 年	2021~2022 年
径流量/万 m^3	19 950	24 327	29 871	44 728	77 358
变化率/%		21.94	22.79	49.74	72.95

2. 岔河站实测年径流量突变分析

本书在探究 1968~2022 年岔河站径流量突变点诊断时，分别采用 Mann-Kendall 法突变检验、有序聚类法、滑动 T 检验法和 Pettitt 检验法，结果见图 1-110~图 1-112 及表 1-34，显著性水平均取 0.05。为避免滑动 T 检验法任意选择子序列长度造成的突变点的漂移，通过反复变动子序列长度进行试验比较，最终确定岔河站滑动 T 检验的步长为 3 年。对于 Pettitt 检验法，先对长系列 1968~2022 年径流量进行检验，找出突变年份，再以突变年份为分割点对不同时段的径流量进行检验，分别得到突变年份及其所对应的 k_0 值以及统计量 P 值。

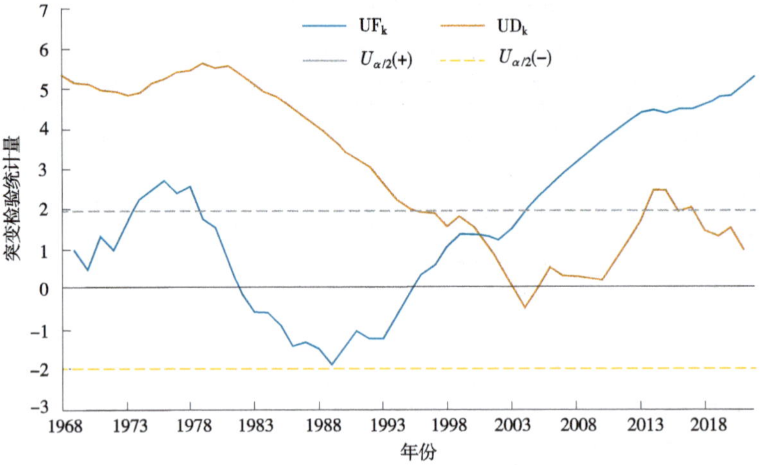

图 1-110　岔河站年径流量 Mann-Kendall 突变检验

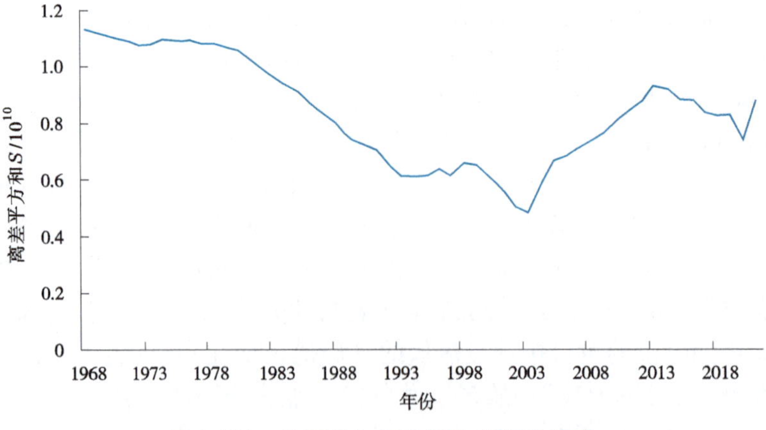

图 1-111　岔河站年径流量有序聚类检验

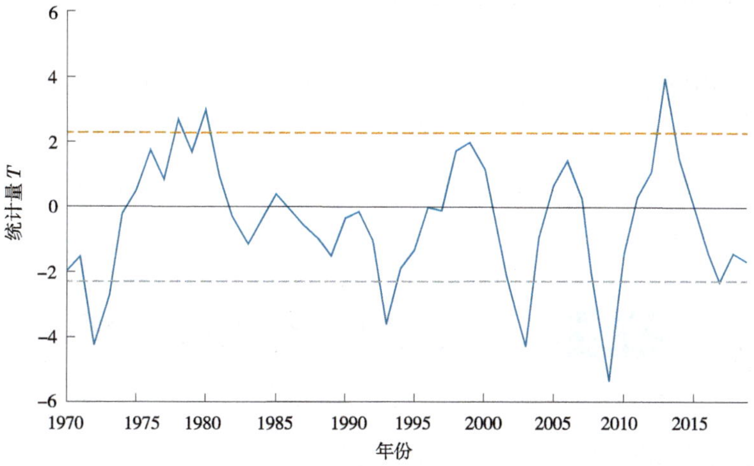

图 1-112　岔河站实测年径流量滑动 T 平均检验

表 1-34　岔河站实测径流量 Pettitt 突变检验结果

时段	突变年份	k_0 值	统计量 P 值
1968~2022 年	1993	670	0
1968~1993 年	1980	109	0.04
1968~1980 年	1972	34	0.11
1980~1993 年	1989	24	0.62
1993~2022 年	2003	171	0
2003~2022 年	2020	36	0.79

由 Mann-Kendall 突变检验可知，在临界范围±1.96 内的交点可能存在突变现象，故由图 1-110 可知，可能的突变点为 2001 年。由图 1-111 有序聚类检验曲线可知，极小值发生在 1972 年、1993 年、1997 年、2003 年和 2020 年，为可能的突变点。由图 1-112 可知，1972 年、1978 年、1980 年、1993 年、2003 年、2009 年和 2013 年降水量的滑动 T 检验统计量分别为−4.3、2.7、3.05、−3.6、−4.3、−5.4、4.1，超过了临界范围±2.276，即可能存在突变现象。由表 1-34 可知，Pettitt 检验计算出的突变年份的统计量 P 值均小于预先设定的显著水平 $\alpha=0.05$，即 1.96，则认为通过 Pettitt 检验得到的突变点在统计意义上发生了显著性变化。综合以上 4 种方法的检验结果，1972 年、1993 年、2003 年均被后 3 种方法识别为突变点，1980 年和 2020 年均被两种方法识别为突变点，基于上述突变点分别计算不同时段的岔河站径流量的平均值及变化率，见表 1-35，变化率越大，表明前后差异性越大，突变越显著，故最显著的突变点为 1993 年，其次是 2020 年、1972 年、2003 年、1980 年。

表 1-35　岔河站实测径流量突变年份前后不同时段径流量平均值

项目	1968~1972 年	1973~1980 年	1981~1993 年	1994~2003 年	2004~2020 年	2021~2022 年
径流量/万 m^3	29 327	51 819	24 646	61 696	104 131	208 631
变化率/%		76.70	−52.44	150.33	68.78	100.35

由黄台桥站和岔河站实测径流量的突变分析可知,两个站点均具有 1993 年、2003 年、2020 年 3 个突变点,可见,整个流域实测径流量的突变具有一致性,这是两个站点距离较近致使气象因素具有相似性引起的。然而,两个站点还具有不同的突变点,即黄台桥站具有 1965 年的突变点,岔河站具有 1972 年和 1980 年的突变点,造成差异性的原因之一为两个站点时间序列起始年份不一致;原因之二为人类活动对径流的影响程度较大,改变了径流的变化规律。

1.5 旱涝急转情形及频次分析

1.5.1 短周期旱涝急转分析

1.5.1.1 济南站短周期旱涝急转指数趋势及频次分析

根据济南站汛期降水序列,计算 1956~2021 年短周期旱涝急转指数,见图 1-113,1956~2021 年排位前 6 的最高 SDFAI 指数年份和最低 SDFAI 指数年份及其对应的标准化降水量分别见表 1-36 和表 1-37,其中高于 1 的 SDFAI 指数对应旱转涝现象,低于 -1 的 SDFAI 指数对应涝转旱现象。结果显示在 6~7 月、7~8 月、8~9 月 3 个时间段发生旱涝急转的次数分别为 12 次、13 次、14 次,通过对比得知,8~9 月的高 SDFAI 指数表现最为突出;8 月标准化降水量均小于-0.5,其中有 2 年小于或等于-1,显著偏旱;9 月全部大于 0.5,其中有 1 年大于 1,显著偏涝。济南站存在连续 3 年持续偏旱或者偏涝的情况,且旱转涝、涝转旱也发生得较为频繁。

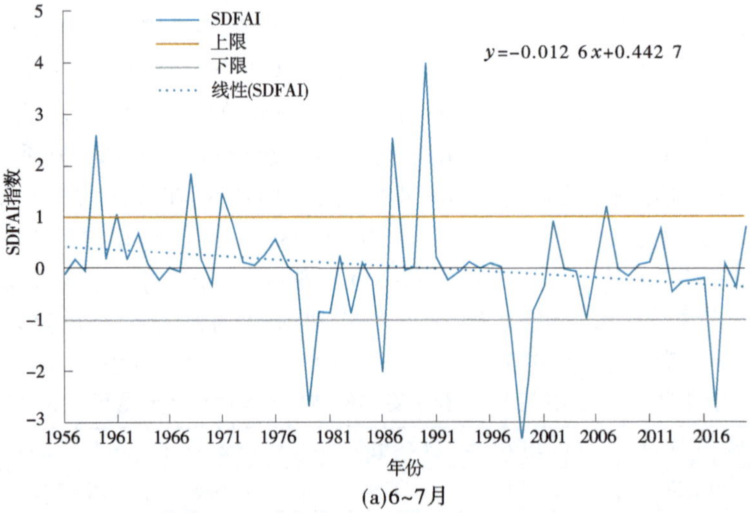

(a)6~7月

图 1-113 济南站短周期旱涝急转指数

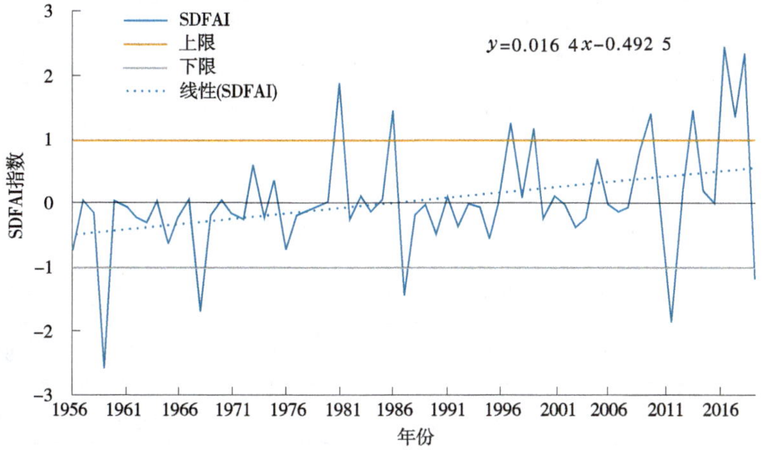

(b)7~8月

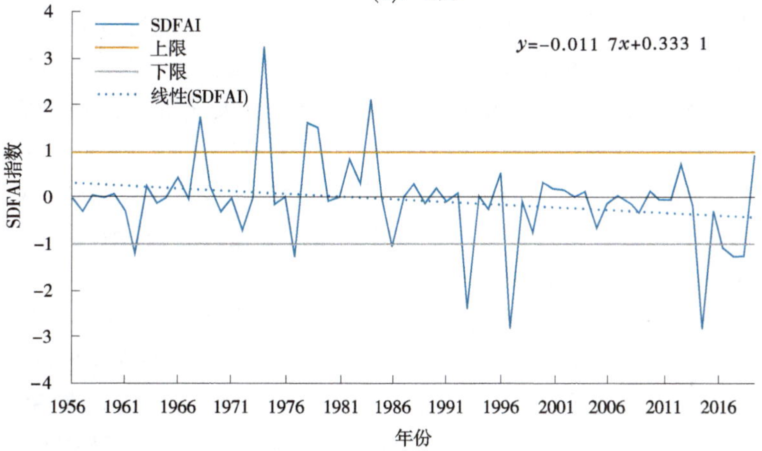

(c)8~9月

续图 1-113

表 1-36 济南站 1956~2021 年排位前 6 位最高 SDFAI 指数年份及其标准化降水量分布

年份	6 月	7 月	年份	7 月	8 月	年份	8 月	9 月
2008	-0.96	0.48	2011	-0.81	0.56	1956	-0.51	1.11
1972	-0.86	0.57	1987	-1.10	3.33	1980	-1.39	0.58
1969	-0.73	0.68	2015	-1.03	0.56	1979	-0.89	0.61
1988	-1.08	0.80	1982	-1.40	0.68	1969	-0.64	0.92
1960	-1.05	0.81	2020	-1.23	0.78	1985	-0.72	0.85
1991	-1.02	1.20	2018	-0.98	0.78	1975	-1.00	0.90

表 1-37 济南站 1956~2021 年排位前 6 位最低 SDFAI 指数年份及其标准化降水量分布

年份	6月	7月	年份	7月	8月	年份	8月	9月
2000	0.98	-1.09	1960	0.81	-1.14	2016	2.51	-1.17
2018	2.01	-0.98	2013	1.73	-0.71	1998	2.16	-1.05
1980	2.79	-1.24	1969	0.68	-0.64	1994	0.77	-0.84
1987	0.69	-1.10	1988	0.80	-0.57	1978	0.55	-0.64
1956	3.04	-0.93	2021	2.15	-0.59	2019	1.96	-0.57
1999	0.54	-0.86	1957	0.27	-1.34	2020	0.78	-0.52

由图 1-113 可知,6~7 月旱转涝和涝转旱的次数分别为 7 次、5 次,SDFAI 在 1986~2002 年间震荡频繁,1991 年和 2000 年突然发生十分严重的涝转旱事件;7~8 月,旱转涝发生了 9 次,涝转旱发生了 4 次,SDFAI 指数在 1976~1990 年和 2011~2021 年间振荡频繁且较为剧烈,其他年份较为平稳;8~9 月,旱转涝发生了 5 次,涝转旱发生了 9 次,SDFAI 指数在 1971~1986 年间震荡剧烈,发生旱转涝频繁,2002~2011 年间趋于平稳。随着时间的推移,6~7 月、8~9 月两个时间段发生旱涝急转的次数逐渐下降,峰值在降低,但是 7~8 月发生旱涝急转的次数显著提高。

采用 Mann-Kendall 趋势法对济南站 SDFAI 指数进行趋势分析:6~7 月 $Z=-1.37$,介于-1.96~0,表明 SDFAI 指数呈下降趋势,但下降趋势不明显,即在 1956~2021 年时间段有由旱转涝向涝转旱转变的趋势;7~8 月 $Z=1.65$,介于 0~1.96,表明 SDFAI 呈上升趋势,但上升趋势不明显,即在 1956~2021 年时间段有由涝转旱向旱转涝转变的趋势;8~9 月 $Z=-1.57$,介于-1.96~0,表明 SDFAI 指数呈下降趋势,但下降趋势不明显,即在 1956~2021 年时间段有由旱转涝向涝转旱转变的趋势。

根据本书旱涝急转事件评判标准,挑选出 1956~2021 年济南站旱涝异常事件,统计结果见表 1-38,发生旱转涝最频繁的是 7~8 月,为 13.64%,发生频率最低的是 8~9 月,为 7.58%;发生涝转旱最频繁的是 8~9 月,为 13.64%,发生频率最低的是 7~8 月,为 6.06%。

表 1-38 济南站短周期旱涝异常事件统计结果

时段	旱转涝		涝转旱	
	次数	频率/%	次数	频率/%
6~7 月	7	10.61	5	7.58
7~8 月	9	13.64	4	6.06
8~9 月	5	7.58	9	13.64

1.5.1.2　博兴站短周期旱涝急转指数趋势及发生频率分析

根据博兴站汛期降水序列，计算 1959~2021 年短周期旱涝急转指数，见图 1-114。1959~2021 年排位前 6 的最高 SDFAI 指数年份和最低 SDFAI 指数年份及其对应的标准化降水量分别见表 1-39 和表 1-40，高于 1 的 SDFAI 指数对应旱转涝现象，低于-1 的 SDFAI 指数对应涝转旱现象。结果显示在 6~7 月、7~8 月、8~9 月 3 个时间段发生旱涝急转的次数分别为 15 次、10 次、9 次，通过对比得知，6~7 月的高 SDFAI 指数表现最为突出；7 月标准化降水量有 6 年均大于 0.5，其中有 1 年大于 1，显著偏涝；8 月标准化降水量有 6 年均小于-0.5，其中有 1 年小于-1，显著偏涝。

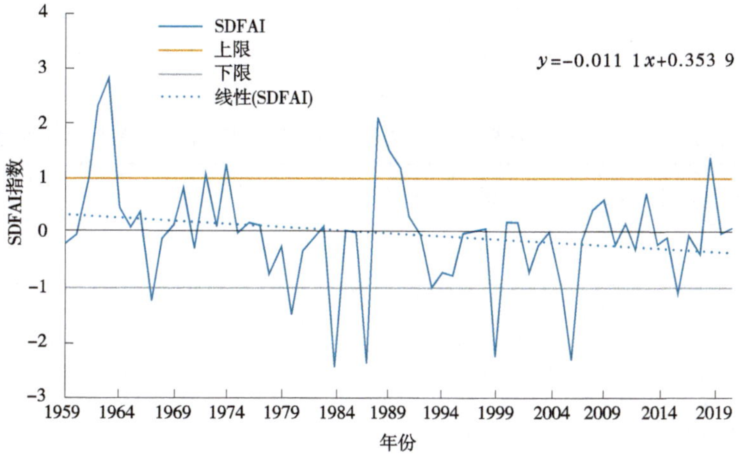

(a)6~7月

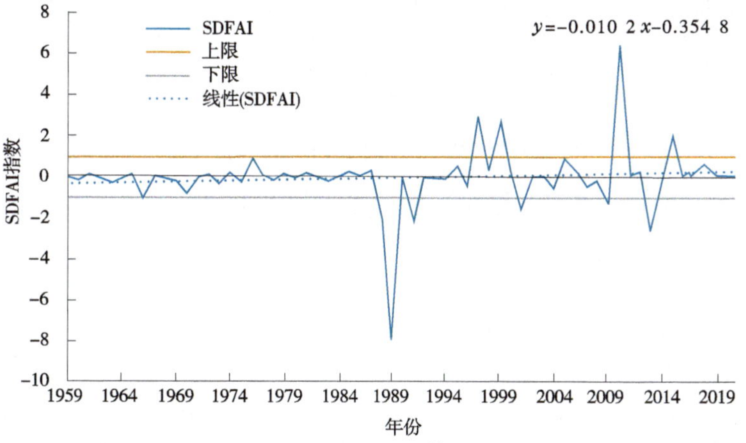

(b)7~8月

图 1-114　博兴站短周期旱涝急转变化趋势

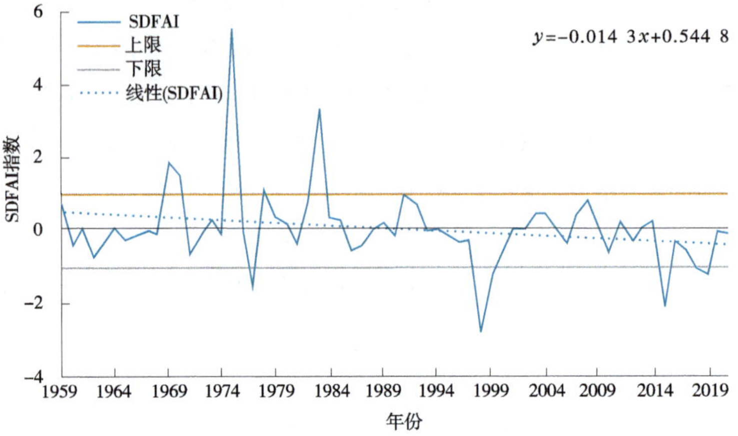

(c)8~9月

续图 1-114

表 1-39　博兴站 1959~2021 年排位前 6 位最高 SDFAI 指数年份及其标准化降水量分布

年份	6月	7月	年份	7月	8月	年份	8月	9月
1974	-0.81	0.51	1976	-0.33	1.39	1991	-1.00	0.41
2019	-0.81	0.56	2005	-0.36	1.53	1978	-0.51	0.65
1989	-0.61	1.70	2015	-1.00	0.70	1970	-0.59	1.25
1988	-0.94	0.72	1999	-0.83	1.11	1969	-0.82	0.68
1962	-0.80	0.76	1997	-0.86	0.98	1983	-1.19	0.94
1963	-1.09	0.85	2010	-1.36	1.65	1975	-1.43	1.22

表 1-40　博兴站 1959~2021 年排位前 6 位最低 SDFAI 指数年份及其标准化降水量分布

年份	6月	7月	年份	7月	8月	年份	8月	9月
1984	0.77	-0.85	1989	1.70	-1.49	1998	1.43	-0.87
1987	0.87	-0.76	2013	2.86	-1.26	2015	0.70	-0.95
2006	0.79	-1.54	1991	0.72	-1.00	1977	0.58	-0.88
1999	0.74	-0.83	1988	0.72	-1.11	1999	1.11	-0.49
1980	1.64	-0.59	2001	0.60	-0.60	2019	3.68	-1.13
1967	1.10	-0.49	2009	0.51	-0.98	2018	1.98	-0.45

由图 1-114 可知，6～7 月旱转涝和涝转旱的次数分别为 8 次、7 次，SDFAI 指数在 1959～2009 年间震荡频繁，1962 年和 1989 年发生十分严重的旱转涝事件；7～8 月旱转涝发生了 4 次，涝转旱发生了 6 次，在 1990 年和 2011 年左右发生了严重的涝转旱和旱转涝现象，1959～1984 年较为平稳，几乎没有发生旱涝急转现象；8～9 月旱转涝和涝转旱的次数分别为 4 次、5 次，SDFAI 指数在 1974～1984 年间震荡剧烈，发生旱涝急转频繁，SDFAI 指数变化相较于 6～7 月较为平稳。随着时间的推移，6～7 月和 8～9 月由发生较多旱转涝现象转为涝转旱现象；7～8 月，SDFAI 指数在 1959～1989 年间较为平稳，在 1989～2019 年间发生旱涝急转较为频繁。

通过 Mann-Kendall 趋势法对博兴站 SDFAI 指数进行趋势分析：6～7 月 $Z=-1.49$，介于-1.96～0，表明 SDFAI 指数呈下降趋势，但下降趋势不明显，即在 1959～2021 年时间段有由旱转涝向涝转旱转变的趋势；7～8 月 $Z=1.45$，介于 0～1.96，表明 SDFAI 指数呈上升趋势，但上升趋势不明显，即在 1959～2021 年时间段有由涝转旱向旱转涝转变的趋势；8～9 月 $Z=-1.25$，介于-1.96～0，表明 SDFAI 指数呈下降趋势，但下降趋势不明显，即在 1959～2021 年时间段有由旱转涝向涝转旱转变的趋势。

根据本书旱涝急转事件评判标准，挑选出 1959～2021 年博兴站旱涝异常事件，统计结果见表 1-41。发生旱转涝最频繁的是 6～7 月，为 12.70%，7～8 月和 8～9 月均为 6.35%；发生涝转旱最频繁的是 8～9 月，为 11.11%，发生频率最低的是 7～8 月，为 7.94%。

表 1-41　博兴站短周期旱涝异常事件统计结果

时段	旱转涝		涝转旱	
	次数	频率/%	次数	频率/%
6~7 月	8	12.70	7	11.11
7~8 月	4	6.35	6	9.52
8~9 月	4	6.35	5	7.94

1.5.1.3　淄博站短周期旱涝急转指数趋势及发生频率分析

根据淄博站汛期降水序列，计算 1956～2021 年短周期旱涝急转指数，见图 1-115。1956～2021 年排位前 6 的最高 SDFAI 指数年份和最低 SDFAI 指数年份及其对应的标准化降水量见表 1-42 和表 1-43，高于 1 的 SDFAI 指数对应旱转涝现象，低于-1 的 SDFAI 指数对应涝转旱现象。结果显示在 6~7 月、7~8 月、8~9 月 3 个时间段发生旱涝急转的次数分别为 7 次、12 次、12 次，通过对比得知，8~9 月的低 SDFAI 指数表现最为突出；8 月标准化降水量有 6 年大于 0.5，其中有 5 年大于 1，显著偏涝；9 月全部小于-0.5，其中有 1 年小于-1，显著偏旱。

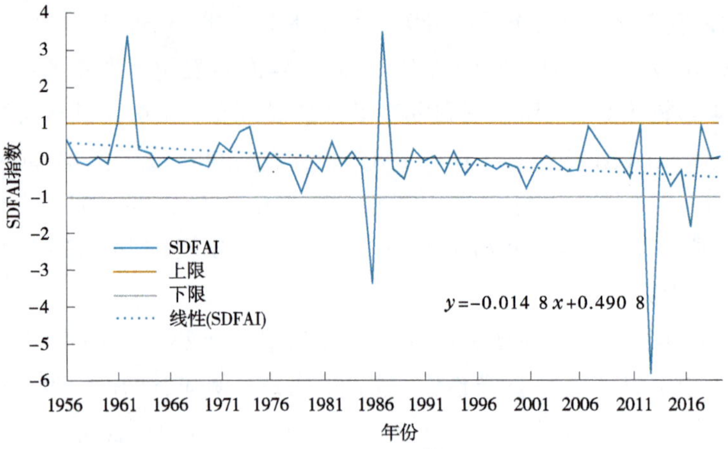

(a)6~7月

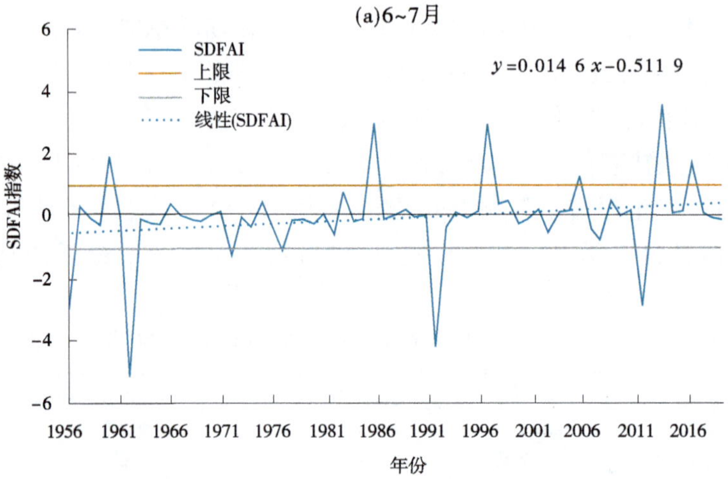

(b)7~8月

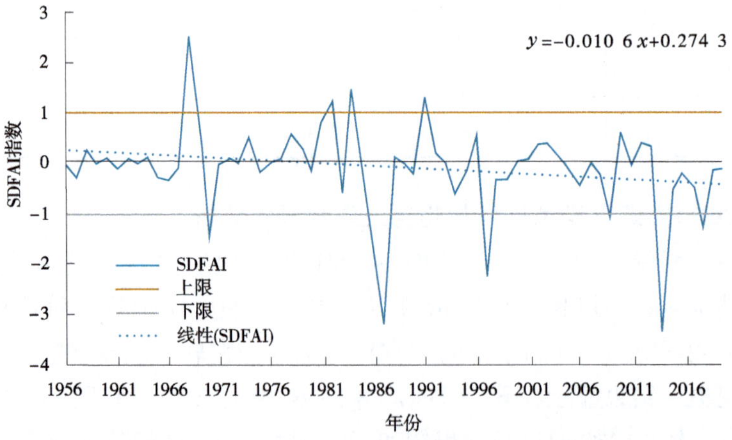

(c)8~9月

图 1-115 淄博站短周期旱涝急转变化趋势

表 1-42　淄博站 1956~2021 年排位前 6 位最高 SDFAI 指数年份及其标准化降水量分布

年份	6 月	7 月	年份	7 月	8 月	年份	8 月	9 月
2019	-1.20	0.42	1954	-1.30	0.59	1983	-1.29	0.52
1975	-0.53	0.51	2018	-0.76	0.70	1985	-0.56	0.84
1962	-0.46	0.79	1961	-0.75	0.73	1992	-0.65	0.59
1955	-1.07	0.55	1998	-0.88	1.51	1970	-1.08	0.55
1963	-0.92	1.22	1987	-0.87	1.44	1955	-1.20	0.71
1988	-1.21	2.38	2015	-0.92	1.13	1969	-0.77	0.85

表 1-43　淄博站 1956~2021 年排位前 6 位最低 SDFAI 指数年份及其标准化降水量分布

年份	6 月	7 月	年份	7 月	8 月	年份	8 月	9 月
1952	1.26	-1.53	1963	1.22	-1.12	2015	1.13	-0.92
2014	1.50	-1.22	1993	1.10	-1.33	1988	1.30	-0.91
1987	1.01	-0.87	1957	0.91	-1.18	1998	1.51	-0.76
2018	2.19	-0.76	2013	2.77	-1.24	1987	1.44	-0.56
2002	0.31	-1.04	1955	0.55	-1.20	1971	0.82	-0.56
1980	3.31	-0.70	1973	2.11	-0.53	2019	3.64	-1.10

由图 1-115 可知，6~7 月旱转涝和涝转旱的次数分别为 4 次、3 次，SDFAI 在 1984~1989 年间震荡频繁，1987 年和 2013 年发生十分严重的旱涝急转事件；7~8 月，旱转涝发生了 6 次，涝转旱发生了 6 次，SDFAI 在 1956~1961 年、1986~1996 年及 2011~2021 年间震荡频繁且较为剧烈，相对应发生了旱转涝或者涝转旱现象，其他年份较为平稳；8~9 月旱转涝和涝转旱的次数分别为 5 次、7 次，SDFAI 在 1986~1991 年间震荡剧烈，发生旱涝急转频繁，SDFAI 变化较其他两个时间段频繁。随着时间的推移，8~9 月由发生较多旱转涝现象转为涝转旱现象；6~7 月旱转涝现象由少变多，涝转旱与其相反；7~8 月 SDFAI 在 1963~1986 年间较为平稳，其他时段发生旱涝急转事件较为频繁。

采用 Mann-Kendall 趋势法对淄博站 SDFAI 进行趋势分析：6~7 月 $Z=-1.65$，介于 -1.96~0，表明 SDFAI 呈下降趋势，但下降趋势不明显，即在 1956~2021 年时间段有由旱转涝向涝转旱转变的趋势；7~8 月 $Z=1.92$，介于 0~1.96，表明 SDFAI 呈上升趋势，但上升趋势不明显，即在 1956~2021 年时间段有由涝转旱向旱转涝转变的趋势；8~9 月 $Z=-1.75$，介于 -1.96~0，表明 SDFAI 呈下降趋势，但下降趋势不明显，即在 1956~2021 年时间段有由旱转涝向涝转旱转变的趋势。

根据本书旱涝急转事件评判标准，挑选出1956~2021年淄博站旱涝异常事件，统计结果见表1-44。发生旱转涝最频繁的是7~8月，为9.09%，发生频率最低的是6~7月，为6.06%；发生涝转旱最频繁的是8~9月，为10.61%，发生频率最低的是6~7月，为4.55%。

表1-44　淄博站短周期旱涝异常事件统计结果

时段	旱转涝		涝转旱	
	次数	频率/%	次数	频率/%
6~7月	4	6.06	3	4.55
7~8月	6	9.09	6	9.09
8~9月	5	7.58	7	10.61

1.5.1.4　广饶站短周期旱涝急转指数趋势及发生频率分析

根据广饶站汛期降水序列，计算1959~2021年短周期旱涝急转指数，见图1-116。1959~2021年排位前6的最高SDFAI指数年份和最低SDFAI指数年份及其对应的标准化降水量见表1-45和表1-46，高于1的SDFAI指数对应旱转涝现象，低于-1的SDFAI指数对应涝转旱现象。结果显示，在6~7月、7~8月、8~9月3个时间段发生旱涝急转的次数分别为11次、13次、11次，通过对比得知，6~7月和8~9月发生旱涝急转的次数相同，7~8月的高SDFAI指数表现最为突出；7月标准化降水量6年均小于-0.5，其中有3年小于或等于-1，显著偏旱；8月标准化降水量5年均大于0.5，其中有4年大于1，显著偏涝。

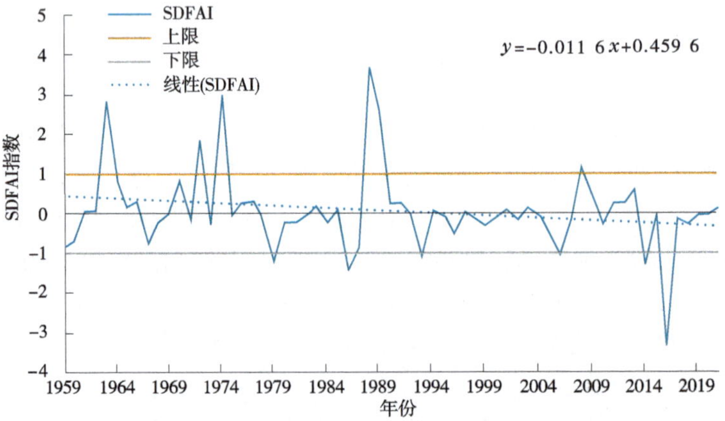

(a)6~7月

图1-116　广饶站短周期旱涝急转变化趋势

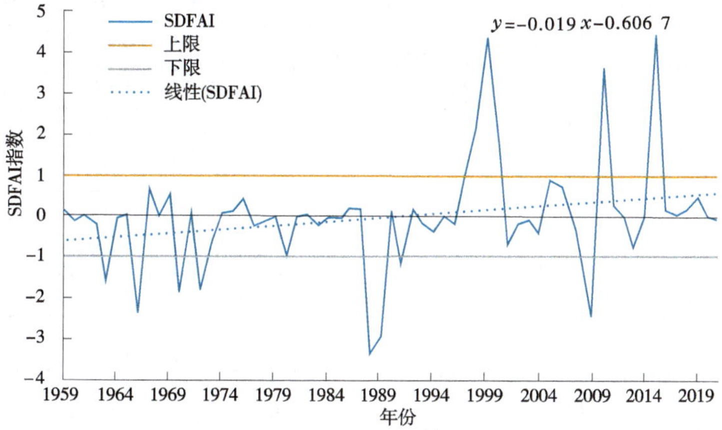

(b)7~8月

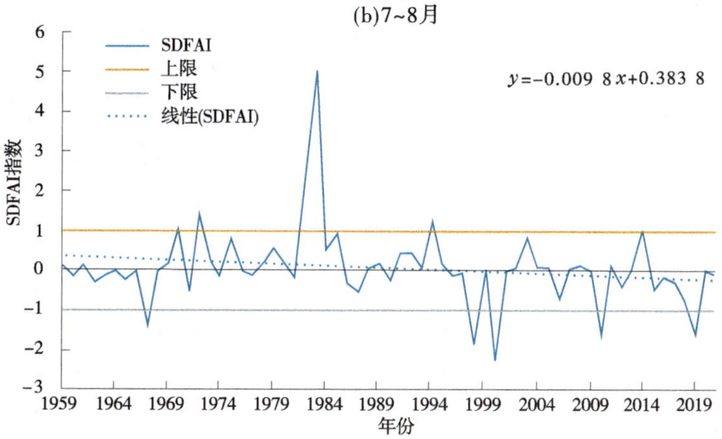

(c)8~9月

续图 1-116

表 1-45　广饶站 1959~2021 年排位前 6 位最高 SDFAI 指数年份及其标准化降水量分布

年份	6 月	7 月	年份	7 月	8 月	年份	8 月	9 月
2008	-0.99	0.48	1997	-0.96	0.42	1970	-0.66	0.47
1972	-1.09	0.67	1998	-0.75	1.30	2014	-1.17	0.41
1989	-0.82	1.14	2000	-0.94	0.75	1994	-0.74	0.54
1963	-0.85	1.10	2010	-1.00	1.36	1972	-0.71	0.58
1974	-0.90	1.28	1999	-1.14	1.06	1982	-0.76	0.73
1988	-0.98	1.14	2015	-1.53	1.13	1983	-1.19	1.52

表 1-46　广饶站 1959~2021 年排位前 6 位最低 SDFAI 指数年份及其标准化降水量分布

年份	6 月	7 月	年份	7 月	8 月	年份	8 月	9 月
2016	1.09	-0.92	1988	1.14	-0.93	2000	0.75	-0.81
1986	0.57	-0.74	1989	1.14	-0.86	1998	1.30	-0.66
2014	0.49	-1.14	2009	1.57	-0.83	2010	1.36	-0.61
1979	0.47	-1.23	1966	1.55	-0.82	2019	3.53	-1.23
2006	0.41	-1.50	1970	0.78	-0.66	1967	1.08	-0.53
1993	0.78	-0.44	1972	0.67	-0.71	2006	0.26	-1.25

由图 1-116 可知,6~7 月旱转涝和涝转旱的次数分别为 6 次、5 次,SDFAI 在 1969~1979 年间震荡频繁,1989 年和 2015 年发生十分严重的旱转涝事件;7~8 月旱转涝发生了 6 次,而涝转旱发生了 7 次,在 1988 年、1999 年、2010 年和 2015 年发生了严重的涝转旱和旱转涝现象;8~9 月旱转涝和涝转旱的次数分别为 6 次和 5 次,在 1983 年发生了较为剧烈的旱转涝现象,SDFAI 变化相较于 6~7 月和 7~8 月更为平稳。随着时间的推移,6~7 月由发生较多旱转涝现象转为涝转旱现象,7~8 月则由发生较多涝转旱现象转为旱转涝现象,8~9 月的 SDFAI 曲线在整个时间段都较为平稳。

采用 Mann-Kendall 趋势法对广饶站 SDFAI 进行趋势分析:6~7 月 $Z=-0.9$,介于 -1.96~0,表明 SDFAI 呈下降趋势,但下降趋势不明显,即在 1959~2021 年时间段有由旱转涝向涝转旱转变的趋势;7~8 月 $Z=1.57$,介于 0~1.96,表明 SDFAI 呈上升趋势,但上升趋势不明显,即在 1959~2021 年时间段有由涝转旱向旱转涝转变的趋势;8~9 月 $Z=-1.47$,介于-1.96~0,表明 SDFAI 呈下降趋势,但下降趋势不明显,即在 1959~2021 年时间段有由旱转涝向涝转旱转变的趋势。

根据本书旱涝急转事件评判标准,挑选出 1959~2021 年广饶站旱涝异常事件,统计结果见表 1-47。6~7 月、7~8 月、8~9 月发生旱转涝的频率是一样的,均为 9.52%;发生涝转旱最频繁的是 7~8 月,为 11.11%,其余两个时间段发生的频率相同,均为 7.94%。

表 1-47　广饶站短周期旱涝异常事件统计结果

时段	旱转涝		涝转旱	
	次数	频率/%	次数	频率/%
6~7 月	6	9.52	5	7.94
7~8 月	6	9.52	7	11.11
8~9 月	6	9.52	5	7.94

1.5.1.5　寿光站短周期旱涝急转指数趋势及发生频率分析

根据寿光站汛期降水序列,计算 1959~2021 年短周期旱涝急转指数,见图 1-117。1959~2021 年排位前 6 的最高 SDFAI 指数年份和最低 SDFAI 指数年份及其对应的标准化降水量见表 1-48 和表 1-49,高于 1 的 SDFAI 指数对应旱转涝现象,低于-1 的 SDFAI 指数对应涝转旱现象。结果显示在 6~7 月、7~8 月、8~9 月 3 个时间段发生旱涝急转的次数分别为 9 次、13 次、13 次,7~8 月和 8~9 月发生旱涝急转的次数相同,均为 13 次。通过对比旱涝急转强度得知,7~8月的高SDFAI指数表现最为突出,8月标准化降水量6年均大于0.5,其中有4年大于1,显著偏涝;7月标准化降水量6年均小于-0.5,其中有3年小于-1,显著偏旱。

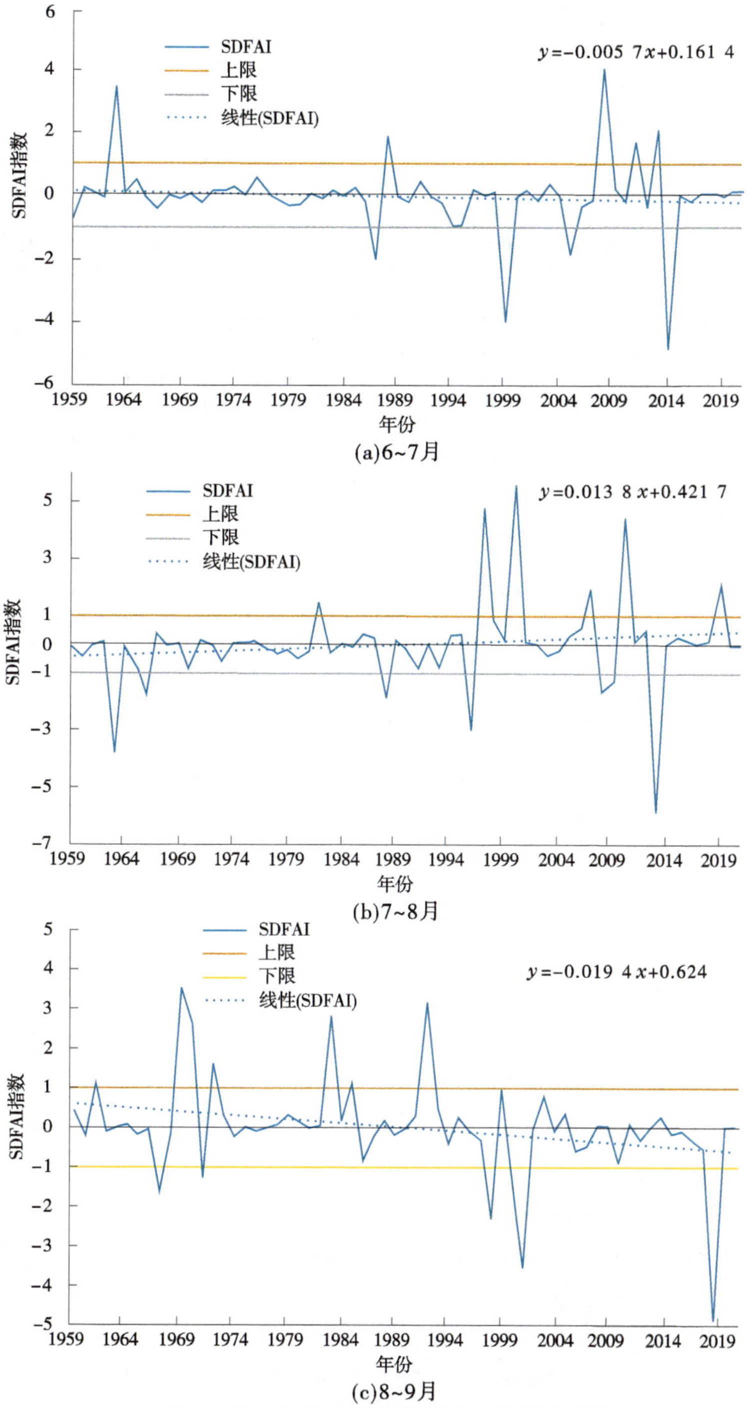

图1-117 寿光站短周期旱涝急转变化趋势

表 1-48　寿光站 1959~2021 年排位前 6 位最高 SDFAI 指数年份及其标准化降水量分布

年份	6月	7月	年份	7月	8月	年份	8月	9月
1976	−0.67	0.26	1982	−0.60	0.71	1985	−0.49	0.78
2011	−1.04	0.63	2007	−0.72	1.56	1972	−0.61	1.36
1988	−1.11	0.67	2019	−0.89	2.12	1970	−0.84	1.39
2013	−0.90	2.24	2010	−1.26	1.08	1983	−1.47	0.89
1963	−1.42	0.98	1997	−1.41	1.14	1992	−0.97	1.60
2008	−1.10	1.01	2000	−1.19	1.28	1969	−0.96	1.16

表 1-49　寿光站 1959~2021 年排位前 6 位最低 SDFAI 指数年份及其标准化降水量分布

年份	6月	7月	年份	7月	8月	年份	8月	9月
2014	1.55	−1.18	2013	2.24	−1.50	2019	2.12	−1.34
1999	1.27	−1.03	1963	0.98	−1.22	2001	1.22	−0.96
1987	1.21	−0.70	1996	0.86	−0.87	1998	1.38	−0.78
2005	1.69	−0.71	1988	0.67	−0.81	1967	0.82	−0.61
1994	0.43	−0.70	1966	0.64	−0.64	2000	1.28	−0.51
1995	1.06	−0.36	2008	1.01	−0.59	1971	1.12	−0.50

由图 1-117 可知，6~7 月旱转涝和涝转旱的次数相差较大，分别为 3 次、6 次，SDFAI 在 2005~2014 年间振荡频繁，1999 年和 2014 年发生十分严重的涝转旱事件，2008 年和 1963 年发生了严重的旱转涝现象；7~8 月旱转涝发生了 6 次，涝转旱发生了 7 次，在 1997 年、2000 年、2010 年发生了严重的旱转涝现象，1963 年和 2013 年发生了严重的涝转旱；8~9 月旱转涝和涝转旱的次数分别为 7 次和 6 次，在 2019 年左右较为剧烈的涝转旱现象，旱涝急转现状相较于 6~7 月和 7~8 月更为频繁。随着时间的推移，6~7 月和 7~8 月的旱涝急转现象由少变多，8~9 月由发生较多涝转旱现象转为旱转涝现象。

采用 Mann-Kendall 趋势法对寿光站 SDFAI 进行趋势分析：6~7 月 $Z=-0.1$，介于 -1.96~0，表明 SDFAI 呈下降趋势，但下降趋势不明显，即在 1959~2021 年时间段有由旱转涝向涝转旱转变的趋势；7~8 月 $Z=1.98>1.96$，表明 SDFAI 呈上升趋势，上升趋势明显，即在 1959~2021 年时间段有显著的由涝转旱向旱转涝转变的趋势；8~9 月 $Z=-1.87$，介于 -1.96~0，表明 SDFAI 呈下降趋势，但下降趋势不明显，即在 1959~2021 年时间段有由旱转涝向涝转旱转变的趋势。

根据本书旱涝急转事件评判标准，挑选出 1959~2021 年寿光站旱涝异常事件，统计结果见表 1-50。8~9 月发生旱转涝事件较为频繁，为 11.11%；发生涝转旱最频繁的是 7~8 月，为 11.11%，其余两个时间段发生的频率相同，均为 9.52%。

表 1-50　寿光站短周期旱涝异常事件统计结果

时段	旱转涝		涝转旱	
	次数	频率/%	次数	频率/%
6~7 月	3	4.76	6	9.52
7~8 月	6	9.52	7	11.11
8~9 月	7	11.11	6	9.52

1.5.1.6　小清河流域短周期旱涝急转指数趋势及发生频率分析

根据小清河流域汛期降水序列，计算 1956～2021 年短周期旱涝急转指数，见图 1-118。1956～2021 年排位前 6 的最高 SDFAI 指数年份和最低 SDFAI 指数年份及其对应的标准化降水量见表 1-51 和表 1-52，高于 1 的 SDFAI 指数对应旱转涝现象，低于-1 的 SDFAI 指数对应涝转旱现象。结果显示，在 6～7 月、7～8 月、8～9 月 3 个时间段发生旱涝急转的次数分别为 7 次、12 次、12 次。通过对比得知，7～8 月的高 SDFAI 指数表现最为突出；7 月标准化降水量 5 年均小于-0.5，其中有 4 年小于-1，显著偏旱；8 月标准化降水量 6 年均大于 0.5，其中有 2 年大于 1，显著偏涝。

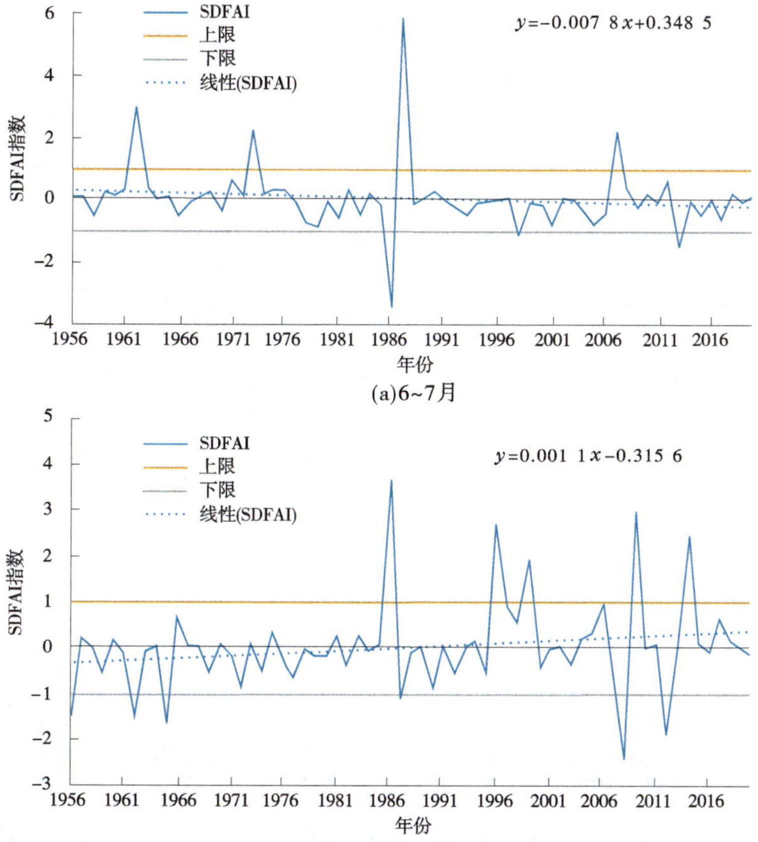

(a)6~7月

(b)7~8月

图 1-118　小清河流域短周期旱涝急转变化趋势

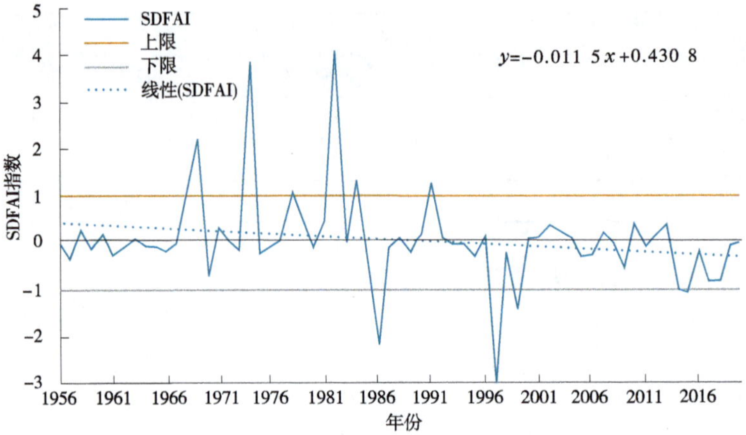

(c)8~9月

续图 1-118

表 1-51　小清河流域 1956~2021 年排位前 6 的最高 SDFAI 指数年份及其标准化降水量分布

年份	6月	7月	年份	7月	8月	年份	8月	9月
2013	-0.58	3.28	2007	-0.40	1.10	1979	-0.95	0.43
1972	-1.25	0.22	2000	-1.27	0.69	1992	-0.71	0.53
2008	-0.92	0.74	2015	-1.05	0.78	1985	-0.54	0.81
1974	-0.77	0.81	1997	-1.24	0.84	1970	-0.94	0.74
1963	-0.93	1.50	2010	-1.06	2.09	1975	-0.99	1.07
1988	-1.29	1.23	1987	-0.95	0.98	1983	-1.37	1.05

表 1-52　小清河流域 1956~2021 年排位前 6 的最低 SDFAI 指数年份及其标准化降水量分布

年份	6月	7月	年份	7月	8月	年份	8月	9月
1987	1.28	-0.95	2009	0.77	-0.88	1998	1.80	-1.03
2014	0.56	-1.25	2013	3.28	-1.23	1987	0.98	-0.72
1999	0.41	-1.22	1966	1.45	-0.62	2000	0.69	-0.58
1980	2.85	-0.53	1963	1.50	-0.57	2016	0.43	-0.95
2002	0.27	-1.38	1957	0.56	-1.00	2015	0.78	-0.43
2006	0.25	-1.51	1988	1.23	-0.43	2019	4.21	-1.15

由图 1-118 可知，6~7 月旱转涝发生了 4 次，涝转旱发生了 3 次，SDFAI 在 1986~1991 年间震荡频繁，1986 年、1987 年连续两年发生十分严重的旱涝急转事件；7~8 月旱转涝发生了 5 次，涝转旱发生了 6 次，SDFAI 在 2006~2016 年间震荡频繁且较为剧烈，但其他年

份对应的 SDFAI 值较为平稳；8~9 月旱转涝和涝转旱的次数分别为 6 次和 7 次，SDFAI 在 1966~1986 年间震荡剧烈，随着时间的推移，6~7 月、7~8 月、8~9 月 3 个时间段发生旱涝急转的次数逐渐减少。

采用 Mann-Kendall 趋势法对小清河流域 SDFAI 进行趋势分析：6~7 月 $Z=-1.53$，介于-1.96~0，表明 SDFAI 呈下降趋势，但下降趋势不明显，即在 1956~2021 年时间段有由旱转涝向涝转旱转变的趋势。7~8 月 $Z=1.44$，介于 0~1.96，表明 SDFAI 呈上升趋势，但上升趋势不明显，即在 1956~2021 年时间段有由涝转旱向旱转涝转变的趋势。8~9 月 $Z=-1.48$，介于-1.96~0，表明 SDFAI 呈下降趋势，但下降趋势不明显，即在 1956~2021 年时间段有由旱转涝向涝转旱转变的趋势。

根据本书旱涝急转事件评判标准，挑选出 1956~2021 年小清河流域旱涝异常事件，统计结果见表 1-53。8~9 月发生旱转涝事件较为频繁，频率为 9.09%；发生涝转旱最频繁的是 7~8 月，为 9.09%，发生次数最少的为 6~7 月，频率为 4.55%。

表 1-53　小清河流域短周期旱涝异常事件统计结果

时段	旱转涝		涝转旱	
	次数	频率/%	次数	频率/%
6~7 月	4	6.06	3	4.55
7~8 月	5	7.58	6	9.09
8~9 月	6	9.09	4	6.06

对比 5 个站点及小清河流域短周期旱涝急转指数，可以发现：在 6~7 月，旱转涝事件发生次数最多的是博兴站，为 8 次，最少的是寿光站，为 3 次；涝转旱事件发生次数最多的是博兴站，为 7 次，最少的是小清河流域和淄博站，均为 3 次；发生旱涝急转次数最多的也是博兴站，为 15 次，最少的是小清河流域和淄博站，均为 7 次。在 7~8 月，旱转涝事件发生次数最多的是济南站，为 9 次，最少的是博兴站，为 4 次；涝转旱事件发生次数最多的是寿光站，为 7 次，最少的是济南站，为 4 次；发生旱涝急转次数最多的是济南站，为 13 次，最少的是博兴站，为 10 次。在 8~9 月，旱转涝事件发生次数最多的是寿光站，为 7 次，最少的是博兴站，为 4 次；涝转旱事件发生次数最多的是济南站，为 9 次，最少的是小清河流域，为 4 次；发生旱涝急转次数最多的是济南站，为 14 次，最少的是博兴站，为 9 次。

1.5.2　长周期旱涝急转分析

1.5.2.1　济南站长周期旱涝急转指数趋势及发生频率分析

根据济南站汛期降水序列，计算 1956~2021 年长周期旱涝急转指数 LDFAI，见图 1-119。1956~2021 年排位前 6 的最高 LDFAI 年份和最低 LDFAI 年份及其前、后汛期的标准化降水量见表 1-54，可以看出，高 LDFAI 指数年份前汛期标准化降水量均小于后汛期标准化降水量，前汛期标准化降水量有 5 年小于-0.5，其中有 3 年小于-1，显著偏旱；后汛期标准化降水量 6 年均大于 0.5，其中有 5 年大于 1，显著偏涝。相反，低 LDFAI 指数年份前汛期标准化降水量均大于后汛期标准化降水量，有 5 年大于 0.5，其中有 2 年大于1,显著偏涝;后汛期标准化降水量6年均小于-0.5,其中有5年小于-1,显著偏旱。在1956~2021年排位前6的最高LDFAI指数均大于1,且最低LDFAI指数均小于-1,可见发生了显著的旱涝急转现象。

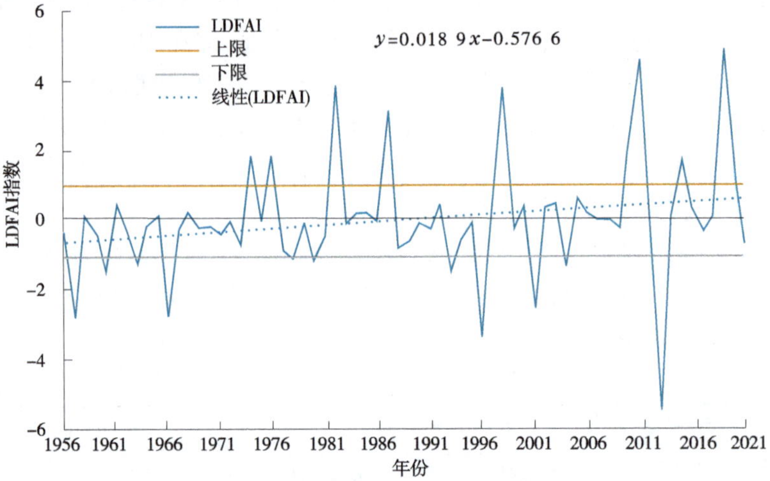

图1-119 济南站长周期旱涝急转变化趋势

表1-54 济南站1956~2021年排位前6的最高(低)LDFAI指数及其标准化降水量分布

年份	最高LDFAI指数			年份	最低LDFAI指数		
	前汛期	后汛期	LDFAI指数		前汛期	后汛期	LDFAI指数
2019	-1.04	1.52	4.94	2013	1.43	-1.12	-5.43
2011	-1.26	1.04	4.61	1996	2.64	-0.65	-3.34
1982	-1.05	0.97	3.89	1957	0.58	-1.82	-2.79
1998	-0.86	1.48	3.82	1966	0.60	-1.65	-2.74
1987	-0.60	2.63	3.18	2001	0.66	-1.19	-2.49
2010	-0.36	2.32	2.26	1960	0.25	-1.49	-1.45

由图1-119可知,66年间共有36年LDFAI是负值,说明济南站汛期长周期旱涝急转是以涝转旱为主。LDFAI趋势线斜率为0.018 9,表示该站点有以涝转旱为主转变为以旱转涝为主的趋势;采用Mann-Kendall趋势法对济南站LDFAI进行趋势分析:$Z=1.52$,介于0~1.96,表明LDFAI呈上升趋势,但上升趋势不明显,与线性趋势法结论相同。总体来看,66年来济南站长周期旱涝急转发生频次变化不大,但旱涝急转强度有所增大。

根据本书旱涝急转事件评判标准,对比1956~2021年济南站前、后汛期的标准化降水分布情况,挑选出旱涝异常事件,统计结果见表1-55。在1956~2021年,发生旱涝急转事件共22次,其中旱转涝事件11次,频率高达16.67%,涝转旱事件11次,频率同为16.67%。在1957年、1966年、1996年、2001年、2013年均发生了剧烈的涝转旱事件,在

1982 年、1987 年、1998 年、2011 年、2019 年均发生了剧烈的旱转涝事件。涝转旱发生频率最高的年代为 1960~1969 年,共发生 3 次,分别为 1960 年、1963 年、1966 年,相较于其他年代的 1~2 次较为显著;旱转涝更集中于 2010~2019 年,共发生了 4 次,分别为 2010 年、2011 年、2015 年、2019 年,占总旱转涝次数的 36.36%;从整体来看,发生旱涝急转事件最多的也是 2010~2019 年,达 5 次,分别为 2010 年、2011 年、2013 年、2015 年、2019 年,占旱涝急转次数的 22.73%。

表 1-55　济南站长系列旱涝异常事件统计结果

事件类型	次数	年份	频率/%
涝转旱	11	1957、1960、1963、1966、1978、1980、1993、1996、2001、2004、2013	16.67
旱转涝	11	1974、1976、1982、1987、1997、1998、2010、2011、2015、2019、2020	16.67

1.5.2.2　博兴站长周期旱涝急转指数趋势及发生频率分析

根据博兴站汛期降水序列,计算 1959~2021 年长周期旱涝急转指数 LDFAI,见图 1-120。1959~2021 年排位前 6 的最高 LDFAI 指数和最低 LDFAI 指数年份及其前、后汛期的标准化降水量见表 1-56,可以看出,高 LDFAI 指数年份前汛期标准化降水量均小于后汛期标准化降水量,前汛期标准化降水量有 4 年小于-0.5,其中 2 年小于-1,2 年稍大于 0,较为偏旱;后汛期标准化降水量全部大于 0.5,其中有 5 年大于 1,显著偏涝。相反,低 LDFAI 指数年份前汛期标准化降水量均大于后汛期标准化降水量,前汛期标准化降水量 6 年均大于 0.5,其中 4 年大于 1,显著偏涝;后汛期标准化降水量 5 年均小于-1,显著偏旱。在 1959~2021 年排位前 6 的最高 LDFAI 指数均大于 1,且最低 LDFAI 指数均小于-1,可见发生了显著的旱涝急转现象。

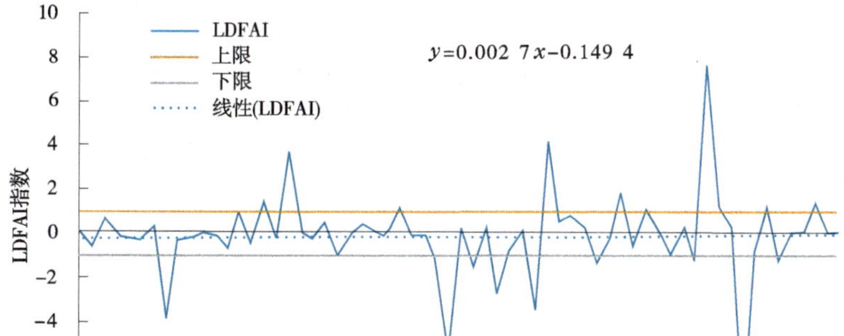

图 1-120　博兴站长周期旱涝急转变化趋势

表 1-56　博兴站 1959~2021 年排位前 6 的最高(低) LDFAI 指数及其标准化降水量分布

年份	最高 LDFAI 指数			年份	最低 LDFAI 指数		
	前汛期	后汛期	LDFAI 指数		前汛期	后汛期	LDFAI 指数
2010	-1.38	1.39	7.64	2013	2.13	-1.42	-8.34
1997	-1.37	0.94	4.14	1989	1.11	-1.48	-5.43
1976	-0.81	1.72	3.74	1966	1.84	-0.81	-3.82
2003	-0.56	1.04	1.93	1996	3.90	-0.76	-3.44
1974	0.02	2.72	1.48	1993	0.70	-1.21	-2.73
2019	0.05	2.76	1.46	1991	0.56	-0.71	-1.48

由图 1-120 可知,63 年间共有 35 年 LDFAI 是正值,说明博兴站汛期长周期旱涝急转是以涝转旱为主。LDFAI 趋势斜率为 0.002 7,表明该站点有以涝转旱为主转变为以旱转涝为主的趋势。通过 Mann-Kendall 趋势法对博兴站 LDFAI 进行趋势分析:$Z=0.75$,介于 0~1.96,表明 LDFAI 呈上升趋势,但上升趋势不明显,与线性趋势法结论相同。总体来看,近 63 年来博兴站长周期旱涝急转发生频次变化不大,但旱涝急转强度所有增大。

根据本书旱涝急转事件评判标准,对比 1959~2021 年博兴站前、后汛期的标准化降水分布情况,挑选出旱涝异常事件,统计结果见表 1-57。在 1959~2021 年期间,发生旱涝急转事件共 22 次,其中旱转涝事件 11 次,涝转旱事件 11 次,在 1989 年、2013 年均发生了剧烈的涝转旱事件,在 1976 年、1997 年、2019 年均发生了剧烈的旱转涝事件。涝转旱发生频率最高的年代为 1980~1989 年和 1990~1999 年,分别各发生 3 次,分别为 1980 年、1988 年、1989 年、1991 年、1993 年、1996 年,各年代发生次数占总涝转旱次数的 27.27%;旱转涝更集中于 2010~2019 年,共发生 4 次,分别为 2010 年、2011 年、2015 年、2019 年,占总旱转涝次数的 36.36%;从整体来看,发生旱涝急转事件最多的也是 2010~2019 年,高达 6 次,分别为 2010 年、2011 年、2013 年、2015 年、2016 年、2019 年,占总旱涝急转事件的 27.27%。

表 1-57　博兴站长系列旱涝异常事件统计结果

事件类型	次数	年份	频率/%
涝转旱	11	1966、1980、1988、1989、1991、1993、1996、2001、2009、2013、2016	17.46
旱转涝	11	1972、1974、1976、1985、1997、2003、2005、2010、2011、2015、2019	17.46

1.5.2.3　淄博站长周期旱涝急转指数趋势及发生频率分析

根据淄博站汛期降水序列,计算 1956~2021 年长周期旱涝急转指数 LDFAI,见图 1-121。1956~2021 年排位 6 的最高 LDFAI 指数和最低 LDFAI 指数年份及其前、后汛期的标准化降水量见表 1-58。可以看出,高 LDFAI 指数年份前汛期标准化降水量均小于后汛期标准化降水量,前汛期标准化降水量有 5 年小于-0.5,其中有 3 年小于-1,显著偏旱;后汛期标准化降水量均大于 0.5,其中有 2 年大于 1,显著偏涝。相反,低 LDFAI 指数年份前汛期标准化降水量均大于后汛期标准化降水量,前汛期标准化降水量均大于 0.5,其中有 4 年大于 1,显著偏涝;后汛期标准化降水量均小于-0.5,其中有 3 年小于-1,显著偏旱。在 1956~2021 年排位前 6 的最高 LDFAI 指数均大于 1,且最低 LDFAI 指数均小于-1,可见发生了显著的旱涝急转现象。

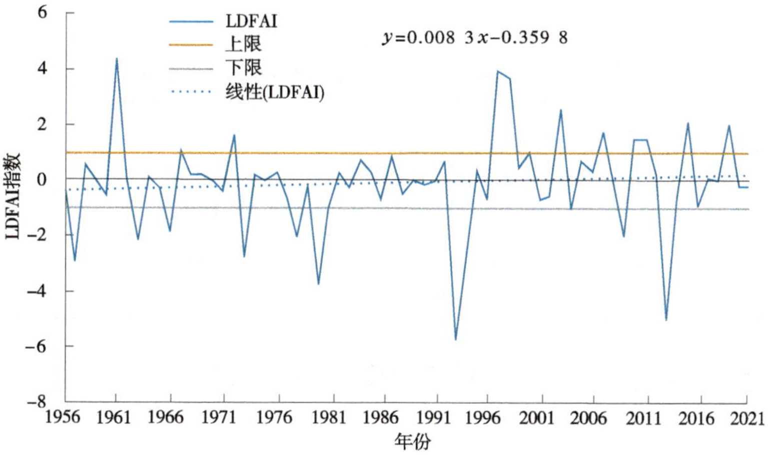

图 1-121　淄博站长周期旱涝急转变化趋势

表 1-58　淄博站 1956~2021 年排位前 6 的最高(低) LDFAI 指数及其标准化降水量分布

年份	最高 LDFAI 指数			年份	最低 LDFAI 指数		
	前汛期	后汛期	LDFAI 指数		前汛期	后汛期	LDFAI 指数
1961	-0.91	1.81	4.38	1993	1.19	-1.25	-5.73
1997	-1.40	0.89	3.91	2013	2.00	-1.00	-4.99
1998	-1.14	0.92	3.71	1980	1.10	-0.93	-3.74
2003	-0.78	0.90	2.61	1957	0.66	-1.55	-2.91
2015	-1.30	0.52	2.11	1973	1.93	-0.55	-2.74
2019	-0.26	2.53	2.05	1994	0.76	-0.80	-2.37

由图 1-121 可知,66 年间共有 34 年 LDFAI 是正值,说明淄博站汛期长周期旱涝急转是以旱转涝为主。LDFAI 趋势线斜率为 0.008 3,表示该站点有以涝转旱为主转变为以旱转涝为主的趋势。采用 Mann-Kendall 趋势法对淄博站 LDFAI 进行趋势分析:Z=0.89,介于 0~1.96,表明 LDFAI 呈上升趋势,但上升趋势不明显,与线性趋势法结论相同。总体来看,近 66 年来淄博站长周期旱涝急转发生频次变化不大,而旱涝急转强度所有增大。

根据本书旱涝急转事件评判标准,对比 1956~2021 年淄博站前、后汛期的标准化降水量分布情况,挑选出旱涝异常事件,统计结果见表 1-59。在 1956~2021 年期间,发生旱涝急转事件共 22 次,其中旱转涝事件 12 次,涝转旱事件 10 次,前者大于后者,在 1980 年、1993 年、2013 年均发生了剧烈的涝转旱事件,在 1961 年、1997 年、1998 年、2003 年、

2015 年、2019 年均发生了剧烈的旱转涝事件，且存在两次连续两年发生旱转涝的现象，即 1997~1998 年和 2010~2011 年。涝转旱发生频率最高的年代为 1960~1969 年、1970~1979 年和 1990~1999 年，均各发生 2 次，分别为 1963 年、1966 年、1973 年、1978 年、1993 年、1994 年，各年代发生次数占总涝转旱次数的 20%；旱转涝更集中于 2010~2019 年，发生了 4 次，分别在 2010 年、2011 年、2015 年、2019 年，占总旱转涝次数的 33.33%；从整体来看，发生旱涝急转事件最多的也是 2010~2019 年，高达 5 次，分别在 2010 年、2011 年、2013 年、2015 年、2019 年，占总旱涝急转事件的 22.73%。

表 1-59　淄博站长系列旱涝异常事件统计结果

事件类型	次数	年份	频率/%
涝转旱	10	1957、1963、1966、1973、1978、1980、1993、1994、2009、2013	15.15
旱转涝	12	1961、1967、1972、1997、1998、2000、2003、2007、2010、2011、2015、2019	18.18

1.5.2.4　广饶站长周期旱涝急转指数趋势及发生频率分析

根据广饶站汛期降水序列，计算 1959~2021 年长周期旱涝急转指数 LDFAI，见图 1-122。1959~2021 年排位前 6 的最高 LDFAI 指数和最低 LDFAI 指数年份及其前、后汛期的标准化降水量见表 1-60，可以看出，高 LDFAI 指数年份前汛期标准化降水量均小于后汛期标准化降水量，前汛期标准化降水量有 5 年小于-0.5，其中 2 年小于-1，1 年大于 0.5，略小于 1，处于偏旱状态；后汛期标准化降水量全部大于 0.5，其中有 4 年大于 1，显著偏涝。相反，低 LDFAI 指数年份前汛期标准化降水量均大于后汛期标准化降水量，前汛期标准化降水量全部大于 0.5，其中有 4 年大于 1，显著偏涝；后汛期标准化降水量有 5 年小于-0.5，其中 4 年小于-1，显著偏旱。在 1959~2021 年排位前 6 的最高 LDFAI 指数均大于 1，且最低 LDFAI 指数均小于-1，可见发生了显著的旱涝急转现象。

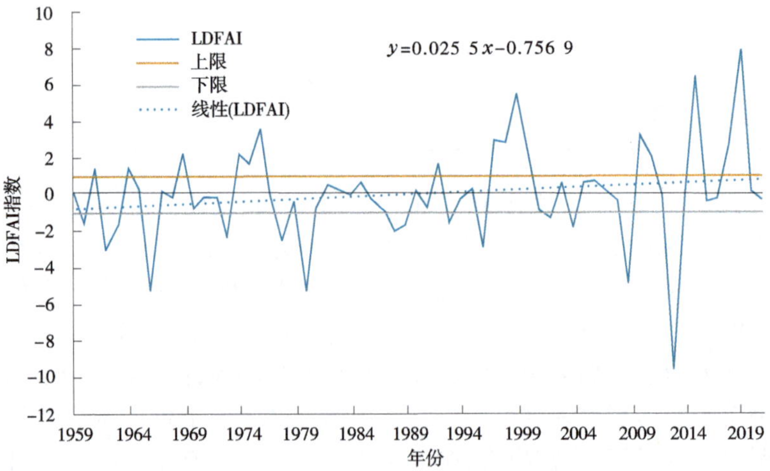

图 1-122　广饶站长周期旱涝急转变化趋势

表 1-60　广饶站 1956~2021 年排位前 6 的最高(低) LDFAI 指数及其标准化降水量分布

年份	最高 LDFAI 指数			年份	最低 LDFAI 指数		
	前汛期	后汛期	LDFAI 指数		前汛期	后汛期	LDFAI 指数
2019	-0.73	2.61	7.91	2013	2.58	-0.99	-9.54
2015	-1.82	0.95	6.51	1980	1.60	-0.85	-5.26
1999	-1.03	1.42	5.58	1966	1.33	-1.02	-5.23
1976	-0.70	1.34	3.70	2009	1.20	-1.04	-4.88
2010	-0.89	0.96	3.37	1962	2.31	0.49	-3.06
2018	0.91	2.55	3.01	1996	0.67	-1.08	-2.83

由图 1-122 可知,63 年间共有 33 年 LDFAI 是负值,说明广饶站汛期长周期旱涝急转是以涝转旱为主。LDFAI 趋势线斜率为 0.025 5,表示该站点有以涝转旱为主转变为以旱转涝为主的趋势。采用 Mann-Kendall 趋势法对广饶站 LDFAI 进行趋势分析:$Z=1.23$,介于 0~1.96,表明 LDFAI 呈上升趋势,但上升趋势不明显,与线性趋势法结论相同。总体来看,近 63 年来广饶站长周期旱涝急转发生频率变化不大,但旱涝急转强度所有增加。

根据本书旱涝急转事件评判标准,对比 1959~2021 年广饶站前、后汛期的标准化降水分布情况,挑选出旱涝异常事件,统计结果见表 1-61。在 1959~2021 年期间,发生旱涝急转事件共 31 次,其中旱转涝事件 16 次,涝转旱事件 15 次,前者大于后者,在 1962 年、1980 年、2009 年、2013 年均发生了剧烈的涝转旱事件,其中 2013 年 LDFAI 指数为-9.54,发生了十分剧烈的涝转旱现象,在 1976 年、1998 年、1999 年、2010 年、2015 年、2019 年均发生了剧烈的旱转涝事件,且存在两次连续旱转涝的现象,即 1974~1976 年和 1997~1999 年。涝转旱发生频率最高的年代为 1960~1969 年,共发生 4 次,分别为 1960 年、1962 年、1963 年、1966 年,占总涝转旱次数的 26.67%;旱转涝更集中于 2010~2019 年,共发生 5 次,分别为 2010 年、2011 年、2015 年、2018 年、2019 年,占总涝转旱次数的 31.25%;从整体来看,发生旱涝急转事件最多的是 1960~1969 年,高达 7 次,分别在 1960 年、1961 年、1962 年、1963 年、1964 年、1966 年、1969 年,占总旱涝急转次数的 22.58%。

表 1-61　广饶站长系列旱涝异常事件统计结果

事件类型	次数	年份	频率/%
涝转旱	15	1960、1962、1963、1966、1973、1978、1980、1988、1989、1993、1996、2002、2004、2009、2013	23.81
旱转涝	16	1961、1964、1969、1974、1975、1976、1992、1997、1998、1999、2000、2010、2011、2015、2018、2019	25.40

1.5.2.5　寿光站长周期旱涝急转指数趋势及发生频率分析

根据寿光站汛期降水序列,计算 1959~2021 年长周期旱涝急转指数 LDFAI,见图 1-123。1959~2021 年排位前 6 的最高 LDFAI 指数和最低 LDFAI 指数年份及其前、后汛期的标准化降水量见表 1-62。可以看出,高 LDFAI 指数年份前汛期标准化降水量均小于后汛期标准化降水量,前汛期标准化降水量全部小于-0.5,其中 4 年小于-1,显著偏旱;后汛期标准化降水量全部大于 0.5,其中有 3 年大于 1,显著偏涝。相反,低 LDFAI 指数年份前汛期标准化降水量均大于后汛期标准化降水量,前汛期标准化降水量有 5 年大于 0.5,其中 3 年大于 1,显著偏涝;后汛期标准化降水量全部小于-0.5,其中有 5 年小于-1,显著偏旱。在 1959~2021 年排位前 6 的最高 LDFAI 指数均大于 1,且最低 LDFAI 指数均小于-1,可见发生了显著的旱涝急转现象。

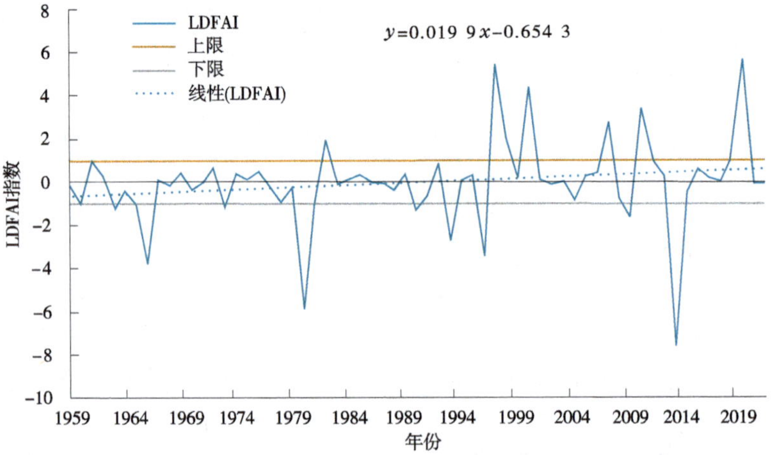

图 1-123 寿光站长周期旱涝急转变化趋势

表 1-62 寿光站 1956~2021 年排位前 6 的最高(低) LDFAI 指数及其标准化降水量分布

年份	最高 LDFAI 指数			年份	最低 LDFAI 指数		
	前汛期	后汛期	LDFAI 指数		前汛期	后汛期	LDFAI 指数
2019	-1.16	1.44	5.74	2013	1.35	-1.86	-7.64
1997	-1.71	1.10	5.52	1980	1.19	-1.38	-5.92
2000	-1.43	0.97	4.42	1966	1.52	-0.85	-3.78
2010	-1.22	0.85	3.47	1996	0.85	-1.25	-3.51
2007	-0.68	1.39	2.84	1993	0.70	-1.25	-2.75
1982	-0.61	0.97	2.04	2009	0.36	-1.36	-1.64

由图 1-123 可知,63 年间共有 32 年 LDFAI 是正值,说明寿光站汛期长周期旱涝急转是以旱转涝为主。LDFAI 趋势线斜率为 0.019 9,表示该站点有以涝转旱为主转变为以旱转涝为主的趋势;采用 Mann-Kendall 趋势法对寿光站 LDFAI 进行趋势分析:$Z=1.69$,介于 0~1.96,表明 LDFAI 呈上升趋势,但上升趋势不明显,与线性趋势法结论相同。总体来看,近 63 年来寿光站长周期旱涝急转发生频率变化不大,但旱涝急转强度所有增大。

根据本书旱涝急转事件评判标准,对比 1959~2021 年寿光站前、后汛期的标准化降水分布情况,挑选出旱涝异常事件,统计结果见表 1-63。在 1959~2021 年间,发生旱涝急转事件共 19 次,其中旱转涝事件 9 次,涝转旱事件 10 次,后者大于前者,在 1966 年、1980 年、1996 年、2013 年均发生了剧烈的涝转旱事件,其中 2013 年 LDFAI 指数为-7.64,发生了十分剧烈的涝转旱现象,在 1997 年、2000 年、2007 年、2010 年、2019 年均发生了剧烈的旱转涝事件。涝转旱发生频率最高的为 1960~1969 年和 1990~1999 年,各发生 3 次,分别在 1963 年、1965 年、1966 年、1990 年、1993 年、1996 年,各年代发生次数占总涝转旱次数的 30%;旱转涝更集中于 2010~2019 年,发生了 4 次,分别在 2010 年、2011 年、2018 年、2019 年,占总旱转涝次数的 44.44%;从整体来看,发生旱涝急转事件最多的是 1990~1999 年和 2010~2019 年,各发生 5 次,分别在 1990 年、1993 年、1996 年、1997 年、1998 年、2010 年、2011 年、2013 年、2018 年、2019 年,各年代发生次数占总旱涝急转次数的 26.32%。

表 1-63　寿光站长系列旱涝异常事件统计结果

事件类型	次数	年份	频率/%
涝转旱	10	1963、1965、1966、1973、1980、1990、1993、1996、2009、2013	15.87
旱转涝	9	1982、1997、1998、2000、2007、2010、2011、2018、2019	14.29

1.5.2.6　小清河流域长周期旱涝急转指数趋势及发生频率分析

根据小清河流域汛期降水序列,计算 1956~2021 年长周期旱涝急转指数 LDFAI,见图 1-124。1956~2021 年排位前 6 的最高 LDFAI 指数和最低 LDFAI 指数年份及其前、后汛期的标准化降水量见表 1-64。可以看出,高 LDFAI 指数年份前汛期标准化降水量均小于后汛期标准化降水量,前汛期标准化降水量均小于-0.5,其中有 1 年小于-1,显著偏旱;后汛期标准化降水量全部大于 0.5,其中有 4 年大于 1,显著偏涝。相反,低 LDFAI 指数年份前汛期标准化降水量均大于后汛期标准化降水量,前汛期标准化降水量有 5 年大于 0.5,其中有 4 年大于 1,显著偏涝;后汛期标准化降水量有 5 年小于-0.5,其中有 3 年小于-1,显著偏旱。在 1956~2021 年排位前 6 的最高 LDFAI 指数均大于 1,且最低 LDFAI 指数均小于-1,可见发生了显著的旱涝急转现象。

由图 1-124 可知,66 年间共有 34 年 LDFAI 是正值,说明小清河流域汛期长周期旱涝急转是以旱转涝为主。LDFAI 趋势线斜率为 0.000 7,表示该站点有由涝转旱为主转变旱转涝为主的趋势;采用 Mann-Kendall 趋势法对小清河流域 LDFAI 进行趋势分析:$Z=-0.265\ 6$,介于-1.96~0,表明 LDFAI 呈下降趋势,但下降趋势不明显,与线性趋势法结论有差异。总体来看,近 66 年来小清河流域长周期旱涝急转发生频率变化不大,但旱涝急转强度有所增加。

根据本书旱涝急转事件评判标准,对比 1956~2021 年小清河流域站前、后汛期的标准化降水分布情况,挑选出旱涝异常事件,统计结果见表 1-65。在 1956~2021 年间,发生旱涝急转事件共 21 次,其中旱转涝事件 11 次,涝转旱事件 10 次,旱转涝事件相对涝转旱事件略多,在 1966 年、1996 年均发生了剧烈的涝转旱事件,其中 1996 年 LDFAI 指数为-5.82,发生了十分剧烈的涝转旱现象,在 1997 年发生了剧烈的旱转涝事件,LDFAI 指数为 6.74。涝转旱发生频率分布较均匀,1956~1959 年和 2000~2009 年均发生 1 次,1960~1969 年、1970~1979 年、1990~1999 年、2010~2019 年均发生 2 次;旱转涝更集中于 1980~1989 年,发生了 3 次,分别在 1982 年、1983 年、1985 年,占总旱转涝的 27.27%;从整体来看,发生旱涝急转事件最多的是 1960~1969 年和 1990~1999 年,各发生 4 次,分别在 1961 年、1963 年、1966 年、1969 年、1992 年、1993 年、1996 年、1997 年，各年代发生次数占总旱涝急转事件的 19.05%。

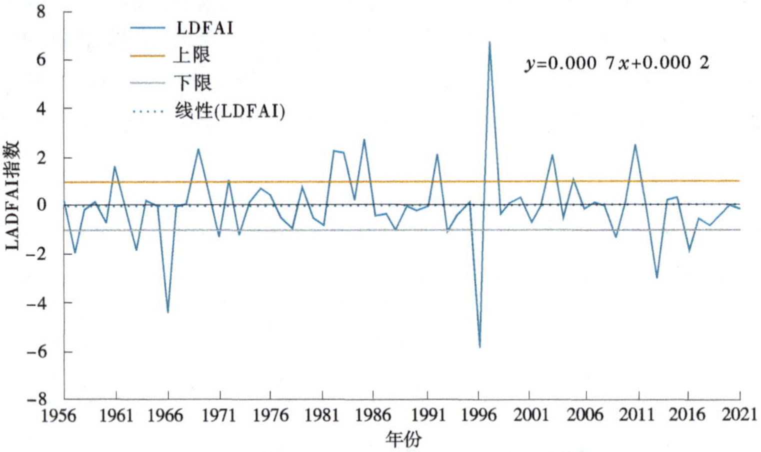

图 1-124　小清河长周期旱涝急转变化趋势

表 1-64　小清河 1956~2021 年排位前 6 的最高(低) LDFAI 指数及其标准化降水量分布

年份	最高 LDFAI 指数			年份	最低 LDFAI 指数		
	前汛期	后汛期	LDFAI 指数		前汛期	后汛期	LDFAI 指数
1997	−1.48	1.28	6.74	1963	0.58	−0.92	−1.85
1985	−0.90	0.82	2.82	1957	0.43	−1.37	−1.85
2011	−0.56	1.65	2.57	1971	5.02	−0.41	−1.97
1969	−0.70	1.02	2.44	2013	1.91	−0.59	−2.89
1982	−0.75	0.80	2.33	1966	1.22	−1.00	−4.36
1983	−0.63	1.06	2.24	1996	1.49	−1.16	−5.82

表 1-65　小清河流域长系列旱涝异常事件统计结果

事件类型	次数	年份	频率/%
涝转旱	10	1957、1963、1966、1971、1973、1993、1996、2009、2013、2016	15.15
旱转涝	11	1961、1969、1972、1982、1983、1985、1992、1997、2003、2005、2011	16.67

通过 5 个站点和小清河流域长周期旱涝急转指数进行对比分析可知，旱涝急转事件发生次数最多的是广饶站，为 31 次；其次，济南站、博兴站、淄博站均发生 22 次；再次，小清河流域发生 21 次；最少的是寿光站，发生了 19 次。涝转旱事件发生次数最多的是广饶站，高达 15 次，济南站和博兴站次之，为 11 次，淄博站、寿光站和小清河流域最少，均为 10 次；旱转涝事件发生次数最多的是广饶站，为 16 次；其次是淄博站，为 12 次；再次，济南站、博兴站和小清河流域，均为 11 次，最少的是寿光站，仅有 9 次。

通过对比旱涝急转的频率可知，发生涝转旱事件频率最高的为广饶站，高达 23.81%；其次为博兴站，频率为 17.46%；再次为济南站，频率为 16.67%；淄博和小清河流域频率最低，均为 15.15%，与频率最高的广饶站相差 8.66%。发生旱转涝事件频率最高的仍为广饶站，高达 25.40%；次之为淄博站，频率为 18.18%；再次为博兴站，频率为 17.46%；频率最低的为寿光站，频率为 14.29%，与频率最高的广饶站相差 11.11%。由于小清河流域降水量是各气象站点降水量均化所得，所以涝转旱频率和旱转涝频率均最小。

1.6 小　结

本章主要分析了小清河流域降水量和实测径流量的演变规律以及旱涝急转情形和频次。在水文气象要素的演变特征分析中，趋势分析采用线性回归分析法、5 年滑动平均法及 Mann-Kendall 趋势检验法，周期性分析采用小波分析法，突变性分析采用 Mann-Kendall 突变检验法、有序聚类法、滑动 T 检验法及 Pettitt 突变分析法，旱涝急转的情形及旱涝急转频次采用长、短周期旱涝急转指数。主要结论如下：

(1)从年内分配来看，小清河流域降水量在 7 月最集中，在 1 月最小；从季节来看，降水量占比从大到小均为夏季、秋季、春季和冬季，多年平均占比分别为 64.23%、17.51%、14.37%、3.89%；汛期降水量占比均在 73%左右，非汛期在 27%左右。由此可见，小清河全流域降水量存在年内分配不均匀的现象。

(2)从年尺度变化趋势来看，小清河流域 1956~2021 年降水量呈缓慢增加趋势，增长率约为 6.6 mm/10 a，由线性回归检验和 Mann-Kendall 趋势检验法可知，小清河流域降水量呈不显著上升趋势；从季尺度变化趋势来看，春季和夏季呈上升趋势，秋季和冬季呈下降趋势，其中夏季变化率最大，为 0.480 mm/a，其次为春季和秋季，变化率分别为 0.395 mm/a 和-0.315 mm/a，变化率最小的为冬季，为-0.009 mm/a；从月尺度变化趋势来看，各月降水量均呈横向波动振荡趋势，无明显上升或下降趋势，其中 2 月、5 月、6 月、8 月、11 月呈现缓慢上升趋势，其他月份为缓慢下降趋势，变化率最大的为 3 月，呈现变化率为-4.600 mm/a 的下降趋势，变化率最小的为 12 月，呈现变化率为-0.027 mm/a 的下降趋势。对于周期性，第 1、2、3 周期分别为 11 年、15 年和 25 年。对于突变性，最显著的突变点为 2017 年，其次是 1964 年和 2002 年。

(3)由降水量等值线图和 C_v 等值线图可见，年降水量总的分布趋势是自流域西南部向东北部递减，700 mm 等值线东西走向穿过博山区、章丘区和历城区，650 mm 等值线东西走向穿过青州市、淄川区、周村区、邹平市，600 mm 等值线东西走向穿过寿光市、广饶县；C_v 等值线图基本呈现西南向东北增大的趋势，与降水量等值线图一致。

(4)从年内分配来看，黄台桥站 1951~2022 年实测径流量夏季占比最大，为 36.21%，其次为秋季，为 26.63%，冬季和春季径流量相近且占比最小；从月尺度来看，8 月径流量占比最大，达到 14.83%，其次为 7 月，占 13.54%，2 月占比最低，仅有 5.61%；汛期 6~9 月径流量占比为 46.88%，非汛期为 53.12%，由此可见黄台桥站径流量年内分配极不均匀。从年尺度变化趋势来看，黄台桥站实测年径流量呈显著增加趋势，增长率约为

493.31 万 m^3/a,由线性回归检验和 Mann-Kendall 趋势检验法可知,黄台桥站径流量呈显著的上升趋势;从季尺度变化趋势来看,4 个季节总体均呈上升趋势,其中夏季变化率最大,为 184.59 万 m^3/a,其次为春季和秋季,变化率分别为 93.03 万 m^3/a 和 133.25 万 m^3/a,变化率最小的为冬季,为 82.44 万 m^3/a;从月尺度变化趋势来看,各月均呈现上升趋势,变化率最大的为 8 月,呈现变化率为 74.83 万 m^3/a 的上升趋势,变化率最小的为 2 月,呈现变化率为 24.93 万 m^3/a 的上升趋势。对于周期性,黄台桥站年径流量周期为 15 年。对于突变性,最显著的突变点为 2020 年,其次是 2003 年、1993 年和 1965 年。

(5)从年内分配来看,岔河站 1968~2022 年实测径流量夏季径流量最大,秋季次之,冬季和春季径流量相近且最小;从月尺度来看,8 月径流量占比最大,达到 19.28%,其次为 7 月,占比为 13.91%,4 月占比最低,仅有 3.98%;汛期 6~9 月径流量占比为 50.54%,非汛期仅为 49.46%,由此可见岔河站径流量年内分配极不均匀。从年尺度变化趋势来看,岔河站实测年径流量呈显著上升趋势,上升率约为 2 039.1 万 m^3/a,由线性回归检验和 Mann-Kendall 趋势检验法可知岔河站径流量呈显著的上升趋势;从季尺度变化趋势来看,4 个季节均呈上升趋势,其中秋季变化率最大,为 632.62 万 m^3/a,其次为夏季和冬季,变化率分别为 625.22 万 m^3/a 和 417.00 万 m^3/a,变化率最小的为春季,为 364.29 万 m^3/a;从月尺度变化趋势来看,各月均呈上升趋势,变化率最大的为 8 月,呈现变化率为 311.43 mm/a 的上升趋势,变化率最小的为 3 月,呈现变化率为 106.52 mm/a 的上升趋势。对于周期性,岔河站实测年径流量第 1、2、3 周期分别为 34 年、15 年和 8 年。对于突变性,最显著的突变点为 1993 年,其次是 2020 年、1972 年、2003 年、1980 年。

(6)由黄台桥站和岔河站实测径流量的周期分析可知,两个站点均具有 15 年的周期,由此可见,整个流域实测径流量的周期具有一致性。与小清河流域年降水量的周期性相比,黄台桥站和岔河站实测径流量周期与年降水量第 2 周期一致,均为 15 年,其他周期均不相同。综上所述,两个站点实测径流量和小清河流域年降水量的周期既具有一致性也有较小差异,差异性是由于人类活动影响改变了小清河流域年降水量的特性,而差异性较小表明气象要素也是影响径流量变化的主要因素之一。

(7)由黄台桥站和岔河站实测径流量的突变分析可知,两个站点均具有 1993 年、2003 年、2020 年 3 个突变点,可见,整个流域实测径流量的突变具有一致性。然而与小清河流域年降水量突变点不同。由此可知,两个站点实测径流量和小清河流域年降水量的突变点的差异性是由人类活动影响改变了径流量特性造成的。

(8)由短周期旱涝急转可知,8~9 月发生旱转涝事件较为频繁,频率为 9.09%;发生涝转旱最频繁的是 7~8 月,为 9.09%,发生次数最少的为 5~6 月,频率为 4.55%。由长周期旱涝急转可知,66 年间共有 34 年 LDFAI 是正值,说明小清河流域汛期长周期旱涝急转是以旱转涝为主,且总体来看,近 66 年来小清河流域长周期旱涝急转发生频率变化不大,但旱涝急转强度有所增加。

第2章
小清河流域径流量对气候和人类活动的响应

本章采用径流影响评价模型分析小清河流域径流量对气候变化和人类活动的响应程度。在构建小清河流域GWAS模型进行模拟的基础上，以径流发生突变的时间为界，分别求得突变点前后模拟径流与实测径流的年均径流量，实测径流的变化量为径流变化的总量，模拟径流的变化量为由气候变化引起的变化量，两者之差即为人类活动引起的变化量。以此分析小清河流域不同时期气候因素和人类活动对实测径流量的影响程度，并进行归因分析。

2.1 径流影响评价模型

对于一个水文序列,其径流变化的原因是多种多样的,从大的种类出发,一般将其划分为两方面:以气候变化为影响因素的变化以及以人类活动为主要影响因素的变化。气候变化的影响主要集中在产流过程,主要影响流域从自然水循环过程中获取的水资源量;人类活动的影响主要集中在汇流阶段之后,其主要影响的是流域存储和运输的水量。由于径流对两个影响因素响应的性质不同,对于两者的研究方法也就产生了一定的差异,所选取的研究区域也就有着一定的针对性。

若要研究气候变化和人类活动对径流的影响,首先应该将两者假定为独立的影响因子。其核心步骤包含如下几个方面:①对水文序列进行划分,即将径流的天然时期以及人类影响时期的分界点找出。②以该分界点作为界限,利用水文模型将分界点之后的天然径流进行模拟,继而得到无人类影响下的分界点之后的天然径流。③将天然径流与实测径流进行对比分析,并选择合适的方法和变量对气候因素和人类活动因素进行区分。

具体过程为:首先,通过流域的降水、气温等气象数据和实测径流资料对水文模型进行率定和验证,并建立响应流域模型的参数数据集;其次,假定通过率定的模型能够还原流域的天然径流,同时将人类活动对气候变化的影响作为一个影响因子输入水文模型之中,以保证最大限度地还原无人类影响下的天然径流量;最后,通过模拟的天然径流量与实际径流量进行对比分析,并将年径流均值的变化作为评价标准,以此来量化气候变化与人类活动对径流的影响。径流影响评价模型见图 2-1。

该模型以天然时期流域的径流量为基准,则后期实测径流量与天然径流量之间的差值就包含气候变化与人类活动两部分的影响。对于两者影响的分割方法为:以天然径流序列发生突变的时间为界,分别推求突变点前后模拟径流量与实测径流量的均值,并以实测径流的变化量作为径流变化的总量,以模拟径流的变化量作为由气候变化所引起的变化量,以两者的差值作为人类活动引起的变化量,最后以径流变化总量作为基准,以推求两种影响因素的贡献率。评价模型的具体公式如下:

$$\Delta Q = Q_h - Q_n \tag{2-1}$$

$$\Delta Q_c = Q_c - Q_n \tag{2-2}$$

$$\Delta Q_h = Q_h - Q_c \tag{2-3}$$

$$W_c = \frac{\Delta Q_c}{\Delta Q} \tag{2-4}$$

$$W_h = \frac{\Delta Q_h}{\Delta Q} \tag{2-5}$$

式中:Q_n 为突变点之前天然径流量的均值;Q_c 为突变点之后模拟径流量的均值;Q_h 为突变点之后实测径流量的均值;ΔQ_c 为气候变化引起的均值变化量;W_c 为气候变化的贡献率;ΔQ_h 为人类活动引起的均值变化量;W_h 为人类活动的贡献率。

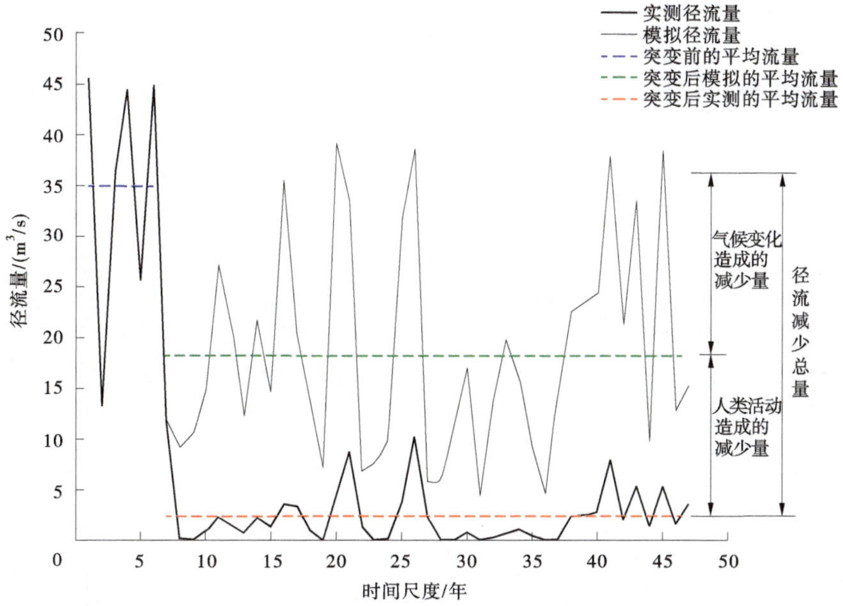

图 2-1　径流影响评价模型

2.2 GWAS 模型简介

2.2.1　WAS 模型基本原理

2.2.1.1　模型特点

水资源综合模拟与配置模型(WAS)是由桑学锋等基于二元水循环理论和水资源配置理论建立的水资源调控模型,该模型特点表现如下:

(1)将自然水循环与社会水循环过程有机结合。

水循环过程涉及水的形态、位置与能量的转化,是一个多维的、变化的、复杂的过程,人类社会对自然水循环的影响是不可忽略的。自然水系统与社会水系统之间结合的纽带是取水与退排水过程,WAS 模型在自然水循环的基础上考虑社会水的“取水—用耗水—排水”过程,通过单元内部与单元之间的水量平衡关系,实现了多水源与多用水户之间的供水平衡,形成了一套完整的自然-社会水循环体系。WAS 模型的计算过程充分体现出二元水循环特性,根据降水、蒸发等资料进行产汇流计算得到各单元的地表与地下水资源量,再结合社会需水要求对水资源进行配置,并模拟社会的用耗水过程,社会的退排水量最后又进入河道参与自然水循环过程。

(2)实现水资源系统的动态反馈。

在进行水循环模拟时,常规方法多采用“实测-分离-耦合-建模-调控”的模式进行研究,这种方法先对水循环模块逐时段进行水量计算,然后用水循环模拟结果逐时段进行水资源配置。与常规方法不同,WAS 模型在水循环模拟时采用一种“实测-分离-聚合-

建模-调控”的建模方法,如图 2-2 所示,该方法不仅将同一时段的水循环过程与水资源配置过程相结合,而且上一时段的水循环与配置过程又对下一时段的水循环与配置过程的水量变化产生影响,使模型内部各成分之间的关联变得更紧密,从而实现水资源系统的动态反馈。

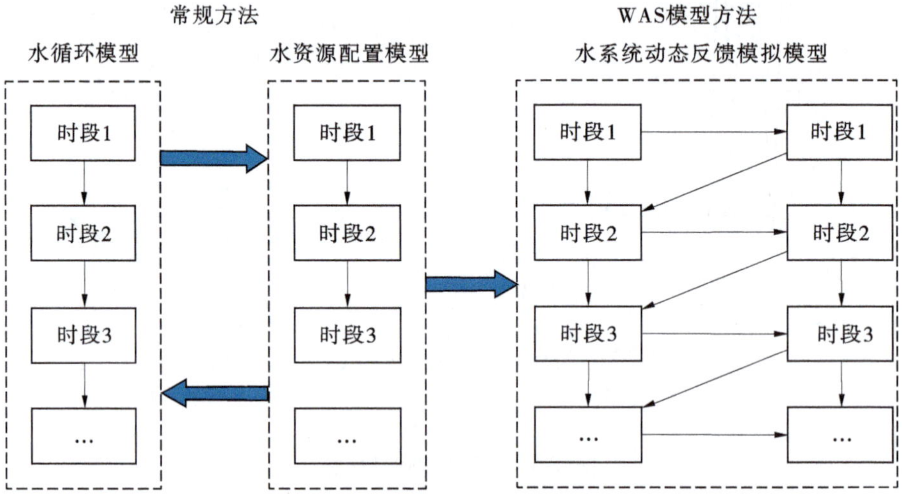

图 2-2 WAS 模型时序动态反馈模拟方法

2.2.1.2 **模型结构**

WAS 模型主要包括产流模拟、河道汇流模拟、再生水模拟、水质模拟和水资源配置 5 大模块,其中产流模拟、河道汇流模拟和再生水模拟 3 个模块作为二元水循环的基础,主要用于计算区域内降水形成的地表、地下水资源量和污水处理厂产生的再生水资源量;水质模拟模块主要用于分析河流和湖库的污染物迁移转化过程;水资源配置模块根据水源信息和行业需水要求进行水量和水质的联合配置。产流模拟、河道汇流模拟为水资源配置提供水量边界,水质模拟为水资源配置提供水质边界,再生水模拟根据水资源配置结果计算再生水可利用量和弃水量,同时将计算结果反馈给水资源配置模块和河道汇流模块。WAS 模型结构框架如图 2-3 所示,图中虚线表示社会水循环过程。

WAS 模型工作机制:①产流模拟模块,主要计算每个时段的降水产流量,并同时根据汇流面积计算水库等供水工程的来水量;②河道汇流模拟模块,主要计算每个时段单元本身的产流量、单元上游河道的流入量、外调水工程流入量、单元本身的污水退水量;③再生水模拟模块,主要计算再生水的产生量及利用量、污水的河道退水量;④水资源配置模块,根据水库特征和来水过程、再生水量、河道水量和引排水工程特征及单元行业用水特征,进行水资源配置,而行业用水过程和用排水过程,又实时反馈给再生水模拟模块,进而反馈给河道汇流模拟模块,从而影响整个水资源系统的循环过程以及下游用水单元的配置过程。

2.2.1.3 **模型单元划分**

单元作为水资源系统的重要基本组成,其划分方法对于水资源系统模拟和调控具有直接影响,单元划分方法是水资源系统调控模型的架构、模拟,以及搜索、统计、分析等功

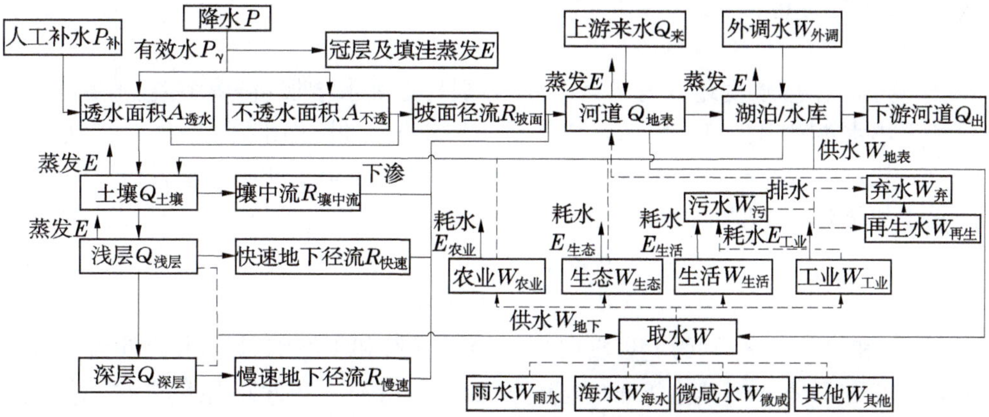

图 2-3　WAS 模型结构框架

能优劣的关键。单元划分的数量要合理，单元划分过少会导致模型计算误差大，模拟效果不理想；单元划分过多会增加模型的计算工作量，而且过小单元的数据资料也不好获取。

相较于常规水文模型，WAS 模型结合二元水循环的特点，通过水资源分区叠加行政分区形成计算单位的方式，该方法既能体现传统水文模拟模型单元划分特点，也能满足水资源流域管理和行政管理相结合的需求。

2.2.2　WAS 模型主要计算过程

2.2.2.1　产流过程

单元产流过程主要分为地表产流过程、壤中流过程、地下径流过程和蒸散发过程。

1. 地表产流过程

由于下垫面透水能力不同，故将单元面积分为透水面积和不透水面积，地表产流量等于不透水面积产生的径流与透水面积产生的径流之和，其中不透水面积产流为扣除截留填洼、蒸发等损失后的降水量，透水面积的产流通过综合产流法计算。综合产流法是一种将蓄满产流与超渗产流相结合的产流方法，其计算公式为：

$$R_{透水,t}=\begin{cases}(P_{有效,t}-F_s)\times A_{透水}/1\,000 & P_{有效,t}>F_s \text{ 且 } Q_{超剩,t}\leqslant Q'_t \\ P_{有效,t}\times A_{透水}/1\,000-Q'_t & Q_{超剩,t}>Q'_t \\ 0 & P_{有效,t}\leqslant F_s \text{ 且 } Q_{超剩,t}\leqslant Q'_t\end{cases} \tag{2-6}$$

式中：$R_{透水,t}$ 为 t 时段透水面积的地表产流量，m^3；$P_{有效,t}$ 为 t 时段扣除截留填洼、蒸发等损失后的有效降水量，mm；$A_{透水}$ 为透水面积，m^2；F_s 为土壤最大下渗能力，mm；$Q_{超剩,t}$ 为 t 时段有效降水产生超渗径流后的剩余水量，m^3；Q'_t 为 t 时段土壤层可蓄滞水量，m^3，其值为土壤最大蓄水量减去时段初土壤蓄水量。

综合产流法的计算可分 4 种情况讨论：当有效降水量超过最大下渗能力，且下渗水量未蓄满土壤层时，只出现超渗产流；当有效降水量未超过最大下渗能力，且下渗水量蓄满土壤层时，只出现蓄满产流；当有效降水量超过最大下渗能力，且下渗水量蓄满土壤层时，同时出现超渗产流和蓄满产流，此时地表产流计算公式和只出现蓄满产流时的公式相同；当有效降水量未超过最大下渗能力，且下渗水量未蓄满土壤层时，超渗产流和蓄满产流都未出现，地表产流为0。

2. 壤中流过程

WAS模型将土壤水变化分为4个部分，分别为土壤水增加量、壤中流、土壤对地下水补给量和土壤水蒸发损失量。降水入渗形成土壤水增加量，如果降水产生超渗径流后的剩余水量未超过土壤时段可蓄滞水量，土壤水增加量等于降水扣除超渗径流后的水量，否则土壤水增加量等于土壤时段可蓄滞水量。壤中流和土壤对地下水补给量的计算公式为

$$R_{壤中流,t} = Q_{tt} \times \alpha_{ss,t} \tag{2-7}$$

$$R_{地下水,t} = Q_{tt} \times \alpha_{sx,t} \tag{2-8}$$

式中：$R_{壤中流,t}$ 和 $R_{地下水,t}$ 分别为 t 时段壤中流的出流量和土壤对地下水的补给量，m^3；Q_{tt} 为时段末土壤含水量，m^3，其值等于时段初土壤含水量与土壤水增加量之和；$\alpha_{ss,t}$ 为 t 时段壤中流出流系数；$\alpha_{sx,t}$ 为 t 时段土壤对地下水补给系数。

3. 地下径流过程

模型将地下水作为地下水库划分为浅层和深层两部分，浅层水库形成快速径流，深层水库形成慢速径流，计算公式为

$$R_{快速,t} = Q_{浅层,t} \times \alpha_{xk,t} \tag{2-9}$$

$$R_{慢速,t} = Q_{深层,t} \times \alpha_{xm,t} \tag{2-10}$$

式中：$R_{快速,t}$、$R_{慢速,t}$ 分别为 t 时段的快速径流与慢速径流，m^3；$Q_{浅层,t}$ 和 $Q_{深层,t}$ 分别为 t 时段浅层水库和深层水库的蓄水量，m^3；$\alpha_{xk,t}$ 和 $\alpha_{xm,t}$ 分别为 t 时段浅层地下水和深层地下水的径流系数。

4. 蒸散发过程

模型中的蒸散发包括植被截留、土壤蒸发、浅水蒸发和人工耗水4部分。植被截留的降水全部蒸发。人工耗水包括农村耗水和城市耗水两部分。农村耗水包括农村居民用水和农业耗水，农村居民用水一般认为全部消耗，农业耗水根据灌溉水量加入土壤水循环，按照土壤蒸散发计算方法。城市耗水包括城市居民、工业和城市生态耗水，其中城市生态耗水认为全部消耗，城市居民和工业耗水按照用水耗水系数进行计算。

土壤水蒸发量与浅层水蒸发量的计算公式为

$$E_{土壤,t} = \min\left\{\sqrt{\frac{10Q_t}{Q_m}} \times K_{el}, E_{m,t}\right\} \tag{2-11}$$

$$E_{浅层水,t} = \min\left\{\frac{10Q_t}{Q_m} \times K_{ek}, E_{m,t} - E_{土壤,t}\right\} \tag{2-12}$$

式中：$E_{土壤,t}$、$E_{浅层水,t}$ 分别为 t 时段土壤水和浅层水的蒸发量，mm；Q_t、Q_m 分别为 t 时段土壤含水量和土壤最大蓄水量，m^3；K_{el} 和 K_{ek} 分别为土壤水和浅层水的蒸发调节系数；$E_{m,t}$ 为 t 时段最大蒸发能力，mm。

2.2.2.2 河道汇流过程

子流域总径流为地表汇流量、壤中流和地下径流之和，其中地下径流包括快速径流与慢速径流两部分，地表汇流计算公式为

$$Q_{地表,t+1} = R_{地表,t} \times k_1 + Q_{地表,t} \times k_2 \tag{2-13}$$

$$R_{地表,t+1} = R^0_{地表,t+1} + R_{地表,t} \times (1 - k_1) \tag{2-14}$$

$$k_1 = \frac{\Delta t}{K_b + 0.5\Delta t};\qquad k_2 = \frac{K_b - 0.5\Delta t}{K_b + 0.5\Delta t} \tag{2-15}$$

式中：$Q_{地表,t}$、$R_{地表,t}$ 分别为 t 时段地表汇流量与产流量，m^3；$R^0_{地表,t+1}$ 为 $t+1$ 时段初地表产流量，m^3；k_1、k_2 为汇流系数；K_b 为地表径流调蓄系数；Δt 为计算时段长。

2.2.2.3　再生水生产过程

再生水主要是通过对生活和工业产生的废水进行回收、处理，水质达到一定标准后形成的可以再利用的水资源。再生水的产生过程也就是污水资源化的过程。再生水的计算公式如下：

$$W_{再生水,t} = \min\{W_{污水,t} \times K_{收集} \times K_{处理}, F_{再生水}\} \tag{2-16}$$

式中：$W_{再生水,t}$、$W_{污水,t}$ 分别为 t 时段再生水和污水的产生量，m^3；$K_{收集}$、$K_{处理}$分别为污水的收集系数和处理系数；$F_{再生水}$ 为再生水处理能力，m^3。

2.2.2.4　水量平衡关系

WAS 模型的水量平衡关系包括河道水量平衡、湖库水量平衡、地下水水量平衡、单元水量平衡和再生水水量平衡，其中地下水水量平衡关系分为浅层水和深层水的水量平衡，再生水水量平衡关系分为再生水供水水量平衡和污水入河水量平衡。

1. 河道水量平衡

降雨经过产流和汇流过程进入河道，然后沿着上游河道流入下游河道，流向湖泊水库或大海，由于人类取用排水过程的加入，河道水量平衡计算公式如下：

$$Q_{h,t} = Q_{h,t-1} + Q_{hc,t} + Q_{h,t,\text{in}} - W_{hb,t} - E_{h,t} - S_{h,t} + W_{\text{hwq},t} \tag{2-17}$$

式中：$Q_{h,t}$ 为 t 时段河道 h 水量，m^3；$Q_{h,t-1}$ 为 $t-1$ 时段末河道 h 蓄水量，m^3；$Q_{hc,t}$ 为 t 时段子流域河道 h 区域产水量，m^3；$Q_{h,t,\text{in}}$ 为 t 时段河道上游来水量，m^3；$W_{hb,t}$ 为 t 时段河道 h 人工取水量，m^3；$E_{h,t}$、$S_{h,t}$ 分别为 t 时段河道 h 的蒸发、渗漏损失量，m^3；$W_{\text{hwq},t}$ 为 t 时段人工污水入河量，m^3。

2. 湖库水量平衡

湖库作为陆地径流的调蓄节点，同时也是经济社会重要的供水节点，湖库水量平衡计算公式如下：

$$Q_{k,t} = Q_{k,t-1} + Q_{kc,t} + Q_{k,t,\text{in}} + Q_{kd,t} - W_{kb,t} - E_{k,t} - S_{k,t} - W_{\text{uq},t} \tag{2-18}$$

式中：$Q_{k,t}$ 为 t 时段湖库 k 水量，m^3；$Q_{k,t-1}$ 为 $t-1$ 时段末湖库 k 蓄水量，m^3；$Q_{kc,t}$ 为 t 时段湖库 k 区域产水量，m^3；$Q_{k,t,\text{in}}$ 为 t 时段湖库 k 上游河道来水量，m^3；$Q_{kd,t}$ 为 t 时段湖库 k 的调入水量，m^3；$W_{kb,t}$ 为 t 时段湖库 k 的人工取水量，m^3；$E_{k,t}$、$S_{k,t}$ 分别为 t 时段湖库 k 的蒸发、渗漏损失量，m^3；$W_{\text{uq},t}$ 为 t 时段湖库 k 下泄水量，m^3。

3. 地下水水量平衡

将地下水作为地下水库进行水量平衡计算，计算公式如下：

$$\left.\begin{aligned} Q_{\text{xf},t} &= Q_{\text{xf},t-1} + R_{\text{sx},t} - W_{\text{xf},t} - E_{\text{xf},t} - R_{\text{fs},t} - R_{\text{xf},t} \\ Q_{\text{xs},t} &= Q_{\text{xs},t-1} + R_{\text{fs},t} - W_{\text{xs},t} - E_{\text{xs},t} - R_{\text{xs},t} \end{aligned}\right\} \tag{2-19}$$

式中：$Q_{\text{xf},t}$、$Q_{\text{xs},t}$ 分别为 t 时段浅层地下水和深层地下水的蓄水量，m^3；$Q_{\text{xf},t-1}$、$Q_{\text{xs},t-1}$ 分别为

浅层地下水和深层地下水 $t-1$ 时段的蓄水量，m^3；$R_{sx,t}$ 为 t 时段土壤水对地下水补给量，m^3；$R_{fs,t}$ 为浅层补充深层地下水量，m^3；$W_{xf,t}$、$W_{xs,t}$ 分别为 t 时段浅层地下水和深层地下水的人工开采量，m^3；$E_{xf,t}$、$E_{xs,t}$ 分别为 t 时段浅层地下水和深层地下水的蒸发量，m^3；$R_{xf,t}$、$R_{xs,t}$ 分别为 t 时段浅层地下水和深层地下水的径流量，m^3。

4. 单元水量平衡

单元水量平衡计算公式如下：

$$W_{u,t} = W_{uhb,t} + W_{ukb,t} + W_{uxf,t} + W_{uxs,t} + W_{urew,t} + W_{usea,t} + W_{urain,t} + W_{uoth,t} \tag{2-20}$$

式中：$W_{u,t}$ 为 t 时段单元用户 u 的供水量，m^3；$W_{uhb,t}$ 为 t 时段单元河道供水量，m^3；$W_{ukb,t}$ 为 t 时段湖库供水量，m^3；$W_{uxf,t}$ 为 t 时段浅层地下水供水量，m^3；$W_{uxs,t}$ 为 t 时段深层地下水供水量，m^3；$W_{urew,t}$ 为 t 时段再生水供水量，m^3；$W_{usea,t}$ 为 t 时段海水淡化供水量，m^3；$W_{urain,t}$ 为 t 时段雨水供水量，m^3；$W_{uoth,t}$ 为 t 时段其他非常规水供水量，m^3。

5. 再生水水量平衡

根据再生水产生及回用过程，再生水水量平衡计算公式如下：

$$\left.\begin{aligned} W_{bwr,t} &= W_{wrl,t} + W_{wri,t} + W_{wrc,t} + W_{wre,t} \\ W_{wq,t} &= W_{w,t} - W_{bwr,t} \end{aligned}\right\} \tag{2-21}$$

式中：$W_{bwr,t}$ 为 t 时段再生水的利用量，m^3；$W_{wrl,t}$、$W_{wri,t}$、$W_{wrc,t}$、$W_{wre,t}$ 分别为 t 时段再生水给生活、工业、农业和生态的供水量，m^3；$W_{wq,t}$ 为 t 时段单元污水入河量，m^3；$W_{w,t}$ 为 t 时段再生水供水量，m^3。

2.2.3 水资源配置策略

为满足区域社会经济发展的要求，满足各类用户对水资源的需求，需对水资源进行合理配置。水资源配置应遵循公平、高效和可持续发展的原则，保障水资源的供需基本平衡。

2.2.3.1 目标函数

水资源取用耗排遵循经济社会学机制，按照水资源供需平衡机制进行计算，水资源按照从低往高、从点向面的方向扩散。水资源供需平衡的目标是水资源发散核心策略和驱动力，涉及行业用水安全保障、供水公平以及可持续多目标，WAS 模型在水资源供需目标设计中以荷载均衡、空间均衡作为目标函数，荷载均衡表现为单元内部行业用水负荷的满足程度，通过行业缺水率最小指标反映；空间均衡表现为各行业不同单元用水公平性，通过行业空间单元缺水率方差指标反映，通过对目标函数的求解，实现水资源的均衡发散。

(1) 荷载均衡目标：

$$\left.\begin{aligned} \min L(x_t) &= \sum_{m=1}^{M} q_m \cdot \mathrm{SW}(x_{mt}) \\ \mathrm{SW}(x_{mt}) &= \frac{1}{N}\sum_{n=1}^{N} \left| x_{mt}^n - \mathrm{Sob}_{mt} \right| \\ \text{其中}, 0 \leqslant x_{mt}^n &\leqslant 1, 0 \leqslant \mathrm{Sob}_{mt} \leqslant 1 - B_m \end{aligned}\right\} \tag{2-22}$$

式中：$L(x_t)$、$\mathrm{SW}(x_{mt})$ 分别为荷载均衡函数与供水胁迫函数；q_m、B_m 分别为行业 m 的用水权重系数和最低用水保证率；Sob_{mt} 为 t 时段行业 m 的供水胁迫目标理想值；x_{mt}^{n} 为 t 时段单元 n 中行业 m 的缺水率；M、N 分别为区域内的行业总数和单元总数。

(2)空间均衡目标：

$$\left.\begin{aligned} \min S(x_t) &= \sum_{m=1}^{M} q_m \cdot \mathrm{GP}(x_{mt}) \\ \mathrm{GP}(x_{mt}) &= \sqrt{\frac{1}{N}\sum_{n=1}^{N}(x_{mt}^{n} - \bar{x}_{mt}^{n})^2} \\ \text{其中},0 &\leqslant x_{mt}^{n} \leqslant 1, 0 \leqslant \bar{x}_{mt}^{n} \leqslant 1 \end{aligned}\right\} \tag{2-23}$$

式中：$S(x_t)$、$\mathrm{GP}(x_{mt})$分别为空间均衡函数和公平性函数；$\bar{x}_{mt}^{n}$ 为 t 时段单元 n 中行业 m 的缺水率平均值。

2.2.3.2　**约束条件**

WAS 模型的约束条件包括供水能力约束、分质供水约束和生态流量约束。供水能力约束要保证水源的供水量不能超过可供水资源量，分质供水约束要保证供给用水户的水质不能低于该用水户的最低水质要求，生态流量约束要保证河道留有最小的生态基流。

(1)供水能力约束：

$$W_{m,t} \leqslant Q_{m,t} \tag{2-24}$$

式中：$W_{m,t}$、$Q_{m,t}$ 分别为水源 m 在 t 时段的供水量和可供水量，m^3。

(2)分质供水约束：

$$q_{m,n} \geqslant q'_n \tag{2-25}$$

式中：$q_{m,n}$ 为水源 m 给用水户 n 的供水水质；q'_n 为用水户 n 的最低水质标准。

(3)生态流量约束：

$$Q_{r,t} \geqslant Q_{\mathrm{rob},t} \tag{2-26}$$

式中：$Q_{r,t}$ 为 t 时段的河道流量，m^3；$Q_{\mathrm{rob},t}$ 为 t 时段的河道生态基流，m^3。

2.2.4　GWAS 软件系统

水资源通用配置与模拟软件系统(GWAS)是 WAS 模型的应用操作软件，本书基于 GWAS 软件提供的功能模块进行模型构建并实现水资源配置研究。

2.2.4.1　GWAS **特点**

1. 直观的图形展示

GWAS 软件的模型框架是以 GIS 地图为基础建立的，软件封装开源 QGIS 地图处理功能，可对 GIS 地图进行基本的编辑操作。对区域或流域以 GIS 地图的形式展示，可对研究区内河流、水库等项目的分布情况有一个基本的认知，形象直观。模型直接通过 GIS 图层进行计算单元的生成，以及单元、水库等基本信息的提取，过程简单明了，实现了模型的可视化。

2. 清晰的应用流程

GWAS 软件采用流程化场景推进技术，通过“标签”将工具栏中的相关命令进行组织分类，标签自左向右展示了模型建模的过程。

3. 定制化输出技术

GWAS 软件利用信息化手段实现了 WAS 模型的建立,对模型计算的结果可通过标准报表、图件以及报告的形式输出,方便快捷,便于得到想要的结果。可输出的标准报表包括水库、水循环、水资源管理和水资源配置等相关报表,时间尺度可以按年或月统计,可用于分析水资源量、供用水配置、开发利用情况以及水资源承载力评估。

2.2.4.2 GWAS 主要功能

GWAS 软件可进行区域或流域水资源的水量水质模拟、配置及评价。软件的平台界面如图 2-4 所示,包括上侧主工具面板、左侧 GIS 图层管理栏和数据栏、中间主窗口四部分。

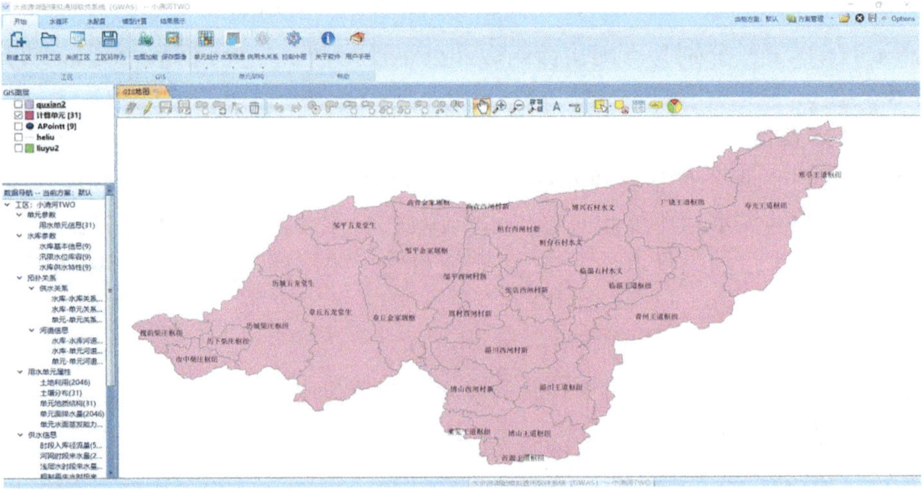

图 2-4 GWAS 软件平台界面示意

水资源配置建模模块可进行用水单元划分和水库信息提取,通过控制中枢设定模型运行方式和选择水源类型以及用水行业类型,在输入单元、水库、单元供水、行业需水以及配置参数等数据后可建立水资源配置模型,控制中枢窗口如图 2-5 所示;水循环模拟建模模块通过输入用水单元的气象数据、土壤地质条件、点源面源污染物情况、产汇流和污染参数等信息建立水量水质模拟模型;模型计算模块可对已建好的模型进行计算并对输出结果进行校验,模型求解方法可选择规则模拟方法或优化模拟方法,模型校验分为水量过程、水质过程和水资源配置结果校验;模型输出模块可将模型计算结果以标准报表、报告的形式输出,并可对水资源量、供用水配置、开发利用情况等进行专题分析。

2.2.4.3 GWAS 建模流程

GWAS 建模流程主要分为模型架构建立、数据信息输入、参数率定、模型结果分析 4 个步骤,如图 2-6 所示。在建立模型时首先需要完成模型架构,模型架构作为模型的基础,对建立的模型是否合理起着决定性作用。根据研究目的和研究区的实际情况对控制中枢进行定制,确定是否进行产汇流模拟、污染模拟和再生水模拟,选择产汇流模拟则需输入相关的水循环信息,污染模拟是在产汇流模拟的基础上进行的,因此需要输入相关的水循环信息和水污染信息。将模型所需的基础数据全部输入模型后,就需要对模型参数进行率定与验证,在建立完模型后就可以对模型运行结果进行输出与专题分析。

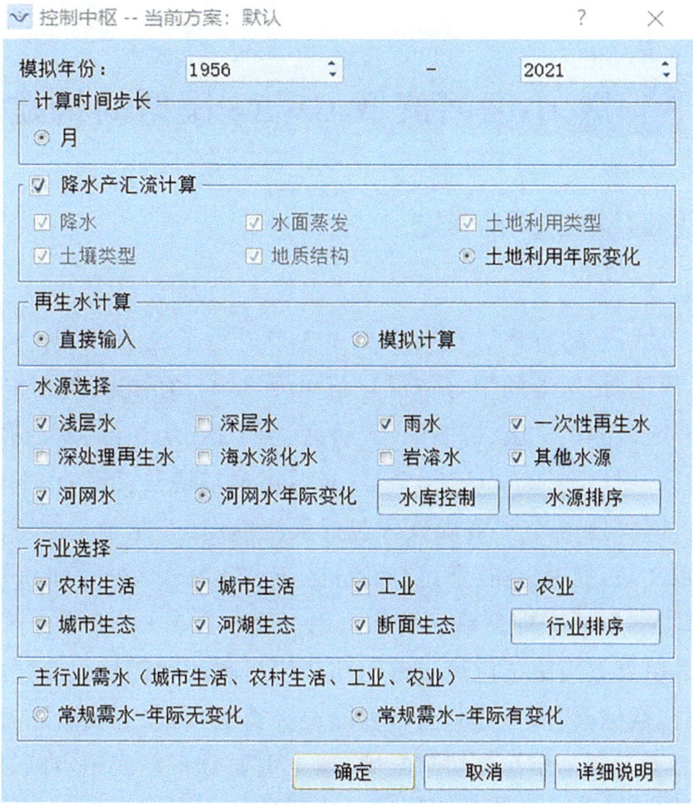

图 2-5　GWAS 软件控制中枢窗口

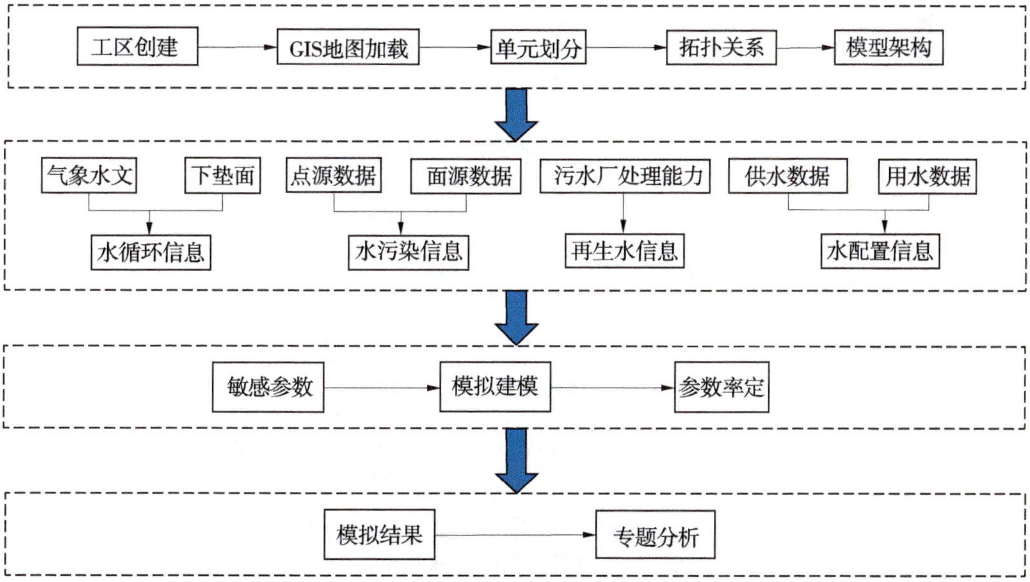

图 2-6　GWAS 软件建模流程

2.3 小清河流域 GWAS 模型的构建

2.3.1 单元划分及供水关系确定

2.3.1.1 单元划分

WAS 模型单元划分的方法已在第 2.2.1.3 节进行了说明，根据小清河流域行政区划、河网水系、地形地质、土地利用等特征进行单元划分。研究区共有 17 个区(县)级的行政单元，包括济南市的市中区、槐荫区、天桥区、历下区、历城区、章丘区，淄博市的张店区、淄川区、博山区、周村区、临淄区、桓台县，东营市的广饶县，潍坊市的青州市、寿光市，滨州市的邹平市、博兴县，6 个水资源分区包括柴庄枢纽、五龙堂生产桥、金家堰枢纽、西闸村新桥、石村水文站、王道枢纽，通过行政分区与水资源分区的叠加划分出 31 个计算单元，如图 2-7 和图 2-8 所示。计算单元名称采用行政单元名+水资源分区名+地貌类型名的方式命名，计算单元编码由 7 位流域编码和 8 位行政区编码构成，具体见表 2-1。小清河流域土壤主要包括棕壤、褐土、潮土、砂姜黑土等类型，褐土主要分布在济南、淄博市区域，棕壤和砂姜黑土主要分布在潍坊市区域，潮土主要分布在滨州市区域，因此小清河流域的土壤类型主要是壤土。小清河流域的土地利用类型可概化为 10 种，分别为水稻、小麦玉米、蔬菜、旱地、园地、林地、草地、交通城镇居工地、水域和未利用土地。

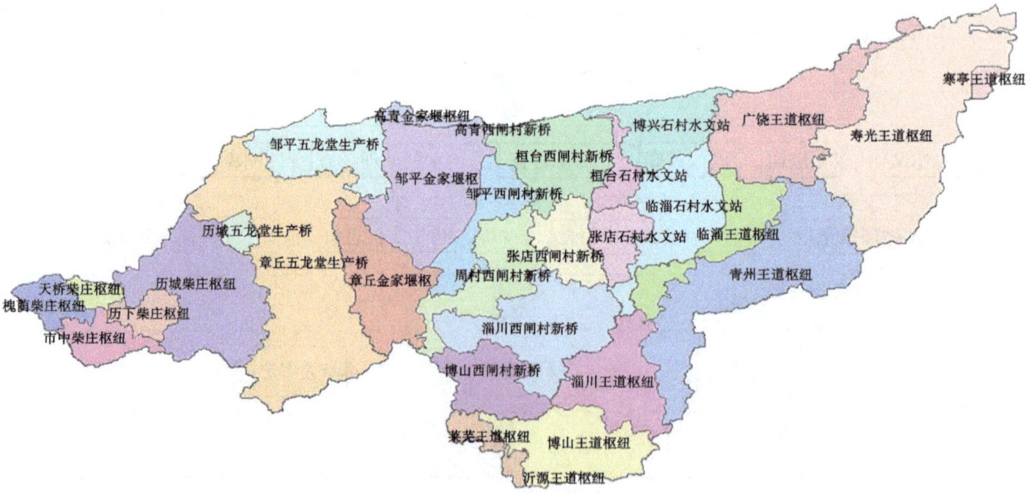

图 2-7 小清河流域基本单元划分

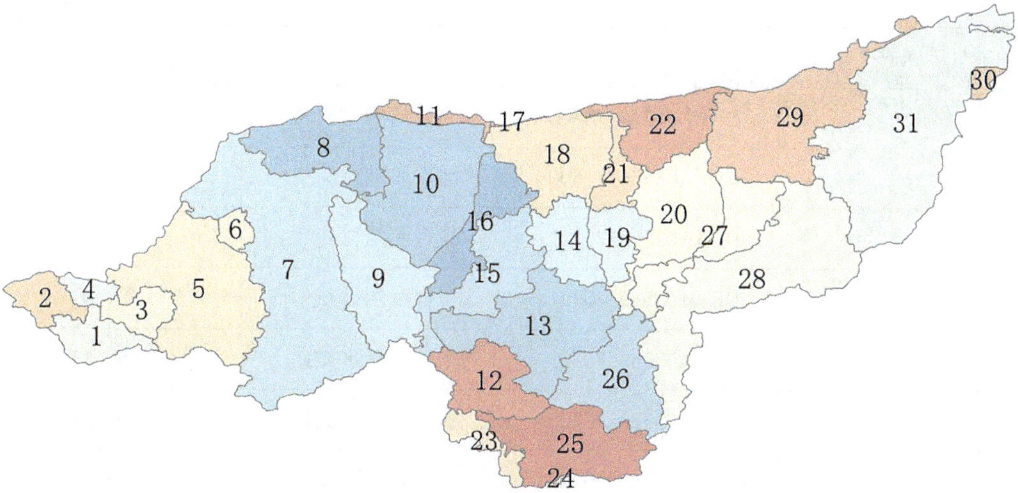

图 2-8　小清河流域计算单元划分

表 2-1　小清河流域计算单元面积

单位：km^2

单元号	计算单元编码	计算单元名称	面积
1	DDAA11186370103	市中柴庄枢纽	152.20
2	DDAA11186370104	槐荫柴庄枢纽	120.46
3	DDAA11186370102	历下柴庄枢纽	112.71
4	DDAA11186370105	天桥柴庄枢纽	56.54
5	DDAA11186370112	历城柴庄枢纽	650.70
6	DDAA09986370112	历城五龙堂生产桥	51.17
7	DDAA09986370114	章丘五龙堂生产桥	1 209.37
8	DDAA09986371600	邹平五龙堂生产桥	353.71
9	DDAA07786370114	章丘金家堰枢纽	418.12
10	DDAA07786371600	邹平金家堰枢纽	604.18
11	DDAA07786370322	高青金家堰枢纽	57.65
12	DDAA05586370304	博山西闸村新桥	265.38
13	DDAA05586370302	淄川西闸村新桥	532.94
14	DDAA05586370303	张店西闸村新桥	202.61

续表 2-1

单元号	计算单元编码	计算单元名称	面积
15	DDAA05586370306	周村西闸村新桥	327.94
16	DDAA05586371600	邹平西闸村新桥	235.06
17	DDAA05586370322	高青西闸村新桥	2.94
18	DDAA05586370321	桓台西闸村新桥	384.07
19	DDAA03386370303	张店石村水文站	150.11
20	DDAA03386370305	临淄石村水文站	393.21
21	DDAA03386370321	桓台石村水文站	103.61
22	DDAA03386371625	博兴石村水文站	291.04
23	DDAA01186370116	莱芜王道枢纽	98.73
24	DDAA01186370323	沂源王道枢纽	2.52
25	DDAA01186370304	博山王道枢纽	403.50
26	DDAA01186370302	淄川王道枢纽	372.81
27	DDAA01186370305	临淄王道枢纽	284.71
28	DDAA01186370781	青州王道枢纽	602.11
29	DDAA01186370523	广饶王道枢纽	881.00
30	DDAA01186370703	寒亭王道枢纽	24.43
31	DDAA01186370783	寿光王道枢纽	836.46

2.3.1.2 供水关系确定

供水关系包括单元与单元关系、水库与水库关系、水库与单元关系。单元与单元关系根据研究区河流分布情况及 DEM 高程图(见图 1-1)综合确定,结果如图 2-9 所示,在柴庄枢纽以上流域,单元 1 的河网水经过单元 2、4 流向单元 5,单元 3 的河网水直接流向单元 5;在五龙堂生产桥所在流域,单元 6 的河网水经过单元 7 流向单元 8;在金家堰枢纽所在流域,单元 9 的河网水经过单元 10 流向单元 11;在西闸村新桥所在流域,单元 12 的河网水经过单元 13、15、16 流向单元 18,单元 14 的河网水直接流向单元 18;在石村水文站所在流域,单元 19、20 的河网水经过单元 21 流向单元 22;在王道枢纽以下流域,单元 23、24 的河网水经过单元 25、26、27、29 流向单元 31,单元 28、30 的河网水直接流向单元 31。

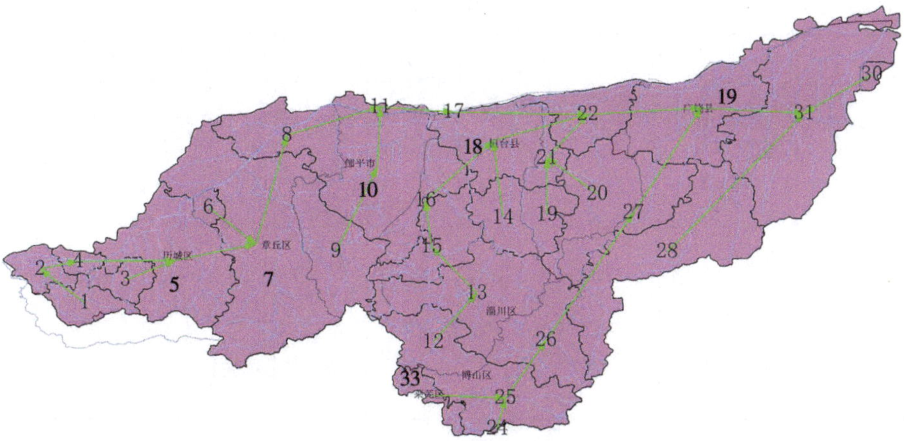

图 2-9　单元与单元关系

小清河流域内共有大中型水库 9 座，包括 1 座大型水库（太河水库）、8 座中型水库（狼猫山水库、杜张水库、埰庄水库、大站水库、杏林水库、萌山水库、石马水库、仁河水库），水库基本情况见表 2-2。水库与水库关系根据水库上下游关系及水库之间的供水渠道确定，结果如图 2-10 所示，狼猫山水库可向杜张水库供水，埰庄水库可以向大站水库供水。水库与单元关系根据水库实际供水情况确定，见图 2-11。

表 2-2　小清河流域大中型水库基本情况

水库	位置	支流名称	规模	流域面积/km^2	总库容/万 m^3	兴利指标		汛期控制运用指标		
						水位/m	库容/万 m^3	允许最高水位/m	汛限水位/m	汛限水位相应库容/万 m^3
太河	淄川区	淄河	大型	780	18 330	234	11 995	236.92	232	10 655
狼猫山	历城区彩石乡	巨野河	中型	82	1 557	187	1 253	189.65	184.5	969
杜张	章丘区龙山镇	巨野河	中型	226	1 350	46.6	917	48.85	45	729
埰庄	章丘区埰庄镇	绣红河	中型	56	1 421	304.3	1 124	307.63	304	1 100
大站	章丘区枣园镇	绣红河	中型	440	2 233	78	961	77	74.5	493
杏林	章丘区普集镇	漯河	中型	180.2	1 301	103.3	535	108.01	102.8	540

续表 2-2

水库	位置	支流名称	规模	流域面积/km^2	总库容/万 m^3	兴利指标		汛期控制运用指标		
						水位/m	库容/万 m^3	允许最高水位/m	汛限水位/m	汛限水位相应库容/万 m^3
萌山	周村区萌山镇	孝妇河	中型	288	820	82.3	5 669	87.04	82.3	5 182
石马	博山区石马镇	淄河	中型	75	1 633	348	905	351.38	348	905
仁河	青州市孙旺乡	淄河	中型	80	2 688	336.1	2 292	339.28	330	1 655

图 2-10　水库与水库关系

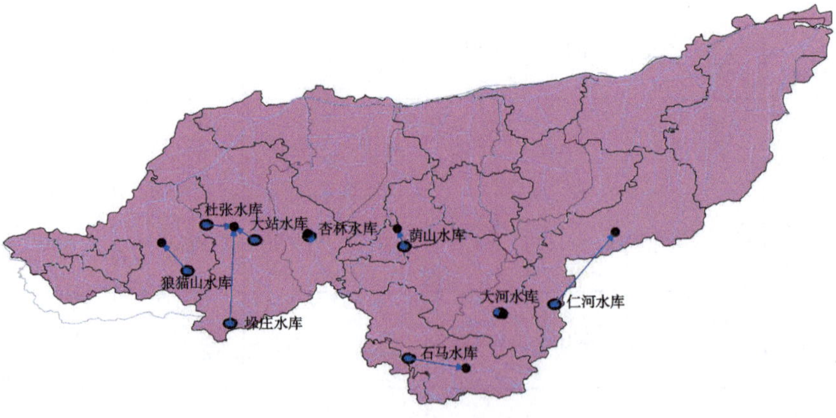

图 2-11　水库与单元关系

2.3.2　模型基本数据

2.3.2.1　气象数据

模型的气象数据包括降水与蒸发数据,根据现有数据资料以及研究周期,确定数据系列长度为 1956~2021 年。

降水数据选取研究区内资料比较完整的 13 个雨量站的逐月降水量资料,见表 1-1,通过泰森多边形法计算得到 31 个计算单元的逐月面降水量,雨量站的分布情况及研究区的泰森多边形划分见图 1-2。蒸发数据选取研究区内资料比较完整的济南站、博兴站、淄博站、广饶站及寿光站 5 个蒸发量观测站点 1956~2021 年的蒸发资料,同样采用泰森多边形法计算 31 个计算单元的面蒸发量。小清河流域多年平均蒸发量为 1 370 mm,蒸发量年际变化见图 2-12。

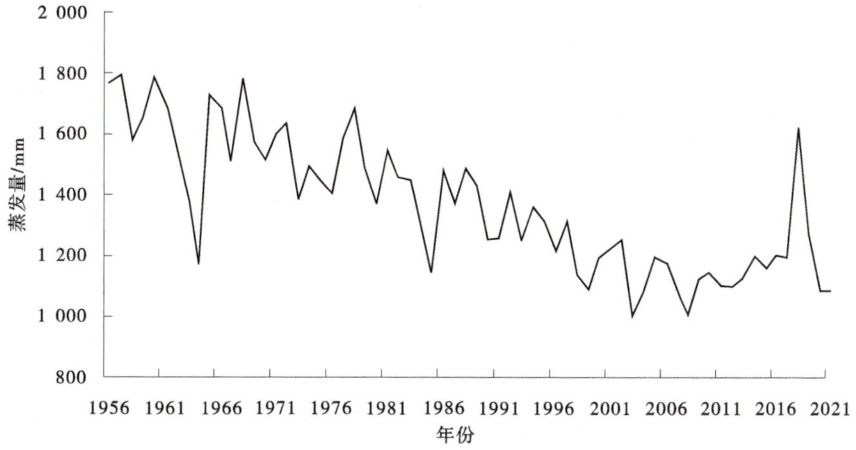

图 2-12　小清河流域蒸发量年际变化

2.3.2.2　水文数据

小清河干流有黄台桥站、魏桥站、岔河站、石村站、羊角沟站,收集到的有连续长系列实测径流的资料站点为黄台桥站(1951~2022 年)和岔河站(1968~2022 年),具体见第 1.3 节;此外,石村站点有 1956 年 6 月至 1978 年 12 月、2010 年 5 月至 2013 年 12 月以及 1979 年、1980 年、1981 年、1982 年、1993 年、1995 年、1997 年、1998 年汛期的实测径流资料。

2.3.2.3　土地利用数据

研究区 2020 年各计算单元的土地利用面积见表 2-3。小清河流域的土地利用以交通城镇居工地与耕地为主,所占比例分别为 33. 35% 和 49. 08%;园地面积所占比例为 8.52%;林地面积所占比例为 1. 52%;水域面积所占比例为 0. 83%,包括河流、湖泊、水库和坑塘的水面面积;其他土地面积所占比例为 6. 7%,主要包括田坎、盐碱地、沙地、裸地等。

表 2-3　小清河流域计算单元土地利用面积

单位：km^2

单元号	耕地	园地	林地	交通城镇居工地	水域	其他土地
1	65.14	19.42	1.98	39.80	1.44	24.42
2	51.55	15.37	1.57	31.50	1.14	19.33
3	48.23	14.38	1.47	29.47	1.07	18.09
4	24.19	7.21	0.74	14.79	0.54	9.07
5	278.46	83.02	8.48	170.16	6.16	104.42
6	21.90	6.53	0.67	13.38	0.48	8.21
7	517.54	154.30	15.76	316.25	11.45	194.07
8	138.87	7.07	3.42	194.54	3.26	6.55
9	178.92	53.35	5.45	109.34	3.96	67.10
10	237.20	12.08	5.85	332.30	5.56	11.19
11	13.26	6.92	1.44	34.59	0.58	0.86
12	61.04	31.85	6.63	159.23	2.65	3.98
13	122.59	63.95	13.32	319.76	5.33	7.99
14	46.59	24.31	5.07	121.57	2.03	3.04
15	75.43	39.35	8.20	196.76	3.28	4.92
16	92.30	4.70	2.27	129.28	2.16	4.35
17	0.69	0.35	0.07	1.76	0.03	0.04
18	88.34	46.09	9.60	230.44	3.84	5.76
19	34.53	18.01	3.75	90.07	1.50	2.25
20	90.43	47.19	9.83	235.93	3.93	5.90
21	23.83	12.43	2.59	62.17	1.04	1.55
22	114.26	5.82	2.82	160.07	2.68	5.39
23	42.25	12.60	1.29	25.82	0.93	15.84
24	0.58	0.30	0.06	1.51	0.03	0.04
25	92.80	48.42	10.09	242.10	4.04	6.05
26	85.74	44.74	9.32	223.69	3.73	5.59
27	65.47	34.17	7.12	170.83	2.85	4.27
28	228.81	18.06	3.51	343.20	0	8.53
29	224.47	8.81	7.25	502.25	8.30	121.11
30	9.28	0.73	0.14	13.93	0	0.35
31	317.86	25.09	4.88	476.78	0	11.85

2.3.2.4　供水工程数据

小清河支流中上游共有大中型水库 9 座，其中淄河上太河水库为大型水库，其余 8 座水库（狼猫山、杜张、垛庄、大站、杏林、、萌山、石马、仁河）均为中型水库；总计控制流域面积 2 207 km^2，总库容 3.13 亿 m^3，总兴利库容 2.56 亿 m^3，基本信息见表 2-2。

2.3.2.5　小清河流域非常规水源供水及行业需水数据

小清河流域非常规水源包含再生水和雨水。小清河沿线污水处理厂众多，据流域内各市（县）上报资料统计，2020 年累计再生水排放量为 87 267.39 万 m^3，再生水主要为各市（县）工业和生活退水，水源大部分为流域外调水和部分当地水资源。根据《小清河水量调度方案（试行）编制说明》，结合实际情况调查和各地市咨询意见，统筹考虑各地市再生水利用率、生态景观用水和过程损耗等，估计再生水入小清河干流水量多年平均为 43 633.70 万 m^3，详见表 2-4。2020 年小清河流域均有济南市区雨水利用量为 210 万 m^3，其他区县均为 0。小清河流域以实际用水数据作为行业需水数据，请见第 3.4.2.1 小节。

表 2-4　小清河流域多年平均再生水排放信息　　单位：万 m^3

行政区	再生水量	入小清河估计量	行政区	再生水量	入小清河估计量
济南市市区	42 937.69	21 468.85	淄博市临淄区	3 625.00	1 812.50
济南市章丘区	4 943.70	2 471.85	淄博市桓台县	1 369.00	684.50
滨州市邹平市	5 430.00	2 715.00	淄博市高新区	10 483.00	5 241.50
滨州市博兴县	1 440.00	720.00	淄博经济开发区	1 259.00	629.50
淄博市淄川区	3 561.00	1 780.50	东营市广饶县	42.00	21.00
淄博市博山区	2 658.00	1 329.00	潍坊市寿光市	3 621.00	1 810.50
淄博市周村区	4 033.00	2 016.50	潍坊市青州市	1 865.00	932.50
再生水量合计	87 267.39		入小清河估计量合计	43 633.70	

2.4 小清河流域 GWAS 模型水文参数的率定与验证

2.4.1 模型校验数据

GWAS 模型校验分为水文模型校验和配置模型校验,由于本节仅涉及前者,因此以下对小清河流域水文模型校验进行阐述。

根据小清河流域河流分布情况、水文站的控制面积及收集到的资料情况,可作为验证产汇流模拟效果依据的水文站点包括小清河干流的黄台桥站、岔河站和石村站。黄台桥站位于小清河流域上游,涉及该站上游的第 1~4 个计算单元,占全流域的 3.5%,依据第 2.1 节,以第一个突变点作为受人类活动影响的分界点,该站点率定期和验证期的年份为 1956~1965 年,共 10 年资料,满足确定参数要求的长度,可采用黄台桥站进行参数的率定和验证。岔河站位于小清河流域中游,涉及该站上游的第 17 个计算单元,占全流域的 50.2%,以第一个突变点作为受人类活动影响的分界点,该站点率定期和验证期的年份为 1968~1972 年,共 5 年资料,系列较短,如用该系列进行参数的率定和验证可能会造成较大误差,因此不宜采用岔河站进行参数的率定和验证。石村站位于小清河流域中下游,涉及该站上游的第 22 个计算单元,占全流域的 65.9%,根据收集到的该站点 1957~1978 年的连续径流资料,通过前述的 Mann-Kendall 法、有序聚类法、滑动 T 检验法和 Pettitt 检验法计算出突变点为 1967 年和 1972 年,以第一个突变点作为受人类活动影响的分界点,该站点率定期和验证期的年份为 1957~1967 年,共 11 年资料,满足确定参数要求的长度,可采用石村站进行参数的率定和验证。同时,岔河站与石村站距离较近,控制流域面积相差 15.7%,因此由石村站率定出的水文参数能够较好地反映出岔河站上游流域的水文条件。选取的验证产汇流模拟效果依据的水文站的基本信息见表 2-5,两个水文站对小清河流域全境的河流流量有较好的代表性,控制研究区的主要河流,因此可作为研究区 31 个计算单元的调参依据,基本可以反映研究区的径流情况。

表 2-5　选用水文站基本信息

站名	所在计算单元	流域面积/km^2	占全流域比例/%
黄台桥站	天桥柴庄枢纽	351	3.5
石村站	博兴石村水文站	6 706	65.9

2.4.2 水文模型调参方法

以上述两个水文站点的第一个突变点作为受人类活动影响的分界点,分别率定各计算单元的水文参数,各站点的率定期、验证期及其确定水文参数的计算单元见表 2-6。

表 2-6　水文站点的率定期、验证期及其确定水文参数的计算单元

站名	率定期	验证期	确定水文参数的计算单元
黄台桥站	1956~1962 年	1962~1965 年	第 1~4 个计算单元
石村站	1957~1964 年	1965~1967 年	第 5~22 个计算单元

模拟效果的评价为断面流量过程，相关评价指标为相关系数 R^2 和 Nash 效率系数 E_{NS}。R^2 的计算公式见式(2-27)，取值范围为 0~1，R^2越大表示相关程度越强；E_{NS} 的计算公式见式(2-28)，取值范围为$-\infty$ ~1，E_{NS} 接近 1 时表示模型拟合效果好，E_{NS} 接近 0 时表示模拟值接近实际值的平均值，E_{NS} 远远小于 0 时表示模拟结果不可信。

$$R^2 = 1 - \frac{\left[\sum_{i=1}^{n}(q_i - \bar{q})(q'_i - \bar{q}')\right]^2}{\sum_{i=1}^{n}(q_i - \bar{q})^2 \sum_{i=1}^{n}(q'_i - \bar{q}')^2} \tag{2-27}$$

$$E_{NS} = 1 - \frac{\sum_{i=1}^{n}(q_i - q'_i)^2}{\sum_{i=1}^{n}(q_i - \bar{q})^2} \tag{2-28}$$

式中：q_i、q'_i 分别为第 i 个时段的实测径流总量、模拟径流总量；$\bar{q}$、$\bar{q}'$分别为实测径流总量、模拟径流总量的平均值。

水文模型的调参与验证步骤如下：①根据研究区水资源循环变化的实际情况，假定参数的初始值；②根据率定期断面流量过程相关评价指标的计算结果，对参数进行调参，具体方法为：先使模拟径流的“基流”与天然径流一致，再使模拟径流的“洪峰”与天然径流一致，最后是整体细节的微调；③使用率定期确定的参数，对验证期断面流量过程的模拟效果进行分析；④如果模拟效果符合要求，认为参数合理，结束调参，否则返回第②步重新调参。此外，GWAS 模型还提供了自动调参功能，采用并协遗传算法优化水文参数，本书采用该功能进行各计算单元水文参数的优化。

2.4.3　自然水循环模拟验证

根据空中水、地表水、土壤水与地下水之间转化的特点，可将自然水循环过程分为蒸散发、坡面径流、壤中流与地下径流 4 个层次。蒸散发过程比较稳定，主要由气候和下垫面决定，对径流总量有影响，其他 3 个层次对径流变化十分敏感。WAS 模型水循环模块参数根据这 4 个层次分为蒸散发关键参数、坡面径流关键参数、壤中流关键参数和地下径流关键参数 4 类。蒸散发关键参数主要包括单元截留蒸发调蓄能力、土壤水和浅层水的蒸发调节系数、土地利用蒸散发折算系数；坡面径流关键参数主要包括土壤最大下渗能力和土壤饱和含水度；壤中流关键参数主要包括土壤壤中流出流系数和土壤对浅层地下水补给系数；地下径流关键参数主要包括浅层水和深层水的给水度、浅层和深层的地下径流系数、浅层水补给深层水系数。

通过对水文模型参数进行自动优化调参，得到各敏感参数最终值，其初始参数调参结

果见表 2-7。

表 2-7　水文模型关键参数阈值

类别	参数	参数说明	初始值	最终值
蒸散发关键参数	K_f	单元截留蒸发调蓄能力/mm	0.95	0.5~33
	K_{el}	土壤水蒸发调节系数	1.5	0.9~1.5
	K_{ek}	浅层水蒸发调节系数	0.9	0.9~1.3
坡面径流关键参数	F_s	土壤最大下渗能力/mm	260	13~182
	U_s	土壤饱和含水度	0.15	0.10~0.16
壤中流关键参数	α_{ss}	土壤壤中流出流系数	0.1	0.05~0.10
	α_{sx}	土壤对浅层地下水补给系数	2.1	0.10~2.10
地下水关键参数	μ_k	浅层水给水度	0.07	0.05~0.26
	α_{sk}	浅层地下径流系数	0.02	0.000 1~0.000 3
	β	浅层水补给深层水系数	0.001	0~0.27
	μ_m	深层水给水度	0	0.005~0.02
	α_{sm}	深层地下径流系数	0.000 1	0.50~0.67

利用黄台桥站和石村站的年径流量对模型参数进行率定，得到研究区各站模拟径流与实测径流过程对比（见图 2-13），断面流量过程率定期和验证期的验证结果见表 2-8。

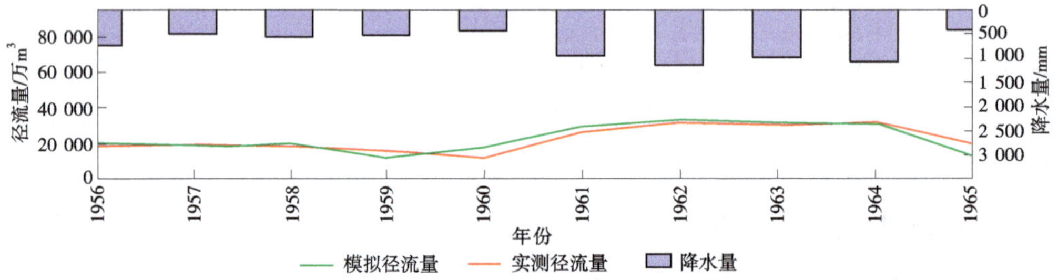

(a)黄台桥站

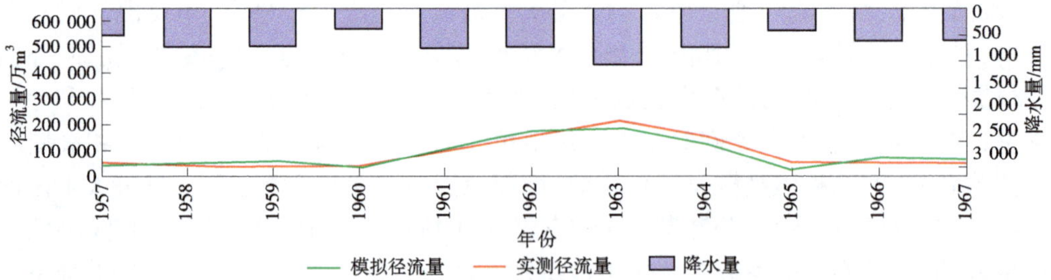

(b)石村站

图 2-13　小清河流域断面径流模拟与实测对比

表 2-8　小清河流域水文模型断面径流模拟验证结果

水文站	率定期		验证期	
	R^2	E_{NS}	R^2	E_{NS}
黄台桥站	0.82	0.72	0.99	0.56
石村站	0.94	0.93	0.74	0.72

由表 2-8 可见，在参数率定期，黄台桥站和石村站的 R^2 分别为 0.82 和 0.94，均大于 0.8，模拟值与实测值的相关程度属于极强相关，E_{NS} 分别为 0.72 和 0.93，均大于 0.5，表明模型对径流的拟合效果较好，其中石村站的拟合效果优于黄台桥站。在参数验证期，黄台桥站和石村站的 R^2 分别为 0.99 和 0.74，分别属于极强相关和强相关，E_{NS} 分别为 0.56 和 0.72，也均大于 0.5，拟合效果较好。整体而言，模型模拟值与实测值具有较强的相关性，拟合效果在可接受的范围内。

2.5　小清河流域径流响应及其归因分析

2.5.1　黄台桥站径流响应程度分析

根据调优后的水文参数，计算出黄台桥站 1966～2022 年的模拟径流量，与实测值一并绘于图 2-14 中。

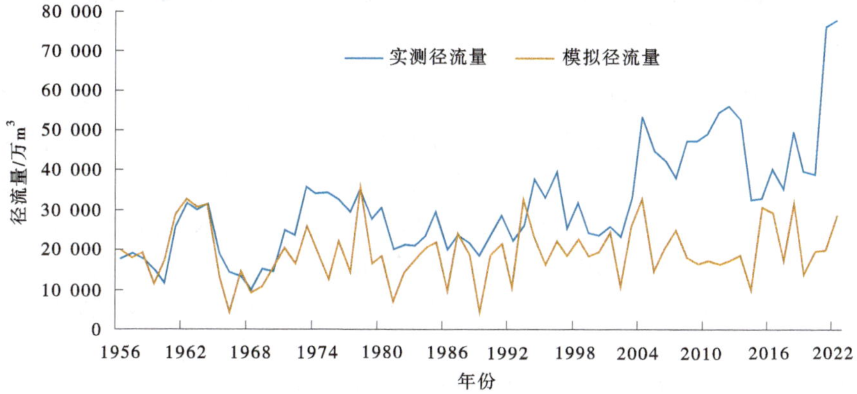

图 2-14　黄台桥站实测径流量与模拟径流量对比

由第 1.4.2.3 小节分析可知，黄台桥站径流量突变点为 1965 年、1993 年、2003 年和 2020 年，将 1956～2022 年实测径流量系列分成 5 个时段，分别为 1956～1965 年、1966～1993 年、1994～2003 年、2004～2020 年和 2021～2022 年，分析各时段气候变化和人类活动对径流量的影响程度，列于表 2-9。由表 2-9 可知，在 1966～1993 年、1994～2003 年、2004～2020 年中，径流变化总量为正值，表明径流量有增加的趋势；但是由于 3 个时段的降水量均小于 1956～1965 年，由气候引起的径流变化量为负值，因此由人类活动引起的径流变化量大于径流变化总量,故根据式(2-4)和式(2-5)计算的气候贡献率小于0,人类活动贡献率大于100%,不便于两者之间的对比及其与2021~2022年的对比。鉴于上述问题,本书将气候引起径流变化量的绝对值与径流变化总量之比作为气候贡献率,人类活动贡献率为100%减去气候贡献率,见表2-9。

表2-9 黄台桥站流域不同时段径流量变化贡献统计

时段	降水量/mm	实测径流量均值/万 m^3	模拟径流量均值/万 m^3	径流量变化总量/万 m^3	气候引起径流量变化量/万 m^3	人类活动引起径流量变化量/万 m^3	气候贡献率/%	人类活动贡献率/%
1956~1965年	751.0	22 050	22 464					
1966~1993年	632.5	24 327	17 168	2 277	-4 882	7 159	40.5	59.5
1994~2003年	703.1	29 871	20 198	7 821	-1 852	9 673	16.1	83.9
2004~2020年	749.0	44 728	20 710	22 678	-1 340	24 018	5.3	94.7
2021~2022年	991.1	77 359	24 538	55 309	2 488	52 821	4.5	95.5

由表2-9可见:

(1)1966~2022年4个时段人类活动引起径流量变化量分别为7 159万 m^3、9 673万 m^3、24 018万 m^3 和52 821万 m^3,可见两者的差值呈显著增加趋势;同时4个时段实测径流量大于模拟径流量,表明人类从河道中取用的水量小于向河道中排放的水量,这与小清河沿线济南市将经过处理的生活污水、工业废水等中水大量排入河道,以及为保障小清河通航要求保持一定的水位和流量是相符的。

(2)对于1966~1993年,相较于1956~1965年的实测径流量,本时段的实测径流量增加量为2 277万 m^3,由气候引起的径流量减小量为4 882万 m^3,由人类活动引起的径流量增加量为7 159万 m^3,可见由气候引起的减少程度小于由人类活动引起的增加程度,因此前者的贡献率40.5%小于后者的贡献率59.5%,即人类活动对径流量的影响程度大于气候。

(3)对于1994~2003年,相较于1956~1965年的实测径流量,本时段的实测径流量增加量为7 821万 m^3,由气候引起的减小量为1 852万 m^3,由人类活动引起的增加量为9 673万 m^3,可见由气候引起的减少程度小于由人类活动引起的增加程度,因此前者的贡献率16.1%小于后者的贡献率83.9%,即人类活动对径流量的影响程度显著大于气候。

(4)对于 2004~2020 年,相较于 1956~1965 年的实测径流量,本时段的实测径流量增加量为 22 678 万 m^3,由气候引起的减小量为 1 340 万 m^3,由人类活动引起的增加量为 24 018 万 m^3,可见由气候引起的减少程度小于由人类活动引起的增加程度,因此,前者的贡献率 5.3%小于后者的贡献率 94.7%,即人类活动对径流量的影响程度显著大于气候。

(5)对于 2021~2022 年,相较于 1956~1965 年的实测径流量,本时段的实测径流量增加量为 55 309 万 m^3,由气候引起的增加量为 2 488 万 m^3,由人类活动引起的增加量为 52 821 万 m^3,可见由气候引起的增加程度小于由人类活动引起的增加程度,因此前者的贡献率 4.5%小于后者的贡献率 95.5%,即人类活动对径流量的影响程度显著大于气候。

(6)1966~2022 年的 4 个时段,人类活动贡献率均大于气候因素,两者的差值分别为 19.0%、67.8%、89.4%和 91.0%,可见有增大趋势,即人类活动贡献率随着时间推移呈现显著增大趋势。

2.5.2　岔河站径流响应程度分析

根据调优后的水文参数,计算出岔河站 1968~2022 年的模拟径流量,与实测值一并绘于图 2-15 中。

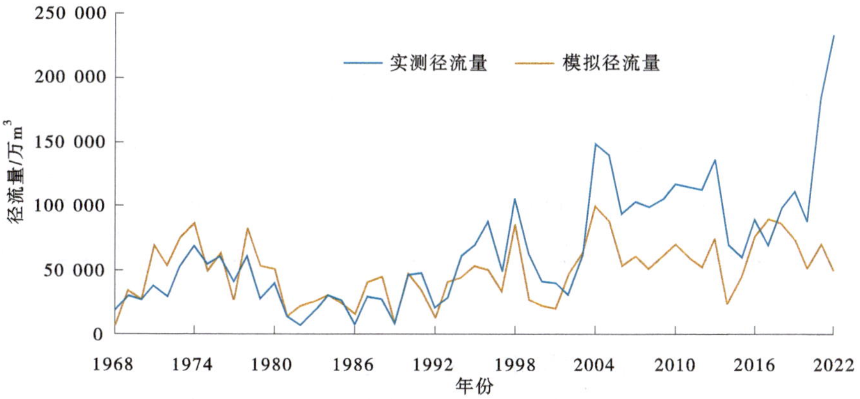

图 2-15　岔河站实测径流量与模拟径流量对比

由第 1.4.2.3 小节分析可知,岔河站径流量突变点为 1972 年、1980 年、1993 年、2003 年和 2020 年,将 1968~2022 年实测径流量系列分成 6 个时段,分别为 1968~1972 年、1973~1980 年、1981~1993 年、1994~2003 年、2004~2020 年和 2021~2022 年,分析各时段气候变化和人类活动对径流量的影响程度,列于表 2-10。由表 2-10 可见,在 1973~1980 年中,径流变化总量为正值,表明径流量有增加的趋势,由气候引起的径流变化量大于径流变化总量,因此由人类活动引起的径流变化量小于 0,故根据式(2-4)和式(2-5)计算的人类活动贡献率小于 0,气候贡献率大于 100%,不便于两者之间的对比及其与其他时段的对比。鉴于上述问题,本章将人类活动引起径流变化量的绝对值与其和气候引起径流变化量的加和之比作为人类活动贡献率,气候贡献率为 100%减去人类活动贡献率,见表 2-10。

表 2-10 岔河站流域不同时段径流量变化贡献统计

时段	降水量/mm	实测径流量均值/万 m^3	模拟径流量均值/万 m^3	径流量变化总量/万 m^3	气候引起径流量变化量/万 m^3	人类活动引起径流量变化量/万 m^3	气候贡献率/%	人类活动贡献率/%
1968~1972 年	563.5	29 327	38 380					
1973~1980 年	694.6	51 819	61 359	22 492	32 032	-9 540	77.1	22.9
1981~1993 年	553.9	24 646	28 210	-4 681	-1 117	-3 564	23.9	76.1
1994~2003 年	575.7	61 696	45 076	32 369	15 750	16 619	48.7	51.3
2004~2020 年	625.8	104 131	66 212	74 804	36 885	37 919	49.3	50.7
2021~2022 年	991.1	208 631	60 589	179 304	31 262	148 042	17.4	82.6

由表 2-10 可知：

(1)6 个时段人类活动引起径流变化量分别为-9 540 万 m^3、-3 564 万 m^3、16 619 万 m^3、37 919 万 m^3、148 042 万 m^3，可见两者的差值总体呈增加趋势。1968~1972 年、1973~1980 年和 1981~1993 年 3 个时段实测径流量小于模拟径流量，表明人类从河道中取用的水量大于向河道中排放的水量，1994~2003 年、2004~2020 年和 2021~2022 年 3 个时段实测径流量大于模拟径流量，表明人类从河道中取用的水量小于向河道中排放的水量，这与近几年小清河沿线济南、淄博和滨州等城市将经过处理的生活污水、工业废水等中水大量排入河道，以及为保障小清河通航要求保持一定的水位和流量是相符的。

(2)对于 1973~1980 年时段，相较于 1968~1972 年时段的模拟径流量，本时段的实测径流量增加量为 22 492 万 m^3，由气候引起的增加量为 32 032 万 m^3，大于总增加量 22 492 万 m^3，因此人类活动造成径流量减小，值为 9 540 万 m^3，可见由气候引起的增大程度大于由人类活动引起的减小程度，因此前者的贡献率 77.1% 大于后者的贡献率 22.9%，即气候对径流量的影响程度显著大于人类活动。

(3)对于 1981~1993 年时段，相较于 1968~1972 年时段的模拟径流量，本时段的实测径流量减小量为 4 681 万 m^3，由气候引起的减小量为 1 117 万 m^3，由人类活动引起的减小量为 3 564 万 m^3，两者的贡献率分别为 23.9%和 76.1%，后者是前者的 3.2 倍，可见人类活动对径流量的影响程度显著大于气候因素。

（4）对于 1994～2003 年时段，相较于 1968～1972 年时段的模拟径流量，本时段的实测径流量增加量为 32 369 万 m^3，由气候引起的增加量为 15 750 万 m^3，由人类活动引起的增加量为 16 619 万 m^3，两者的贡献率分别为 48.7%和 51.3%，后者略大于前者，可见人类活动对径流量的影响程度大于气候因素。

（5）对于 2004～2020 年时段，相较于 1968～1972 年时段的模拟径流量，本时段的实测径流量增加量为 74 804 万 m^3，由气候引起的增加量为 36 885 万 m^3，由人类活动引起的增加量为 37 919 万 m^3，两者的贡献率分别为 49.3%和 50.7 %，后者略大于前者，可见人类活动对径流量的影响程度大于气候因素。

（6）对于 2021～2022 年时段，相较于 1968～1972 年时段的模拟径流量，本时段的实测径流量增加量为 179 304 万 m^3，由气候引起的增加量为 31 262 万 m^3，由人类活动引起的增加量为 148 042 万 m^3，两者的贡献率分别为 17.4%和 82.6%，后者是前者的 4.7 倍，可见人类活动对径流量的影响程度显著大于气候因素。

（7）对于 1973～2022 年的 5 个时段，除 1973～1980 年气候贡献率大于人类活动贡献率外，其他 4 个时段人类活动贡献率均大于气候贡献率，由此表明，在 1980 年之前，实测径流量主要受气候因素的影响，1980 年之后转变为主要受人类活动的影响。这是由于 1978 年 12 月党的十一届三中全会做出实行改革开放的重大决策，由此社会经济逐步走上高度发展的道路，用水量、用水方式、用水结构、排水量、土地利用类型等都发生了巨大的改变，人类活动对水资源、水环境、水生态、水灾害的影响程度较之前有了显著增加。

2.5.3　石村站径流响应程度分析

根据调优后的水文参数，计算出石村站 1957～1978 年的模拟径流量，与实测值一并绘于图 2-16 中。

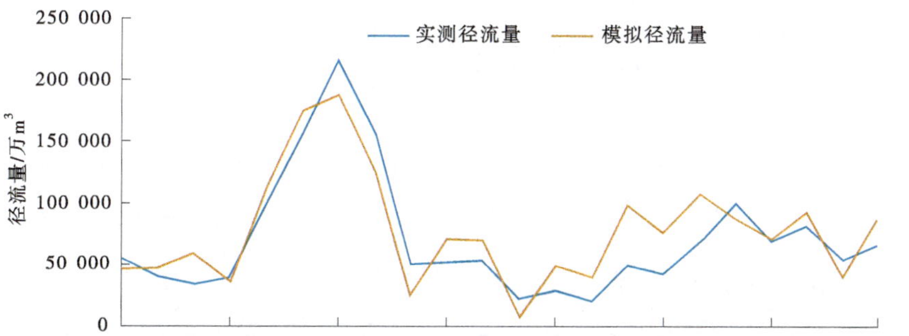

图 2-16　石村站实测径流量与模拟径流量对比

石村站径流量突变点为1967年和1972年,将1957~1978年实测流量系列分成3个时段,分别为1957~1967年、1968~1972年和1973~1978年,分析各时段气候变化和人类活动对径流量的影响程度,列于表2-11。

表2-11　石村站流域不同时段径流量变化贡献统计

时段	降水量/mm	实测径流量均值/万 m^3	模拟径流量均值/万 m^3	径流量变化总量/万 m^3	气候引起径流量变化量/万 m^3	人类活动引起径流变化量/万 m^3	气候贡献率/%	人类活动贡献率/%
1957~1967年	652.7	86 545.1	86 830					
1968~1972年	563.5	32 871.0	54 201	-53 674.1	-32 344	-21 330	60.3	39.7
1973~1978年	707.7	73 185.1	80 801	-13 360	-5 744	-7 615.9	43.0	57.0

由表2-11可见:

(1)1968~1978年2个时段实测径流量与模拟径流量的差值分别为21 330万 m^3 和7 615.9万 m^3,2个时段实测径流量小于模拟径流量,表明人类从河道中取用的水量大于向河道中排放的水量。

(2)对于1968~1972年,相较于1957~1967年时段的模拟径流量,本时段的实测径流量减小量为53 674.1万 m^3,由气候引起的减小量为32 344万 m^3,由人类活动引起的减小量为21 330万 m^3,两者的贡献率分别为60.3%和39.7%,前者是后者的1.5倍,可见气候对径流量的影响程度大于人类活动。

(3)对于1973~1978年,相较于1957~1967年时段的模拟径流量,本时段的实测径流量减小量为13 360万 m^3,由气候引起的减小量为5 744万 m^3,由人类活动引起的减小量为7 615.9万 m^3,两者的贡献率分别为43.0%和57.0%,后者是前者的1.2倍,可见人类活动对径流量的影响程度大于气候因素。

(4)对于1968~1978年的2个时段,由气候因素贡献率大于人类活动转变为前者小于后者,可见随着人类的进步和社会的发展,人类活动对径流的影响程度呈增大趋势。

2.5.4　径流量变化归因分析

以下从气候因素和人类活动两个方面探索小清河流域径流量变化的原因。

2.5.4.1　降水量与径流量的相关性分析

黄台桥站、岔河站和石村站降水量和实测径流量关系图,见图2-17。

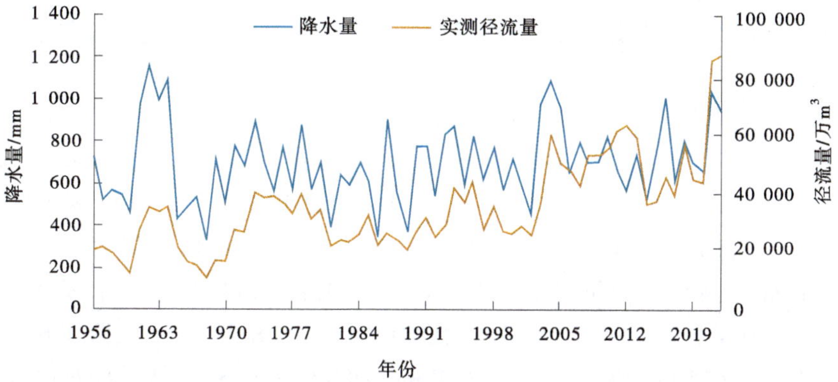

(a)黄台桥站

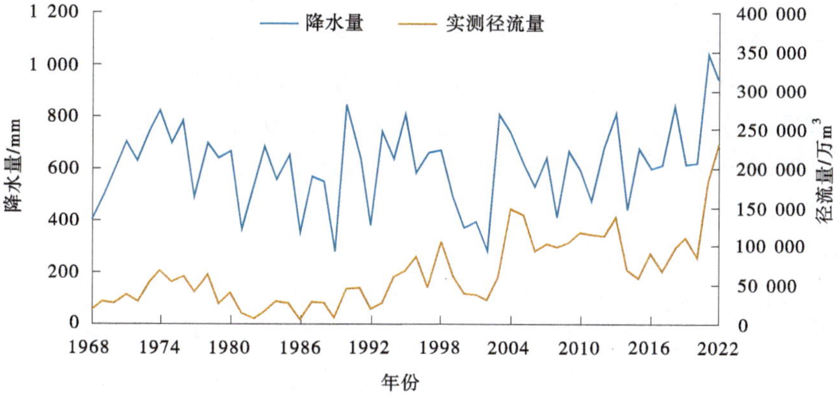

(b)岔河站

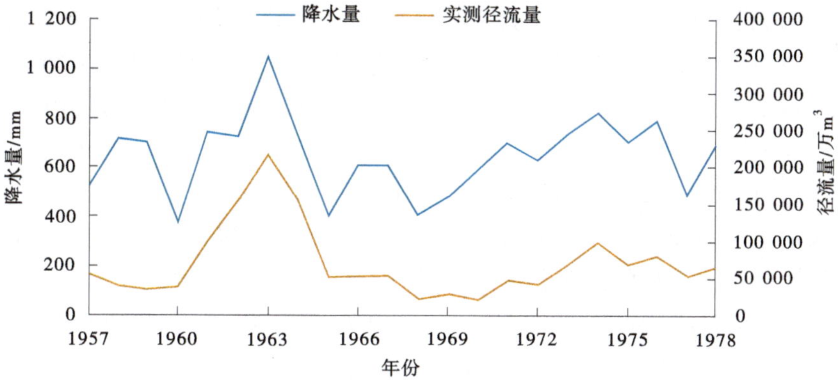

(c)石村站

图 2-17　3 个站点降水量和实测径流量对比

由图 2-17 可知：

（1）总体来看，黄台桥站和岔河站的降水量和实测径流量均有上升趋势，降水量变化率分别为 1.76 和 1.72，实测径流量变化率分别为 506.66 万 m^3/a 和 2 039.10 万 m^3/a，石村站降水量呈上升趋势，实测径流量呈下降趋势，降水量变化率为 1.98，径流量变化率为 −994.64。综上所述，3 个站点降水量均呈不显著的上升趋势，黄台桥站和岔河站实测径流量呈显著上升趋势,石村站径流量呈显著下降趋势。可见,降水量和实测径流量的整体变化趋势具有差异性,因此实测径流量除受气候影响外,下垫面变化和人类活动对其的影响更加剧烈。

(2)分段来看,对于黄台桥站点而言,1956~1965 年降水量和实测径流量变化趋势具有高度一致性,两者相关系数为 0.92,呈显著相关性,验证了 1956~1965 年实测径流量主要受气候因素影响的结论。相较于降水量,1966~2022 年实测径流量有显著的上升趋势,虽然由图 2-17(a)可见两者的升降变化在整体上具有一致性,但在极值点和局部时段具有差异性。例如,在极值点方面,降水量在 1966~2022 年时段的最大值发生在 2004 年,为 1 090.0 mm,但实测径流量最大值发生在 2022 年,为 78 040 万 m^3;降水量和实测径流量的最小值均发生在 1968 年,分别为 320.7 mm 和 9 998 万 m^3。从局部时段来看,1966~1967 年、1975~1976 年、1999~2000 年、2006~2007 年、2012~2013 年降水量呈增大趋势,而实测径流量呈减小趋势;1974~1975 年、1984~1985 年、1990~1991 年、2000~2001 年、2007~2009 年、2010~2012 年、2021~2022 年降水量呈减小趋势,而实测径流量呈增大趋势。1966~2022 年降水量与实测径流量相关系数为 0.60,小于 1956~1965 年值,由此可见,在 1966~2022 年人类活动对径流量的影响程度逐渐凸显。

对于岔河站点而言,1968~1980 年降水量和实测径流量变化趋势具有高度一致性,两者相关系数为 0.80,呈显著相关性,验证了 1968~1980 年实测径流量主要受气候因素影响的结论。相较于降水量,1981~2022 年实测径流量有显著的上升趋势,虽然由图 2-17(b)可见两者的升降变化在整体上具有一致性,但在极值点和局部时段具有差异性。例如,在极值点方面,降水量在 1981~2022 年时段的最大值发生在 2021 年,为 1 043.4 mm,但实测径流量最大值发生在 2022 年,为 233 228 万 m^3;降水量最小值发生在 1989 年,为 281.3 mm,但实测径流量最小值发生在 1982 年,为 7 660 万 m^3。从局部时段来看,1981~1982 年、1984~1985 年、1996~1997 年、2000~2001 年、2011~2012 年、2014~2015 年、2016~2017 年、2019~2020 年降水量呈增大趋势,而实测径流量呈减小趋势;1983~1984 年、1990~1991 年、1993~1994 年、1995~1996 年、2003~2004 年、2009~2010 年、2015~2016 年、2018~2019 年、2021~2022 年降水量呈减小趋势,而实测径流量呈增大趋势。1981~2022 年降水量与实测径流量相关系数为 0.59,小于 1968~1980 年值,由此可见,在 1981~2022 年人类活动对径流量的影响程度逐渐凸显。

对于石村站点而言,1957~1978 年降水量和实测径流量变化趋势具有高度一致性,1957~1972 年和 1973~1978 年两个时间段的相关系数分别为 0.74 和 0.85,呈显著相关性,由此可见 1957~1978 年实测径流量的变化主要受气候的影响,人类活动对径流量的影响程度不显著。

(3)从突变点来看,由第 1.2.3.3 小节可知,小清河流域降水量的突变点为 1964 年、2002 年和 2017 年,黄台桥站实测径流量的突变点为 1965 年、1993 年、2003 年和 2020 年,岔河站为 1972 年、1980 年、1993 年、2003 年和 2020 年,石村站为 1967 年和 1972 年,可见 3 个站点的实测径流量和降水量的突变点不重合。由此可知,小清河流域实测径流量发生突变的主要原因不是降水量突变,而是由人类活动影响造成的。这与影响评价模型的结论是相同的。

2.5.4.2　人类活动对径流量的影响分析

由表 2-9 可见,黄台桥站人类活动贡献率大于气候贡献率的转折点是 1966 年。究其原因,在 20 世纪 60 年代初,小清河流域连遭暴雨,洪涝灾害严重,1964 年大雨后,编制了《1966~1970 年小清河流域近期治理规划》,1966 年又编制了小清河干流分洪道设计任务书、初步设计、施工图等文件。规划治理的指导思想是"上蓄、中滞、下排";统筹解决流域内的洪涝问题。1965 年春上游兴建了腊山分洪道工程,1966 年开挖了下游分洪道及小清河干流治理工程,并在干流兴建了柴庄、水牛韩、金家堰及金家桥 4 处节制闸、船闸和北店子引黄济清等工程。综上所述,由于小清河干流治理工程及水利工程的建设,1966 年开始径流量受人类活动影响的程度加大。

由表 2-10 可见,岔河站人类活动贡献率大于气候贡献率的转折点是 1981 年,除受改革开放的影响外,还与小清河流域综合治理关系密切。1978 年 3 月,山东省委确定小清河流域为全省重点农田基本建设会战区,由省计委、建委、农办、工办、环办、水利、交通等部门组成领导小组共同研究小清河流域的治理,力图全面解决防洪除涝、航运、环保及战略等问题;1978 年 6 月,相继完成了《小清河综合治理规划》《小清河干流治理工程初步设计》;1978 年 9 月,成立山东省小清河会战办公室,原惠民地区按规划和初步设计要求,完成张北公路(G205 国道)以下至广饶寿光边界分洪道子槽开挖 52 km,修建桥涵 41 座,同时上游章丘段完成切滩展宽堤距工程。1980 年 12 月,小清河会战办公室撤销。通过该次治理工程和改革开放进程的加快,小清河流域河道、水利工程及其下垫面条件发生了改变,综合导致了 1981~1993 年径流量受人类活动影响的程度加大。

由表 2-9 和表 2-10 可见,1994 年是黄台桥站和岔河站突变点且人类活动的贡献率大于气候的贡献率。究其原因,在 20 世纪 90 年代,山东省委、省人大、省政府高度重视小清河污染治理工作。1994 年 6 月,省政府组织召开了小清河、南四湖流域污染综合治理现场会,随后省政府以鲁政发〔1994〕97 号文批转下达了省计委《关于小清河、南四湖、东平湖流域综合治理规划工作的安排意见》。据此,山东省水利勘测设计院编制完成了《小清河流域污染综合治理干流防洪除涝规划》《小清河流域污染综合治理干流补水工程规划》和《小清河流域污染综合治理干流防洪除涝规划项目建议书》,经审查后纳入水利、环保、交通等部门联合编制的《小清河流域污染综合治理总体规划方案》,该规划方案经省政府、省人大审议通过后,省政府以鲁政发〔1995〕87 号文印发。据此,山东省水利勘测设计院于 1996 年 6 月编制了《小清河流域污染综合治理干流治理工程可行性研究报告》,省计委以鲁计土字〔1996〕956 号文进行了批复,并上报国家计委。1996 年 10 月底,山东省水利勘测设计院完成了《小清河流域污染综合治理干流治理工程施工图设计》。1996 年冬,小清河干流治理工程作为山东省"九五"期间的第一号重点工程正式开工建设,设计标准为 20 年一遇防洪、5 年一遇除涝,整个工程于 1998 年基本结束。建设内容主要包括:小清河干流河槽疏浚(切滩)和筑堤展宽工程,新(扩)建的控制性建筑物工程,新(改)建的桥、涵、闸、扬水站工程,以及输油(气、水)管道、输电、通信线路等干流交叉工程。综上所述,小清河流域污染综合治理干流治理工程的建设,导致 1994 年出现径流量受人类活动影响程度的变化。

由表 2-9 和表 2-10 可见，2021 年是黄台桥站和岔河站突变点且人类活动的贡献率显著大于气候的贡献率。究其原因，主要是受小清河复航工程的影响。小清河复航工程是山东省重大交通基础设施建设项目，已列入国务院批复的《山东新旧动能转换综合试验区建设总体方案》和交通运输部“十三五”建设发展规划，是山东省新旧动能转换重大项目库第一批优选项目。该工程济南段起点为荷花路小清河桥下 200 m 处，途经章丘区、历城区、高新区，终点为章丘与邹平界处。主要建设内容包括：建设Ⅲ级航道 169.2 km，航道土方开挖 2 553.34 万 m^3，航道疏浚 838.99 万 m^3，航道斜坡式护坡 531.38 万 m^3，直立式挡墙 54.4 km；改建船闸 4 座；改建桥梁 36 座(不含船闸交通桥)，其中高速公路桥 2 座(含桥墩防护 1 座)、普通国(省)道公路桥 8 座、农村公路桥 25 座、铁路桥 1 座；改造过临河水利设施 481 座，其中节制闸 2 座、倒虹吸 10 道、提灌站 197 座、穿堤涵闸 265 座、水文设施 8 处；改造过河管道 32 道；过河线缆 264 道，其中高压线 112 道、低压线 73 道、通信光缆 79 道。新设航道维护基地及公共锚地 6 处，新设航道标志标牌 453 座，配套建设数字化航道等支持保障系统等。小清河复航工程自 2019 年 12 月 28 日开工，2023 年 6 月底全面复航。综上所述，由于小清河复航工程的建设和实施，2021～2022 年径流量受人类活动影响的程度加大。

综上所述，改革开放以来，随着经济社会的高速发展、城镇化水平的提高、下垫面条件的变化以及对小清河流域的治理等，人类活动对小清河流域的影响程度显著大于气候因素。

2.6 小　结

本章在构建小清河流域 GWAS 模型的基础上，以黄台桥站和石村站实测径流量的第一个突变点作为受人类活动影响的分界点，率定各计算单元的水文参数，以此模拟出第一个突变点之后的径流量作为天然径流量，采用径流影响评价模型计算出气候因素和人类活动对径流量的影响程度，并从这两个方面探究了小清河流域径流量变化的原因。结果表明：

(1)通过黄台桥站和石村站率定期和验证期的 R^2 和 E_{NS} 可见，R^2 均大于 0.7，E_{NS} 均大于 0.5，模拟效果良好，验证了 GWAS 模型在小清河流域的适用性。

(2)黄台桥站 1956～1965 年径流量的气候贡献率大于人类活动贡献率，1966～2022 年反之；岔河站 1968～1980 年径流量的气候贡献率大于人类活动贡献率，1981～2022 年反之；石村站 1957～1972 年径流量的气候贡献率大于人类活动贡献率，1973～1978 年反之。可见，随着经济和社会的发展，人类在用水量、用水方式、用水结构、排水量、土地利用类型等方面的变化加剧，人类活动对水资源、水环境、水生态、水灾害的影响程度显著增加，大于气候因素的影响。

(3)从降水和人类活动两个方面探究了径流量变化的归因分析。黄台桥站和岔河站的降水量和径流量均呈增大趋势,但后者增大趋势显著大于前者,且两者在极值点和局部时段的升降存在差异性,由此表明,气候因素虽影响实测径流量,但两者之间存在差异。对于人类活动而言,黄台桥站在 1966 年之后受人类活动的影响程度大于气候因素,岔河站为 1981 年,石村站为 1973 年,在 1966 年、1984 年、1994 年和 2021 年等几个突变年份,进行了大规模的水利工程、河道治理工程或复航工程等建设,导致下垫面发生了较大的改变,大致呈现出人类活动贡献率逐渐增大的趋势,因此人类活动是影响小清河流域实测径流量的主要因素。

第3章
小清河流域水供给服务空间流动模拟

本章构建了水供给服务的供需平衡与空间流动模型，主要包括水供给服务模型、水需求服务模型、供需平衡与空间流动模型三部分。其中，第一部分是利用 GWAS 模型量化模拟流域的水供给服务。第二部分是使小清河流域的各部门水资源使用量与土地利用类型之间建立联系，量化流域的水需求服务。第三部分是建立水供给生态系统服务供给与需求时间的空间联系，并根据水流方向进行水供给服务的空间流动模拟；利用构建的水供给服务供需平衡与流动模型，在计算单元尺度对小清河流域水资源供给服务的水供给量、水需求量以及供需平衡关系进行时空变化分析，最后基于供给和需求的空间平衡关系模拟水供给服务在小清河流域的空间流动过程。

3.1 水供给服务供给模型

流域产水量的计算是进行水供给服务、水供给研究的基础。GWAS 模型可通过率定好的水文参数计算出不同年份各计算单元、行政区和流域区的水资源总量、地表水资源量和地下水资源量。因此，本章采用小清河流域 GWAS 模型计算出各计算单元的产水量作为水供给量。小清河流域 GWAS 建模及水文参数率定的过程见第 2.3 节和第 2.4 节。GWAS 模型水资源分析功能模块见图 3-1。

	单元ID	单元名	水资源总量	地表水	地下水	地表地下重复量
1	DDAA11186370103	市中柴庄枢纽	7361.797	5913.501	1448.296	0.000
2	DDAA11186370104	槐荫柴庄枢纽	5456.492	4581.697	874.794	0.000
3	DDAA11186370102	历下柴庄枢纽	5451.375	4378.969	1072.406	0.000
4	DDAA11186370105	天桥柴庄枢纽	2473.694	2146.015	327.679	0.000
5	DDAA11186370112	历城柴庄枢纽	31539.295	25370.561	6168.734	0.000
6	DDAA09986370112	历城五龙堂生	5186.519	3513.372	1673.146	0.000
7	DDAA09986370114	章丘五龙堂生	55767.633	45903.559	9864.073	0.000
8	DDAA09986371600	邹平五龙堂生	13577.635	11093.812	2483.822	0.000
9	DDAA07786370114	章丘金家堰枢	24340.453	19550.174	4790.279	0.000
10	DDAA07786371600	邹平金家堰枢	21573.709	18719.740	2853.969	0.000
11	DDAA07786370322	高青金家堰枢	2613.236	2066.161	547.075	0.000
12	DDAA05586370304	博山西闸村新	11826.063	8978.668	2847.396	0.000
13	DDAA05586370302	淄川西闸村新	21861.883	17264.426	4597.457	0.000

图 3-1 GWAS 模型水资源分析功能模块

3.2 水需求服务模型

本章中，流域水供给服务需求的定量评估是基于小清河流域范围内的行政区划单元和土地利用类型数据对各部门所消耗的用水量进行计算的。与自然过程不同的是，流域的水需求服务强调的是人类从事生活、生产等活动对水资源的需求与消耗，并探究需求服务的空间分布特征，不包括植被吸收利用、河流截留、下渗等自然过程因素所导致的地表水分的损失。本章的水需求服务模型主要包括 6 大类：农田灌溉用水、林牧渔畜用水、工业用水、居民生活用水(分为农村居民生活用水与城镇居民生活用水)、城镇公共用水及生态用水。利用山东省及济南市、淄博市、滨州市、东营市及潍坊市的水资源公报获取流域内每个区(县)各个部门的用水量数据,并基于土地利用类型进行水需求在空间位置上的计算。区(县)用水量的计算方法为

$$\begin{aligned} W_U &= W_{\text{agr}} + W_{\text{fhfl}} + W_{\text{ind}} + W_{\text{dom}} + W_{\text{urpu}} + W_{\text{eco}} \\ &= A \times \text{Agr} + W_{\text{fhfl}} + G \times \text{Ind} + P \times \text{Dom} + W_{\text{urpu}} + W_{\text{eco}} \end{aligned} \tag{3-1}$$

式中:W_{agr} 为某区(县)的农田灌溉用水量,万 m^3;W_{fhfl} 为某区(县)的林牧渔畜用水,万 m^3,应分别计算林业用水、牧草用水、渔业补水和牲畜用水,再加和计算得出;W_{ind} 为某区(县)的工业用水量,万 m^3;W_{dom} 为某区(县)的居民生活用水量,包括城镇居民生活用水和农村居民生活用水,万 m^3;W_{urpu} 为某区(县)的城镇公共用水量,包括建筑业用水和第三产业用水,万 m^3;W_{eco} 为某区(县)的生态用水量,m^3;A 为某区(县)的耕地面积,万亩;Agr 为某区(县)每亩耕地的年平均灌溉用水量,m^3/亩;G 为某区(县)的工业产值,亿元;Ind 为某区(县)生产每万元工业产值所消耗的年平均用水量,m^3/万元;P 为某区(县)的人口总数(分城、乡人口),万人;Dom 为某区(县)的居民年平均生活用水量(分城、乡人口),m^3/人。

根据土地利用类型用水分配表(见表 3-1),可以实现基于土地利用类型空间分布图的小清河流域用水统计数据的空间离散化,并得到兼有空间地理位置与用水量、所属行政单元等属性特征的水需求数据。最后,将区(县)的水需求数据与 GWAS 模型划分的计算单元进行叠合分析,便可得到计算单元上的水需求量,从而实现计算单元上的水供给服务供给量与需求量的空间尺度匹配,使下一步基于计算单元的水供给服务供需平衡与空间流动的研究工作得以顺利开展。

表 3-1　土地利用类型用水分配

土地利用类型	相应的用水分类
耕地	小麦、玉米等农田灌溉用水
林地	果园、灌木丛等浇灌用水
牧场	牲畜用水
水域	渔业养殖用水
城镇用地	城镇居民生活用水、城镇公共用水
村庄	农村居民生活用水
工业用地	工业用水

3.3 供需平衡与空间流动模型

对生态系统服务的供需平衡格局进行分析时，一个地区的水资源供给量与需求量的比值（供需比 $S:D$）是用来评估区域用水供需平衡状况的重要指标。在本节中，由于水资源服务流在不同河段的巨大差异性，采用水资源安全指数（freshwater security index，FSI），即对供需比（$S:D$）求常数对数，以增加供需矛盾差异在空间可视性与比较性。

$$\mathrm{FSI}_i = \lg\left(\frac{S_i}{D_i}\right) \tag{3-2}$$

式中：i 为计算单元号；S_i 为 i 计算单元的水资源供给量；D_i 为 i 计算单元的水资源需求量。

当 FSI 值大于 0 时，表示计算单元的水资源供给服务盈余，供给量大于需求量；当 FSI 值小于 0 时，表示计算单元的水资源供给服务短缺，供给量小于需求量。

本节中的水供给服务，是通过河道水流作为传递媒介，地势高低造成的重力差异而引起的"水往低处流"是形成空间位移的直接动力。同时，人类需求也是生态系统服务实现特定空间流动的动力条件，并会对生态系统服务的空间流动产生显著的影响。本节根据水文学的河流的水文连通性，将水供给服务的空间流定义为：径流及其作为载体挟带的物质或能量从源区经水系网络到流域出口注入受益区的空间位移，是一种有向性的生态服务流。我们将小清河流域划分为 31 个计算单元，以计算单元为连通尺度，以小清河水系网络为连通对象，探究小清河流域的水资源时空分布格局与空间流动特征，以实现流域水资源的空间调配，提高小清河流域的水资源承载力。

3.4 小清河流域水供给服务的供需分析与空间流动模拟

为更加深入地了解水文生态过程，全面准确地分析小清河流域水供给、水需求及供需平衡的时空分布格局，本节以 2010 年、2015 年和 2020 年为时间尺度，以 GWAS 模型划分的计算单元为空间尺度，以便于模拟水供给服务在小清河流域的空间流动过程。

3.4.1 水供给的时空变化分析

3.4.1.1 供水量现状分析

小清河流域范围主要包括济南市的市区四区、历城区、章丘区，淄博市的张店区、淄川区、博山区、周村区、临淄区、桓台县，滨州市的邹平市、博兴县，东营市的广饶县，潍坊市的青州市、寿光市，共 14 个县级行政区。对小清河流域内 14 个区（县）的 2010 年、2015 年和 2020 年的供水情况进行了统计分析，分析各区（县）不同年份的供水量及其类型，见图 3-2 和图 3-3，同时对跨流域调水量进行了统计，见图 3-4。

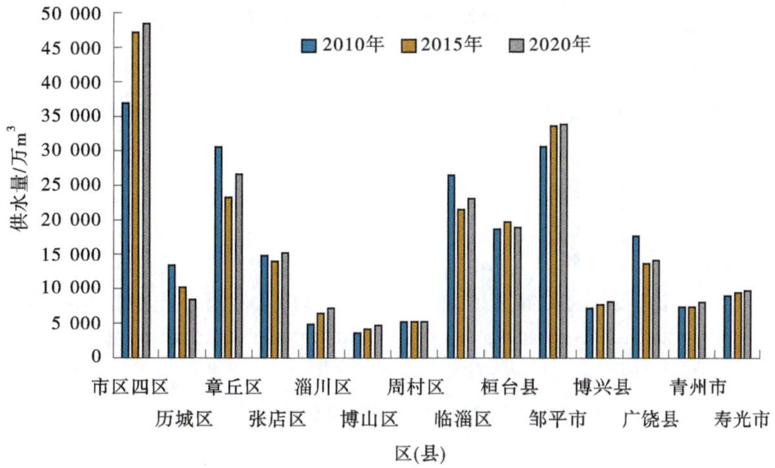

图 3-2　2010~2020 年小清河流域内 14 个区(县)的供水量

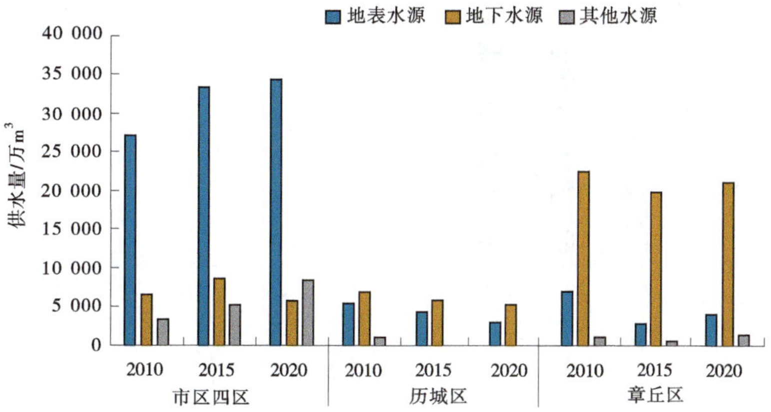

(a)济南市

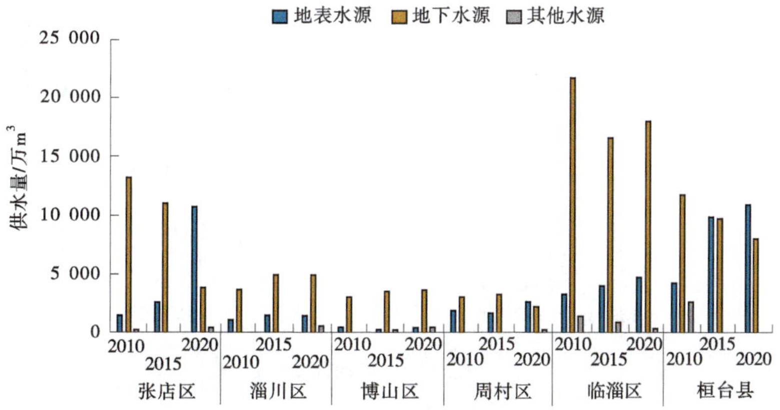

(b)淄博市

图 3-3　2010~2020 年小清河流域内 14 个区(县)的供水类型

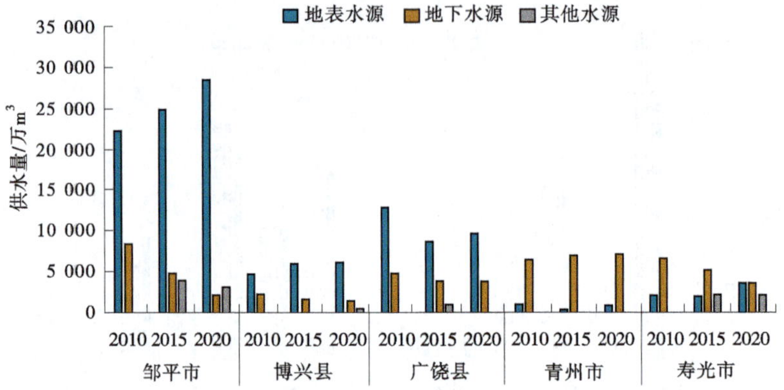

(c)滨州市、东营市、潍坊市

续图 3-3

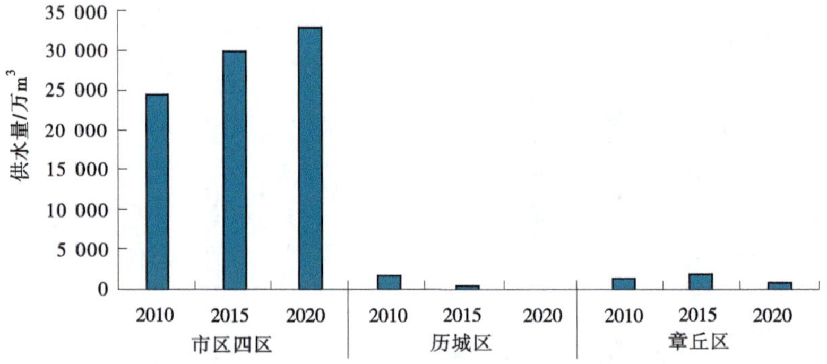

(a)济南市

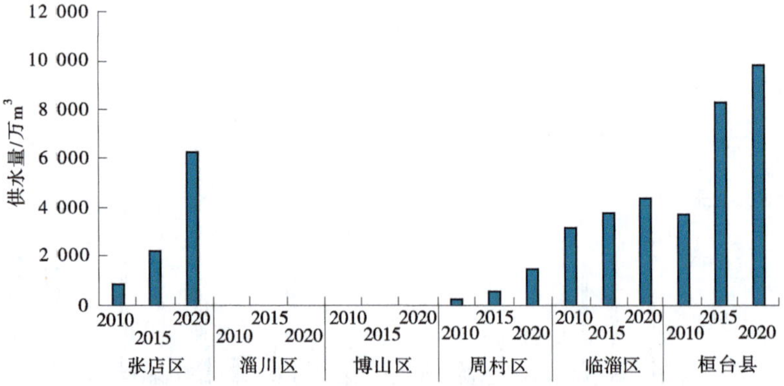

(b)淄博市

图 3-4 2010~2020 年小清河流域内区(县)跨流域调水量

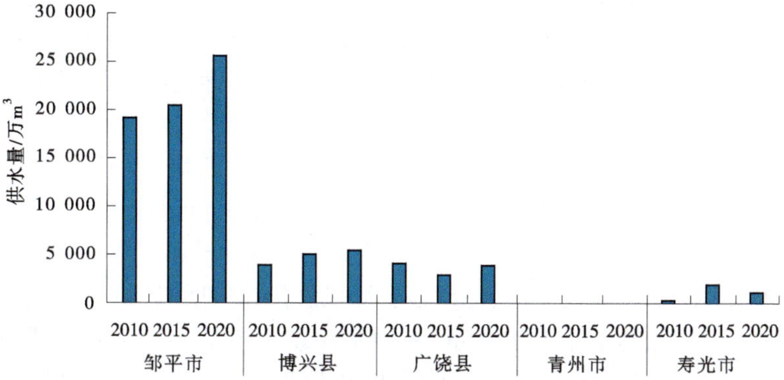

(c)滨州市、东营市、潍坊市

续图 3-4

由图 3-2 可见，不同区(县)的供水量和供水变化趋势不相同。

(1)从供水量多少来看，济南市区四区、章丘区和邹平市供水量较大，淄博市的淄川区、博山区和周村区供水量较小，可见小清河流域内各区(县)供水量差异大。

(2)从供水量的变化趋势来看，济南市区四区、淄川区、博山区、周村区、邹平市、博兴县、寿光市的供水量呈上升趋势，其中济南市区四区上升最为显著，周村区最不显著。历城区的供水量呈显著下降趋势。章丘区、张店区、临淄区、广饶县和青州市的供水量呈先下降后上升趋势，其中章丘区、临淄区、广饶县下降值大于上升值，所以 2010 年供水量最大，其次是 2020 年，2015 年最小，张店区和广饶县下降值小于上升值，所以 2020 年供水量最大，其次是 2010 年，2015 年最小。桓台县的供水量呈先上升后下降趋势，2015 年供水量最大，其次是 2020 年，2010 年最小。

为各地市水资源公报相统一，本节将小清河流域的供水类型划分为地表水源供水量、地下水源供水量、其他水源供水量共 3 类，其中地表水源供水量包括蓄水、引水、提水和跨流域调水，地下水源供水量包括浅层水、深层承压水和微咸水，其他水源供水量包括污水处理回用、雨水利用和海水淡化。由图 3-3 可见：

(1)对济南市而言，济南市区四区地表水源、其他水源供水量呈增加趋势，地下水源供水量呈减少趋势，由图 3-4(a)可见，地表水源供水量增加的主要原因是跨流域调水量增加。3 年均为地表水源供水量最大，2010 年、2015 年地下水源供水量位列第 2，其他水源供水量最小，2020 年转变为其他水源供水量位列第 2，地下水源供水量最小。由此表明，在地下水限采的形势下，近 10 年济南市区四区供水结构发生了变化，地表水源供水量增加幅度减小，地下水源供水量逐年减少，为满足用水量需求，大力提高其他水源供水量，在污水处理回用方面取得显著效果。

历城区地表水源、地下水源供水量呈减少趋势，其他水源供水量呈先减少后增加趋势，对于其他水源供水量，2010 年最大，其次为 2020 年，2015 年最小。3 年均为地下水源供水量最大，其次为地表水源供水量，其他水源供水量最小。由此可见，近 10 年历城区供水结构未发生明显变化。

章丘区 3 类水源供水量均呈先减少后增加趋势，其中地表水源供水量、地下水源供水量减少幅度大于增加幅度，故2010年最大，2020年其次，2015年最小；其他水源供水量减少幅度小于增加幅度，故2020年最大，2010年其次，2015年最小。3年均为地下水源供水量最大，其次为地表水源供水量，其他水源供水量最小。由此可见，近10年章丘区供水结构未发生明显变化。

(2)对淄博市而言，张店区地表水源供水量呈显著增加趋势，地下水源供水量呈显著减少趋势，其他水源供水量呈先减少后增加趋势。由图3-4(b)可见，地表水源供水量增加的主要原因是跨流域调水量增加，而总供水量变化较小，由此地下水源供水量减少。2010年和2015年地下水源供水量最大，其次为地表水源供水量，其他水源供水量最小；2020年地表水源供水量最大，其次为地下水源供水量，其他水源供水量最小。由此表明，在地下水限采的形势下，近10年张店区供水结构发生了变化，由以地下水源供水为主转变为以地表水源供水为主。

淄川区地下水源供水量和其他水源供水量呈增加趋势，地表水源供水量呈先增加后减少趋势；对于地表水源供水量，2015年最大，其次为2020年，2010年最小。3年均为地下水源供水量最大，其次为地表水源供水量，其他水源供水量最小。由此表明，近10年淄川区供水结构未发生明显变化。

博山区地下水源供水量和其他水源供水量呈增加趋势，地表水源供水量呈先减少后增加趋势，对于地表水源供水量，2010年最大，其次为2020年，2015年最小。3年均为地下水源供水量最大，2010年地表水源供水量位列第2，其他水源供水量最小，2015年、2020年转变为其他水源供水量位列第2，地表水源供水量最小。由此表明，近10年博山区供水结构发生了变化，其他水源供水量显著增加，在污水处理回用方面取得显著效果。

周村区地表水源供水量呈先减少后增加趋势，地下水源供水量呈先增加后减少趋势，其他水源供水量呈增加趋势。由图3-4(b)可见，地表水源供水量增加的主要原因是跨流域调水量增加，而总供水量变化较小，致使地下水源供水量减少。对于地表水源供水量，2020年最大，其次为2010年，2015年最小；对于地下水源供水量，2015年最大，其次为2010年，2020年最小；对于其他水源供水量，2020年最大，2010年和2015年均为0。2010年、2015年地下水源供水量最大，其次为地表水源供水量，其他水源供水量均为0；2020年地表水源供水量最大，其次为地下水源供水量，其他水源供水量最小。由此表明，在地下水限采的形势下，近10年周村区供水结构发生了变化，由以地下水源供水为主转变为以地表水源供水为主，同时其他水源供水量显著增加，在污水处理回用方面取得显著效果。

临淄区地表水源供水量呈增加趋势，地下水源供水量呈先减少后增加趋势，其他水源供水量呈减少趋势。由图3-4(b)可见，地表水源供水量增加的主要原因是跨流域调水量增加。对于地下水源供水量，2010年最大，其次为2020年，2015年最小。3年均为地下水源供水量最大，其次为地表水源供水量，其他水源供水量最小。由此表明，近10年临淄区供水结构未发生明显变化。

桓台县地表水源供水量呈显著增加趋势，地下水源供水量和其他水源供水量呈显著减少趋势。由图3-4(b)可见，地表水源供水量增加的主要原因是跨流域调水量增加，而总供水量变化较小，致使地下水源供水量减少。2010年地下水源供水量最大，其次为地表水源供水量，其他水源供水量最小；2015年、2020年地表水源供水量最大，其次为地下水源供水量，其他水源供水量均为 0。由此表明，在地下水限采的形势下，近 10 年桓台县供水结构发生了变化，以地下水源供水为主转变为以地表水源供水为主。

（3）对滨州市而言，邹平市地表水源供水量呈显著增加趋势，地下水源供水量呈显著减少趋势，其他水源供水量呈先增加后减少趋势。由图 3-4（c）可见，地表水源供水量增加的主要原因是跨流域调水量增加，而总供水量变化较小，致使地下水源供水量减少。3 年均为地表水源供水量最大，2010 年、2015 年地下水源供水量位列第 2，其他水源供水量最小，2020 年其他水源供水量位列第 2，地下水源供水量最小。由此表明，在地下水限采的形势下，近 10 年邹平市供水结构发生了变化，跨流域调水供水量的增加致使地表水源供水量显著增加、地下水源供水量显著减少，同时其他水源供水量显著增加，在污水处理回用方面取得显著效果。

博兴县地表水源供水量和其他水源供水量呈增加趋势，地下水源供水量呈减少趋势。由图 3-4（c）可见，地表水源供水量增加的主要原因是跨流域调水量增加，而总供水量变化较小，致使地下水源供水量减少。3 年均为地表水源供水量最大，其次为地下水源供水量，其他水源供水量最小。由此表明，在地下水限采的形势下，近 10 年博兴县供水结构发生了变化，跨流域调水供水量的增加致使地下水源供水量显著减少，同时其他水源供水量显著增加，在污水处理回用方面取得显著效果。

（4）对东营市而言，广饶县地表水源供水量呈先减少后增加趋势，地下水源供水量呈减少趋势，其他水源供水量呈先增加后减少趋势。对于地表水源供水量，2010 年最大，其次为 2020 年，2015 年最小；对于其他水源供水量，2015 年最大，2010 年和 2020 年均为 0。3 年均为地表水源供水量最大，其次为地下水源供水量，其他水源供水量最小。由此表明，在地下水限采的形势下，地下水源供水量有所减少，供水结构上近 10 年未发生明显变化。

（5）对潍坊市而言，青州市地表水源供水量呈先减少后增加趋势，地下水源供水量呈增加趋势，其他水源供水量均为 0。对于地表水源供水量，2010 年最大，其次为 2020 年，2015 年最小。3 年均为地下水源供水量最大，其次为地表水源供水量。由此表明，近 10 年青州市供水结构未发生明显变化。

寿光市地表水源供水量呈先减少后增加趋势，地下水源供水量呈显著减少趋势，其他水源供水量呈增加趋势。对于地表水源供水量，2020 年最大，其次为 2010 年，2015 年最小。3 年均为地下水源供水量最大，2015 年其他水源供水量位列第 2，地表水源供水量最小，2020 年则相反。由此表明，在地下水限采的形势下，近 10 年寿光市供水结构发生了变化，地下水源供水量显著减少，同时其他水源供水量显著增加，在污水处理回用方面取得显著效果。

综上所述，除历城区、章丘区、博山区、广饶县和青州市外，其他区（县）地表水源供水量大致呈现增加趋势，主要原因是跨流域调水供水量增加。除淄川区、博山区和青州市外，其他区（县）地下水源供水量大致呈现减少趋势，这是国家地下水限采政策实施导致的。其他水源供水量大致呈现增加趋势，污水处理回用量增大，再生水的利用取得显著效果。

3.4.1.2　水供给时空分析

地表水和地下水的运动由不同的因素控制，地下水对于地表水而言相对稳定，由第

3.3 节水供给服务的空间流定义可知本节是以河流水系网络为载体，因此，本节对于空间流动的模拟仅考虑地表水。以 2010 年、2015 年和 2020 年为时间尺度，根据 GWAS 模型计算小清河流域 3 个年份各计算单元的产水量，并利用 GIS 方法将其进行空间可视化表达，得到各计算单元上水供给量的时空分布图，见图 3-5。在 31 个计算单元中，11 号和 17 号计算单元隶属于高青县，23 号、24 号、30 号分别隶属于莱芜区、沂源县和寒亭区，这 5 个计算单元所占小清河流域面积小，在《小清河流域水资源调查评价报告》中未考虑上述区域，因此本节不考虑上述计算单元。

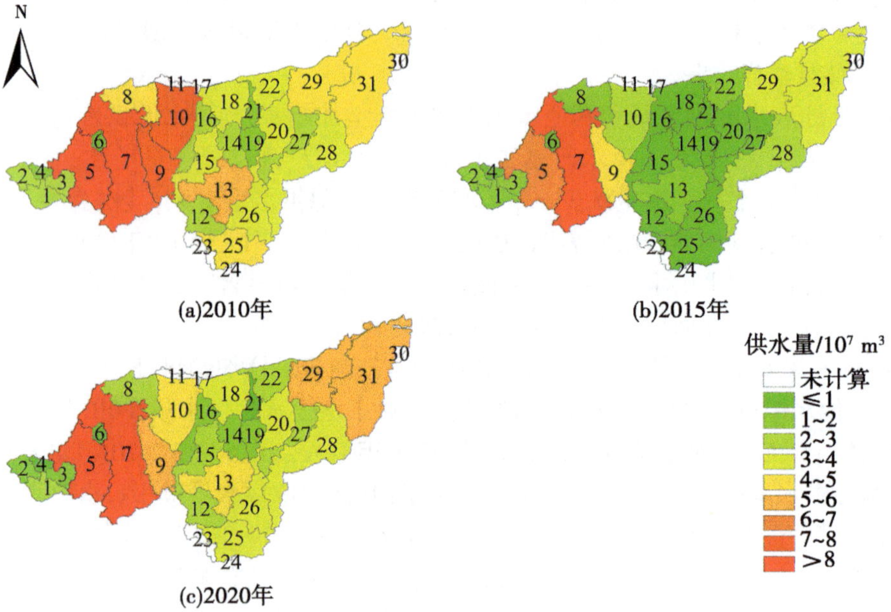

图 3-5　小清河流域水供给服务供水量的空间分布

从小清河流域各计算单元水供给量的年际变化来看，2010~2020 年所有计算单元水供给量范围为 245 万~22 253 万 m^3，并表现出先减少后增加的趋势。2010 年水供给量最高，流域的水供给总量为 115 221 万 m^3，所有计算单元的水供给量平均值为 4 432 万 m^3，水供给范围为 942 万~22 253 万 m^3，水供给量大于 2 000 万 m^3 的计算单元为 22 个，约占计算单元总个数的 71%，这些计算单元的面积之和占整个小清河流域的 96.5%。2020 年次之，流域的水供给总量为 94 025 万 m^3，所有计算单元的水供给量平均值为 3 616 万 m^3，水供给范围为 715 万~16 893 万 m^3，水供给量大于 2 000 万 m^3 的计算单元为 18 个，约占计算单元总个数的 58.1%，这些计算单元的面积之和占整个小清河流域的 90.0%。2015 年水供给量最小，流域的水供给总量为 52 177 万 m^3，所有计算单元的水供给量的平均值为 2 007 万 m^3，水供给范围为 245 万~12 516 万 m^3，水供给量大于 2 000 万 m^3 的计算单元为 7 个，约占计算单元总个数的 22.6%，这些计算单元的面积之和占整个小清河流域的 53.1%。2020 年流域水供给总量和所有计算单元水供给量平均值均小于 2010 年，且水供给量大于 2 000 万 m^3 的计算单元个数比 2010 年少 4 个，除与 2010 年 18 个计算单元相同外，少了 2 号、3 号、14 号、16 号计算单元，因此面积也相应减小。从图 3-5 可见，2015 年以绿和浅绿为主,2020 年以浅绿和橙为主,2010 年以浅绿、橙和红为主,且仅有 2010 年有红色计算单元 9 号和 10 号,可见不同年份水供给量差异显著。

从各计算单元水供给量的空间分布分析,3 年供水量的空间分布格局整体一致。中上游的 5 号、7 号、9 号、10 号、13 号计算单元的水供给量较高,其他计算单元特别是中下游地区的计算单元是水供给量的低值区域。2010 年相较于其他两个年份,计算单元整体的水供给量要高一些。每个计算单元内的降水量、土地利用类型分布、土壤属性等均不相同,划分的计算单元的集水面积也不一样,都会导致各计算单元进入主河道的总水量也不相同。

3.4.2　水需求的时空变化分析

3.4.2.1　用水量现状分析

对小清河流域内 14 个行政区(县)的 2010 年、2015 年和 2020 年的用水情况进行了统计分析,分析各区(县)不同年份的用水数量及其类型,见图 3-6 和图 3-7。

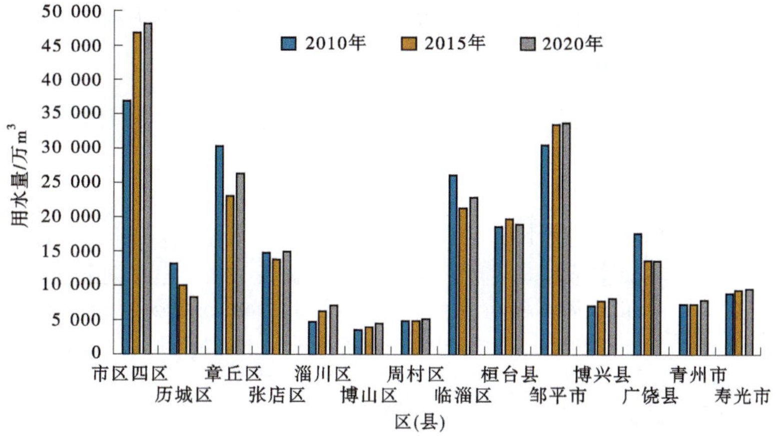

图 3-6　2010~2020 年小清河流域内 14 个区(县)的用水量

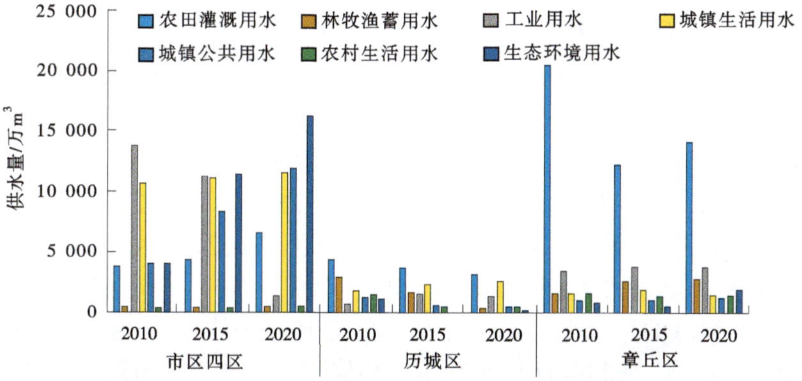

(a)济南市

图 3-7　2010~2020 年小清河流域内 14 个区(县)的用水类型

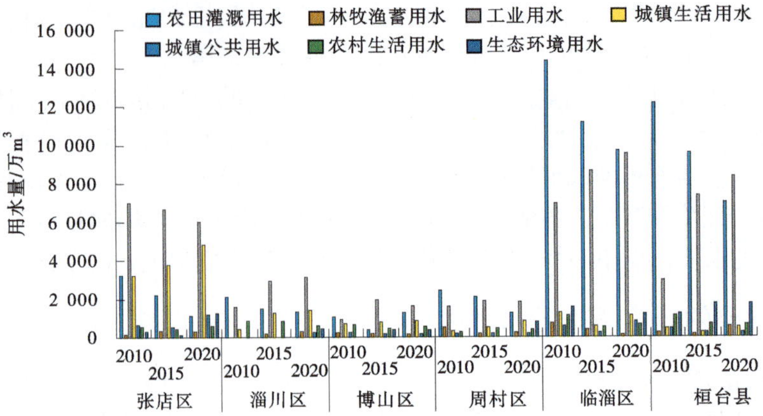

(b)淄博市

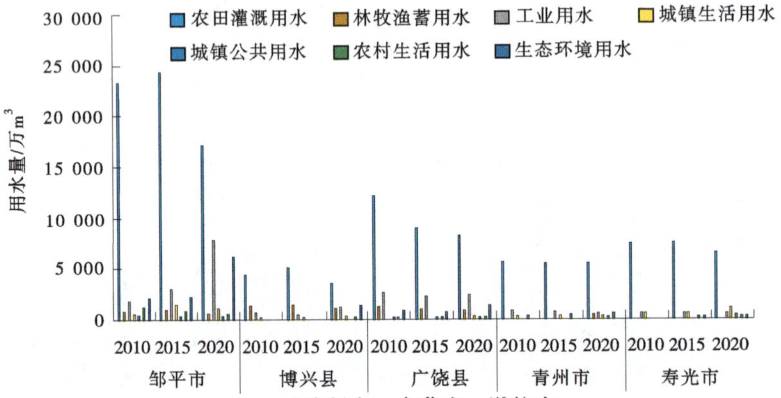

(c)滨州市、东营市、潍坊市

续图 3-7

由表 3-6 可见,不同区县的用水量和用水变化趋势不相同。

(1)从用水量多少来看,济南市区四区、章丘区和邹平市用水量较大,淄博市的淄川区、博山区和周村区用水量较小,表明小清河流域各区(县)对水资源的需求情况不平衡。

(2)从用水量的变化趋势来看,济南市区四区、淄川区、博山区、周村区、邹平市、博兴县、寿光市的用水量呈现上升趋势,其中济南市区四区上升最为显著,周村区最不显著。历城区的用水量呈显著下降趋势。章丘区、张店区、临淄区、广饶县和青州市的用水量呈现先下降后上升的趋势,其中章丘区、临淄区、广饶县下降值大于上升值,所以 2010 年用水量最大,其次是 2020 年,2015 年最小,张店区和广饶县下降值小于上升值,所以 2020 年用水量最大,其次是 2010 年,2015 年最小。桓台县的用水量呈先上升后下降趋势,2015 年用水量最大,其次是 2020 年,2010 年最小。

本节将小清河流域的用水类型划分为农田灌溉用水、林牧渔畜用水、工业用水、城镇生活用水、城镇公共用水、农村生活用水和生态环境用水共 7 类。由图 3-7 可见:

(1)对济南市而言,济南市区四区农田灌溉用水、城镇生活用水、城镇公共用水、农村生活用水和生态环境用水呈增加趋势,林牧渔畜用水呈先减小后增加趋势,工业用水呈减少趋势,城镇公共用水和生态环境用水的增加幅度较大,工业用水的减少幅度最大,其中林牧渔畜用水量 2020 年最大，其次是 2010 年，2015 年最小。2010 年，工业用水最大，其次为城镇生活用水，农村生活用水最小；2015 年，生态环境用水最大，其次为工业用水，林牧渔畜用水最小；2020 年，生态环境用水最大，其次为城镇公共用水，林牧渔畜用水最小。由此表明，近 10 年济南市区四区用水结构发生了显著变化，发展重心由工业逐渐转变为生态环境保护和第三产业。

历城区农田灌溉用水、林牧渔畜用水、城镇公共用水、农村生活用水呈减少趋势，工业用水呈先增加后减小趋势，城镇生活用水呈增加趋势，生态环境用水呈先减少后增加趋势，其中，城镇生活用水的增加幅度较大，林牧渔畜用水、城镇公共用水减少幅度较大。3 年农田灌溉用水均最大，2010 年林牧渔畜用水位列第 2，工业用水最小，2015 年和 2020 年均是城镇生活用水位列第 2，生态环境用水最小。由此表明，历城区近 10 年用水类型以农田灌溉为主，工业水平快速发展，城镇化水平稳步提升。

章丘区农田灌溉用水、城镇公共用水、农村生活用水和生态环境用水呈先减少后增加趋势，林牧渔畜用水呈增加趋势，工业用水、城镇生活用水呈先增加后减少趋势，其中，生态环境用水增加幅度较大，农田灌溉用水减少幅度较大。3 年农田灌溉用水均最大，其次为工业用水，2010 年和 2015 年生态用水最小，2020 年城镇公共用水最小。由此表明，近 10 年章丘区的用水类型以农田灌溉为主，工业稳步发展，林牧渔畜业发展较快，对生态环境保护的重视程度逐步加强。

(2) 对淄博市而言，张店区农田灌溉用水和工业用水呈减少趋势，林牧渔畜用水和城镇生活用水呈增加趋势，城镇公共用水、农村生活用水和生态环境用水呈先减少后增加趋势，其中城镇生活用水、城镇公共用水和生态环境用水增加幅度较大，农田灌溉用水减少幅度较大。3 年工业用水均最大，2010 年农田灌溉用水列第 2 位，林牧渔畜用水最小，2015 年和 2020 年城镇生活用水均列第 2 位，前者生态环境用水最小，后者林牧渔畜用水最小。由此表明，近 10 年张店区用水类型以工业用水为主，城镇化水平稳步提升，对生态环境保护的重视程度逐步加强。

淄川区农田灌溉用水呈减少趋势，林牧渔畜用水、工业用水、城镇生活用水、城镇公共用水和生态环境用水呈增加趋势，农村生活用水呈先增加后减少趋势，其中工业用水、城镇生活和生态环境用水增加幅度较大，农田灌溉用水减少幅度较大。2010 年农田灌溉用水最大，其次为工业用水，林牧渔畜用水、城镇公共用水和生态环境用水均为 0；2015 年工业用水最大，其次为农田灌溉用水，城镇公共用水为 0；2020 年工业用水最大，其次为城镇生活用水，城镇公共用水最小。由此表明，近 10 年淄川区用水结构发生了显著变化，由农业发展转变为工业发展，城镇化水平显著提高，更加重视生态环境保护。

博山区农田灌溉用水、城镇公共用水、农村生活用水呈先减少后增加趋势，林牧渔畜用水呈减少趋势，工业用水、生态环境用水呈先增加后减少趋势，城镇生活用水呈增加趋势，其中工业用水和生态环境用水增加幅度较大，林牧渔畜用水减少幅度较大。2010 年农田灌溉用水最大，其次为工业用水，生态环境用水最小；2015 年工业用水最大，其次为城镇生活用水，林牧渔畜用水最小；2020 年工业用水最大，其次为农田灌溉用水，林牧渔畜用水最小。由此表明，近 10 年博山区工业发展迅速，城镇化水平提高，注重生态环境保护。

周村区农田灌溉用水呈减少趋势,林牧渔畜用水、生态环境用水呈先减少后增加趋势,工业用水、城镇公共用水、农村生活用水呈先增大后减少趋势,城镇生活用水呈增加趋势,其中城镇生活用水和生态环境用水增加幅度较大,农田灌溉用水减少幅度最大。2010年和2015年农田灌溉用水最大,其次是工业用水,生态环境用水最小;2020年工业用水最大,其次是农田灌溉用水,城镇公共用水最小。由此表明,近10年周村区发展重点由农业转变为工业,城镇化水平提高,注重生态环境保护。

临淄区农田灌溉用水、林牧渔畜用水呈减少趋势,工业用水呈增加趋势,城镇生活用水、城镇公共用水、农村生活用水和生态环境用水呈先减少后增大趋势,其中,工业用水和城镇公共用水增加幅度较大,农田灌溉用水和林牧渔畜用水减少幅度较大。3年农田灌溉用水最大,其次为工业用水,2010年城镇公共用水最小,2015年生态环境用水最小,2020年林牧渔畜用水最小。由此表明,近10年临淄区发展重点由农业转变为工业和第三产业。

桓台县农田灌溉用水和农村生活用水呈减少趋势,林牧渔畜用水、城镇生活用水和城镇公共用水呈先减少后增加趋势,工业用水和生态环境用水呈增加趋势,其中工业用水增加幅度较大,农田灌溉用水减少幅度较大。2010年和2015年农田灌溉用水最大,其次是工业用水,林牧渔畜用水最小;2020年工业用水最大,其次是农田灌溉用水,城镇公共用水最小。由此表明,近10年桓台县发展重点由农业转变为工业,且更注重生态环境保护。

(3)对滨州市而言,邹平市农田灌溉用水、林牧渔畜用水、城镇生活用水呈先增加后减少趋势,工业用水、生态环境用水呈增加趋势,城镇公共用水呈先减少后增加趋势,农村生活用水呈减少趋势,其中工业用水和生态用水增加幅度较大,农田灌溉用水和农村生活用水减少幅度较大。3年中农田灌溉用水最大,城镇公共用水最小,2010年生态环境用水列第2位,2015年和2020年工业用水列第2位。由此表明,近10年邹平市更加注重工业发展的同时也加强了生态环境保护,城镇化水平也显著提高。

博兴县农田灌溉用水、林牧渔畜用水呈先增加后减少趋势,工业用水、城镇公共用水呈先减少后增大趋势,城镇生活用水、农村生活用水、生态环境用水呈增加趋势,其中工业用水和生态环境用水增加幅度较大,林牧渔畜用水减少幅度较大。3年中农田灌溉用水最大,2010年和2015年林牧渔畜用水列第2位,2020年生态环境用水列第2位,2010年生态环境用水最小,2015年和2020年城镇公共用水最小。由此表明,近10年博兴县更加注重工业发展的同时也加强了生态环境保护,城镇化水平也有所提高。

(4)对东营市而言,广饶县农田灌溉用水和林牧渔畜用水呈减少趋势,工业用水、城镇生活用水、城镇公共用水和生态环境用水呈先减少后增加趋势,农村生活用水呈先增加后减少趋势,其中,农田灌溉用水和林牧渔畜用水减少幅度较大,城镇生活用水和生态环境用水增加幅度较大。3年农田灌溉用水最大,其次是工业用水,2010年和2015年城镇生活用水最小,2020年城镇公共用水和农村生活用水最小。由此表明,近10年广饶县城镇化水平稳步提升,同时也加强了生态环境保护。

(5)对潍坊市而言,青州市农田灌溉用水、林牧渔畜用水和城镇公共用水呈先减少后增加趋势,工业用水呈减少趋势,城镇生活用水、农村生活用水、生态环境用水呈增加趋势,其中林牧渔畜用水和生态环境用水增加幅度较大。3年中农田灌溉用水最大,其次是工业用水，2010 年、2020 年生态环境用水最小，2015 年林牧渔畜用水最小。由此表明，近 10 年青州市以农业和林牧渔畜业发展为主，同时也加强了生态环境保护。

寿光市农田灌溉用水呈先增加后减少趋势，林牧渔畜用水、工业用水、城镇生活用水、农村生活用水和生态环境用水呈增加趋势，城镇公共用水呈先减少后增加趋势，其中，城镇生活用水和生态环境用水增加幅度较大，农田灌溉用水减少幅度较大。3 年中农田灌溉用水最大，2010 年和 2015 年工业用水位列第 2 位，2020 年城镇生活用水位列第 2 位，2010 年生态环境用水最小，2015 年城镇公共用水最小，2020 年林牧渔畜用水最小。由此表明，近 10 年寿光市以农田灌溉用水为主，城镇化水平逐步提高，第三产业稳步发展，对生态环境保护也更加重视。

综上所述，除济南市区四区、张店区、淄川区和博山区以工业用水最多外，其他行政区均以农田灌溉用水最多，表明小清河流域仍以农业为主。但由年际变化可见，农田灌溉用水和林牧渔畜用水呈逐年减少趋势，而工业用水、生活用水、城镇公共用水和生态用水大多呈增加趋势。由此可见，工业和第三产业发展较快，城镇化进程稳步提高，对生态环境的重视程度显著提升。

3.4.2.2　水需求时空分析

为了匹配前文中水供给量的研究尺度，以能够进一步地进行流域水供给与需求的关联分析，同样也选择以计算单元为研究尺度对小清河流域水需求的时空格局进行分析。通过水需求服务模型计算小清河流域 2010 年、2015 年和 2020 年的用水量，并利用 GIS 空间分析与统计工具，根据土地利用类型在计算单元上将水需求量进行空间制图化表达，便得到 2010 年、2015 年、2020 年小清河流域计算单元上用水量的时空分布图，见图 3-8。

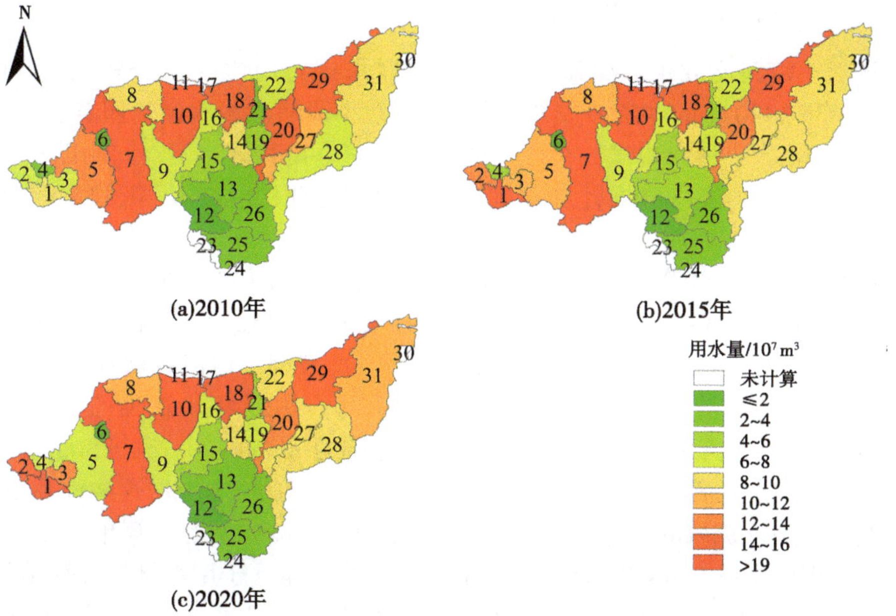

图 3-8　小清河流域水需求空间分布

从小清河流域各计算单元用水量的年际变化来看,2010~2020年所有计算单元用水量范围为611万~21 068万 m^3,并表现出增加的趋势。2020年用水量最大,流域用水总量为241 791万 m^3,所有计算单元用水量平均值为9 294万 m^3,用水量范围为611万~20 566万 m^3,用水量大于2 000万 m^3 的计算单元为24个,约占计算单元总个数的92.3%,这些计算单元的面积之和占整个小清河流域的96.9%。2015年用水量位列第2位,流域用水总量为237 177万 m^3,所有计算单元的用水量平均值为9 122万 m^3,用水量范围为830万~21 068万 m^3,用水量大于2 000万 m^3 的计算单元为24个,约占计算单元总个数的92.3%,这些计算单元的面积之和占整个小清河流域的96.9%。2010年用水量最小,流域用水总量为207 993万 m^3,所有计算单元用水量的平均值为8 000万 m^3,用水量范围为944万~1 974万 m^3,用水量大于2 000万 m^3 的计算单元为24个,约占计算单元总个数的92.3%,这些计算单元的面积之和占整个小清河流域的96.9%。2010年、2015年和2020年用水量大于2 000万 m^3 的24个计算单元是相同的,因此面积没有变化。由图3-8可见,2010年、2015年和2020年均是以浅绿、黄、橙、红色为主,各年差异不大。

从各计算单元用水量的空间分布分析,3年用水量空间分布格局整体一致。中上游1号、2号、3号、7号、10号、18号计算单元及下游地区的20号、29号计算单元的用水量较大,这是由于这些地区人口密度大、经济和工业发展水平较高。中游南部的12号、13号、25号、26号计算单元用水量较小,这是由于该地区裸土地、裸岩石质地和林地面积较大,人口稀少,因此用于从事人类生产活动(人类生活、工农业生产等)的用水量较小。

3.4.3 供需平衡的时空变化分析

通过对小清河流域水供给服务的供给与需求进行时空关联分析,计算流域2010年、2015年和2020年的水资源安全指数,以评估小清河流域水供给服务的供需平衡状况,并利用GIS将小清河流域3个年份的水资源安全指数进行了空间制图化表达,便得到2010~2020年小清河流域计算单元尺度上水供给服务供需平衡的空间分布图,如图3-9所示。

从小清河流域各计算单元FSI的年际变化来看,2010~2020年所有计算单元FSI范围为-1.271~0.234,各年流域的FSI分别为-0.257、-0.658和-0.410,呈现先减少后增加的趋势,且2015年和2020年均小于2010年,由此表明小清河流域水资源短缺问题日益严重,人们的生活、生产用水安全受到严重威胁。2010年小清河流域FSI最高,为-0.257,所有计算单元FSI的平均值为-0.283,范围为-0.600~0.234,FSI大于0,即水供给量大于用水量的计算单元有6个,约占计算单元总个数的23.1%,这些计算单元的面积之和占整个小清河流域的31.2%。2020年次之,为-0.410,所有计算单元FSI的平均值为-0.421,范围为-0.936~0.189,FSI大于0,即水供给量大于用水量的计算单元有6个,约占计算单元个数的23.1%,这些计算单元的面积之和占整个小清河流域的22.3%。2015年FSI最小,为-0.658,所有计算单元FSI的平均值为-0.771,范围为-1.271~-0.195,FSI大于0,即水供给量大于用水量的计算单元个数为0。从图3-9可见,2010年

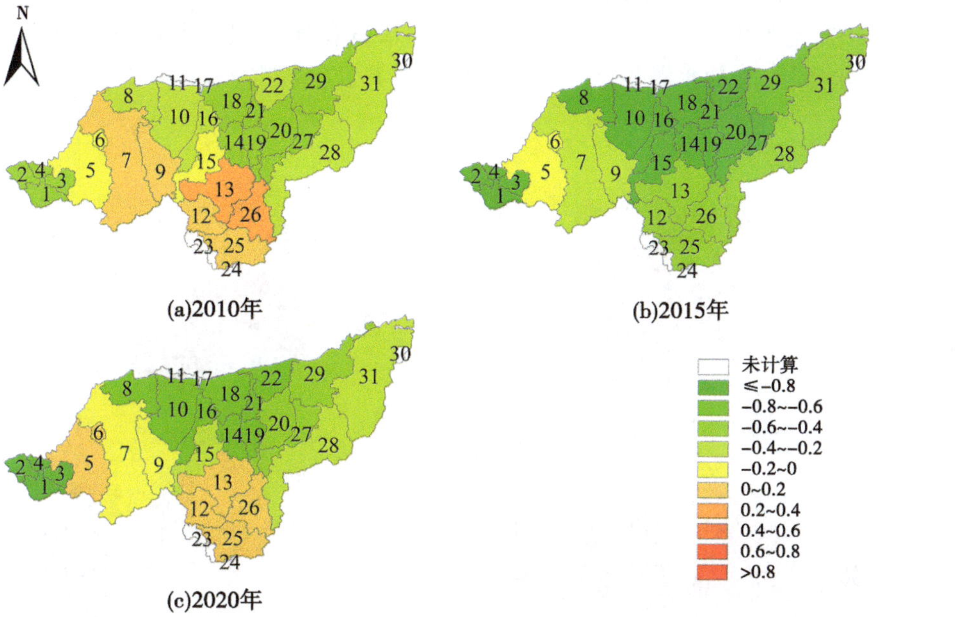

图 3-9　小清河流域水供给服务的供需平衡状况空间分布

以浅绿和橙色为主，2015 年以浅绿色和绿色为主，2020 年以绿、浅绿和橙色为主，可见不同年份 FSI 差异较为显著。

从供需平衡的空间格局上分析，2010 年 FSI 大于 0 的计算单元有 6 个，分别为 7 号、9 号、12 号、13 号、25 号和 26 号，主要位于章丘区、博山区和淄川区；FSI 小于-0.5 的计算单元有 10 个，分别为 1～4 号、14 号、18～21 号和 27 号，占计算单元总个数的 38.5%，主要位于济南市区四区、张店区、桓台县和临淄区。2015 年不存在 FSI 大于 0 的计算单元；FSI 小于-1 的计算单元有 10 个，分别为 1～4 号、14 号、18～21 号和 27 号，占计算单元总个数的 38.5%，小于-0.5 的计算单元有 19 个，占计算单元总个数的 73.1%，主要位于济南市区四区、邹平市、淄川区、张店区、周村区、桓台县、博兴县、临淄区、青州市、广饶县，可见 2015 年最为缺水。2020 年 FSI 大于 0 的计算单元有 6 个，分别为 5 号、6 号、12 号、13 号、25 号和 26 号，主要位于历城区、博山区和淄川区；小于-0.5 的计算单元有 14 个，分别为 1～4 号、8 号、10 号、14 号、16 号、18～22 号和 27 号，主要位于济南市区四区、邹平市、张店区、桓台县、临淄区和博兴县。综上所述，小清河流域水供给服务的供需状况不平衡，FSI 大于 0 的计算单元主要位于博山区和淄川区，这些计算单元具有较高的 FSI 和它们较低的水资源消耗有密切的关系；缺水量最大的区域位于济南市区四区、邹平市、张店区、桓台县和临淄区，这些地区的用水量均较大。

据以上分析可知，2010 年、2015 年和 2020 年 FSI<0 即缺水区域的面积占小清河总面积的 68.8%、100%和 77.7%，表明小清河流域仅靠当地地表水资源量作为水供给时，用水短缺问题非常严重。根据各地市的水资源公报可知，小清河流域各地市供水类型包括当地地表水、跨流域调水、地下水和其他水源，为了探究地表水流的空间流动方向，使得整个流域的缺水量最小，将各计算单元的总用水量减去跨流域调水供水量、地下水供水量和其

他水源供水量后作为地表水用水量,以此绘制各计算单元尺度上水供给服务供需平衡的时空分布图(见图 3-10)。其中,跨流域调水供水量和地下水供水量采用 2020 年各县级行政区调水指标,其他水源供水量采用当年水资源公报数据。

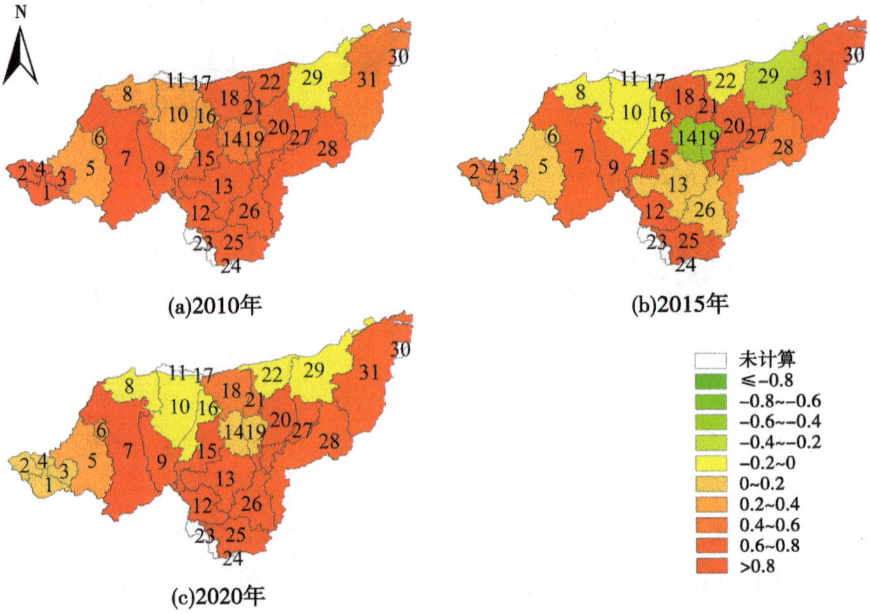

图 3-10　小清河流域地表水供给服务的供需平衡状况空间分布

根据图 3-10,2010 年小清河流域 FSI 大于 0,即水供给量大于用水量的计算单元有 25 个,约占计算单元个数的 96.2%,这些计算单元的面积之和占整个小清河流域的 93.9%。2015 年小清河流域 FSI 大于 0 的计算单元有 19 个,约占计算单元个数的 73.1%,这些计算单元的面积之和占整个小清河流域的 76.3%。2020 年小清河流域 FSI 大于 0 的计算单元有 21 个,约占计算单元个数的 80.8%,这些计算单元的面积之和占整个小清河流域的 79.8%。从图 3-10 可见,2015 年缺水面积和缺水程度最大,其次为 2020 年,2010 年最小。

从供需平衡的空间格局上分析,2010 年 FSI 小于 0,即缺水的计算单元仅有 29 号,位于广饶县。2015 年 FSI 小于 0 的计算单元分别为 8 号、10 号、14 号、16 号、19 号、22 号和 29 号共 7 个,主要位于邹平市、张店区、博兴县和广饶县。2020 年 FSI 小于 0 的计算单元分别为 8 号、10 号、16 号、22 号和 29 号共 5 个,主要位于邹平市、博兴县和广饶县。

综上所述,小清河流域地表水供给服务的供需状况不平衡,FSI 小于 0 的地区,即缺水地区主要位于邹平市、博兴县和广饶县。同时,由于降水空间分布不均匀的特性,不同年份缺水计算单元有所差异。

3.4.4　空间流动模拟与范围界定

通过对水供给服务供需平衡特征进行分析,将原位水供给量无法满足自身需求,即

FSI<0 的计算单元定义为受益区，其需要接受来自上游计算单元的水供给服务进行补给；将原位水供给量盈余，即 FSI>0 的计算单元定义为供给区。水供给服务的空间流是以水流作为载体，河道作为流动路径的有向生态系统服务流，从供给区流向受益区，流动方向受高程控制，从计算单元出口由高位流向低位。为了定量模拟水资源供给服务在小清河流域的空间流动过程与路径，本节以计算单元为连通尺度，以小清河水系网络为连通对象，对研究区水资源供需平衡的空间流动及空间格局做出分析，见图 3-11，图中服务流的箭头方向代表了水供给服务在不同计算单元之间的流动方向。

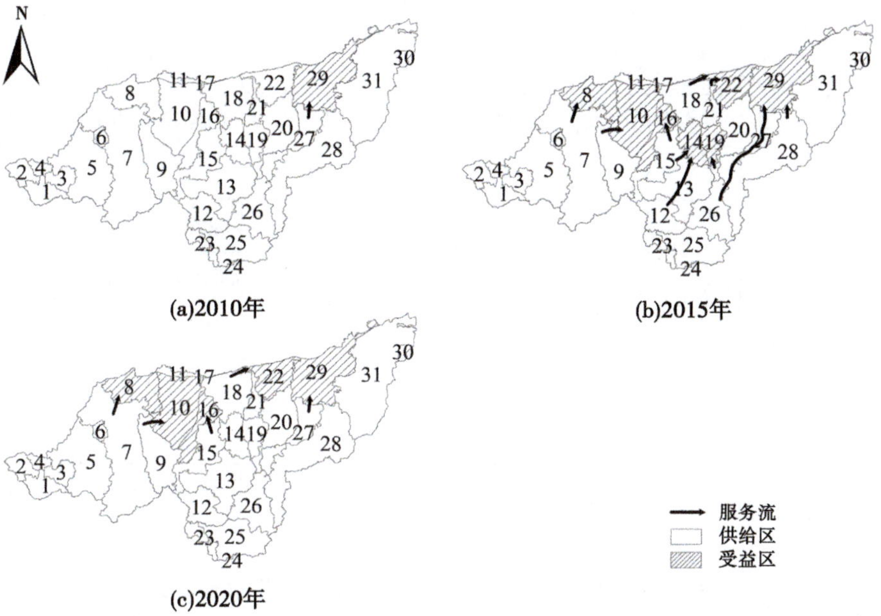

图 3-11　小清河流域水供给服务的空间流动格局分布

图 3-11 对小清河流域水供给服务的供给区与受益区范围进行了明确界定，可见流域内部存在 4 个主要的水供给服务流入区域，即广饶县、邹平市、博兴县、张店区，具体可见图 3-11 中阴影区域。这些区域自身的水供给量不能满足现实的用水需求，需要接受上游地区计算单元生产的水供给服务。根据水供给服务的空间流动过程与流动路径，确定每个受益区所对应的供给区的空间范围及流量，并结合现实中的自然（水系）—社会（行政区）的分布区位进行匹配，以方便流域各行政部门的水资源管理及其生态补偿机制的建立。小清河流域 2010~2020 年水供给服务供给区与受益区的空间位置、范围、服务流量及其对应关系见表 3-2~表 3-4。

表 3-2　2010 年小清河流域水供给服务供需对应关系

编号	受益区			供给区		
	行政单元	计算单元编号	缺水量/万 m^3	计算单元编号	所属水系	供给量/万 m^3
1	广饶县	29	1 152.74	27	淄河、织女河	1 152.74

表 3-3　2015 年小清河流域水供给服务供需对应关系

编号	受益区			供给区		
	行政单元	计算单元编号	缺水量/万 m^3	计算单元编号	所属水系	供给量/万 m^3
1	广饶县	29	2 311.03	27	淄河、织女河	671.60
				28	塌河	1 549.64
				26	淄河	89.79
2	邹平市	8	526.92	7	绣江河、小清河干流	526.92
		10	899.57	9	芙蓉沟、杏花河	899.57
		16	349.88	15	孝妇河、涂河	349.88
3	博兴县	22	274.78	21	涝淄河、乌河	244.53
				18	潴龙河、预备河	30.25
4	张店区	14	1 246.38	12	孝妇河上游	626.68
				13	孝妇河、般阳河	394.70
				15	范阳河	225.00
		19	923.15	20	涝淄河上游	923.15

表 3-4　2020 年小清河流域水供给服务供需对应关系

编号	受益区			供给区		
	行政单元	计算单元编号	缺水量/万 m^3	计算单元编号	所属水系	供给量/万 m^3
1	广饶县	29	689.87	27	淄河、织女河	689.87
2	邹平市	8	164.02	7	绣江河、小清河干流	164.02
		10	280.02	9	芙蓉沟、杏花河	280.02
		16	108.91	15	孝妇河、涂河	108.91
3	博兴县	22	225.89	21	涝淄河、乌河	225.89

由图 3-11 和表 3-2~表 3-4 可知，由于降水引起的地表水资源分布的不均匀特性，导致不同年份缺水子流域不同，进而造成 3 个年份水供给服务空间流动格局有所不同。位于广饶县的 1 号受益区，2010 年、2015 年和 2020 年缺水面积相同，均为 29 号子流域。3 个年份的总缺水量分别为 1 152.74 万 m^3、2 311.03 万 m^3、689.87 万 m^3，可见 2015 年最

大,其次为 2010 年,2020 年最小。该受益区所对应的供水区是 26 号淄河、27 号淄河及织女河和 28 号塌河等计算单元。这些计算单元提供的水供给服务量比较多,超过了自身的需求,从而产生盈余,并且每个计算单元产生的盈余量不尽相同,存在一定的空间差异性。2010 年,小清河主要支流淄河所在的 27 号计算单元余水较多,1 号受益区虽然水资源缺口较大,但可由 27 号计算单元完全补给;2015 年 1 号受益区水资源缺口最大,而 27 号计算单元水资源余量不足,因此该年份 1 号受益区的水量主要由 28 号计算单元补给,并接收了位于 27 号上游的 26 号计算单元的少量补给;2020 年 1 号受益区缺水量较小,由 27 号计算单元完全补给。

2 号受益区所对应的水供给服务范围是位于邹平市的 8 号、10 号和 16 号计算单元,该受益区出现于 2015 年和 2020 年,缺水量分别为 1 776.37 万 m^3 和 552.95 万 m^3。每个年份受益区所对应供给区范围相同,流量有所差异,两个年份中,水资源缺口最大的均是 10 号计算单元,其次为 8 号计算单元,16 号计算单元水资源缺口最小。该受益区所对应的供给区是 7 号绣江河及小清河干流、9 号芙蓉沟及杏花河、15 号孝妇河及淦河等计算单元,分别补给 8 号、10 号、16 号计算单元,与该受益区各计算单元水资源缺口相同,供给区中对 2 号受益区供给量最大的为 9 号计算单元,其次为 7 号计算单元,15 号计算单元供给量最小。

3 号受益区所对应的水供给服务范围是位于博兴县的 22 号计算单元,该受益区同样出现于 2015 年和 2020 年,缺水总量分别为 274.78 万 m^3 和 225.89 万 m^3。该受益区所对应的供水区是 21 号涝淄河、乌河和 18 号潴龙河、预备河计算单元,21 号计算单元为主要供水单元,但 2015 年该计算单元余水量不足以完全补给受益区缺水量,因此另由 18 号计算单元补给。

4 号受益区对应水供给服务范围是位于张店区的 14 号和 19 号计算单元,该受益区仅在 2015 年出现,缺水总量为 2 169.53 万 m^3,其中 14 号计算单元缺水量较大,为 1 246.38 万 m^3。14 号计算单元对应供水区是 12 号孝妇河上游、13 号孝妇河及般阳河和 15 号范阳河等 3 个计算单元,12 号计算单元供给量最大,为 626.68 万 m^3,15 号计算单元供给量最小,为 225 万 m^3。19 号计算单元对应供水区是 20 号涝淄河上游,供水量即为缺水量 923.15 万 m^3。

3.5 小清河流域水供给服务途径、对策及措施

通过对小清河流域水供给服务供需平衡的时空分布格局的定量化研究与空间流动格局的模拟,确定了供给区与受益区的空间范围及其流动路径与流量,并将研究结果以地图的形式进行空间化表达。研究结果表明,小清河流域水供给服务的供给与需求时空分布不均衡,尤其在流域中部工业发达的张店区、邹平市和博兴县及下游工业强县广饶县所在地区水资源严重短缺,这一方面既由于季风气候导致的水资源时空分布不均,难以对水资源进行有效控制和利用,另一方面也由于用水效率不高,工业用水重复率低,农业灌溉方式落后,生活用水中跑冒滴漏现象普遍存在,这些都严重制约了流域内生态健康和经济社会可持续发展。因此,探索合理的小清河流域水资源管理办法

和生态补偿机制刻不容缓。建立和完善生态保护补偿机制是生态文明制度建设的重要内容,也是调动各方积极性、保护好生态环境的重要手段,要认真践行"节水优先、空间均衡、系统治理、两手发力"治水思路,立足流域整体和水资源空间均衡配置,把破解工程性缺水问题、保障水安全作为经济社会高质量发展的基础性、战略性支撑,构建大水网,以增强水资源调控能力和水资源供给能力,着力保障流域内经济安全、粮食安全、生态安全和城乡居民用水安全。

第一,建立健全小清河流域水供给服务的生态补偿机制。坚持节水优先,提高节约用水水平,在保障供水需求和河道基本生态用水前提下,适当增加丰水年份河道生态流量(水量)和河道外湿地等生态用水,加强流域生态保护;建立健全小清河取水监测计量体系,对于河道外重要的取水口要落实计量设施和管理要求,以利于取用水总量的核算,各市要确保小清河沿线取水计量管理,并对计量成果核查确认,以县为单元,建立实施流域取水总量控制和调剂制度;加强流域与区域水利工程联合调度,区域水量调度服从流域水量统一调度,供水、灌溉、航运等服从流域水量统一调度,水量调度执行期间,各相关部门要严格按照要求做好调度组织与管理,严格遵守调度纪律,严格执行调度指令,加强调度的监督检查,确保调令畅通,确保安全保障措施落实到位;小清河水量调度涉及的控制断面、取用水工程及纳入统一调度管理的水库、闸坝、航运枢纽等工程,断面、工程相关水量、流量等数据信息,应逐步纳入小清河数字孪生流域建设,增强信息技术在水量调度管理中的应用,提高调度智慧管理水平;合理安排供水对象及供水次序,优先满足城乡生活用水,保障流域内基本生态用水,合理配置工业、农业、航运等用水,保证供水安全、生态安全和航运安全,按照公平公正原则,协调好流域内外、上下游、左右岸和相关地区利益。

第二,建立小清河流域水供给服务资金筹集与分配使用机制。建立流域的生态补偿保障基金并拓宽保障基金的融资渠道是进行生态资源管理的根本。争取国家或者省政府对小清河流域生态环境与生态文明建设进行重点资金支持,建立小清河流域水供给服务保护与生态补偿的专项资金。同时,地方政府需要加大小清河水供给与污染治理的投资力度和生态补偿资金支付,还可以通过社会、市场筹集资金等方式,加强对流域水供给服务生态补偿的财政支持。制定科学合理的资金分配标准是生态补偿机制建设的重要前提,流域生态补偿资金的分配必须要突出保障重点,提高生态补偿资金的使用效益。例如,可以将水供给量作为主要因素,同时兼顾水土保持、水质改善、林地生态保护等因素,对水供给量多、水质改善较好、生态保护贡献大的县区(乡镇)加大补偿力度,进一步调动保护生态环境的积极性。最后,加强与完善流域生态补偿基金的使用监管与保障机制。为保证流域生态补偿资金安全、高效运行,必须筑牢生态补偿基金运作使用的"高压线",使资金运作透明化,防止生态补偿资金出现因腐败或挪作他用等导致的资金运作低效率、无效率问题。

第三,对小清河流域未来的土地利用建设进行合理规划。流域的水供给服务的供需平衡及空间流动格局受多种因素的影响,除降水等自然因素直接导致流域的水供给量发生变化外,由人类活动引起的土地利用变化也会对流域的水供给服务产生重要影响。本书根据小清河流域的各部门水资源使用量与土地利用类型之间的关系,对小清河流域的水供给服务需求和空间流动格局进行了定量评估。相关研究表明，兼顾生态政策与经济发展的水供给服务最有利于自然流域-社会系统的可持续发展。林地、草地有利于涵养水源和提高生物多样性，但若一味在小清河流域进行大范围植树造林、退耕种草，反而不利于经济社会发展；城乡建设用地上的产流量大，但其广布的不透水面及排水系统使得到达地面的降水难以蓄积和利用。此外，城市的扩张还意味着城镇人口、城镇建设活动对水资源需求的猛增。所以，在经济社会发展与自然生态保护之间寻求一个平衡点，既要推进生态政策的落实，注重对林地、灌木、草丛等水源涵养功能区的保护，同时又要控制城镇建设用地的比例，这对于小清河流域水供给服务的保护与实现自然流域-社会系统可持续性发展具有重要的意义。

第四，加强水网互联互通。国家水网是以自然河湖为基础、引调排水工程为通道、调蓄工程为结点、智慧调控为手段，集水资源优化配置、流域防洪减灾、水生态系统保护等功能于一体的综合体系。根据对小清河流域水供给服务流动空间分布格局的模拟，小清河流域南部山区是众多支流的发源地，水资源丰富，属于水供给服务的供给区，但受限于河道的流向，一些水量丰富的计算单元在自然条件下不能够为中游严重缺水的计算单元提供水供给服务。因此，可以通过修建输水管道或沟渠，实现水系互通。同时，由于上游济南地区泉水的补给以及沿线中水和灌溉尾水的汇入，小清河干流水资源较为丰富，且北依黄河，因此还可以通过短距离输水管道实现小清河干流水资源逆向输送，并与南水北调工程、引黄济青输水河相配合，可以缓解甚至解决沿线及流域内缺水地区用水困难，打破经济转型过程中面临的水资源瓶颈。水资源的承载空间影响着经济社会发展空间，必须适度超前开展水利基础设施建设，加强水资源跨流域、跨区域科学配置，增强水资源调控能力和供给能力，促进人口经济与水资源相均衡，为流域高质量发展提供坚实的水安全保障。

3.6 小　结

本章在构建小清河流域水供给服务的供需平衡与空间流动模型的基础上，以 2010 年、2015 年和 2020 年为时间尺度，分析了小清河流域水供给、水需求及供需平衡的时空变化特征，并以计算单元为连通尺度，以水系网络为连通对象，对小清河流域水资源供需平衡的空间流动及空间格局做出分析，同时提出水供给服务的途径、对策及措施。结果表明：

(1) 从小清河流域各计算单元水供给的时间变化看出，2010～2020 年所有计算单元水供给量范围为 245 万～22 253 万 m^3，并表现出先减少后增加的趋势。2010 年水供给量最高，流域的水供给总量为 115 221 万 m^3，所有计算单元的水供给量平均值为 4 432 万 m^3；2020 年次之，流域的水供给总量为 94 025 万 m^3，所有计算单元的水供给量平均值为 3 616 万 m^3；2015 年最小，流域的水供给总量为 52 177 万 m^3，所有计算单元的水供给量的平均值为 2 007 万 m^3。可见，不同年份水供给量差异显著。从水供给的空间分布看出，3 个年份供水量的空间分布格局整体一致。中上游的 5 号、7 号、9 号、10 号、13 号计算单元的水供给量较高，其他计算单元特别是中下游地区的计算单元是水供给量的低值区域。

每个计算单元内的降水量、土地利用类型分布、土壤属性等均不相同,划分的计算单元的集水面积也不一样,都会导致各计算单元进入主河道的总水量也不相同。

(2)从小清河流域水需求的年际变化看出,2010～2020 年所有计算单元用水量范围为 611 万～21 068 万 m^3,并表现出增加的趋势。2020 年用水量最大,流域用水总量为 241 791 万 m^3,所有计算单元用水量平均值为 9 294 万 m^3;2015 年用水量位列第 2 位,流域用水总量为 237 177 万 m^3,所有计算单元的用水量平均值为 9 122 万 m^3;2010 年用水量最小,流域用水总量为 207 993 万 m^3,所有计算单元用水量的平均值为 8 000 万 m^3。可见,各年份差异不大。从水需求的空间分布看出,3 个年份用水量空间分布格局整体一致。中上游 1 号、2 号、3 号、7 号、10 号、18 号计算单元及下游地区的 20 号、29 号计算单元的用水量较大,这是由于这些地区人口密度大、经济和工业发展水平较高。中游南部的 12 号、13 号、25 号、26 号计算单元用水量较小,这是由于该地区裸土地、裸岩石质地和林地面积较大、人口稀少,因此用于从事人类生产活动(人类生活、工农业生产等)的用水量较少。

(3)从小清河流域供需平衡的年际变化看出,2010 年 FSI 大于 0 的计算单元有 25 个,这些计算单元的面积之和占整个小清河流域的 93.9%;2015 年有 19 个,这些计算单元的面积之和占整个小清河流域的 76.3%;2020 年小清河流域 FSI 大于 0 的计算单元有 21 个,这些计算单元的面积之和占整个小清河流域的 79.8%。2015 年缺水面积和缺水程度最大,其次为 2020 年,2010 年最小。从供需平衡的空间格局上分析,2010 年 FSI 小于 0 的计算单元仅有 29 号,位于广饶县;2015 年 FSI 小于 0 的计算单元分别为 8 号、10 号、14 号、16 号、19 号、22 号和 29 号共 7 个,主要位于邹平市、张店区、博兴县和广饶县;2020 年 FSI 小于 0 的计算单元分别为 8 号、10 号、16 号、22 号和 29 号共 5 个,主要位于邹平市、博兴县和广饶县。由此可见,小清河流域地表水供给服务的供需状况不平衡,FSI 小于 0 的地区,即缺水地区主要位于邹平市、博兴县和广饶县。同时,由于降水空间分布的不均匀特性,不同年份缺水计算单元有所差异。

(4)根据小清河流域地表水供给服务的供需状况,归纳出 4 个主要的水供给服务受益区,即广饶县、邹平市、博兴县、张店区,根据水供给服务的空间流动过程与流动路径,确定每个受益区所对应的供给区的空间范围及流量。其中,广饶县对应的供水区是 26 号淄河、27 号淄河及织女河和 28 号塌河等计算单元;邹平市对应的供给区是 7 号绣江河及小清河干流、9 号芙蓉沟及杏花河、15 号孝妇河及淦河等计算单元;博兴县对应的供水区是 21 号涝淄河、乌河和 18 号潴龙河、预备河计算单元;张店区受益区为 14 号和 19 号计算单元,14 号计算单元对应供水区是 12 号孝妇河上游、13 号孝妇河及般阳河和 15 号范阳河等 3 个计算单元,19 号计算单元对应供水区是 20 号涝淄河上游。

(5)针对小清河流域水供给服务的供给与需求时空分布不均衡的特点,本章从建立健全小清河流域水供给服务的生态补偿机制、建立小清河流域水供给服务资金筹集与分配使用机制、对小清河流域未来的土地利用建设进行合理规划及加强水网互联互通等 4 个方面提出小清河流域水供给服务的途径、对策和措施。

第4章 小清河干流分区分时段多目标生态与环境流量确定技术

本章主要分析了小清河干流分区分时段多目标生态流量。首先，根据水文站的分布确定了小清河干流黄台桥站、岔河站、石村站为生态流量断面，并以此划定生态分区；其次，通过描述自然水文情势的生态功能和分析水文改变的预期响应探究小清河水文-水生生物响应关系，利用归一化植被指数探究水文-植被响应关系，通过考察生态景观空间格局及其变化探究水文-生态景观响应关系；再次，通过相对重要性指数选取小清河干流鱼类指示物种，并根据相关成果和规划要求确定小清河干流航运条件；最后，利用水文学、水力学方法和生境模拟法求解满足小清河干流航运、生态与水文节律性要求的生态流量。

4.1 分区的确定

不同区域的河流表现出不同的功能,同一条河流的不同河段自然生态功能也存在着差异,因此河流保护目标也表现出区域和河段差异性。针对流域水情和生态系统的季节性变化,河流保护目标的时段性特征明显,存在生态水文季节,因此河流生态保护目标是动态变化的。所以,在制定生态流量过程中应该考虑到地域性与时效性影响,分区和分时段确定生态流量。同时,小清河作为贯穿山东省中部工业走廊的内河水运大通道,已于2023年6月底实现全线通航,在考虑生态流量的同时,更要保证满足通航需求。本书根据水文站的分布和掌握的数据资料等情况,在小清河干流设置3处生态流量控制断面,即黄台桥站断面、岔河站断面和石村站断面,其基本情况见表4-1。

表 4-1 小清河干流生态流量控制断面基本情况

站名	流域面积/km^2	主要观测项目	设站时间(年-月)
黄台桥站	351	水位、流量、降水	1931-07
岔河站	5 114	水位、流量、降水、蒸发	1968-01～1970-12,1983-01
石村站	6 706	水位、流量、降水	1954-07～1998,1999年改为报汛站

4.2 小清河干流生态与水文响应关系

4.2.1 水文-水生生物响应关系

4.2.1.1 小清河自然水文情势的生物生态功能

根据黄台桥站的实测流量数据,将年内流量过程划分为4组,12月至次年4月划分为低流量过程,5月和6月为汛前高流量过程,7月至9月上旬为洪水过程,9月中旬至11月为汛后高流量过程,如图4-1所示。自然条件下,这3种水流组分的生态功能见表4-2。

4.2.1.2 水文过程改变程度及预期生态响应

采用水文改变指数(indicators of hydrologic alteration,IHA)对比人类干扰后的水文过程相对天然条件的偏离程度,初步推测水文改变的生态响应,评价人类活动影响下不同流量组分的改变程度,并确定改变程度较大的水文因子,并推测水文改变对整个河流生态系统的影响。自新中国成立以来,小清河陆续修建了包括太河、狼猫山、杜张、大站、垛庄、杏

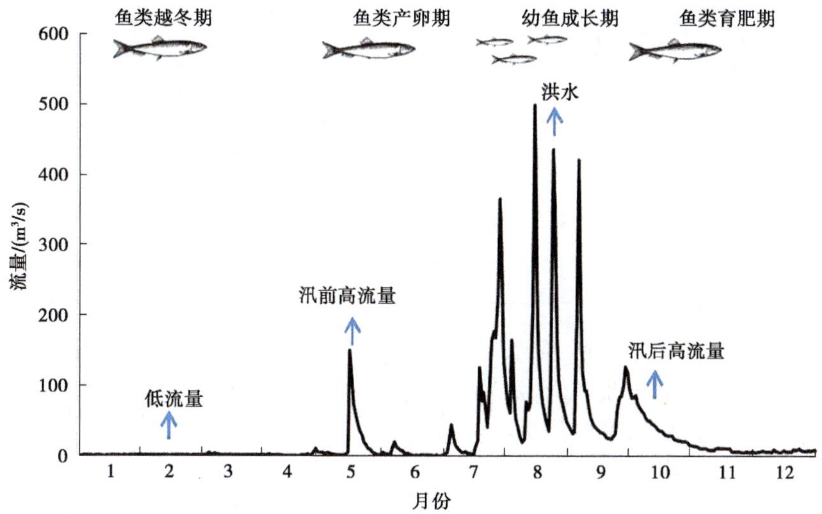

图 4-1　水文过程中不同流量组分与鱼类生活史的关系

表 4-2　小清河自然水文情势的生态功能

流量组分	生态功能
低流量	维持良好的水环境质量，为鱼类生存和越冬提供栖息地
高流量	维持良好的水环境质量，促进鱼类的繁殖与产卵，提高生物栖息地的多样性
洪水	维持良好的水环境质量，促进河道与洪泛区的营养交换，为鱼卵运移和幼鱼生长提供水流条件

林、石马、萌山、仁河等多座大中型水库，干流及与支流汇入口处修建有睦里庄、洪园、柴庄、水牛韩闸、金家堰、王道闸等多座节制闸，水利工程的修建使河流自然水文情势发生了一定的改变。根据黄台桥站水文情势改变程度分析，黄台桥站 IHA 指标处于中度改变及以上的比例占 72.7%。第 1 组月均流量指标在 4 月、5 月、10 月、12 月的改变度都高达 100%，1 月、2 月、3 月、11 月属于高度改变，其中非汛期的改变度高于汛期。第 2 组年极值流量指标中，年最小流量受干扰程度最大，属于高度改变，其中 1 日、30 日、90 日最小流量改变程度达到 100%。第 3 组高、低流量频率及持续时间中，低流量脉冲发生次数增多，低流量脉冲流量延续时间变短，属于高度改变，高流量脉冲发生次数增多，高流量脉冲持续时间变短，属于中度改变。水文改变产生的生态响应如表 4-3 所示。

4.2.2　水文-植被响应关系

归一化植被指数（normalized difference vegetation index，NDVI）又称标准化植被指数、常态化差值植生指标，是一个数值指标，通常是用卫星遥感数据计算，以评估目标地区绿

表 4-3　不同流量组分对应的水文因子、保护目标和度量参数

流量组分	时期	水文因子	预期生态响应	拟选取生态保护目标	拟选取生态参数
低流量	枯水期（春季）	月平均流量；极小值，持续时间，发生时间，发生次数、零流量的天数	水环境质量变差，持续的低流量导致水深降低，栖息地连通性受到破坏	鱼类指示物种	指示物种栖息地质量
高流量	汛后期（秋季）	极大值，持续时间，发生时间，发生次数，涨水速率，退水速率	提供鱼类产卵的信号，保证鱼卵悬浮于水中	鱼类指示物种	指示物种栖息地质量
洪水	汛期（夏季）	极大值，持续时间，发生时间，发生次数，涨水速率，退水速率	提供丰富的营养成分，利于幼鱼索饵，以促进生长	鱼类指示物种	指示物种栖息地质量

色植被的生长状况。计算方式是利用红光与近红外光的反射，能显示出植物生长、生态系统的活力与生产力等信息。数值愈大表示植物生长愈多。NDVI 的定义为

$$\mathrm{NDVI}=\frac{\mathrm{NIR}-\mathrm{RED}}{\mathrm{NIR}+\mathrm{RED}} \tag{4-1}$$

式中：NIR 为近红外波段的反射率；RED 为可见光红外波段的反射率。

NDVI 在利用遥感图像进行植被研究以及植物物候研究中得到了广泛应用，它是植物生长状态以及植被空间分布密度的最佳指示因子，与植被分布密度线性相关。当植被覆盖度较低时，NDVI 对覆盖度增减反应灵敏；当覆盖度较大时，NDVI 趋于饱和（Holben et al.，1990）。植被覆盖度越高，可见光通道的反射率越小，而近红外通道的反射率越大。NDVI 值越大表示植被覆盖越好，同时绿色生态物质的多少也影响着反射特征。

NDVI 是目前应用最广泛的一种植被指数，它的变化在一定程度上能代表地表覆被的变化特征，因此分析时序 NDVI 的动态变化特征可以反映土壤覆被的动态性（郭建坤和黄国满，2005）。研究采用来自国家科技资源共享服务平台的 2000~2020 年中国 30 年最大 NDVI 数据集。该数据集是基于 Google Earth Engine 云计算平台利用全年所有 Landsat5/7/8 遥感数据，通过去云去阴影得到所有的 Landsat 有效观测数据，然后对每一个 Landsat 有效观测进行 NDVI 提取，并结合线性插值以及 S-G 平滑等方法，最终得到每个像元所在位置在一年中的 NDVI 最大值。该数据集空间分辨率为 30 m，时间分辨率为 1 年。

4.2.2.1　NDVI 时空变化规律

本书采用 2000 年、2005 年、2010 年、2015 年和 2020 年的年最大 NDVI 数据进行统计分析，得到 5 年的 NDVI 分布图（见图 4-2），以此来反映 2000 年以来 20 年间小清河流域植被的空间格局，并对这 5 年 NDVI 平均值进行统计，以更直观地反映小清河流域 20 年间 NDVI 的变化格局，如图 4-3 所示。

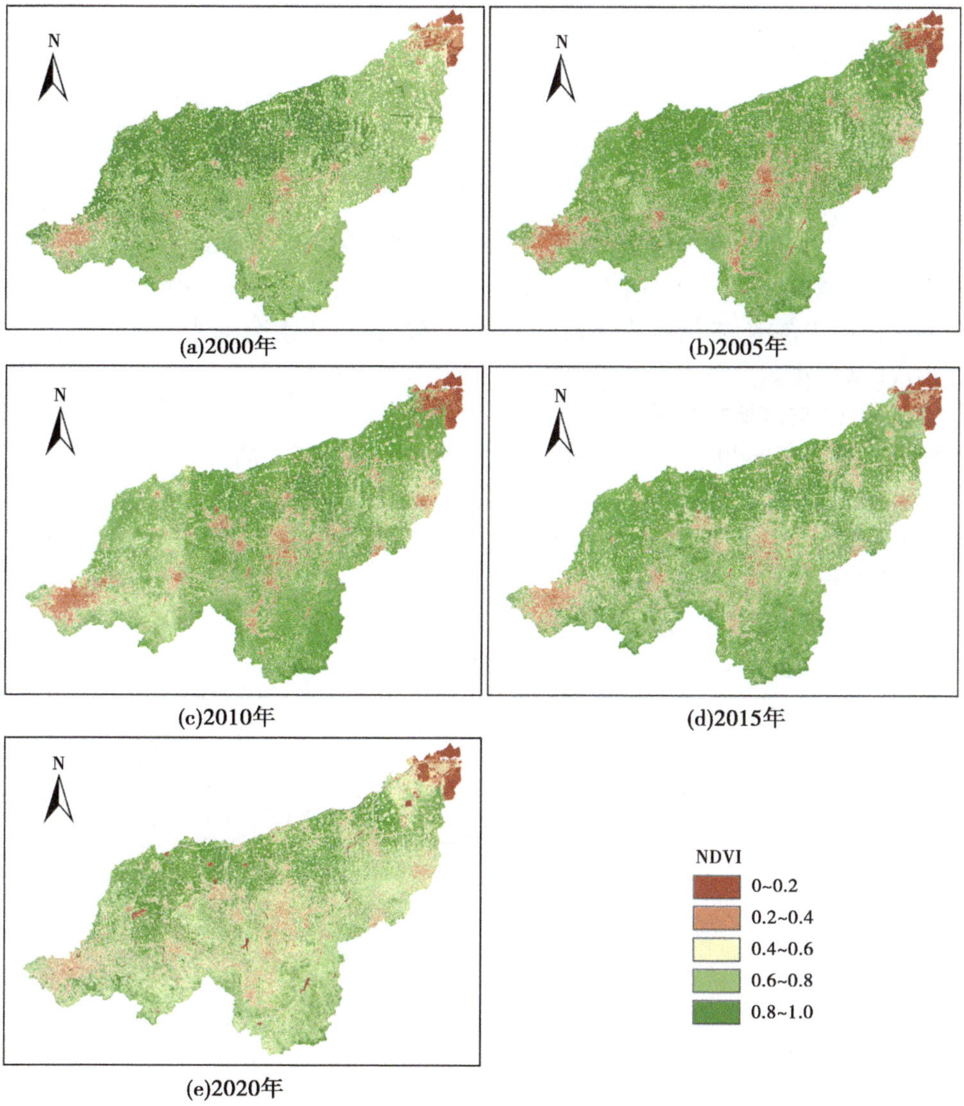

图 4-2　小清河流域 2000~2020 年（间隔 5 年）NDVI 空间分布

从 NDVI 的整体分布来看，小清河流域 NDVI 整体呈波动下降趋势。植被情况最好的是 2015 年，最差的是 2020 年。NDVI 的变化必然与气候、水文条件的变化相关，也不可避免地受到人类活动的影响。20 年间，小清河流域城市化进程不断推进，居住及建设用地规模不断扩大，会在一定程度上导致植被覆盖面积的缩减，进而造成 NDVI 值减小。从空

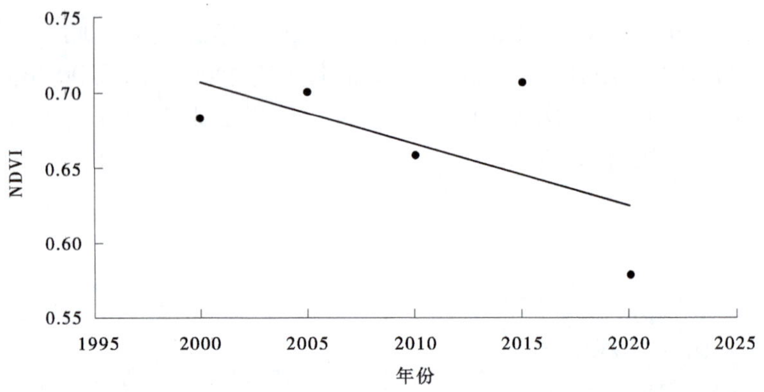

图 4-3　小清河流域 2000～2020 年(间隔 5 年)NDVI 平均值变化

间分布来看,北部平原地区和南部山区分别由于耕地广泛分布和森林草地覆盖,植被指数较高,而中部由于济南、淄博等大城市区(县)分布,居住及建设用地规模较大,植被覆盖率低,NDVI 值较小。

4.2.2.2　NDVI 与流量响应关系

受水文、地貌形态和土壤理化性质等环境因子及人类活动的影响,小清河流域不同地区的植物生长状况也有所差异。本书为探究水文-植被生态响应关系,进行分区流量与 NDVI 演化分析。依据小清河干流生态流量控制断面位置对小清河流域进行区域划分,具体分区为黄台桥以上、黄台桥至岔河、岔河至石村、石村以下,如图 4-4 所示。对研究区 5 年的 NDVI 分析结果进行统计,如图 4-5 所示。

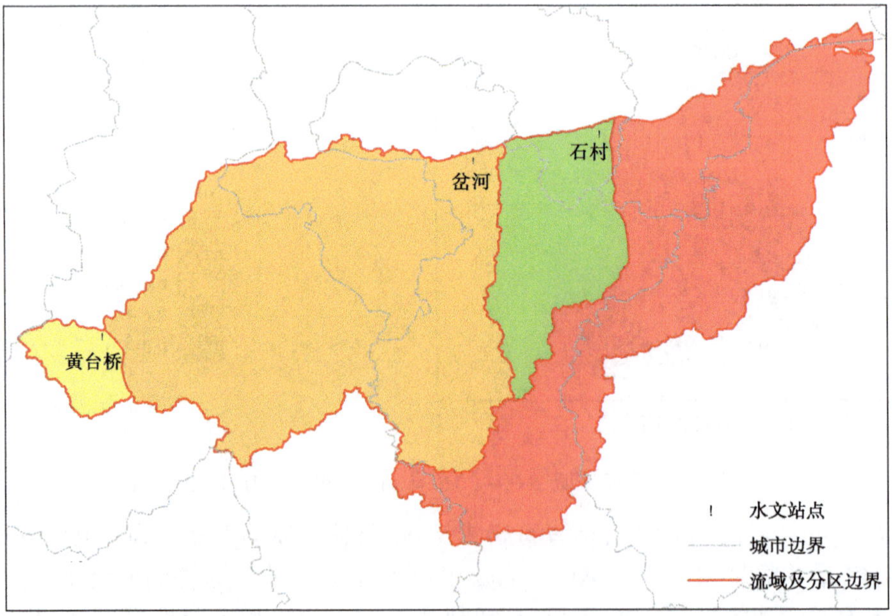

图 4-4　小清河流域生态分区示意

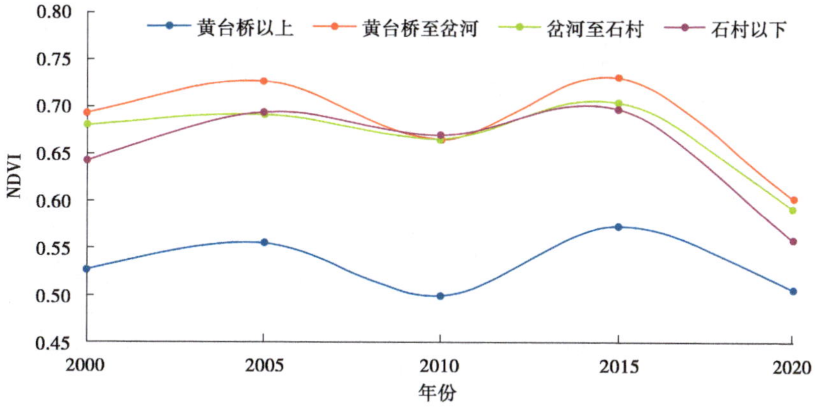

图 4-5　小清河流域不同生态分区内的 NDVI 均值变化

由图 4-5 可以看出，小清河流域黄台桥断面以上区域，NDVI 值最低，结合图 4-2 和图 4-4 不难发现，黄台桥以上区域为济南市区，城市化率较高，植被覆盖率低，因此该区域内的 NDVI 值明显低于其他 3 个分区。黄台桥至岔河区间内的 NDVI 整体水平最高，该区域 4 个分区中面积最大，但没有大城市分布，平原面积广阔，多耕地，南部存在山地，植被覆盖率较高，因此 NDVI 值在 4 个分区中最高。岔河至石村区间内的 NDVI 水平位居其次，地形仍以平原为主，耕地面积广阔，但南部为淄博市区，在一定程度上会导致区间内 NDVI 值降低。

将小清河干流 3 个生态流量控制断面的天然年平均流量、汛期平均流量和非汛期平均流量与对应流域分区内的 NDVI 进行时间序列的对比分析，绘制趋势对比见图 4-6~图 4-14。

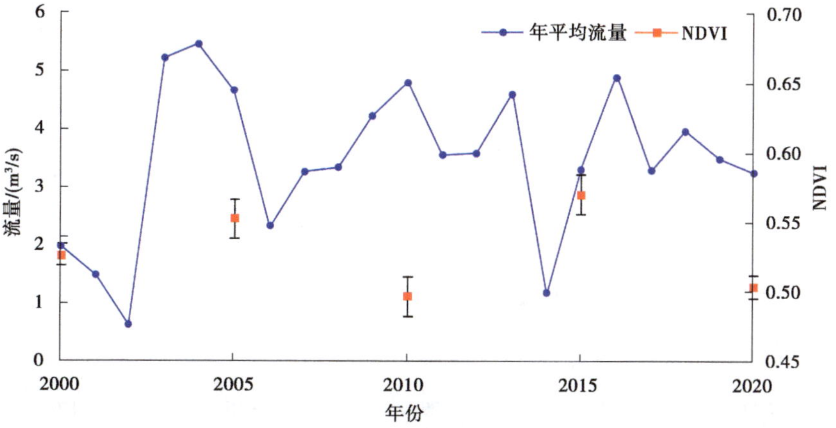

图 4-6　年平均流量(黄台桥)和 NDVI(黄台桥以上)趋势对比

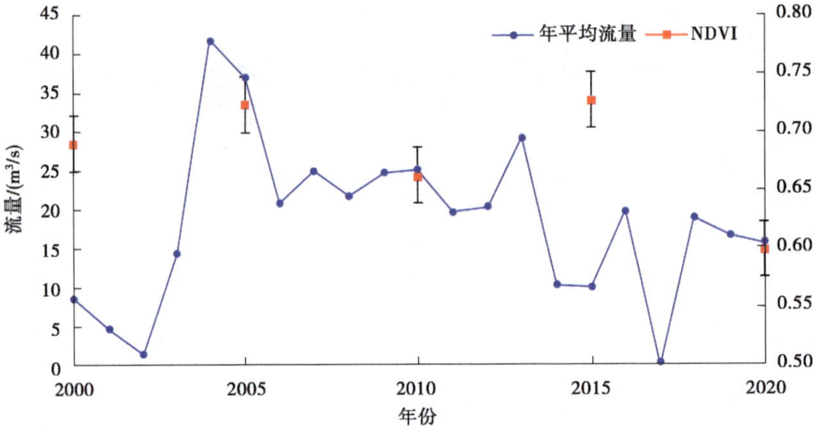

图 4-7　年平均流量(岔河)和 NDVI(黄台桥至岔河)趋势对比

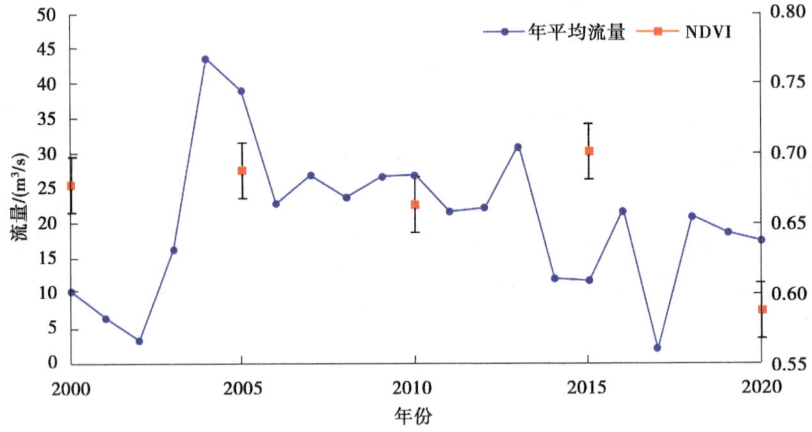

图 4-8　年平均流量(石村)和 NDVI(岔河至石村)趋势对比

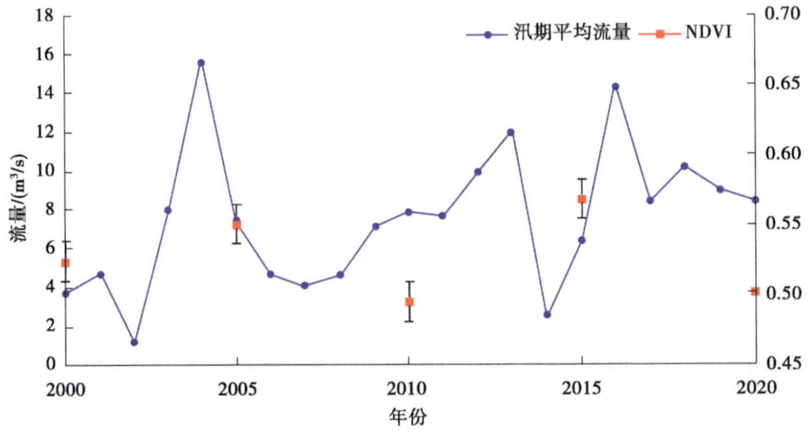

图 4-9　汛期平均流量(黄台桥)和 NDVI(黄台桥以上)趋势对比

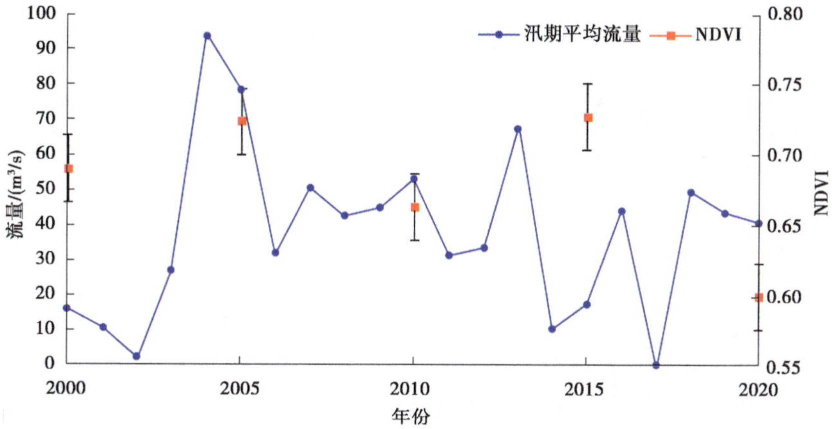

图 4-10　汛期平均流量(岔河)和 NDVI(黄台桥至岔河)趋势对比

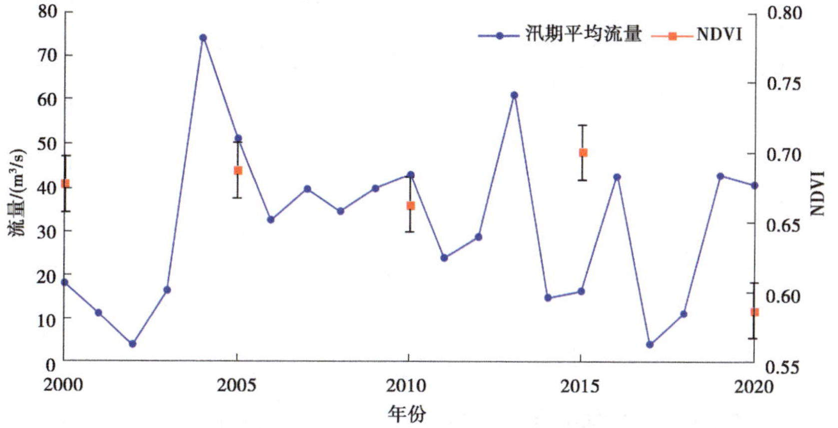

图 4-11　汛期平均流量(石村)和 NDVI(岔河至石村)趋势对比

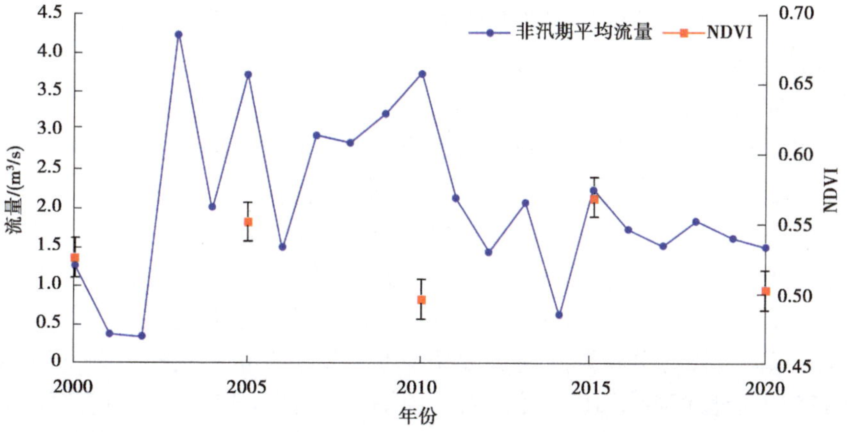

图 4-12　非汛期平均流量(黄台桥)和 NDVI(黄台桥以上)趋势对比

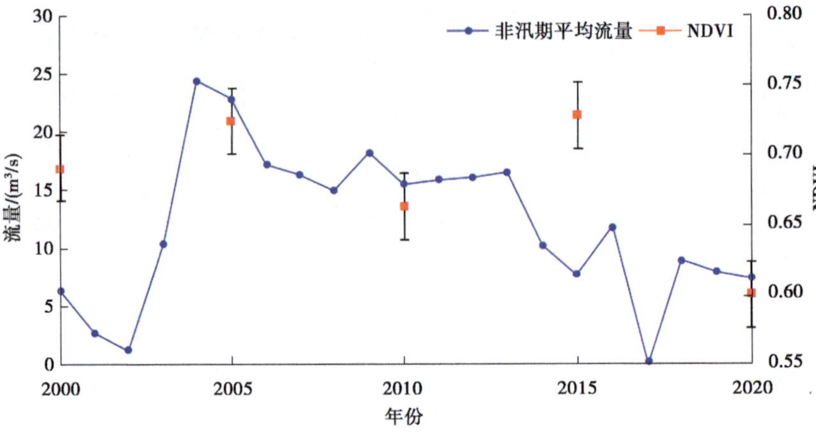

图 4-13　非汛期平均流量(岔河)和 NDVI(黄台桥至岔河)趋势对比

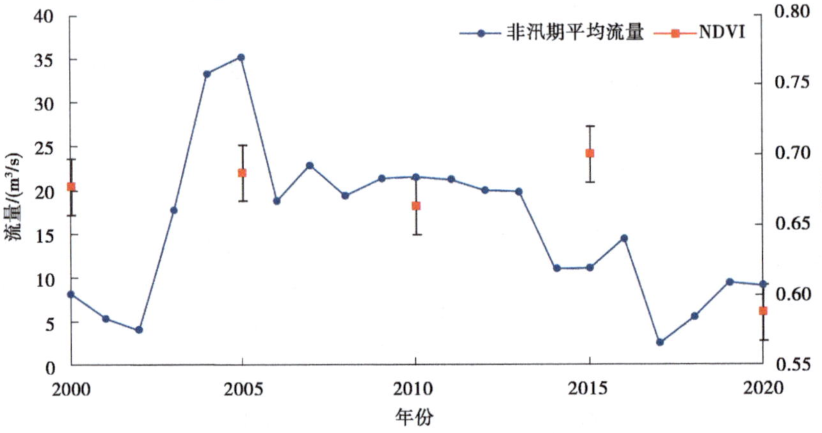

图 4-14　非汛期平均流量(石村)和 NDVI(岔河至石村)趋势对比

采用了标准误差线对 NDVI 均值数据进行可靠性估计,误差线代表数据的波动范围,误差线的长短可以反映数据的精度,标准误差越小,数据可靠性越大;反之,数据可靠性越小。从整体趋势来看,小清河流域各区间内已掌握的天然年平均流量、汛期平均流量和非汛期平均流量与 NDVI 的变化趋势基本相同,即上升→下降→上升→下降的趋势,但各区间内的 NDVI 变化略滞后于年平均流量的变化。生态系统的动态变化应与气象水文之间具有很大的相关性,天然平均流量的变化直接反映了流域内降水量的变化,一些研究也表明,在一般情况下,植被生物量或密度维持一个常量,降水后生物量上升,季节性茂盛与降水期相比有滞后性。植被的生长态势不仅受到降水的直接影响,更受到降水导致的地下水储量变化的持续影响。曹杰等分析了降水与华北平原地下水储量变化之间的关系,表明由于降水对地下水补给时需要一定的入渗过程,故地下水变化相较于降水存在 2~5 个月的滞后性;张向蕊通过分析降水对黄淮海平原地下水储量变化的影响发现,降水导致的地下水趋势变化最长可持续 10 个月左右。由图 4-6~图 4-14 可知,小清河流域各分区内 NDVI 与天然年平均流量、汛期平均流量和非汛期平均流量的变化趋势相比均存在 1~2 年的滞后性,这是可以理解的,但这不利于分析 NDVI 与流量之间的关系。为了消除 NDVI 滞后性所带来的影响,本书将 NDVI 序列值对应到相应流量极值,拟合 NDVI 与年平均流量、汛期平均流量和非汛期平均流量之间的关系，所得结果如表 4-4 所示。

表 4-4　小清河流域不同分区内 NDVI 与流量的关系

区间	NDVI-$Q_{总}$	NDVI-$Q_{汛期}$	NDVI-$Q_{非汛期}$
黄台桥以上	$y=0.0152x+0.4734$ $R^2=0.3935$	$y=0.0064x+0.4815$ $R^2=0.4543$	$y=0.0072x+0.5121$ $R^2=0.0764$
黄台桥—岔河	$y=0.0026x+0.627$ $R^2=0.6704$	$y=0.0011x+0.6297$ $R^2=0.675$	$y=0.0045x+0.6247$ $R^2=0.6488$
岔河—石村	$y=0.002x+0.6183$ $R^2=0.5663$	$y=0.0042x+0.4411$ $R^2=0.4791$	$y=0.01x+0.4355$ $R^2=0.4577$

注：y 为流量；x 为 NDVI 值；R^2 为相关系数。

由表 4-4 可知，小清河流域各分区内 NDVI 与流量之间均呈正相关关系。从空间变化上来看，小清河流域从上游至下游，黄台桥至岔河区间内 NDVI 与流量之间的相关性最强，岔河至石村区间内二者的相关性次之，黄台桥以上区间二者相关性最弱；从时间变化来看，3 个区间内 NDVI 与汛期平均流量相关性较强，与非汛期流量相关性较弱。

分析其原因，黄台桥以上区域面积仅有 351 km^2，在 3 个分区中面积最小，位于济南市区内，居住及建设用地规模较大，约占分区面积的 80%，植被覆盖率较低，同时受人类活动影响较大，会对 NDVI 与流量之间的相关性产生干扰，NDVI 与天然年平均流量、汛期平均流量和非汛期平均流量相关性分别为 0.393 5、0.454 3 和 0.076 4，在 3 个分区中均处于最低水平；黄台桥至岔河区间面积 4 763 km^2，区内地形以平原为主，耕地面积约占 75%，但南部存在一定面积的山地，植被覆盖度较好，虽然农作物在一定程度上会受到人类活动的影响，但整体来说，由于区间内植被覆盖度较高且存在一定规模的自然生态系统，NDVI 对水文变化反映较为强烈，与天然年平均流量、汛期平均流量和非汛期平均流量相关性分别为 0.670 4、0.675 和 0.648 8，在 3 个分区中均处于最高水平；岔河至石村处于平原地区，面积约 1 592 km^2，区域内耕地面积约占 90%，植被覆盖度高，但农作物生长不免受到人类活动影响，同时缺乏山区自然生态系统，因此 NDVI 与流量的相关性在 3 个区间中处于中等水平，与天然年平均流量、汛期平均流量和非汛期平均流量相关性分别为 0.566 3、0.479 1 和 0.457 7。

本书所采用的 NDVI 数据集为国家科技资源共享服务平台的 2000～2020 年中国 30 m 年最大 NDVI 数据集，反映的是植被生长最为旺盛时期的 NDVI。小清河流域为中国北方典型的季风气候区，植被生长最为旺盛的时期与水文季节中的汛期大致吻合，因此相比于非汛期，NDVI 与汛期平均流量之间的相关性较强。在降水较少的非汛期，植被生长受气温、光照、水分等的影响，生长需求较低，且植物对于环境有一定的耐受性，因此植被对非汛期的流量变化反馈较弱，造成 NDVI 与流量之间的相关性较低。

4.2.3　水文-生态景观响应关系

4.2.3.1　生态景观时空变化规律

生态学中，景观定义分广义和狭义两种。狭义的景观是指几十至几百平方千米范围内，由不同生态系统类型组成的异质性地理单元。广义的景观则指出现在从微观到宏观不同尺度上的具有异质性或缀块性的空间单元。这些不同的地理或空间单元通常表现为不同的土地利用或土地覆被类型。

本书所采用的中国年度土地覆被类型数据来自知名的研究数据存储和共享平台Zenodo,武汉大学研究者利用Google Earth Engine上的335 709幅Landsat遥感卫星图像,构建了首个大地遥感卫星衍生的中国年度土地覆被产品(CLCD)。该数据集空间分辨率为30 m,时间分辨率为1年。在遥感影像处理软件支持下,对5期数据进行裁剪、建立景观分类系统等处理,形成景观分类基础图件,绘制出生态景观类型专题图;再将各期图件进行拓扑分析、统计计算和景观指数计算,并对计算结果进行对比分析。

根据数据集对土地覆被类型的划分结果,小清河流域被划分为耕地、林地、灌木、草地、水体、居住和建设用地、裸地7种景观类型。对于生态景观空间格局及其变化的考察,需要一套合理的指标体系,以反映生态景观的个体形态特征及整体多样性特征。在已有研究的基础上,选取以下指标来研究区域生态景观格局的动态变化。

(1)斑块破碎度(fragmentation):描述生态景观被分割的破碎程度,见式(4-2)。

$$C_i = N_i/A_i \tag{4-2}$$

(2)斑块分形维数(fractal dimension):描述生态景观斑块几何形状复杂程度,见式(4-3)。

$$F_i = 2\ln(L_i/4)\ /\ln A_i \tag{4-3}$$

(3)分离度(isolation)指数:指某一生态景观类型中不同元素个体分布的离散程度,见式(4-4)。

$$I_i = (N_i/A)\ 0.5/[2(A_i/A)] \tag{4-4}$$

(4)多样性(diversity)指数(Shannon-Weaver):反映生态景观类型的多少和各生态景观类型所占比例的变化,见式(4-5)。

$$H = -\sum_{i=1}^{m}(P_i \ln P_i) \tag{4-5}$$

式中:N_i为生态景观类型i的斑块数量;A_i为生态景观类型i的面积;A为研究区总面积;L_i为生态景观类型i的斑块周长;P_i为第i类生态景观面积在总景观面积中的比例。

小清河流域2000~2020年(间隔5年)景观类型空间分布见图4-15,景观类型特征见表4-5和图4-16。

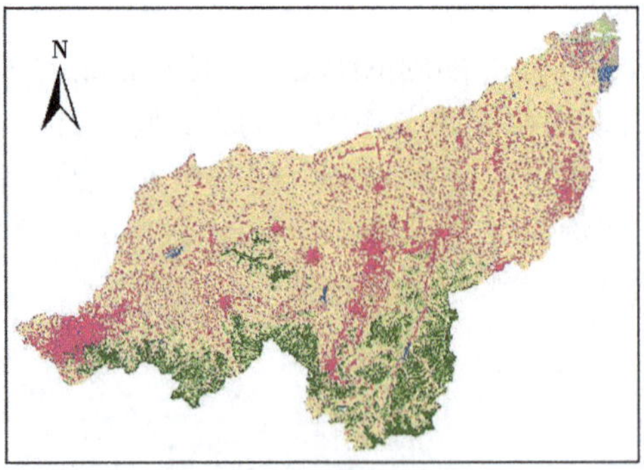

(a)2000年

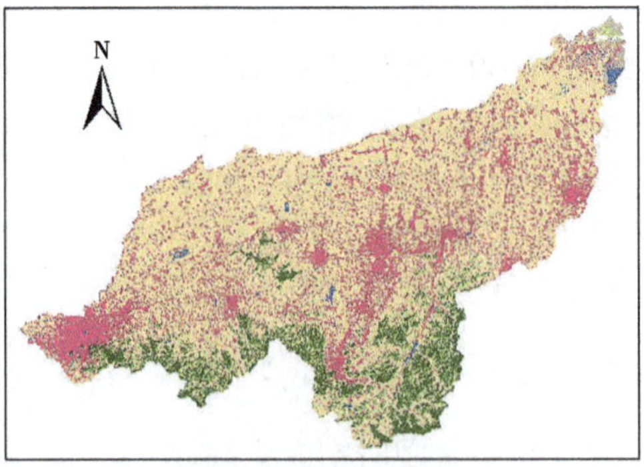

(b)2005年

图4-15 小清河流域2000~2020年(间隔5年)景观类型空间分布

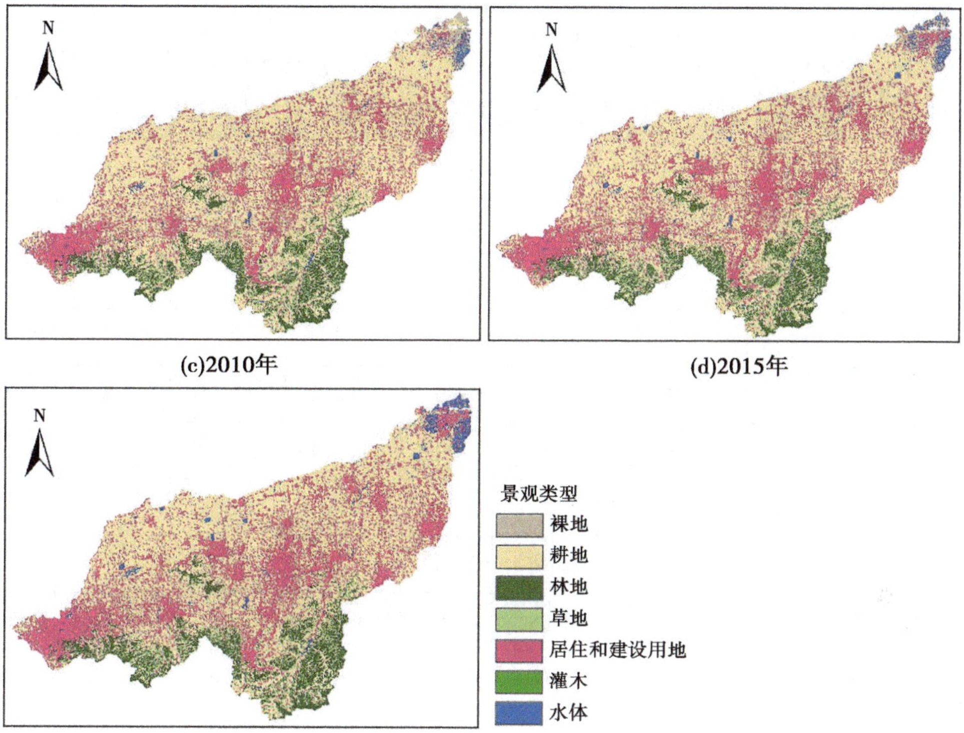

(c)2010年　(d)2015年

(e)2020年

续图 4-15

表 4-5　不同时期各生态景观类型斑块特征

年份	生态景观类型	斑块个数/个	斑块面积/km^2	面积占比/%	斑块周长/km	斑块破碎度	斑块分形维数	分离度指数
2000	耕地	47 318	7 095.43	67.24	53 311.92	6.67	2.14	342.52
	森林	18 737	951.49	9.02	18 025.50	19.69	2.45	1 011.42
	草地	35 823	485.52	4.60	18 448.74	73.78	2.73	3 789.57
	灌木	4	0	0	0.48	1 111.11	0.75	57 068.19
	水体	3 148	50.71	0.48	1 391.52	62.08	2.98	3 188.63
	裸地	2 796	100.70	0.95	1 893.00	27.77	2.67	1 426.08
	居住和建设用地	61 943	1 868.11	17.71	36 187.26	33.16	2.42	1 703.05
	合计	169 769	10 551.96	100.00	129 258.42			

续表 4-5

年份	生态景观类型	斑块个数/个	斑块面积/km^2	面积占比/%	斑块周长/km	斑块破碎度	斑块分形维数	分离度指数
2005	耕地	48 297	6 805.98	64.50	56 133.36	7.10	2.16	364.47
	森林	17 881	933.11	8.85	17 147.64	19.16	2.45	984.23
	草地	36 000	434.92	4.12	17 147.22	82.77	2.75	4 251.41
	灌木	4	0.01	0	0.60	740.74	0.73	38 045.46
	水体	3 655	70.00	0.66	1 780.50	52.21	2.87	2 681.79
	裸地	2 340	104.83	0.99	1 781.40	22.32	2.62	1 146.48
	居住和建设用地	60 793	2 203.12	20.88	39 873.48	27.59	2.39	1 417.27
	合计	168 970	10 551.97	100.00	133 864.20			
2010	耕地	53 567	6 408.08	60.72	58 693.20	8.36	2.19	429.34
	森林	17 623	936.66	8.88	16 730.58	18.81	2.44	966.35
	草地	36 987	397.50	3.77	16 577.94	93.05	2.78	4 779.08
	灌木	3	0	0	0.36	1 111.11	0.81	57 068.19
	水体	6 130	107.71	1.02	3 244.20	56.91	2.86	2 923.20
	裸地	3 522	87.46	0.83	2 317.08	40.27	2.85	2 068.31
	居住和建设用地	57 906	2 614.55	24.78	43 044.60	22.15	2.36	1 137.53
	合计	175 738	10 551.96	100.00	140 607.96			
2015	耕地	60 043	6 010.81	56.96	59 673.18	9.99	2.21	513.06
	森林	16 233	996.09	9.44	17 280.96	16.30	2.43	837.02
	草地	34 389	418.27	3.97	16 667.34	82.22	2.76	4 222.75
	灌木	23	0.03	0	3.48	709.88	0.08	36 460.23
	水体	6 749	141.20	1.34	3 751.98	47.80	2.77	2 454.96
	裸地	5 447	58.37	0.55	2 504.04	93.32	3.17	4 793.08
	居住和建设用地	56 043	2 927.18	27.74	44 861.34	19.15	2.34	983.35
	合计	178 927	10 551.95	100.00	144 742.32			

续表 4-5

年份	生态景观类型	斑块个数/个	斑块面积/km^2	面积占比/%	斑块周长/km	斑块破碎度	斑块分形维数	分离度指数
2020	耕地	61 305	5 844.43	55.38	61 031.40	10.49	2.22	538.75
	森林	16 012	1 023.43	9.70	17 125.20	15.65	2.41	803.57
	草地	35 962	333.41	3.16	14 618.70	107.86	2.82	5 539.83
	灌木	17	0.02	0	2.64	699.59	0.22	35 931.82
	水体	3 596	194.73	1.85	3 376.44	18.47	2.56	948.49
	裸地	6 296	15.62	0.15	1 343.04	403.06	4.23	20 701.85
	居住和建设用地	54 399	3 140.31	29.76	46 448.94	17.32	2.32	889.72
	合计	177 587	10 551.95	100.00	143 946.36			

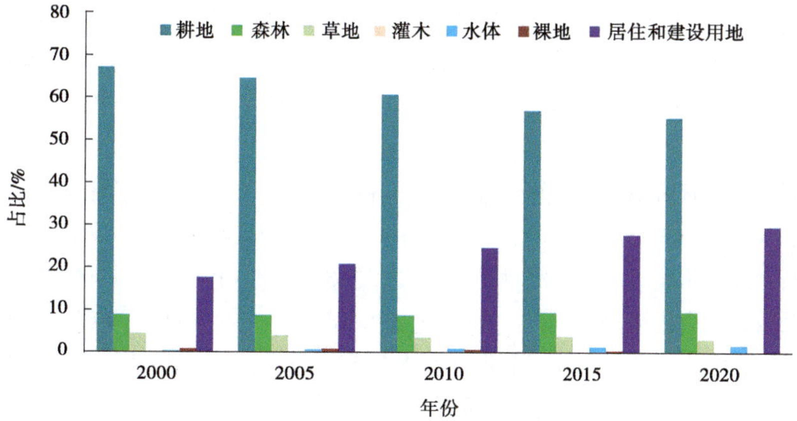

图 4-16　小清河流域不同生态景观类型比例统计

2000~2020 年，各生态景观类型虽均发生不同程度的增减变化，但相对关系稳定，景观面积由大到小均为：耕地>居住和建设用地>森林>草地>水体>裸地>灌木。小清河流域平原面积广阔，人口密集，工农业生产规模较大，因此耕地面积占有绝对优势，始终保持在 50%以上，其次为居住和建设用地。流域内南部为低山丘陵，林草覆盖率较高，故森林、草地、灌木在景观类型中占有一定比例。小清河入海口附近分布有滩涂和盐场，该区域主要景观类型为水体和裸地。

从景观类型动态变化趋势来看，耕地、草地、裸地面积占比逐渐减少，分别由 67.24%、4.6%、0.95%下降至 55.38%、3.16%、0.15%，而居住和建设用地面积占比明显增加，由 17.71%增加至 29.76%，说明流域内 20 年间基础设施建设快速发展，城市化进程稳步推进，一定程度上挤占了耕地等资源空间。森林面积在 2005 年出现较为明显的减少，此后逐渐增加，水体面积占比也由 0.48%逐渐增加至 1.85%，说明退耕还林、还湖、植树造林等举措稳步施行,生态文明建设取得积极成效。灌木面积在 2000~2010 维持在 0.01 km^2 之下,至 2015 年出现明显增加,为 0.03 km^2,2020 年略有缩减,灌木林常分布在气候干燥或寒冷、不适宜乔木生长的地方,因此分析小清河流域灌木面积的增加应与 2005~2015 年间降水量的下降趋势有关。

耕地作为面积最为广阔的景观类型,破碎度和分离度均始终保持在最低水平,分形维数也相对较低,说明流域内耕地分布集中。但随着城市化进程的推进,越来越多的耕地被变更为居住和建设用地,导致耕地景观的破碎度、分形维数、分离度指数均越来越高,分别由 6.67、2.14、342.52 上升至 10.49、2.22、538.75,而居住和建设用地的破碎度、分形维数、分离度指数均越来越低,分别由 33.16、2.42、1 703.05 下降至 17.32、2.32、889.72,两大主体景观的格局变化,一定程度上带来了流域内景观同质化水平的降低。森林景观的破碎度和分离度指数分别由 19.69、1 011.42 逐年下降至 15.65、803.57,说明森林生态系统的完整性在提高。灌木作为面积最小的景观,斑块数量最少,几何形状简单,所以分形维数最低,但未能集中分布,所以破碎度和分离度指数最高。

4.2.3.2 景观多样性与流量响应关系

本书拟利用景观多样性指数探究生态景观和流域水文之间的关系,但从小清河流域 20 年间景观多样性指数变化趋势来看,2000~2015 年景观多样性指数一直保持增加趋势,2015~2020 年略有下降,与该流域天然流量变化趋势明显不符(以石村站天然年平均流量过程为代表),二者之间无明显相关性。从各种景观类型的变化来看,也均未呈现与流量相近的变化趋势。

究其原因,小清河流域 20 年间经历了快速的城市化进程,耕地面积由 7 095.44 km^2 逐年减少至 5 844.43 km^2,减少了 17.6%,居住和建设用地面积则由 1 868.11 km^2 逐年增加至 3 140.31 km^2,增长了 68.1%,两大优势景观类型的变化导致了整体景观格局同质化水平逐步降低,破碎化程度逐步增加,同时生态保护举措的实施也让森林、水体面积整体呈现上升趋势,由此不难看出小清河流域景观格局受人类活动影响显著。人类活动对景观要素及其空间配置的持续作用,导致景观多样性指数和具体某种景观类型的变化均不能反映出自然水文气象环境变化所带来的影响,生态景观与流域水文之间不能呈现出明显的响应关系,如图 4-17~图 4-19 所示。

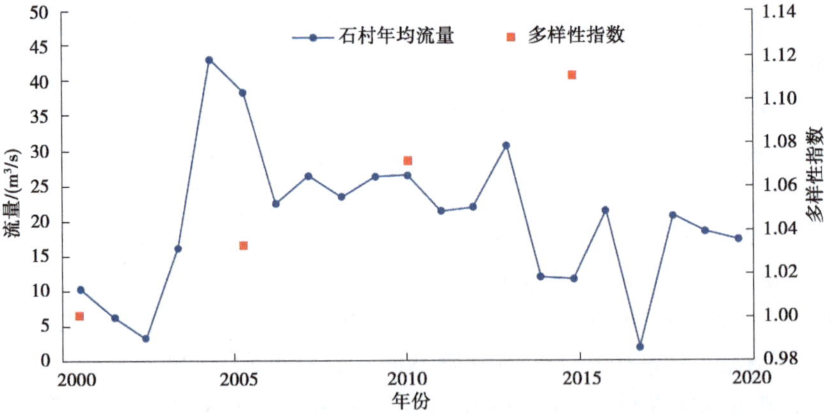

图 4-17 小清河流域景观多样性指数与石村站年平均流量趋势对比

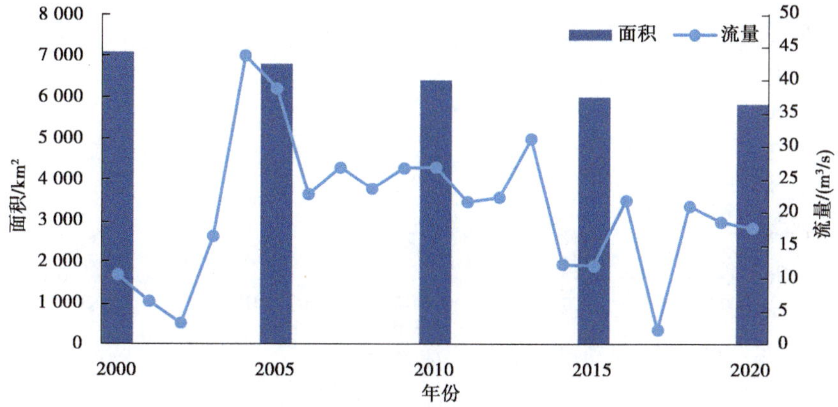

(a)耕地

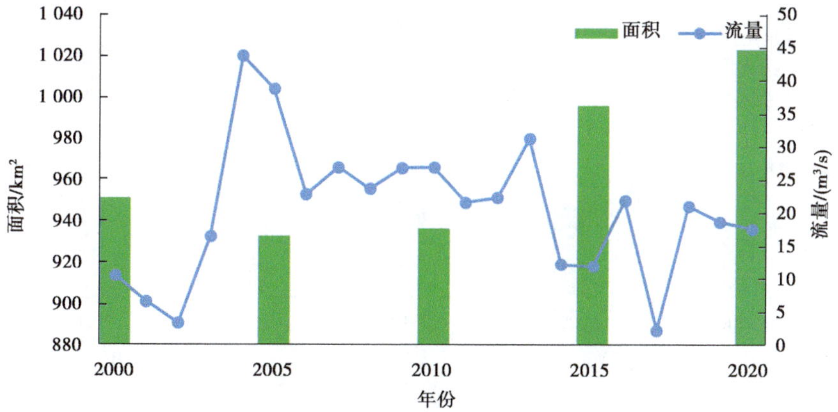

(b)森林

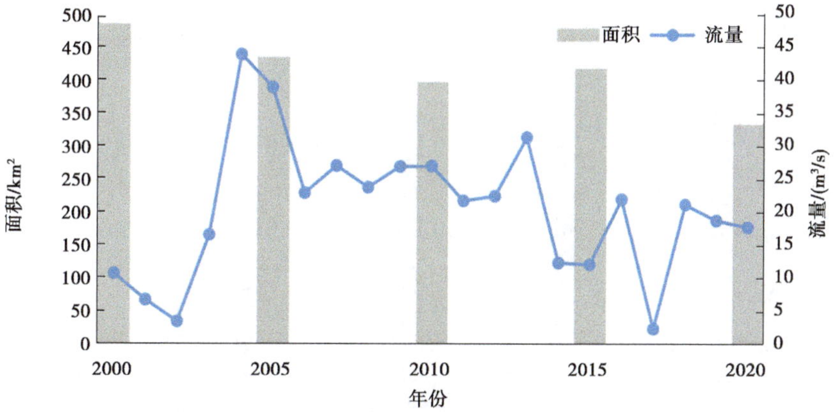

(c)草地

图 4-18　小清河流域各生态景观面积与石村站年平均流量趋势对比

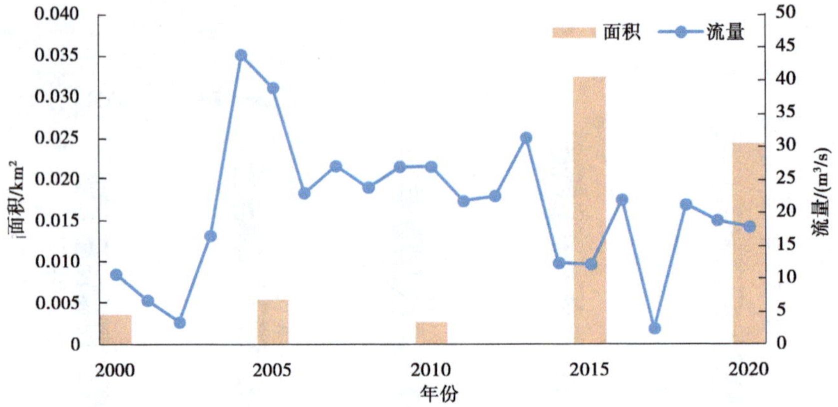

(d)灌木

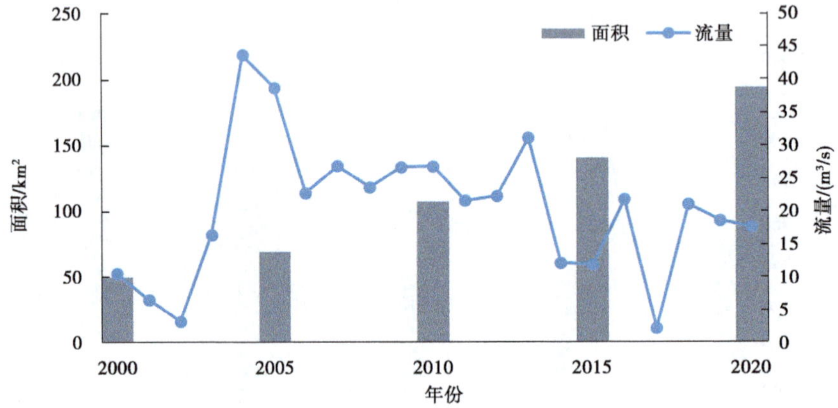

(e)水体

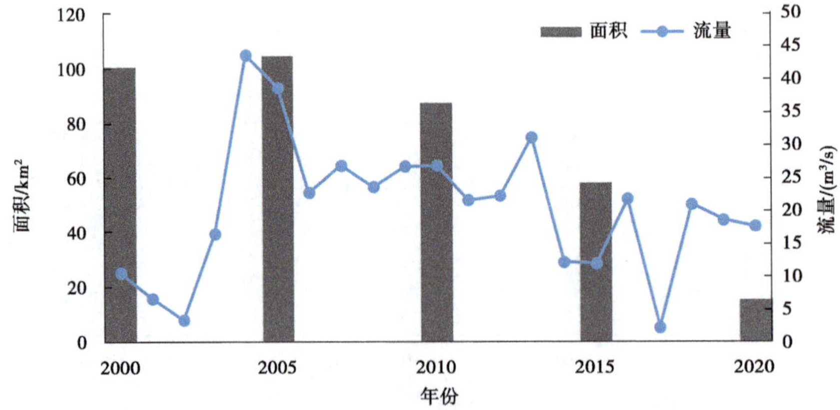

(f)裸地

续图 4-18

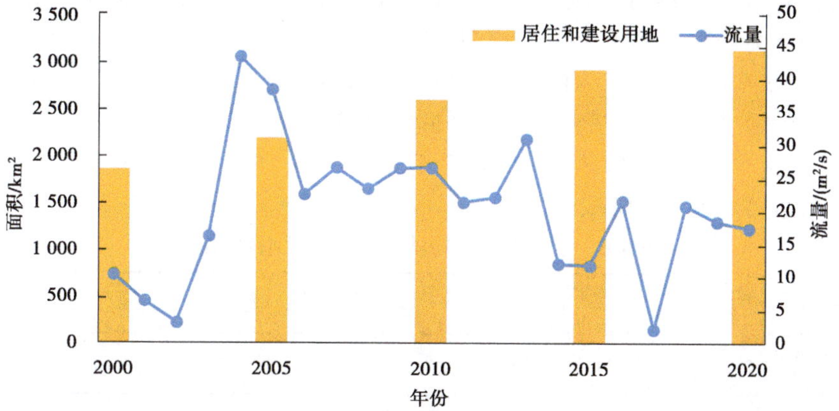

(g)居住和建设用地

续图 4-18

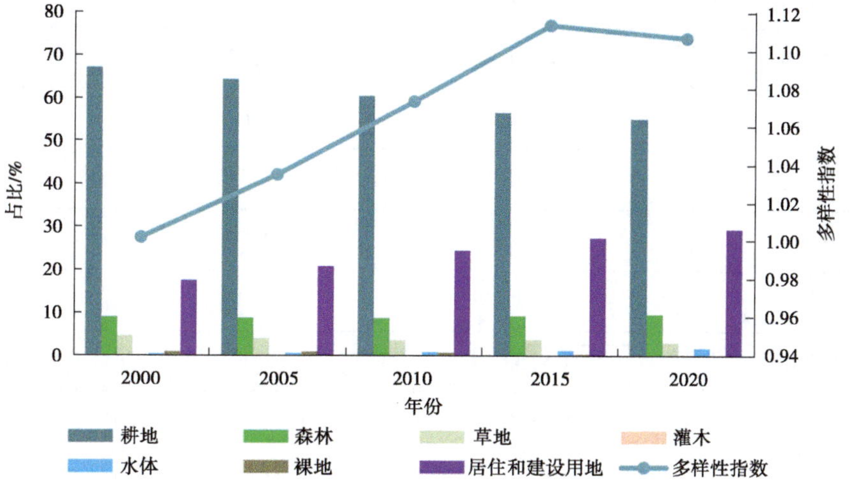

图 4-19　小清河流域景观及多样性指数变化趋势对比

4.3 小清河干流生态要求

4.3.1 健康标志性指示物种的确定

目前,鱼类指示物种的选取没有统一标准,本书引入优势种和相对重要性指数(index of relative importance,IRI)的概念来选取鱼类指示物种。优势种的特点是具有高度的生态适应性,它常常在很大程度上决定着群落内部的环境条件,因而对其他物种的生存和生长有很大影响,优势物种个体数量多,通常占有竞争优势。优势种的确定往往需要考虑到鱼类季节分布特点和个体大小差异。所谓优势种,应具有数量上和重量上占据显著比例的成分,且在季节因素中具有持续性。本书以 IRI 表征,大于 100 的物种为重要种,大于 1 000 的物种为优势种。相关计算如式(4-6)所示。

$$IRI = (N\% + B\%) \times F\% \tag{4-6}$$

式中:N、B 分别为个体数和生物量指标值;F 为出现频率。

结合已有调查,根据式(4-6)进行计算,分别得到春、夏、秋 3 个季节鱼类的相对重要性指数,计算结果如表 4-6 所示。

表 4-6 小清河鱼类物种相对重要性指数(IRI)

鱼种	春	夏	秋
棒花鱼	25.46	339.62	4.40
乌鳢	33.73	30.66	13.76
青鳉	42.08	35.39	284.29
子陵栉鰕虎鱼	54.09	0	3.30
彩鳑鲏	64.40	292.70	365.05
黄鳝	68.35	0	6.88
鲤	116.62	217.79	0
麦穗鱼	118.90	227.53	696.90
鰲	177.21	36.19	185.95
大鳞副泥鳅	208.53	0	274.61
红鳍鲌	213.03	32.14	63.56
泥鳅	1 079.68	719.54	1 585.96
鲫	8 157.08	8 859.50	7 360.57

小清河水量和生态需求存在明显的季节差异,因此本书根据生境调查结果,不同季节选取不同的鱼类指示物种。由表 4-6 可见,春、夏、秋 3 季中鲫的 IRI 均超过 1 000,因此将鲫作为优势种。基于 IRI 值的大小,分别选取排名前 3 名的鱼种进行对比分析,除共有的优势种鲫外,春季的重要种为泥鳅和红鳍鲌,夏季的重要种为泥鳅和棒花鱼,秋季的重要种为泥鳅和麦穗鱼。由此,春季选取泥鳅作为指示物种,根据季节差异性原则,夏季和秋季则应排除泥鳅,选择棒花鱼和麦穗鱼作为指示物种。

综上所述,本书选取的全年指示物种为鲫,春季、夏季和秋季的指示物种分别为泥鳅、棒花鱼和麦穗鱼。

4.3.2　小清河干流航运条件

根据《小清河复航工程设计》，小清河全线共有柴庄、水牛韩、金家堰、金家桥、王道 5 个梯级，共划分为 5 个航道，分别为柴庄节制闸（迁建）—水牛韩船闸、水牛韩船闸—金家堰船闸、金家堰船闸—金家桥船闸、金家桥船闸—王道船闸、王道船闸—羊口港。

4.3.2.1　通航水量计算

小清河航运本身不消耗水量，但需要河道有一定的水量和水深，以保证船只能正常通航。船闸运行时需下泄部分水量，该下泄水量下游可继续利用。船闸的下泄水量包括船舶过闸用水和闸阀门漏水两部分，根据《船闸总体设计规范》（JTJ 305—2001），一天内平均下泄水量计算公式见式（4-7）和式（4-8）：

$$\overline{Q} = \frac{nV}{86\,400} + q \tag{4-7}$$

$$q = eu \tag{4-8}$$

式中：V 为一次过闸下泄水量，m^3；q 为闸阀门的漏水损失，m^3/s；e 为止水线上每米上的渗漏损失，$m^3/(m \cdot s)$；u 为闸阀门止水线长度，m；n 为船闸灌泄水次数。

根据《小清河复航工程设计》成果，各级船闸耗水情况见表 4-7。

表 4-7　船闸耗水情况

船闸名称	年份	单向货运量/（万 t/年）	船闸灌泄/（次/月）	闸室面积/m^2	平均水头/m	漏水损失/（m^3/s）	最大月泄水量/万 m^3	最大下泄水量/（m^3/s）
水牛韩	2030	1 270	261	8 500	5.30	0.105	816.2	3.07
	2040	1 520	302				941.3	3.56
金家堰	2030	1 950	315	10 200	5.40	0.105	1 761.8	6.79
	2040	2 340	319				1 786.0	6.89
金家桥	2030	2 850	425	10 200	2.20	0.105	981.7	3.79
	2040	3 690	504				1 157.2	4.46
王道	2030	2 920	363	10 200	3.27	0.105	1 238.6	4.78
	2040	3 770	429				1 457.2	5.62

4.3.2.2　通航水位设计

根据《小清河复航工程设计》成果，各级船闸不同来水频率通航控制水位见表 4-8。

表 4-8　各级船闸不同来水频率通航控制水位

单位：m

航道	最高通航水位	正常通航水位	最低通航水位	最小水深
柴庄节制闸—水牛韩船闸	14.52	14.0	13.7	3.8
水牛韩船闸—金家堰船闸	11.23	9.6	8.7	3.8
金家堰船闸—金家桥船闸	5.82	5.0	4.2	3.8
金家桥船闸—王道船闸	4.32	3.7	2.8	3.8

4.3.2.3　控制断面及通航流量

按照《水利部关于做好河湖生态流量确定和保障工作的指导意见》(水资管〔2020〕67号)的要求，根据河湖生态保护对象，选择跨行政区断面、把口断面、重要生态敏感区控制断面、主要控制性水工程断面等作为河湖生态流量控制断面。控制断面的确定，应与相关水利规划、相关生态环境规划、水量分配方案确定的断面相衔接，宜选择有水文监测资料的断面。

根据《山东省河流水量调度方案编制大纲(试行)》(征求意见稿)，水量调度主要控制(管理)断面应包括重点河湖生态流量(水量)保障实施方案、水量分配协议(方案)中确定的控制(管理)断面。根据水量调度的实际需要，可进一步增补细化流域水量调度控制(管理)断面，包括水系节点(把口断面)、市界断面、重大水工程断面、重要城市断面、重要取水口断面等。

小清河流域行政区划主要为济南、滨州、淄博、东营、潍坊 5 市。本次小清河水量调度主要控制断面根据市界断面选定，综合考虑现有市界断面情况、水文站站点分布以及航运工程情况，沿着小清河干流由上到下，依次选取五龙堂桥、金家堰枢纽、博兴站、石村站作为控制断面。

据实际调查和地方水行政主管部门意见，王道枢纽以下河段为海水上溯区，暂未划定相应调度指标，在东营市和潍坊市界不再设置相应控制断面。小清河流域通航主要控制断面概况见表 4-9。

表 4-9　小清河流域通航主要控制断面概况

序号	断面名称	所在地市	断面类型	控制指标	说明
1	五龙堂桥	济南章丘	市界	下泄水量	济南滨州分界
2	金家堰枢纽	淄博桓台	市界	下泄水量	滨州淄博分界
3	博兴站	滨州博兴	市界	下泄水量	淄博滨州分界
4	石村站	东营广饶	市界	下泄水量	滨州东营分界

断面通航水位(水量)指标以控制断面所在航道通航水位(水量)为依据,逐级航道分别以水牛韩枢纽、金家堰枢纽、金家桥枢纽、王道枢纽船闸闸前水位为控制指标。

根据《小清河复航工程初步设计》成果,综合考虑断面以上天然径流量、蓄水工程蓄水量、两岸需水量、可分配地表水资源量、余缺水量、供水优先顺序等情况后确定,水牛韩枢纽、金家堰枢纽、金家桥枢纽、王道枢纽上游通航最低水位分别为 13.7 m、8.7 m、4.2 m、2.8 m,设计保证率 95%。当控制断面水位达到预警条件,济南、滨州、淄博、东营、潍坊 5 市水行政主管部门对境内蓄水工程、取水工程实施综合管控。

预警通航水位按照正常通航水位和最低通航水位线性插值,通航下泄水量按照 2030 年预测成果计,不同来水频率控制断面通航水位(水量)见表 4-10。

表 4-10　不同来水频率控制断面通航水位(水量)

控制断面	航道	最低通航水位(95%保证率)/m	预警通航水位(75%保证率)/m	通航下泄水量(万 m^3/月)	通航下泄流量/(m^3/s)
五龙堂桥	柴庄节制闸—水牛韩船闸	13.7	14.0	843	3.25
金家堰枢纽	水牛韩船闸—金家堰船闸	8.7	9.6	1 789	6.90
博兴站	金家堰船闸—金家桥船闸	4.2	5.0	1 009	3.89
石村站	金家桥船闸—王道船闸	2.8	3.7	1 266	4.88

4.4 生态流量的确定

4.4.1 生态流量方法简介

研究制定河流生态流量的目的是维持河流水体的基本形态和河流生态系统的健康。目前,国内外河流生态需水量的确定方法主要有水文学方法、水力学方法、生境模拟法以及整体分析法。

4.4.1.1 水文学方法

水文学方法是利用历史流量资料确定河流生态基流的一类方法。该类方法种类最多,多数目前仍在使用。其中 Tennant 方法应用最多,该方法考虑了邻近栖息地、水力学和生物学因素,采用河流年平均流量的百分比作为河流最小推荐流量。Tennant 方法应用的基础是对研究地区的生态因素、地形因素较为了解,需要分析百分比是否符合当地河流情况，并结合当地河流管理目标，对该百分比进行调整。因此，不同地区、不同季节其百分比都可能不同。此外，水文学方法的代表方法还有 Q95(95%保证率下的最枯流量)、Q90(90%保证率下的最枯流量)、7Q10 法、Texas 法、Hoppe 法、NGPRP 法、基本流量法(basic flow method)等，这些方法在世界各地均有应用。从 1990 年起，反映河流流量可变性和生态相关性的水文学方法也得到应用，应用最为广泛的是世界大自然保护协会开发的 RVA(range of variability approach)法，该法在美国、加拿大、南非、中国等都得到了广泛的应用。水文学方法的优点是不需要进行现场测量，简单方便，对数据的要求不是很高。缺点是未考虑河流生态需求，对河流实际情况做了较为简化的处理，因此只能应用于优先度不高的河段，或者作为其他方法的粗略检验。

4.4.1.2　水力学方法

水力学方法是根据河道宽度、水深、流速和湿周等水力参数确定河流所需的流量，水力参数可以通过实测获得，也可以由曼宁公式计算获取，代表方法有湿周法和 R2-Cross 法等。湿周法假设河流栖息地的完整性与湿周的大小关系紧密，即认为保护好湿周就可以保证河流栖息地的完整性。该方法需要建立湿周与流量的关系曲线，认为曲线拐点附近的流量即为所求，而难点在于拐点的确定，主要确定方法有曲率法和斜率法两种，所得结果有所不同，但较常用的是斜率法。另一种应用较多的是 R2-Cross 法，该方法认为必须考虑由河流几何形态决定的水深、河宽、流速等因素，以确定河流流量推荐值。该方法在曼宁公式的基础上，需要对河流断面进行实地调查从而确定相关参数，这给其应用带来一定的限制。在原有水力学方法的基础上，我国部分学者对此进行了改进，并得到一定程度的应用，如水力半径法、生态水力半径法等。该类方法几年来应用较少，发展缓慢，但其为生境模拟法的发展和完善起到了关键性作用。

4.4.1.3　生境模拟法

生境模拟法是对水力学方法的进一步发展，主要选取某一种或多种指示物种，认为只需为指示物种提供适宜的物理生境即可满足生态系统的需求，主要是通过指示物种所需的水力条件确定生态基流。该方法对生态基流进行定量化，并且考虑生态因素，代表性的有 IFIM(instream flow incremental methodology)法、CASMIR 法等，其中 IFIM 法应用较广。IFIM 法最关键的部分是采用 PHABSIM(physical habitat simulation)模型模拟不同流速条件下栖息地类型的变化，根据指示物种生境和生活阶段的需求确定适宜的河流生态条件(如水深、流速和底质条件)，将水力特征和生物信息综合分析，确定满足主要水生生物生境要求的流量。近年来，生境模拟法在我国，尤其是长江中下游应用较多，多以中华鲟为目标物种，以满足中华鲟产卵为主要目标，同时在我国北方河流也有一定应用，如景梦园等利用生境模拟法计算了东北地区呼兰河干流的生态流量；侯昕玥等利用生境模拟法估算了小清河干流济南段和渭河宝鸡段生态流量；李新宇等利用生境模拟法计算了山东省泗河干流两个河段的生态流量。近年来，应用生境模拟法的研究越来越多，并在此基础上进行了一定的改进，例如基于模糊逻辑的生境模拟法、基于栖息地突变分析的生态需水阈值模型等。

4.4.1.4　整体分析法

自 20 世纪 90 年代中期提出整体分析法后，该方法得到了较多的关注，近些年发展迅速，是目前的研究热点。该方法强调河流生态系统是一个整体，需要综合研究水文条件与泥沙运移、河床形状、河流生境之间的关系，使确定的河道流量能够同时满足泥沙输送、河床稳定、生境维持、水生生物保护和水质改善等功能。该方法涉及多个学科，需要一个同时包含水文学家、地质学家、生态学家以及社会经济学家等的专家组。应用较多的是南非的 BBM(building block methodology)法、DRIFT(downstream response to imposed flow transformations)法，澳大利亚的 ELOHA(ecological limits of hydrologic alteration)法。王俊娜等提出了适用于生态资料相对丰富的大型河流生态基流评估的整体法——水文-生态响应关系法，这是整体分析法在我国的首次应用。该方法所需资料比较复杂，需要长时间的调查和多目标的综合，是目前公认的精度最高的方法，但由于资料要求较高，需要较大的人力、物力，给其广泛应用带来了一定困难。

4.4.2　水文学方法确定生态流量

水文学方法中生态流量的计算要选用受人类活动影响较小的天然径流过程。受季风气候及降水的影响，我国北方地区的河流流量随季节变化明显，汛期与非汛期流量差异显著，因此河流生态流量也应随汛期和非汛期的变化而变化。故采用多种水文学方法计算出逐月的生态流量，充分体现了汛期与非汛期的流量差异。另外，水文学方法种类繁多，不同水文学方法的适用性和侧重点有所不同，计算结果差异较大，采用多种水文学方法可以互相参照。

4.4.2.1　Tennant 法

Tennant 法也叫蒙大拿法，是水文学法中应用最为广泛的方法，该方法由 Tennant 于 1976 年提出。Tennant 法是将多年平均流量的百分比作为基流量的推荐值，具有宏观、定性指导意义。研究表明，多年平均流量的 10%作为保持河流生态系统健康的最小流量，多年平均流量的 30%是能够为大多数水生生物提供较好的栖息条件的基流量。本书选取多年平均流量的 10%作为生态流量。

4.4.2.2　NGPRP 法

NGPRP 法将各年份划分为枯水年、平水年、丰水年，取平水年组各月 90%保证率流量作为最小流量。本次研究采用距平百分率法进行丰、平、枯水年的划分，距平百分率大于 20%为丰水年，-20%~20%为平水年组，小于-20%为枯水年组。距平百分率公式如下：

$$E = \frac{Q_i - Q_a}{Q_a} \times 100\% \tag{4-9}$$

式中：E 为距平百分比；Q_i 为第 i 年年平均流量，m^3/s；Q_a 为多年平均流量，m^3/s。

4.4.2.3　Texas 法

Texas 法是对各月的流量频率进行计算后，取 50%保证率下的月流量的特定百分率作为河道生态流量。该方法适用于流量受融雪影响的河流。特定百分率的设定以研究区典型植物和鱼类的水量需求为依据，本书特定百分率取 30%。

4.4.2.4　最小月平均实测径流法

最小月平均实测径流法可考虑径流季节变化，计算公式见式(4-10)。

$$Q_m = \sum_{i=1}^{n} \min Q_{ij}/n \tag{4-10}$$

式中：Q_m 为第 m 月的河流生态流量，m^3/s，$m = 1,2,\cdots,12$；Q_{ij} 为第 i 月第 j 天的平均流量，m^3/s；n 为统计年数。

4.4.2.5 90%保证率最枯日平均流量法

计算 90%保证率下每月最枯日平均流量作为生态流量。

以上方法所需的月尺度流量序列均为还原之后的天然流量序列，而日尺度流量序列均为实测数据。不同方法对小清河黄台桥站、岔河站、石村站的生态流量进行计算结果见表 4-11～表 4-13 和图 4-20～图 4-22。

表 4-11　黄台桥站水文学方法生态流量计算结果　　单位：m^3/s

方法	1月	2月	3月	4月	5月	6月	7月	8月	9月	10月	11月	12月
Tennant 法	0.20	0.21	0.21	0.29	0.61	0.92	2.30	3.21	1.47	0.62	0.40	0.28
NGPRP 法	0.05	0.09	0.02	0.10	0.37	0	2.73	1.75	1.56	0.30	0.28	0.02
Texas 法	0.13	0.14	0.16	0.14	0.34	0.73	1.85	2.88	1.46	0.42	0.24	0.10
最小月平均实测径流法	9.58	10.55	10.58	10.25	9.24	7.34	8.45	8.97	11.89	11.82	10.43	10.38
90%保证率最枯日平均流量法	8.29	8.29	8.26	8.23	8.22	7.29	8.20	13.00	10.60	9.66	7.40	8.08

表 4-12　岔河站水文学方法生态流量计算结果　　单位：m^3/s

方法	1月	2月	3月	4月	5月	6月	7月	8月	9月	10月	11月	12月
Tennant 法	3.15	2.79	2.33	1.86	2.72	3.37	10.94	14.48	9.50	5.62	4.24	3.69
NGPRP 法	0.92	0.38	1.99	0.64	0.39	0.10	18.41	23.66	17.91	10.56	7.05	4.71
Texas 法	2.42	1.68	1.70	1.28	2.25	2.57	7.71	10.46	7.21	4.07	2.96	2.54
最小月平均实测径流法	21.26	18.18	10.96	13.22	14.68	10.06	19.69	31.23	27.42	26.90	24.83	24.28
90%保证率最枯日平均流量法	18.90	15.10	6.81	11.90	14.40	8.39	17.60	20.90	20.50	12.20	13.80	17.50

表 4-13　石村站水文学方法生态流量计算结果　　单位：m^3/s

方法	1月	2月	3月	4月	5月	6月	7月	8月	9月	10月	11月	12月
Tennant 法	5.65	5.13	3.91	2.77	3.19	3.34	14.07	19.08	13.81	7.96	7.14	6.28
NGPRP 法	3.19	4.07	1.36	0.08	1.28	3.14	18.67	17.51	39.99	13.70	14.30	10.89
Texas 法	4.25	4.44	3.10	1.90	1.96	2.28	10.90	12.47	10.45	4.24	5.18	4.41
最小月平均实测径流法	13.54	12.10	7.15	4.41	4.30	3.89	11.40	28.06	25.02	16.05	15.07	14.33
90%保证率最枯日平均流量法	5.52	1.33	0.79	0.33	0.39	0.64	4.20	9.13	7.76	2.30	4.30	5.37

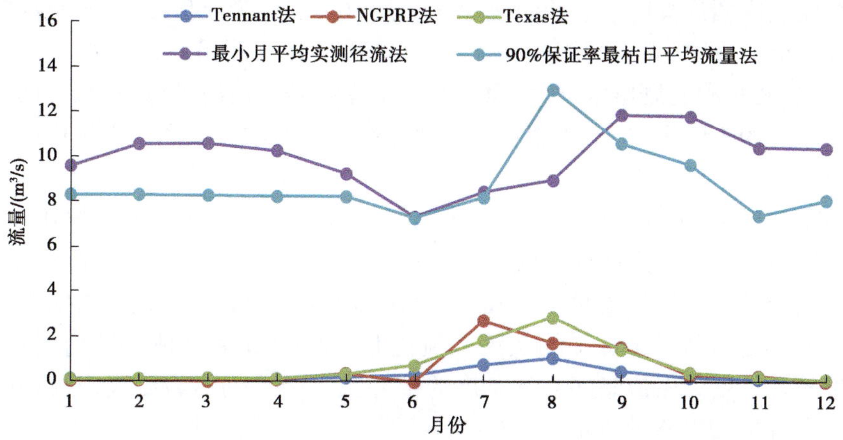

图 4-20　黄台桥站水文学方法生态流量过程线

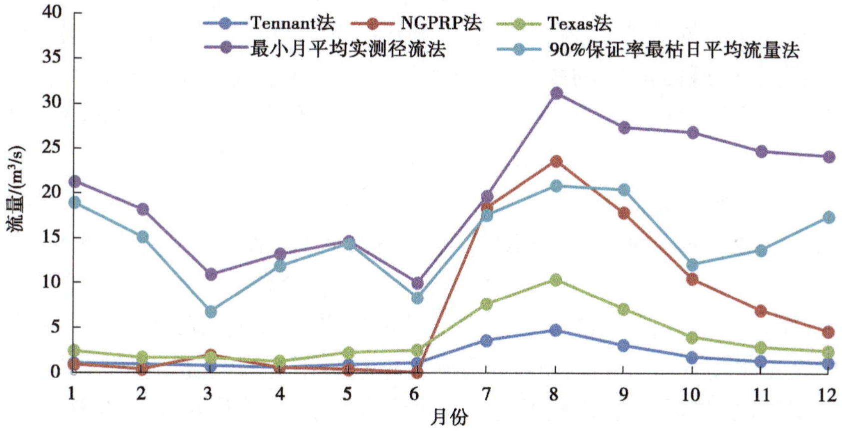

图 4-21　岔河站水文学方法生态流量过程线

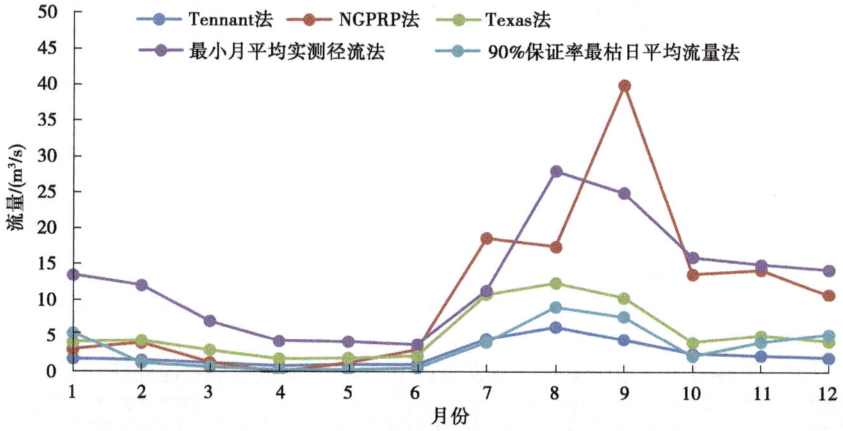

图 4-22　石村站水文学方法生态流量过程线

由 3 个断面计算成果及过程线可以看出,不同水文学方法计算成果存在明显差异。采用月尺度天然流量序列计算的生态流量远小于采用日尺度实测流量序列的计算结果。小清河是季节性河道，自然状态下径流量丰枯悬殊，丰季径流主要是汛期降水，但枯季径流主要靠城市中水、泉水和灌溉尾水补给，而城市中水主要是小清河沿线济南、淄博、滨州等地城市经过处理后的生活污水、工业用水等。随着经济社会的发展和城市规模的扩大，济南等沿线城市总的用水量不断增加，城市污水处理排水量有了显著增加。济南市的地理位置决定了济南的泉水、中水等最终都流入小清河，为保持水质，济南城区段小清河及沿线几处大型水库也要保持一定的生态流量，这就不难理解为什么日尺度实测流量计算的生态流量成果大于月尺度天然流量计算成果，而在具有大量泉水补给的上游黄台桥站，这一现象最为明显。岔河站最小月平均实测径流法和90%保证率最枯日平均流量法计算出的生态流量较月尺度天然流量序列计算出的生态流量结果仍明显偏大，石村站两类流量计算出的生态流量结果差异较小。

中水排水量改变了小清河自然水文情势，因此日尺度实测流量计算出来的生态流量过程与自然水文情势差异较大。大量研究已经表明，河流流量的变异性是维持其生态系统健康和生物多样性的核心。结合小清河流域汛期与非汛期流量变化明显这一水文特征，为筛选出适合小清河流域的生态流量计算方法，本书运用 SPSS 对 5 种计算结果与 2006~2016 年天然月平均流量进行相关性分析。与天然月平均流量之间进行相关性分析充分考虑了汛期与非汛期流量的变化，生态流量与天然月平均流量之间极显著相关则说明该方法计算的生态流量能够很好地反映河流自然水文情势，相关性分析结果见表 4-14~表 4-16。横向比较，Tennant 法、NGPRP 法、Texas 法计算结果与月平均流量均在 0.01 水平上显著相关，Tennant 法相关性最显著，Texas 法次之，NGPRP 法相关性在三者中相对较低，而最小月平均实测径流法和 90%保证率最枯日平均流量法相关性较差；纵向比较，从上游黄台桥站至下游石村站，日尺度实测流量序列计算出的生态流量结果与月平均流量的相关性越来越高，说明从上游至下游，人类活动对小清河干流流量的影响在逐渐降低，流量对自然水文情势的体现逐渐增强。

表 4-14　黄台桥站计算成果与近 10 年月平均流量相关性分析

方法	Tennant 法	NGPRP 法	Texas 法	最小月平均实测流量	90%保证率最枯日平均流量法
相关性	0.990**	0.810**	0.970**	0.015	0.656*

注：** 表示在 0.01 水平上相关性显著；* 表示在 0.05 水平上相关性显著，下同。

表 4-15　岔河站计算成果与近 10 年月平均流量相关性分析

方法	Tennant 法	NGPRP 法	Texas 法	最小月平均实测流量	90%保证率最枯日平均流量法
相关性	0.981**	0.929**	0.978**	0.654*	0.698*

表 4-16　石村站计算成果与近 10 年月平均流量相关性分析

方法	Tennant 法	NGPRP 法	Texas 法	最小月平均实测流量	90%保证率最枯日平均流量法
相关性	0.992**	0.724**	0.980**	0.802*	0.792*

同时,中水作为一种可再生水资源,具有巨大的利用潜力和价值。随着我国水资源短缺问题的加剧,中水处理技术和中水利用将得到更广泛的关注和发展。在小清河流域内,随着产业结构优化和水资源利用效率的提高,中水的排放量势必要呈现一定程度的下降趋势,小清河应逐渐回归自然水文情势。基于以上分析,本书将与天然月平均流量相关性较强的 Tennant 法和 Texas 法计算结果作为重点分析对象。3 个站点中,Tennant 法计算结果均较 Texas 法计算结果偏大,根据黄台桥、岔河、石村 3 个水文站的天然月平均流量数据,黄台桥站平均流量较小,岔河站和石村站的平均流量均较大,故黄台桥站的生态流量采用 Texas 法计算结果,岔河站和石村站生态流量采用 Tennant 法计算结果。最终 3 个生态流量断面水文学方法计算生态流量成果见表 4-17。

表 4-17　水文学方法生态流量计算成果　　单位:m^3/s

断面	1 月	2 月	3 月	4 月	5 月	6 月	7 月	8 月	9 月	10 月	11 月	12 月
黄台桥站	0.13	0.14	0.16	0.14	0.34	0.73	1.85	2.88	1.46	0.42	0.24	0.10
岔河站	3.15	2.79	2.33	1.86	2.72	3.37	10.94	14.48	9.50	5.62	4.24	3.69
石村站	5.65	5.13	3.91	2.77	3.19	3.34	14.07	19.08	13.81	7.96	7.14	6.28

总体而言,水文学方法计算生态流量依赖于历史流量资料,能在一定程度上反映河段的水资源条件,但对河流实际情况做了过分简化处理,没有考虑生态系统的生态需求。

4.4.3　水力学方法确定生态流量

4.4.3.1　湿周法

湿周法是通过绘制临界栖息地区域(通常是浅滩)湿周与流量的关系曲线,根据曲线上的转折点确定河道推荐流量值。通常湿周随着河流流量的增大而增加,然而当湿周超过某临界值时,河流流量再大量增加,湿周的增加量会变得很小。因此,只要保护好临界湿周,也就能基本满足非临界状态下的河流水生生物栖息地的最低需求。为了在确定临界点时消除对坐标轴比例的影响,一般需要将流量和湿周进行标准化,映射到[0,1]的范围之内,即湿周与流量均采用相对于某一特征流量及其相应湿周的比值。因此,选择哪一个特征流量就显得十分关键。本书采用 Gippel 等的建议,将多年平均流量作为标准化流量进行计算。根据小清河黄台桥站、岔河站、石村站实测大断面资料应用湿周法进行生态流量计算,黄台桥站、岔河站、石村站实测大断面如图 4-23 所示。

假设河流为明渠均匀流,则任意河道的湿周与流量关系式可采用曼宁公式[见式(4-11)]计算:

$$Q = \frac{1}{n}A^{5/3}J^{1/2}P^{-2/3} \tag{4-11}$$

式中:Q 为流量;n 为糙率;A 为过水断面面积;J 为水力坡度;P 为湿周。

由于湿周与流量的关系比较复杂,难以得到两者的直接关系。研究表明,对于规则断

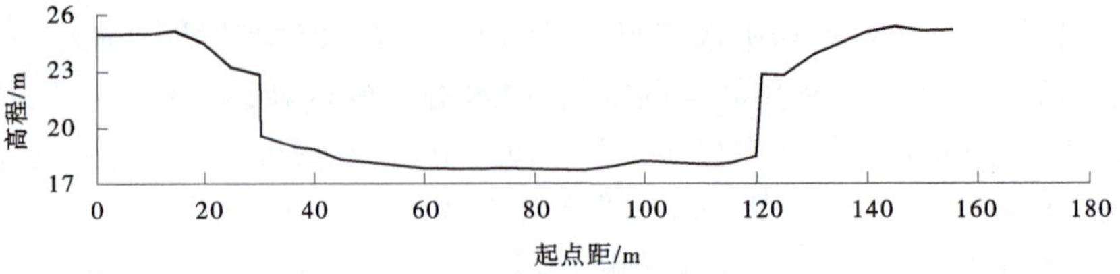

(a)黄台桥站断面K23+092

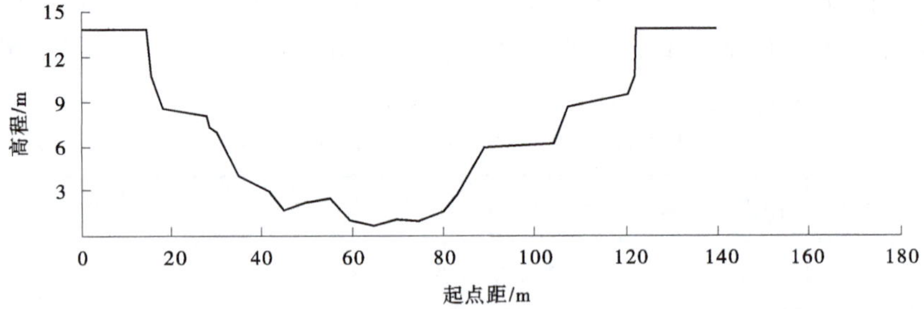

(b)岔河站断面K119+000

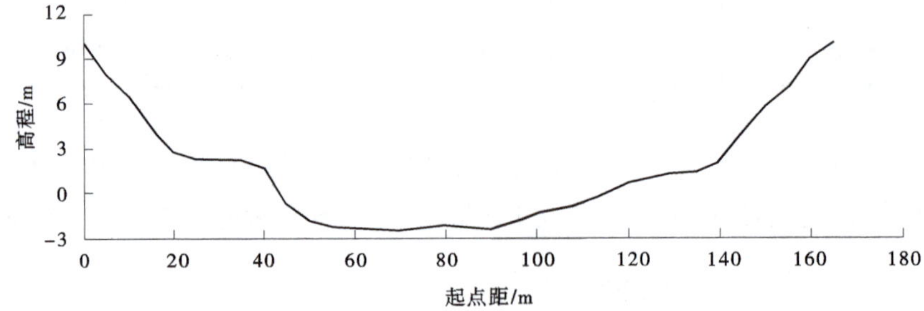

(c)石村站断面K164+535

图 4-23　实测大断面成果

面，一般采用对数函数和幂函数对湿周与流量关系进行拟合。对数函数和幂函数的拟合形式可分别近似表示为式(4-12)和式(4-13)：

$$P' = a\ln Q' + 1 \tag{4-12}$$

$$P' = Q'^{b} \tag{4-13}$$

式中：P'为相对湿周；Q'为相对流量(为消除坐标轴比例的影响，将湿周和流量标准化)；a、b 为常数。

确定湿周与流量关系曲线临界点的方法主要有目估法、斜率法和曲率法。目估法存在较大的主观性，误差较大，现在很少采用。

斜率法采用湿周与流量关系曲线上斜率为 1 的点作为临界点，即 $\mathrm{d}P'/\mathrm{d}Q'=1$ 时，对应的流量即为河道最小生态需水量。采用对数函数和幂函数拟合湿周与流量关系得到相应的最小生态流量 Q'_1、Q'_p分别为式(4-14)和式(4-15)：

$$Q'_1 = a \tag{4-14}$$

$$Q'_p = b^{1/(1-b)} \tag{4-15}$$

曲率法采用湿周与流量关系曲线上曲率最大的点为临界点。根据曲率的定义，湿周

与流量曲线曲率 $K_{曲}$ 的表达式为式(4-16)：

$$K_{曲}=\frac{\dfrac{\mathrm{d}^2P'}{\mathrm{d}Q'^2}}{\left[1+\left(\dfrac{\mathrm{d}P'}{\mathrm{d}Q'}\right)^2\right]^{3/2}} \tag{4-16}$$

数学上，曲率最大的点对应于曲率对流量的导数为 0 的点。对式(4-16)等号右边求导，得到相应于湿周与流量关系曲线上曲率最大的点对应的流量。令曲率对流量的一阶导数为 0，其对应的流量值即为河道最小生态流量。采用对数函数和幂函数拟合湿周与流量关系得到相应的最小生态流量 Q'_1、Q'_p 分别为式(4-17)和式(4-18)：

$$Q'_1=\frac{a}{\sqrt{2}} \tag{4-17}$$

$$Q'_p=\left[\frac{2-b}{b^2(1-2b)}\right]^{1/2(b-1)} \tag{4-18}$$

由于斜率临界点选取的主观任意性，斜率法计算结果存在较大的不确定性，在难以确定斜率临界点时可采用曲率法，但曲率法的计算结果偏小。再者，传统湿周法只考虑了河流生态系统对流量的需求，而没有考虑经济用水与生态用水的协调问题。

黄台桥站和岔河站水位流量关系为实测值，石村站缺少实测水位流量数据，故确定糙率和比降后，根据实测大断面数据计算水位流量关系和过水断面面积。采用曼宁公式计算湿周 P，然后计算相对流量 Q' 和相对湿周 P'。采用对数函数关系进行拟合，得出 3 个断面的相对湿周-相对流量拟合关系，见图 4-24～图 4-26，根据斜率为 1 和曲率最大法确定临界点对应的相对流量，进而确定生态流量，计算结果如表 4-18 所示。

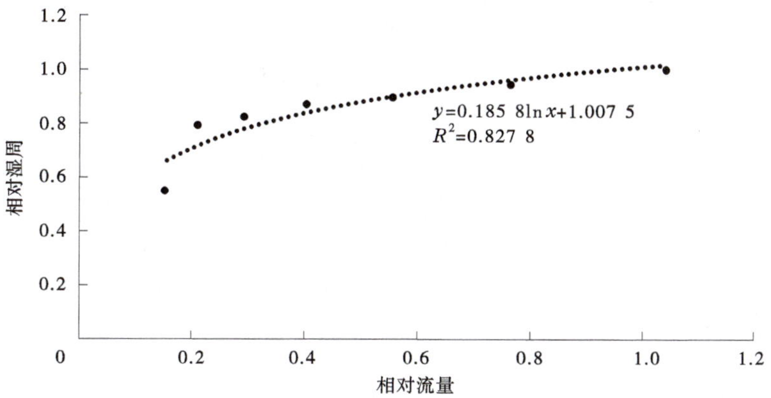

图 4-24　黄台桥站断面相对流量-相对湿周关系曲线

整体来看，曲率最大法计算出的生态流量较斜率为 1 法计算结果偏小，黄台桥站和岔河站断面整体计算结果较石村站断面明显偏小。

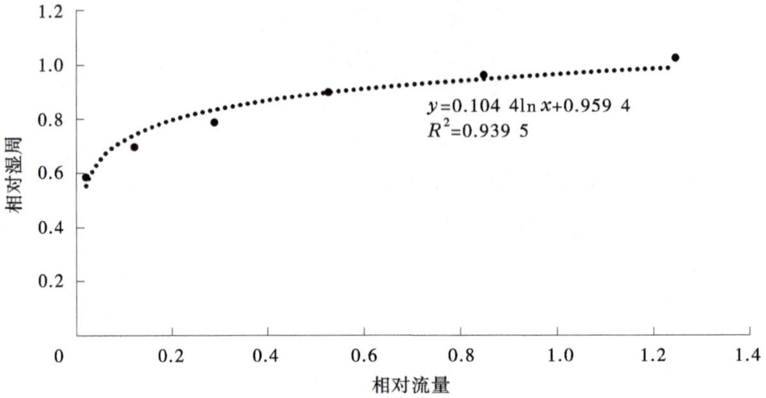

图 4-25　岔河站断面相对流量-相对湿周关系曲线

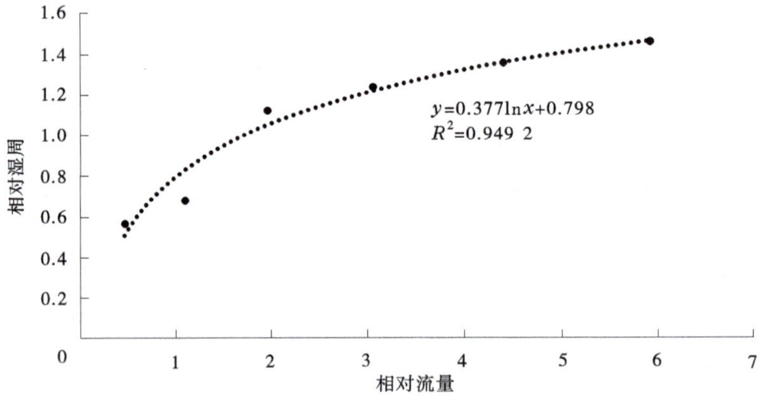

图 4-26　石村站断面相对流量-相对湿周关系曲线

表 4-18　湿周法生态流量计算成果　　单位：m^3/s

断面名称	斜率为 1 法	曲率最大法
黄台桥站	1.67	1.19
岔河站	7.75	5.55
石村站	2.68	1.90

4.4.3.2　改进的 R2-Cross 法

R2-Cross 法由 Nehring 于 1979 年提出并成功地运用于科罗拉多州的栖息地需水量方案，R2-Cross 法以曼宁方程为基础，是科罗拉多州水资源保护董事会（CWCB）最常采用的一种定量方法。R2-Cross 法基于这样一个假设：浅滩是临界的河流栖息地，保护浅滩栖息地也能保护到其他的水生生物栖息地。河流水深、流速以及湿周长是反映栖息地质量有关的水流指示因子。美国科罗拉多州对该州自由流动的河流进行了大量调查研究，提出了不同尺度河流的浅滩栖息地的水力参数，见表 4-19。其水力参数相应流量即为生态流量。

表 4-19　不同尺度河流的浅滩栖息地水力参数

河顶宽度/m	平均水深/m	湿周率/%	平均流速/(m/s)
0.3~6.0	0.003~0.060	50	0.3
6~12	0.06~0.12	50	0.3
12~18	0.12~0.18	50~60	0.3
18~31	0.18~0.30	≥70	0.3

注:湿周率定义为当前水位对应湿周占多年平均流量条件下过水断面湿周的百分数。

由于传统的 R2-Cross 法只适用于河顶宽度为 0.3~30 m 的河流断面,而不适用于大中型河流。而黄台桥站、岔河站、石村站断面河顶宽度均在 100 m 以上,因此需要对 R2-Cross 法做适当的修正才能适用于黄台桥站断面。

具体修正步骤如下:先忽略由河顶宽度定出其他 3 个指标的标准,结合上述鱼类优势度分析,分别选取泥鳅、棒花鱼、麦穗鱼和鲫分别作为小清河春季、夏季、秋季和冬季的指示物种。根据生境适宜性曲线,鲫最适流速为 0.2 ~0.3 m/s,最适水深为 0.8~1.2 m;泥鳅最适流速为 0.1~0.2 m/s,最适水深为 0.3~0.5 m;棒花鱼的最适流速为 0.3~0.5 m/s,最适水深为 0.75~1 m;麦穗鱼的最适流速为 0.2~0.3 m/s,最适水深为 0.3~0.6 m。考虑到小清河的实际情况,平均流速均取 0.1 m/s,小清河春、夏、秋和冬四季的平均水深均取区间范围的下限值,分别为 0.3 m、0.75 m、0.3 m 和 0.8 m。

由于 3 个断面水面宽度均较大,参考已有标准,取湿周率为 0.70。根据上述所定的新标准,利用流量-平均水深、流量-平均流速、流量-相对湿周的拟合曲线来确定平均水深、平均流速和湿周率所对应的生态流量。

1. 黄台桥站断面

黄台桥站断面利用流量-平均水深、流量-平均流速、流量-相对湿周拟合曲线(见图 4-27~图 4-29)来确定平均水深、平均流速和湿周率所对应的生态流量如表 4-20 所示。

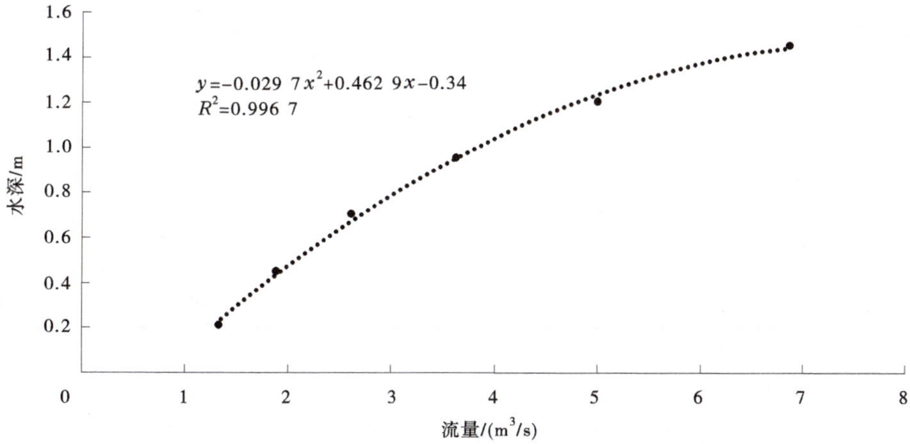

图 4-27　黄台桥站断面流量-平均水深关系曲线

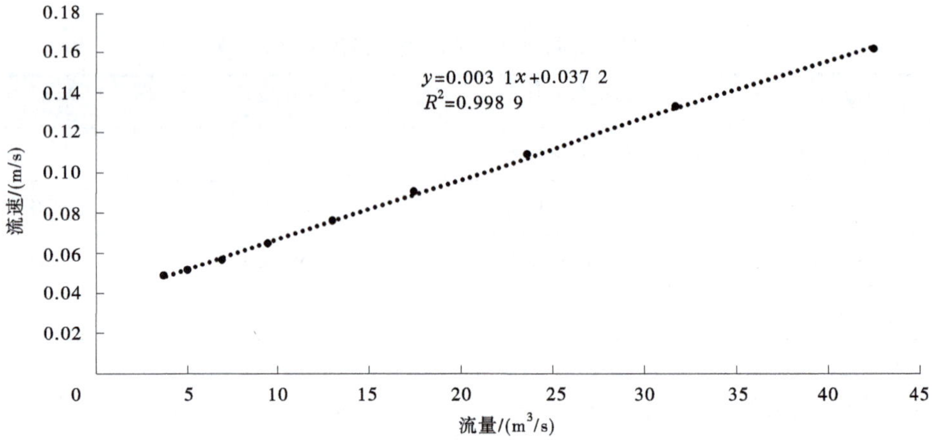

图 4-28　黄台桥站断面流量-平均流速关系曲线

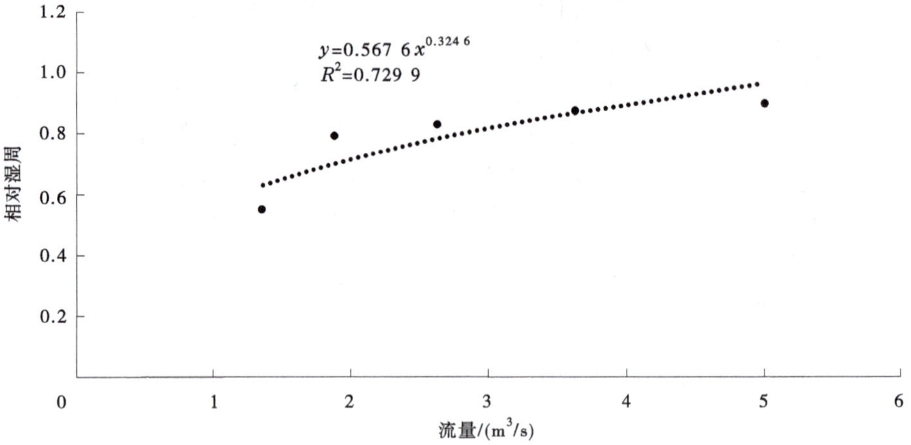

图 4-29　黄台桥站断面流量-相对湿周关系曲线

表 4-20　黄台桥站改进的 R2-Cross 法计算结果

黄台桥站断面	春季	夏季	秋季	冬季
平均水深/m	0.3	0.75	0.3	0.8
对应生态流量/(m^3/s)	1.53	2.77	1.53	2.98
平均流速/(m/s)	0.1	0.1	0.1	0.1
对应生态流量/(m^3/s)	20.05	20.05	20.05	20.05
相对湿周	0.7	0.7	0.7	0.7
对应生态流量/(m^3/s)	2.08	2.08	2.08	2.08

2. 岔河站断面

岔河站断面利用流量-平均水深、流量-平均流速、流量-相对湿周拟合曲线(见图 4-30~图 4-32)来确定平均水深、平均流速和相对湿周所对应的生态流量如表 4-21 所示。

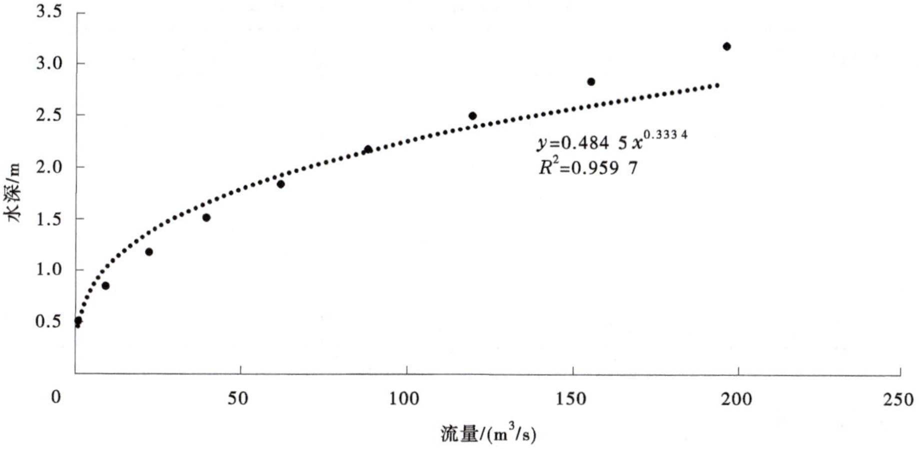

图 4-30　岔河站断面流量-平均水深关系曲线

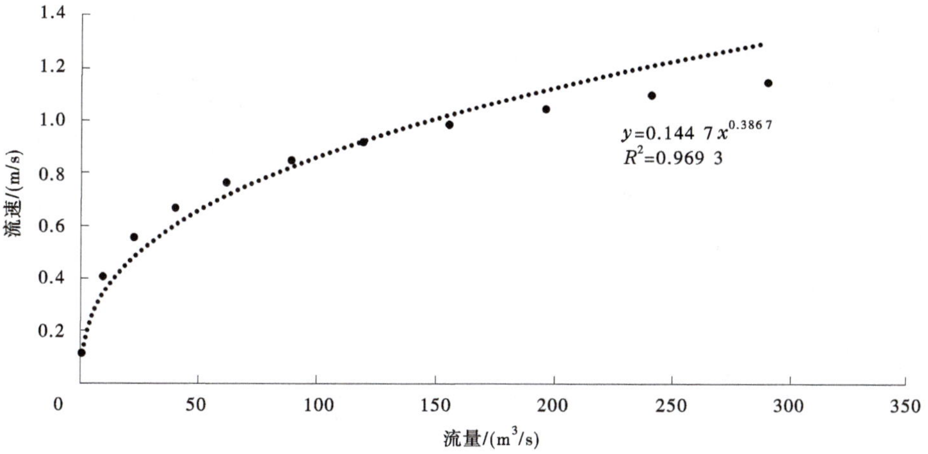

图 4-31　岔河站断面流量-平均流速关系曲线

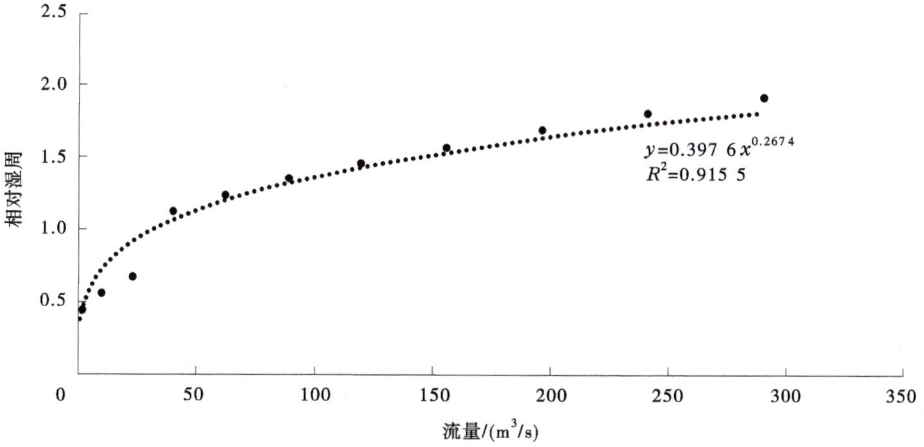

图 4-32　岔河站断面流量-相对湿周关系曲线

表 4-21　岔河站改进的 R2-Cross 法计算结果

岔河断面	春季	夏季	秋季	冬季
平均水深/m	0. 3	0. 75	0. 3	0. 8
对应生态流量/(m^3/s)	0. 24	3. 71	0. 24	4. 50
平均流速/(m/s)	0. 1	0. 1	0. 1	0. 1
对应生态流量/(m^3/s)	0. 38	0. 38	0. 38	0. 38
相对湿周	0. 7	0. 7	0. 7	0. 7
对应生态流量/(m^3/s)	8. 29	8. 29	8. 29	8. 29

3. *石村站断面*

石村站断面利用流量-平均水深、流量-平均流速、流量-相对湿周拟合曲线(见图 4-33~图 4-35)来确定平均水深、平均流速和相对湿周所对应的生态流量如表 4-22 所示。

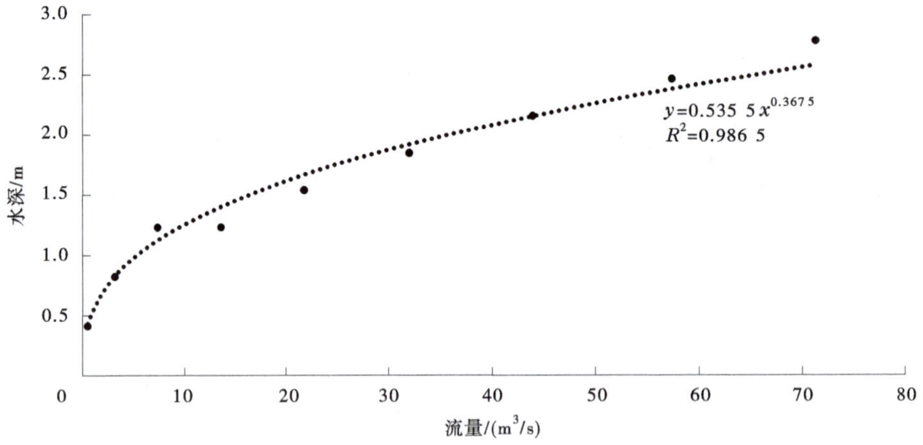

图 4-33　石村站断面流量-平均水深关系曲线

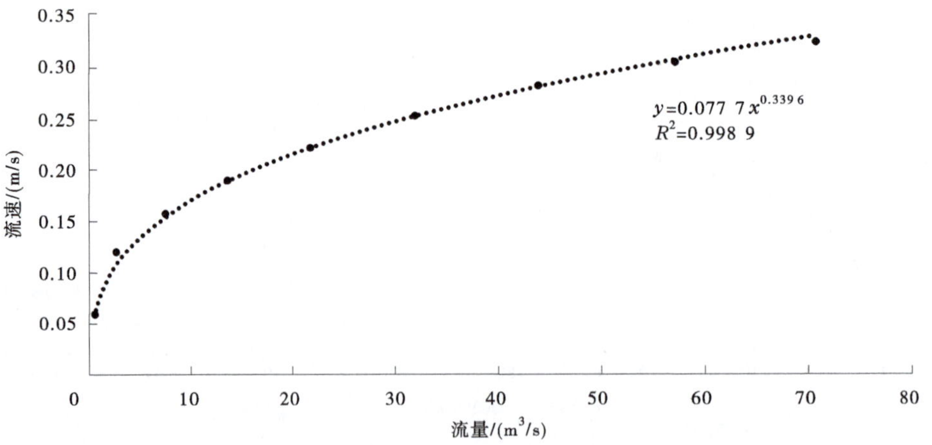

图 4-34　石村站断面流量-平均流速关系曲线

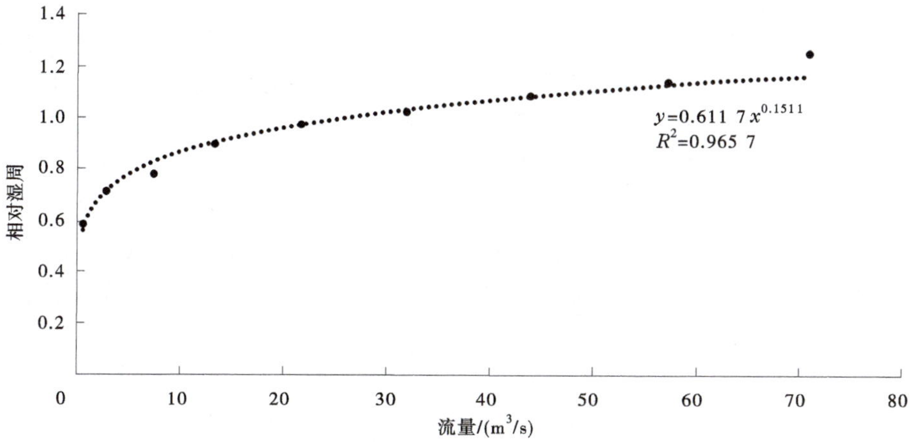

图 4-35　石村站断面流量-相对湿周关系曲线

表 4-22　石村站改进的 R2-Cross 法计算结果

岔河断面	春季	夏季	秋季	冬季
平均水深/m	0.3	0.75	0.3	0.8
对应生态流量/(m^3/s)	0.21	2.50	0.21	2.98
平均流速/(m/s)	0.1	0.1	0.1	0.1
对应生态流量/(m^3/s)	2.10	2.10	2.10	2.10
相对湿周	0.7	0.7	0.7	0.7
对应生态流量/(m^3/s)	2.44	2.44	2.44	2.44

改进的 R2-Cross 法通过平均水深、平均流速和相对湿周等水力参数的确定生态流量,但利用不同水力参数计算出的生态流量值悬殊,且通过平均流速和相对湿周确定的生态流量不能体现季节差异性,因此本节建议统一采用结合平均水深对应生态流量,既能体现季节差异性,又能保障鱼类安全过冬。

综合以上结果,黄台桥站、岔河站、石村站改进的 R2-Cross 法生态流量计算成果如表 4-23 所示。

表 4-23　改进的 R2-Cross 法生态流量计算成果　　单位:m^3/s

断面名称	春季	夏季	秋季	冬季
黄台桥站	1.53	2.77	1.53	2.98
岔河站	0.24	3.71	0.24	4.50
石村站	0.21	2.50	0.21	2.98

4.4.3.3 生态流速法

结合上述鱼类优势度分析,分别选取泥鳅、棒花鱼、麦穗鱼和鲫作为小清河春季、夏季、秋季和冬季的指示物种。根据生境适宜性曲线可知,泥鳅的最适流速为0.1~0.2 m/s,棒花鱼的最适流速为0.3~0.5 m/s,麦穗鱼的最适流速为0.2~0.3 m/s,鲫的最适流速为0.2~0.3 m/s。由于小清河水资源较为紧张,小清河春、夏、秋和冬四季的适宜生态流速取适宜流速区间的最小值,即分别为0.1 m/s、0.3 m/s、0.2 m/s和0.1 m/s。根据黄台桥站、岔河站、石村站实测流量、流速资料,绘制流量-平均流速拟合曲线并确定关系式,见图4-36~图4-38,则生态流速对应的流量即为生态流量。3个控制断面生态流速法生态流量计算成果见表4-24。

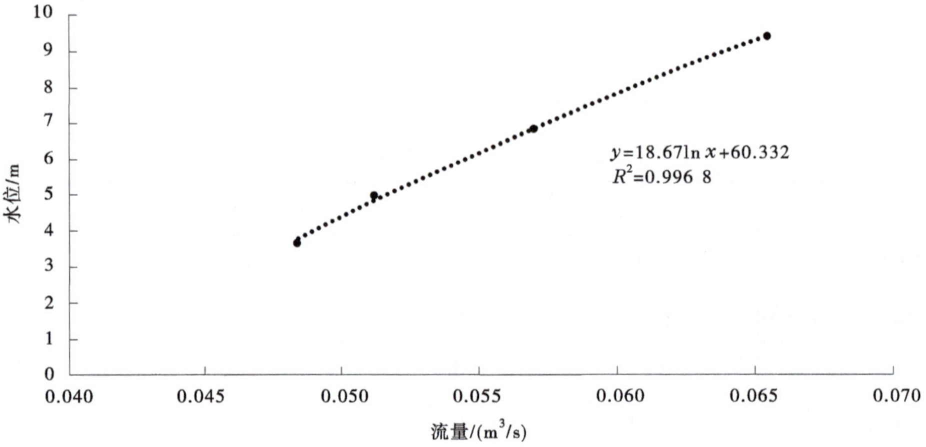

图4-36 黄台桥站断面流速-流量关系曲线

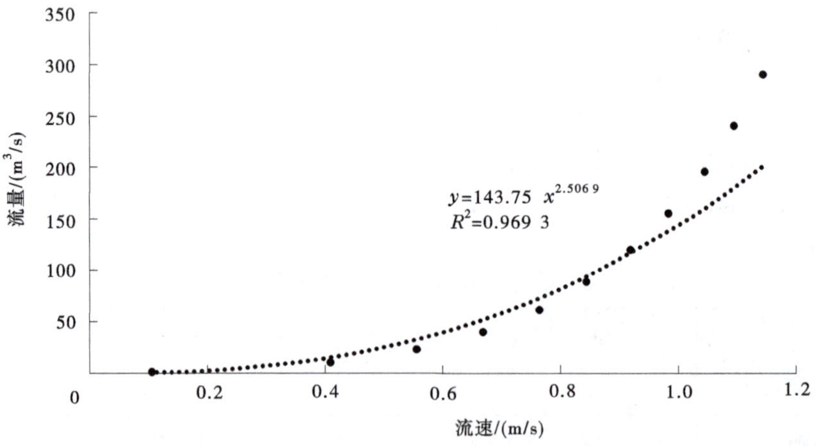

图4-37 岔河站断面流速-流量关系曲线

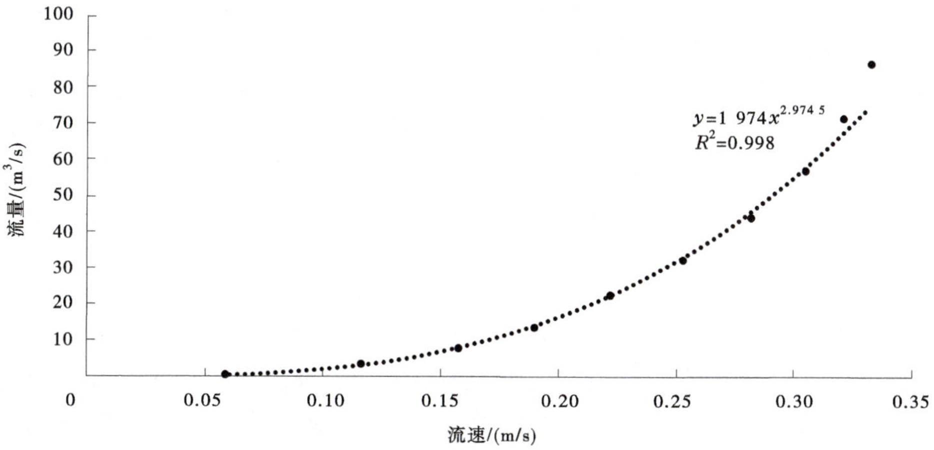

图 4-38　石村站断面流速-流量关系曲线

表 4-24　生态流速法生态流量计算成果　　单位：m^3/s

断面名称	春季(3~5 月)	夏季(6~8 月)	秋季(9~11 月)	冬季(12 月至次年 2 月)
黄台桥站	20.05	97.01	55.53	20.05
岔河站	0.45	7.03	2.54	0.45
石村站	2.09	54.96	16.45	2.09

4.4.3.4　水力学方法计算结果对比

将湿周法、改进的 R2-Cross 法和生态流速法生态理论计算成果进行对比，结果见表 4-25。

表 4-25　水力学方法生态流量计算成果对比　　单位：m^3/s

计算方法	断面名称	斜率为 1 法		曲率最大法	
湿周法	黄台桥站	1.67		1.19	
	岔河站	7.75		5.55	
	石村站	2.68		1.90	
改进的 R2-Cross 法	断面名称	春	夏	秋	冬
	黄台桥站	1.58	3.30	1.58	1.68
	岔河站	8.29	8.29	8.29	8.29
	石村站	2.59	2.59	2.59	2.59
生态流速法	断面名称	春	夏	秋	冬
	黄台桥站	20.05	97.01	55.53	20.05
	岔河站	0.45	7.03	2.54	0.45
	石村站	2.09	54.96	16.45	2.09

水力学方法以实测大断面为基础，以曼宁公式为理论依据进行计算，该类方法中湿周法不能体现季节性差异；改进的 R2-Cross 法，通过生态流速、水深和相对湿周等水力参数确定生态流量，但利用不同水力参数计算出的生态流量值悬殊，建议统一采用结合平均水深对应生态流量为基础，既能体现季节差异性，又能保障鱼类安全过冬，但冬季生态流量值过高，岔河站和石村站断面春秋季节生态流量值过低，与实际水文节律性不符；生态流速法虽然考虑了目标鱼类在不同季节对生态流速的需求，但与水文学方法相比结果差异明显，黄台桥站所得生态流量值和石村站夏季生态流量值过大，以小清河水资源禀赋难以满足此条件下的生态流量需求。综上所述，不论纵向比较还是横向比较，水力学方法所得生态流量值悬殊，难以得到可靠结论。但改进的 R2-Cross 法和生态流速法在一定程度上受到了数据资料和主观因素的影响，而湿周法作为最为经典的水力学方法，通过临界栖息地区域（通常是浅滩）湿周与流量的关系曲线的转折点确定河道推荐流量值，相对来说较为可靠，因此本节推荐以湿周法计算结果作为参考值。

4.4.4 生境模拟法确定生态流量

4.4.4.1 模拟河段

生境模拟法是基于河道内流量增加法（IFIM）原理，通过水动力学模型模拟研究河段不同流量条件下河道内水动力因子分布情况，并根据目标物种对生境因子的选择计算栖息地加权可利用面积（WUA），从而量化流量和栖息地加权可利用面积之间的关系来确定生态流量的方法。目前，生境模拟法大多选取鱼类作为目标物种，其原因主要是，鱼类处于水体食物链最顶端，生命周期较长，活动能力较强，可以较好地反映长时间序列、大尺度范围内的环境变化特征。根据本书所确定的生态流量控制断面，依次选取黄台桥站至柴庄闸、岔河站至博兴站、石村站至王道闸 3 个河段为研究对象，分别利用生境模拟法求解 3 个生态流量控制断面的生态流量。

4.4.4.2 适宜性曲线建立

1. 鲫

基于鲫的相关文献和试验数据可获取性，本书选取水深和流速作为影响鲫栖息地质量的主要环境变量。罗祖奎等分析了不同水深下大莲湖鲫的分布，研究得到当水深小于 2 m 时，鲫数量无明显变化；当水深大于 2 m 时，鲫数量明显减少。王瑞玲等分析了黄河流域不同水深下鲤亚科的分布，得到鲤亚科主要分布在水深 0.5~1.25 m 处。侯昕玥等分析了黄河流域下的小清河不同水深流速下鲫的分布，得到水深为 0.8~1 m，流速为 0.2~0.3 m/s 时鲫分布数量最多。综合已有研究得到鲫的适宜水深应该为 1 m 左右，适宜流速为 0.3 m/s 左右，结合实测采样数据得到水深为 0.3~1.2 m、流速为 0.2~0.4 m/s 时鲫鱼分布最多。鲫鱼水深、流速适宜性曲线见图 4-39。

2. 泥鳅

根据文献调研，泥鳅养殖期间保持水位 0.6~1 m，实际采样数据分析发现，泥鳅在 0.3~0.5 m 的水深范围内分布数量较多，因此养殖过程与自然情况下鱼类的生存生境还是存在一定差异的，本书以实际采样数据为准，养殖过程中所需条件作为辅助，最终确定泥鳅的最适水深范围是 0.3~0.5 m，生境适宜性指数赋值为 1；此外，0.1~2.8 m 的水深

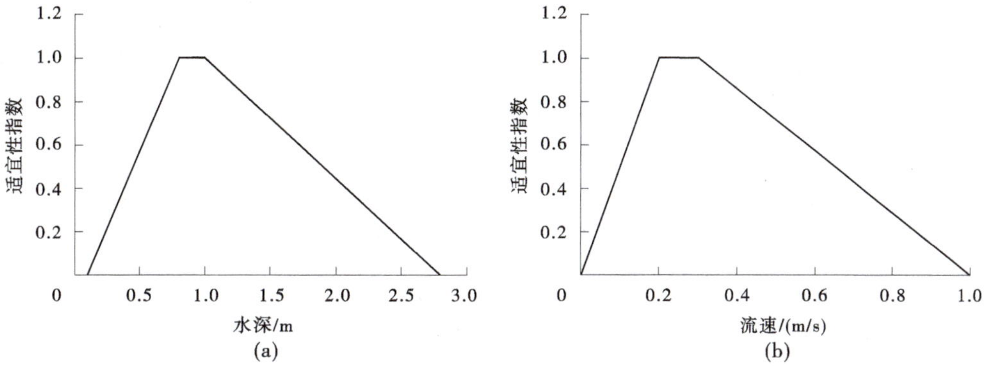

图 4-39　鲫鱼水深、流速适宜性曲线

范围内均有泥鳅分布，因此将此范围视为泥鳅的生存水深，得到泥鳅水深生境适宜性曲线如图 4-40(a)所示。因泥鳅属底栖生活的鱼类，所以对流速的需求并不高，实际调研中发现，泥鳅在 0~1 m/s 的流速范围内都有分布，但是只在流速为 0.1~0.2 m/s 的范围内分布最为广泛，因此将 0.1~0.2 m/s 的流速范围作为泥鳅的最适范围，并将生境适宜性指数赋值为 1，得到泥鳅流速生境适宜性曲线，如图 4-40(b)所示。

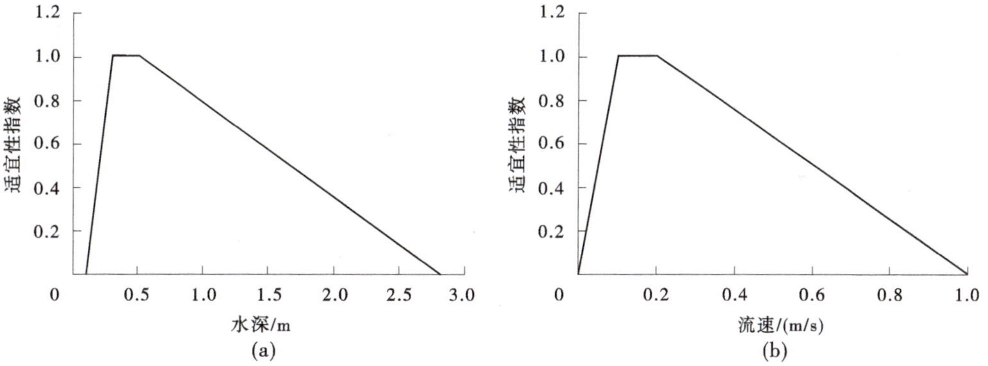

图 4-40　泥鳅水深、流速适宜性曲线

3. 棒花鱼

研究表明，棒花鱼适宜在水深为 0.2~0.6 m、水草成片成丛、阳光充足的浅水区的泥沙层上筑巢生殖，此水深范围可以作为繁殖期棒花鱼的最适水深范围。而从实际调研数据分析可知，棒花鱼分布于水深为 0.2~3.5 m 的水域中，在 0.75~1 m 的水深范围内分布较为广泛，此水深范围与邓其祥研究结果相比偏大，可见繁殖期的棒花鱼更适宜浅水区，本书以实地采样记录数据为准，将 0.75~1 m 视为棒花鱼最适水深范围，并赋值为 1，得到棒花鱼水深生境适宜性曲线，如图 4-41(a)所示。实际调研中发现，棒花鱼在 0~1 m/s 的流速范围内都有分布，但是只在流速为 0.3~0.5 m/s 的范围内分布最为广泛，因此将 0.3~0.5 m/s 的流速范围作为棒花鱼的最适范围，并将生境适宜性指数赋值为 1，得到棒花鱼流速生境适宜性曲线，如图 4-41(b)所示。

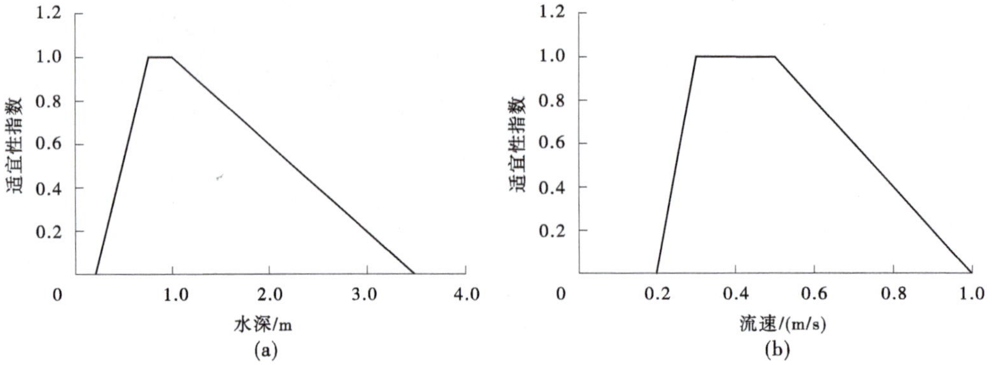

图 4-41　棒花鱼水深、流速适宜性曲线

4. 麦穗鱼

根据实地调研与文献记载,麦穗鱼主要生活在水体的中、下层,喜结群。根据济南采样数据统计分析可得,麦穗鱼适应能力强,在水深为 0.2~2.4 m 的范围内都能生存,其中在 0.3~0.6 m 的水深范围内数量分布较多,认为该范围是麦穗鱼的最适水深范围,生境适宜性指数赋值为 1,得到麦穗鱼水深生境适宜性曲线如图 4-42(a)所示。麦穗鱼在流速为 0~1 m/s 的流速范围内均有分布,在 0.2~0.3 m/s 的范围内分布较广泛,认为该流速范围是麦穗鱼的最适范围,并赋适宜性指标值为 1,耐受范围的上下限赋值为 0,得到麦穗鱼流速适宜性曲线如图 4-42(b)所示。

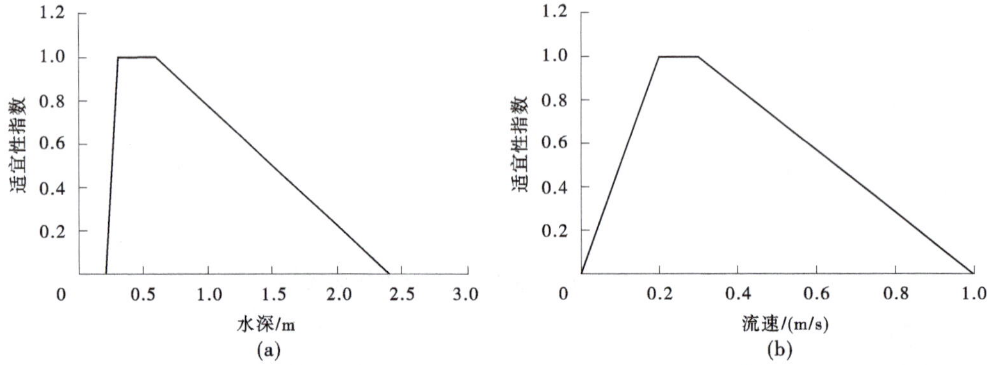

图 4-42　麦穗鱼水深、流速适宜性曲线

4.4.4.3　模型构建及验证

1. 地形构建

本书应用 River2D 模型对小清河干流黄台桥站至柴庄闸、岔河站至博兴站、石村站至王道闸 3 个河段进行二维水动力学数值模拟。构建二维水动力学模型需要河床地形数据,本书采用的河床高程数据为 2022 年小清河干流实测大断面成果图,对照天地图进行测点经纬度提取,断面间距 1 km,弯道处进行加密处理,通过 ArcGIS 对提取出的测点进行坐标转换以获取投影坐标。黄台桥站至柴庄闸河段共提取地形数据点 3 687 个,岔河站至博兴站河段共提取地形数据点 2 609 个，石村站至王道闸河段共提取数据点 4 657 个。将提取出的河道地形数据整编为河床地形文件输入到模型中进行网格剖分和地形插值。采用非结构网格（三角形网格）对 3 个研究河段进行网格剖分，网格边长设置为 30 m，网格剖分如图 4-43 所示。

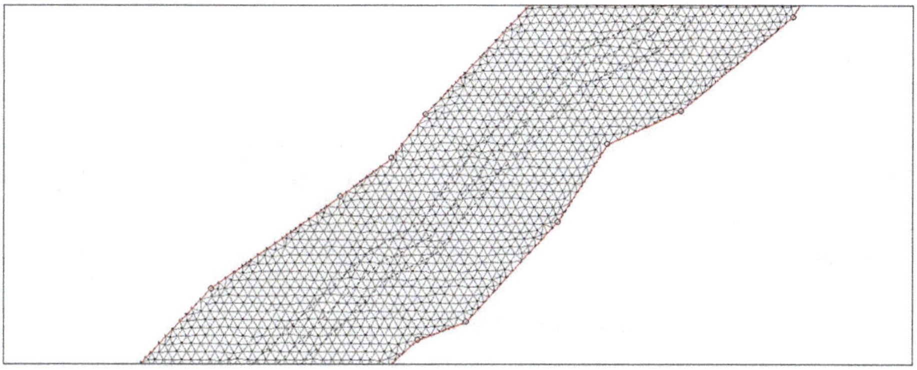

图 4-43　网格剖分示意

黄台桥站至柴庄闸河段共生成节点 18 264 个、网格 34 817 个，网格质量指数 0.2 以上（可接受范围 0.15～0.5）；岔河站至博兴站河段共生成节点 20 066 个、网格 35 627 个，网格质量指数 0.2 以上；石村站至王道闸河段共生成节点 18 725 个、网格 35 627 个，网格质量指数 0.2。3 个河段插值形成的河道地形如图 4-44～图 4-46 所示。

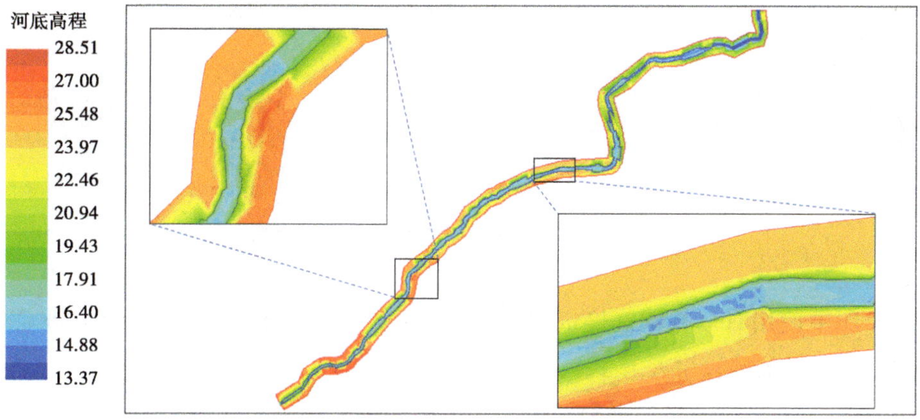

图 4-44　黄台桥站至柴庄闸河段插值地形

2. 边界条件

River2D 在模拟时需要研究河段的上游入流断面流量和下游的出流断面水位作为模型的边界条件。本书 3 个河段分别采用上断面水文站流量监测数据作为入流边界条件。由于缺乏研究河段内支流河道地形及水文数据，故根据水文比拟法比拟得到相应入流条件下的出流断面流量以考虑区间入流的影响。由于出口断面无水文监测数据，故根据大断面实测成果图推求出流断面水位流量关系，得到相应入流条件下的出流断面水位。

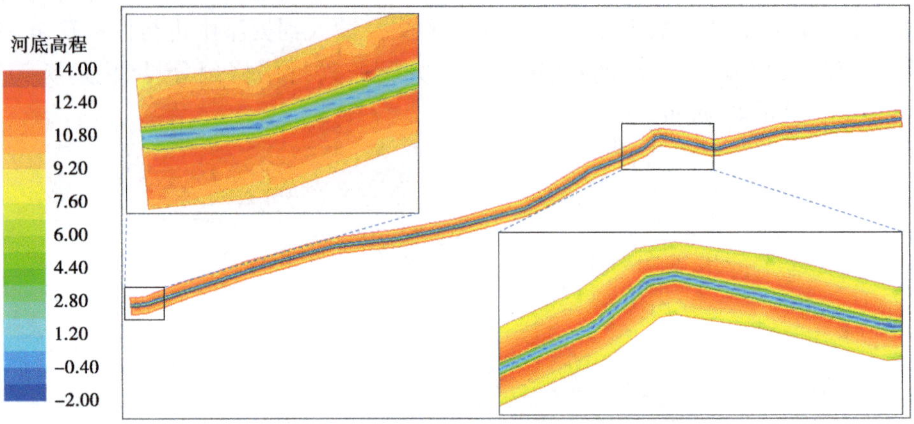

图 4-45　岔河站至博兴站河段插值地形

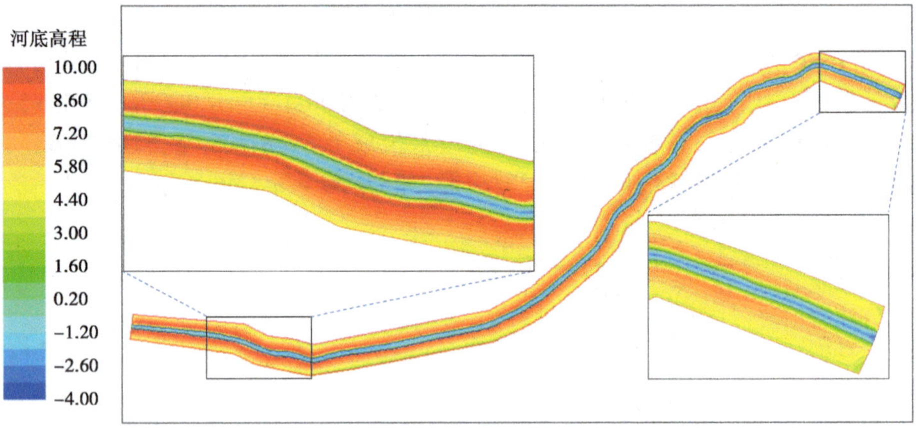

图 4-46　石村站至王道闸河段插值地形

3. 参数设置

River2D 中使用有效粗糙高度 K_s 代替曼宁系数 n。相比于 n，K_s 考虑了水深对河床阻力的影响，两者的换算关系见式(4-19)：

$$n = \frac{R^{\frac{1}{6}}}{2.5\sqrt{g}\ln\left(\frac{12R}{K_s}\right)} \tag{4-19}$$

式中：R 为水力半径。

小清河干流河道经过整修衬砌，河道断面规则多为矩形断面或梯形断面，河道糙率 n 取 0.026。根据 n 的取值及河道实际地形情况，通过计算将黄台桥站至柴庄闸河段的有效粗糙高度 K_s 设置为 0.08~0.23；岔河站至博兴站河段的有效粗糙高度 K_s 设置为 0.17~0.49；石村站至王道闸 K_s 设置为 0.05~0.23。

4. 模型验证

模型验证基本方法就是以研究河段出口断面的实测数据作为依据,将二维水动力模型模拟出的出口断面水位与实测水位进行对比验证。由于缺乏实测数据,本书分别利用黄台桥站(2015 年)、岔河站(2015 年)、石村站(2013 年)实测月平均流量,利用水文比拟法得到 3 个河段出流断面流量,进而根据实测大断面水位流量关系推求输入模型的出流断面水位。3 个河段出口断面柴庄闸、博兴站、王道闸的水位验证对比如图 4-47~图 4-49 所示。

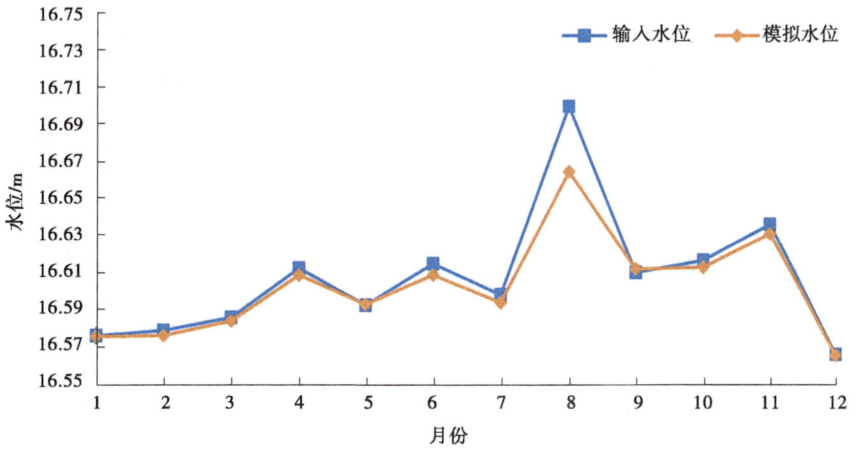

图 4-47　柴庄闸水位验证对比

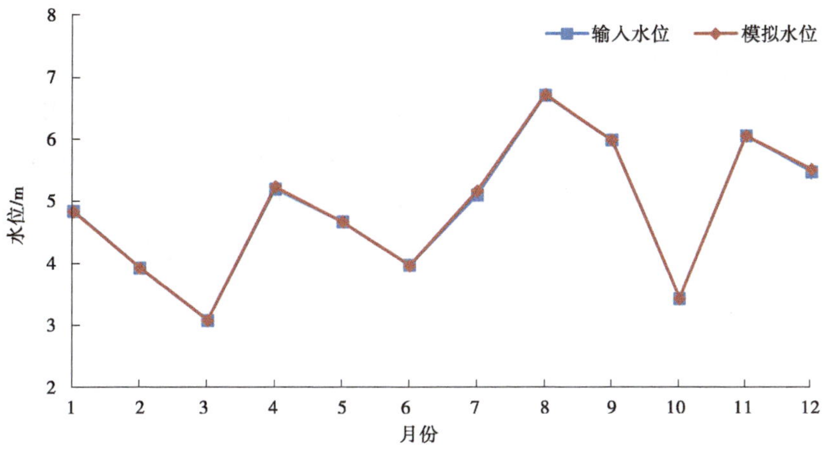

图 4-48　博兴站水位验证对比

从图 4-47~图 4-49 中可以看出,3 个研究河段出口断面输出水位模拟值与输入值吻合度较高,为了更客观地反映二者的吻合程度,本书采用纳什效率系数(nash-sutcliffe efficiency coefficient,NSE)和均方根误差(root mean squared error,RMSE)作为验证指标。NSE 越接近 1,RMSE 越接近 0,说明模型预测的准确性越高。通过对各河段内两组数值的计算:柴庄闸水位验证 NSE 和 RMSE 分别为 0.90 和 0.01,博兴站水位验证 NSE 和 RMSE 分别为 0.99 和 0.024,王道闸水位验证 NSE 和 RMSE 分别为 0.95 和 0.25。从纳

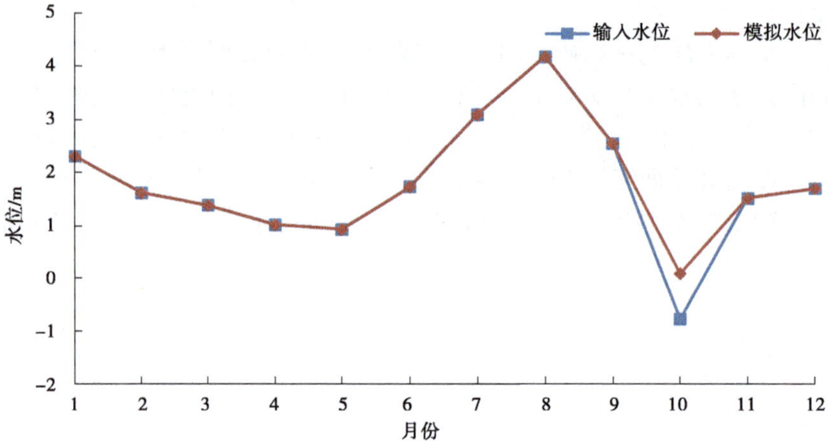

图 4-49 王道闸水位验证对比

什系数和均方根误差来看,模型整体模拟效果良好,模拟结果可靠。说明建立的小清河干流 3 个研究河段水动力学模型结构和参数合理,可用于构建鱼类栖息地模型进行生态流量的研究。

4.4.4.4 结果与分析

1. 模拟工况设置

River2D 采用河道内流量增加法量化上游入流量和河道内鱼类栖息地加权可利用面积之间的关系,因此需要设置不同的流量工况进行水动力学模拟。为涵盖非汛期和汛期全部流量范围,本书设置流量工况范围为 2~24 m^3/s,间隔 2 m^3/s,另包括 0.5 m^3/s、1 m^3/s 两个小流量工况。

2. 水动力学模拟结果

利用已建立模型,上边界按照拟定的模拟方案设置不同的下泄流量,得到 3 个河段河道内水动力模拟结果,因模拟工况较多,本书只展示 0.5 m^3/s、1 m^3/s、6 m^3/s、12 m^3/s、18 m^3/s、24 m^3/s 流量工况下的水深模拟结果,如图 4-50~图 4-52 所示。

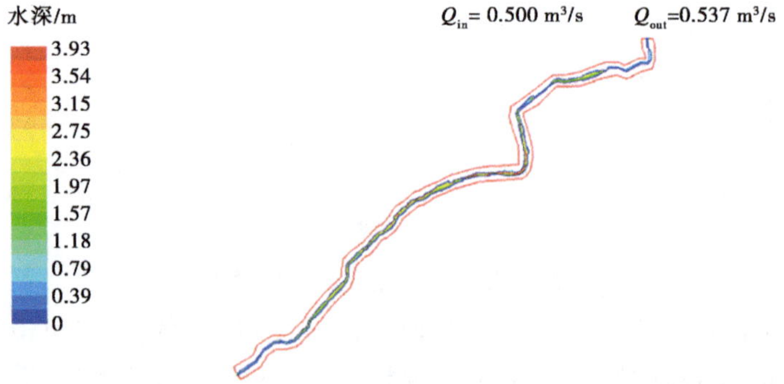

(a)

图 4-50 黄台桥站至柴庄闸水动力模拟结果

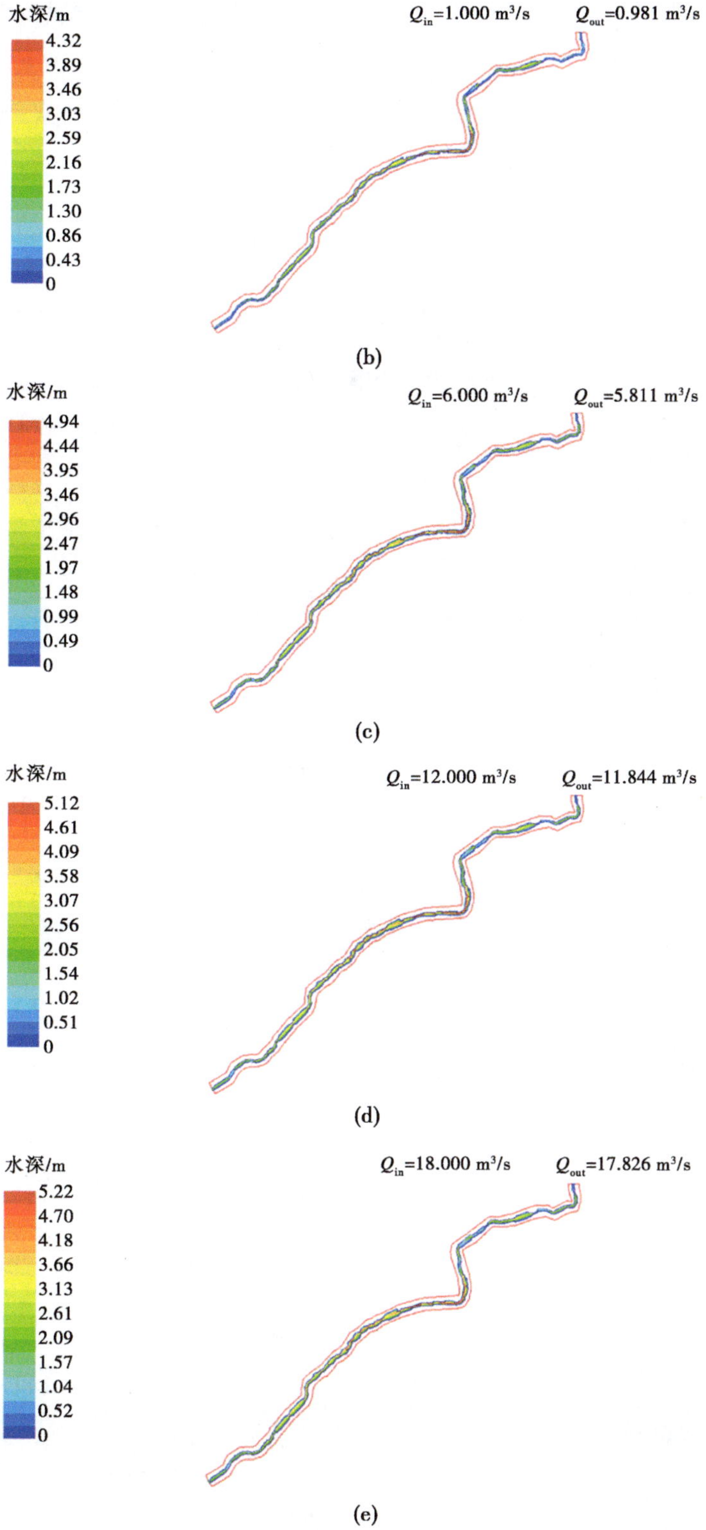
水深/m
4.32
3.89
3.46
3.03
2.59
2.16
1.73
1.30
0.86
0.43
0
Q_{in}=1.000 m³/s
Q_{out}=0.981 m³/s
(b)
水深/m
4.94
4.44
3.95
3.46
2.96
2.47
1.97
1.48
0.99
0.49
0
Q_{in}=6.000 m³/s
Q_{out}=5.811 m³/s
(c)
水深/m
5.12
4.61
4.09
3.58
3.07
2.56
2.05
1.54
1.02
0.51
0
Q_{in}=12.000 m³/s
Q_{out}=11.844 m³/s
(d)
水深/m
5.22
4.70
4.18
3.66
3.13
2.61
2.09
1.57
1.04
0.52
0
Q_{in}=18.000 m³/s
Q_{out}=17.826 m³/s
(e)

续图 4-50

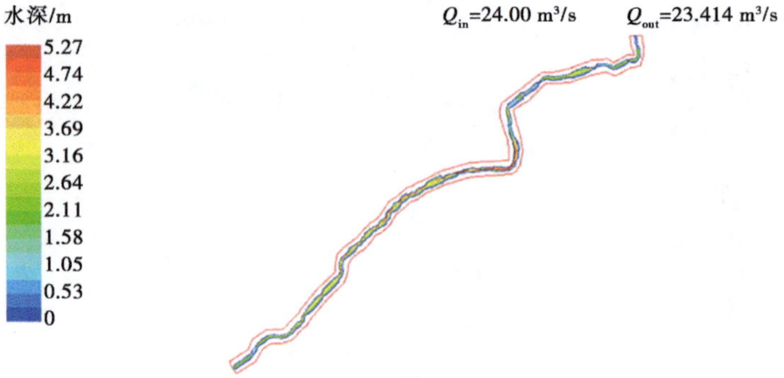

(f)

续图 4-50

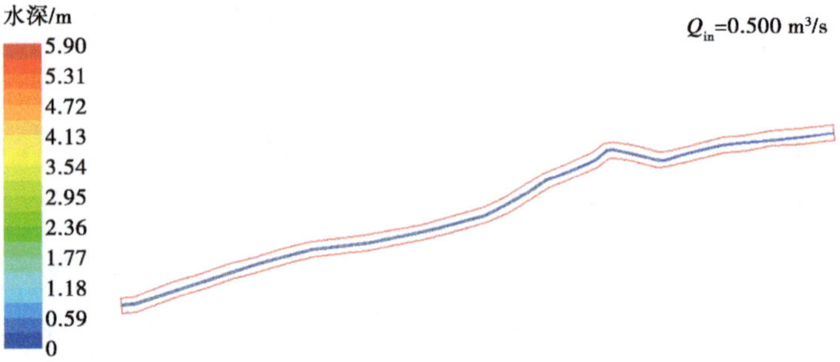

(a)

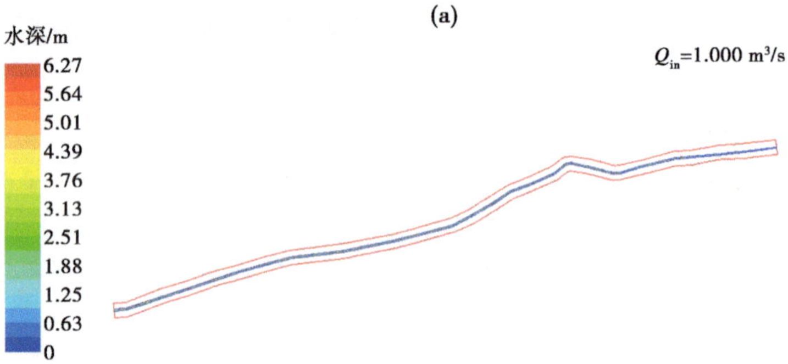

(b)

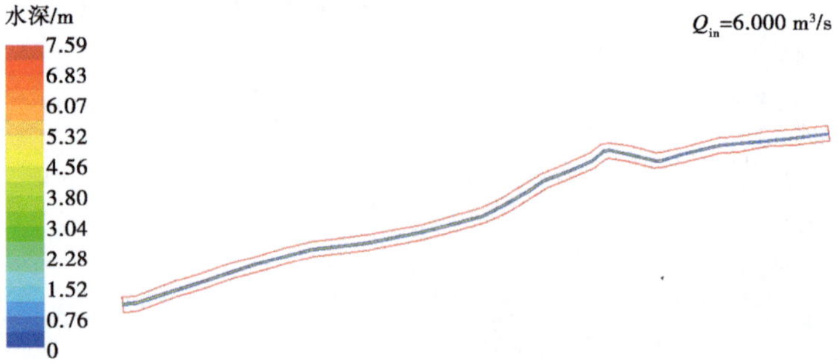

(c)

图 4-51　岔河站至博兴站水动力模拟结果

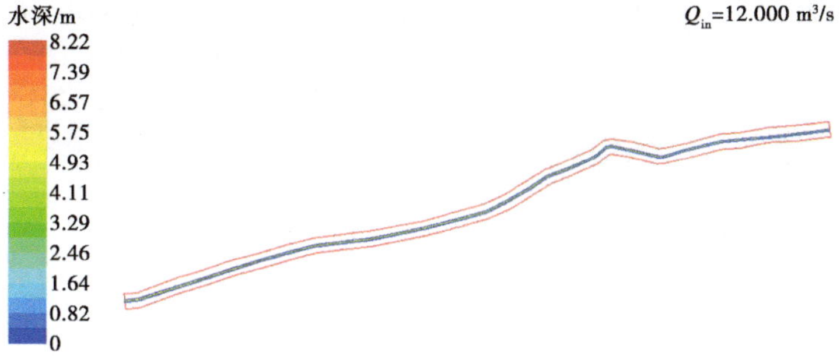

(d)

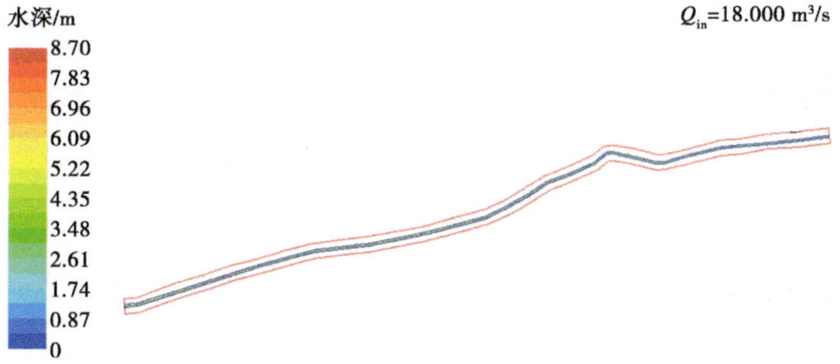

(e)

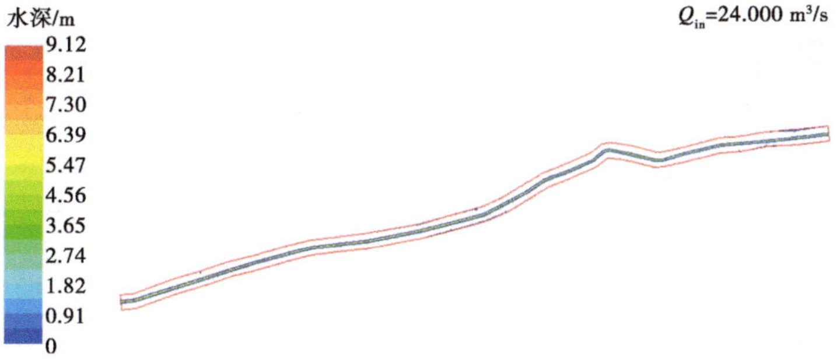

(f)

续图 4-51

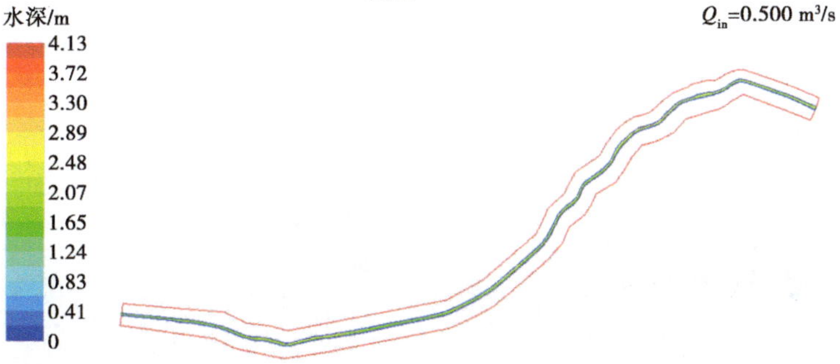

(a)

图 4-52　石村站至王道闸水动力模拟结果

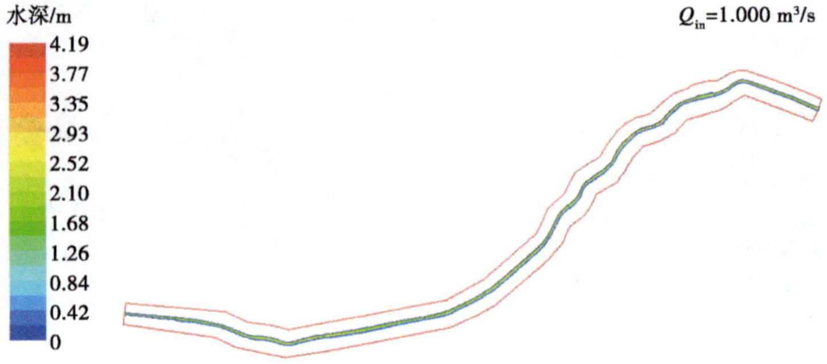
水深/m
4.19
3.77
3.35
2.93
2.52
2.10
1.68
1.26
0.84
0.42
0
$Q_{\text{in}}=1.000\ \text{m}^3/\text{s}$

(b)

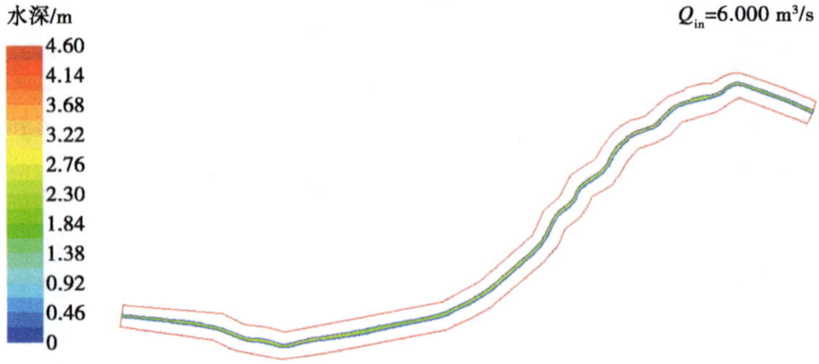
水深/m
4.60
4.14
3.68
3.22
2.76
2.30
1.84
1.38
0.92
0.46
0
$Q_{\text{in}}=6.000\ \text{m}^3/\text{s}$

(c)

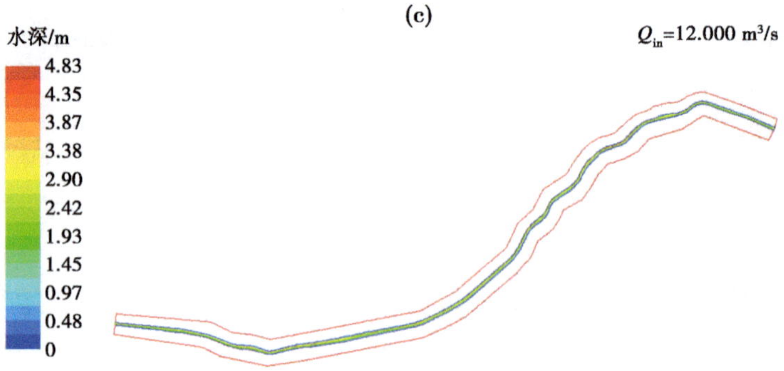
水深/m
4.83
4.35
3.87
3.38
2.90
2.42
1.93
1.45
0.97
0.48
0
$Q_{\text{in}}=12.000\ \text{m}^3/\text{s}$

(d)

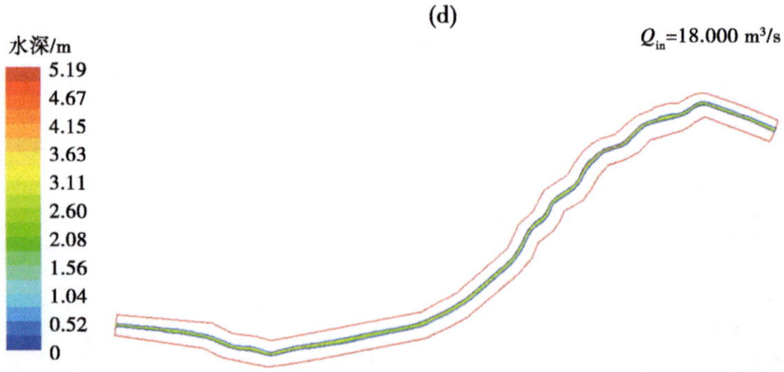
水深/m
5.19
4.67
4.15
3.63
3.11
2.60
2.08
1.56
1.04
0.52
0
$Q_{\text{in}}=18.000\ \text{m}^3/\text{s}$

(e)

续图 4-52

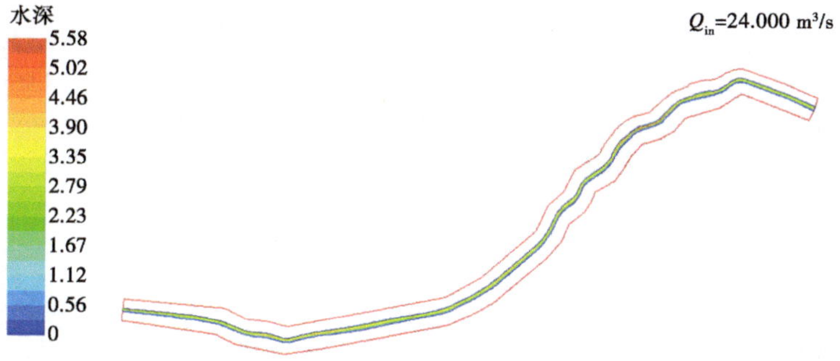

(f)

续图 4-52

3. 栖息地模拟结果

鱼类栖息地条件取决于河流水动力环境，而河段内水动力环境由上游来水塑造，因此可以说流量塑造了鱼类栖息地。根据相关研究，生境模拟法确定生态流量的方法大致可分为两类：一类以 Q-WUA 曲线的第一个明显的转折点对应的流量作为最小生态流量，另一类是以 WUA 最大时对应的流量作为适宜生态流量。前者可以理解为栖息地塑造效率比较高的流量，大于此流量后，Q-WUA 曲线斜率明显减小，流量对栖息地的塑造效率明显降低，将曲线的第一个转折点对应的流量作为生态流量，既可以一定程度上满足鱼类的栖息地需求，又可以最大限度地节约生态用水空间，兼顾非汛期严苛流量条件限制下的生产生活用水需求，因此 Q-WUA 曲线的第一个明显的转折点对应的流量可作为满足河流生态系统基本需求的最小流量；后者为 WUA 最大时对应的流量，这一流量条件最大限度地满足了鱼类的栖息地需求，是构建河流最适宜栖息地的流量，可以作为汛期水量丰沛条件下的生态流量制定标准。本书根据目标鱼类的 Q-WUA 曲线，结合研究河段汛期和非汛期的流量条件，制定动态的生态流量目标。

小清河干流黄台桥站至柴庄闸河段内 WUA 模拟结果及 Q-WUA 曲线见图 4-53 和图 4-54。生境模拟法以水力学方法为基础，同样以确定浅滩栖息地流量为目标，通过建立河段水动力和鱼类栖息地模型，利用 IFIM 量化流量与鱼类栖息地面积的关系，比水力学方法更为客观、可靠。由图 4-53 可以看出，小清河干流黄台桥站至柴庄闸河段内鱼类栖息地存在沿河道中泓分布和沿两侧分布的情况。由于该河段经过整修衬砌，河道断面形状接近于矩形，不存在一般意义上的浅滩，河底即接近于浅滩，所以鱼类栖息地既有沿中泓分布的情况，亦有沿两侧分布的情况。由图 4-54 可知，4 种目标鱼类的 Q-WUA 曲线均呈现明显的先上升后下降的趋势，说明并不是流量越大对鱼类生存越有利。除鲫鱼 Q-WUA 曲线在 2 m^3/s 处出现转折外，其余 3 条曲线在峰值之前均未出现转折。根据各曲线峰值，优势种鲫的适宜生态流量为 6 m^3/s，春季相对重要种泥鳅的最适生态流量为 2 m^3/s，夏季相对重要种棒花鱼最适生态流量为 4 m^3/s，秋季相对重要种麦穗鱼最适生态流量为 2 m^3/s。冬季处于非汛期，水资源条件紧张，无相对重要种，采用优势种鲫的最适生态流量 6 m^3/s 则不合适，会造成较大的用水压力，且冬季鱼类除需要一定的水深满足越冬需求外，其他生存需求相对较低，因此建议采用春秋季生态流量 2 m^3/s 作为冬季生态流量。由此得黄台桥站生境模拟法生态流量如表 4-26 所示。

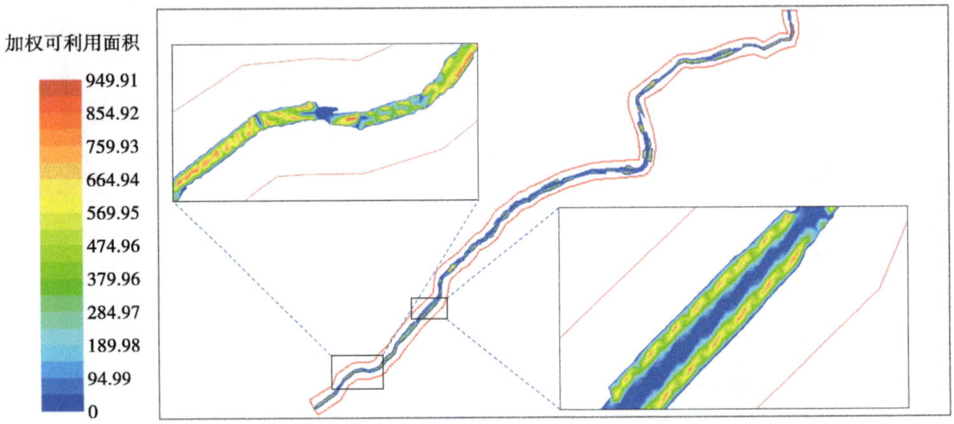

图 4-53　小清河干流黄台桥站至柴庄闸河段内 WUA 模拟结果

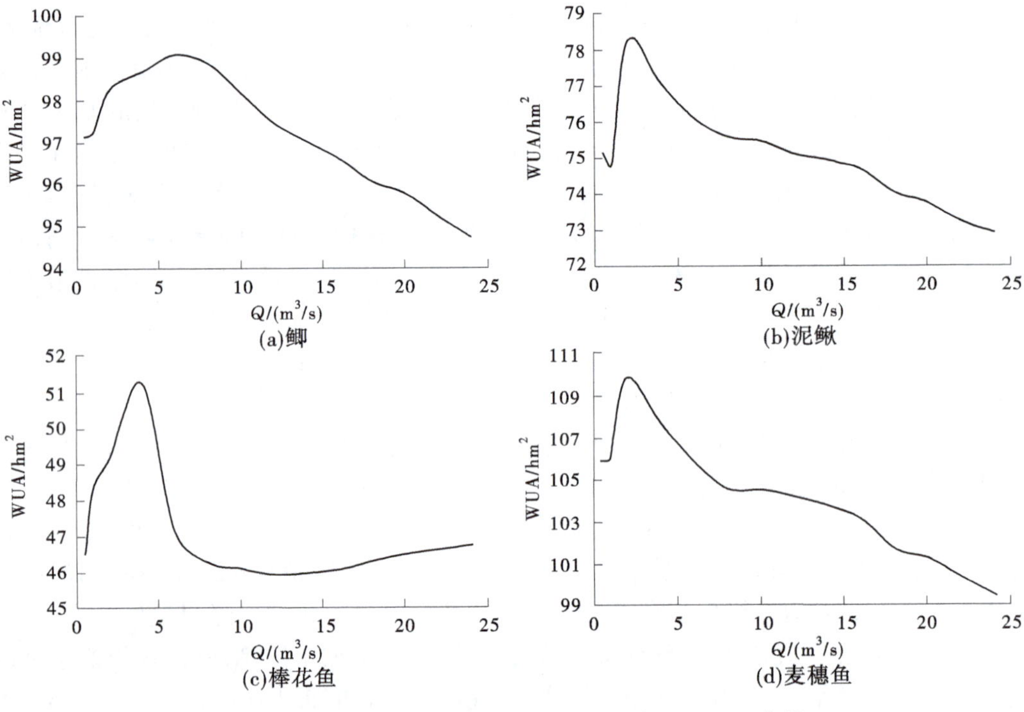

图 4-54　小清河干流黄台桥站至柴庄闸河段 Q-WUA 曲线

表 4-26　黄台桥站生境模拟法生态流量计算成果　　单位：m^3/s

季节	春季(3~5 月)	夏季(6~8 月)	秋季(9~11 月)	冬季(12 月至次年 2 月)	优势种
目标鱼种	泥鳅	棒花鱼	麦穗鱼	无	鲫
生态流量	2	4	2	2	6

小清河干流岔河站至博兴站河段内 WUA 模拟结果及 Q-WUA 曲线见图 4-55 和图 4-56。由图 4-55 可以看出，小清河干流岔河站至博兴站河段内鱼类栖息地主要沿河道

两侧分布。这与该河段多为复式断面，存在较多浅滩的河道地形相印证。由图 4-56 可知，4 种目标鱼类的 Q-WUA 曲线波动较为明显，均呈现多个峰值。鲫、泥鳅、麦穗鱼曲线最大值均出现在第一个波峰，棒花鱼曲线最大值则出现在第二个波峰。根据各曲线峰值，优势种鲫的适宜态流量为 2 m^3/s，春季相对重要种泥鳅的最适生态流量为 2 m^3/s，夏季相对重要种棒花鱼最适生态流量为 12 m^3/s，秋季相对重要种麦穗鱼最适生态流量为 2 m^3/s。冬季仍以满足鱼类越冬需求为主，采用春秋季生态流量 2 m^3/s 作为冬季生态流量。由此得岔河站生境模拟法生态流量如表 4-27 所示。

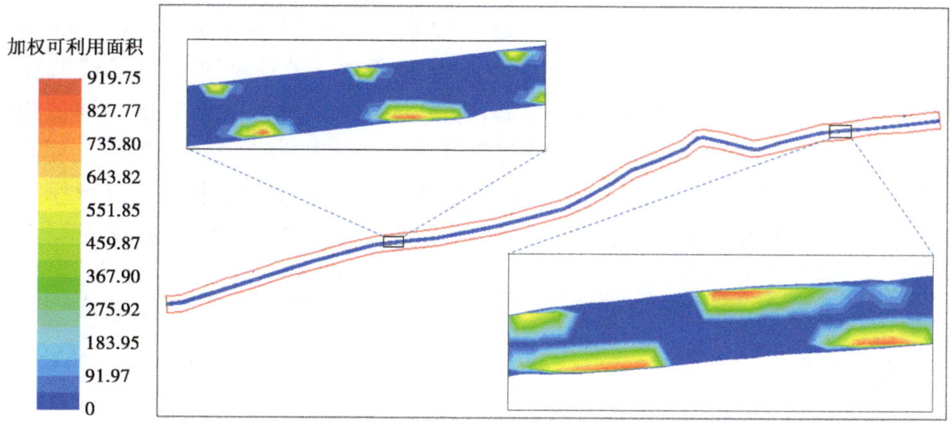

图 4-55　小清河干流岔河站至博兴站河段内 WUA 模拟结果

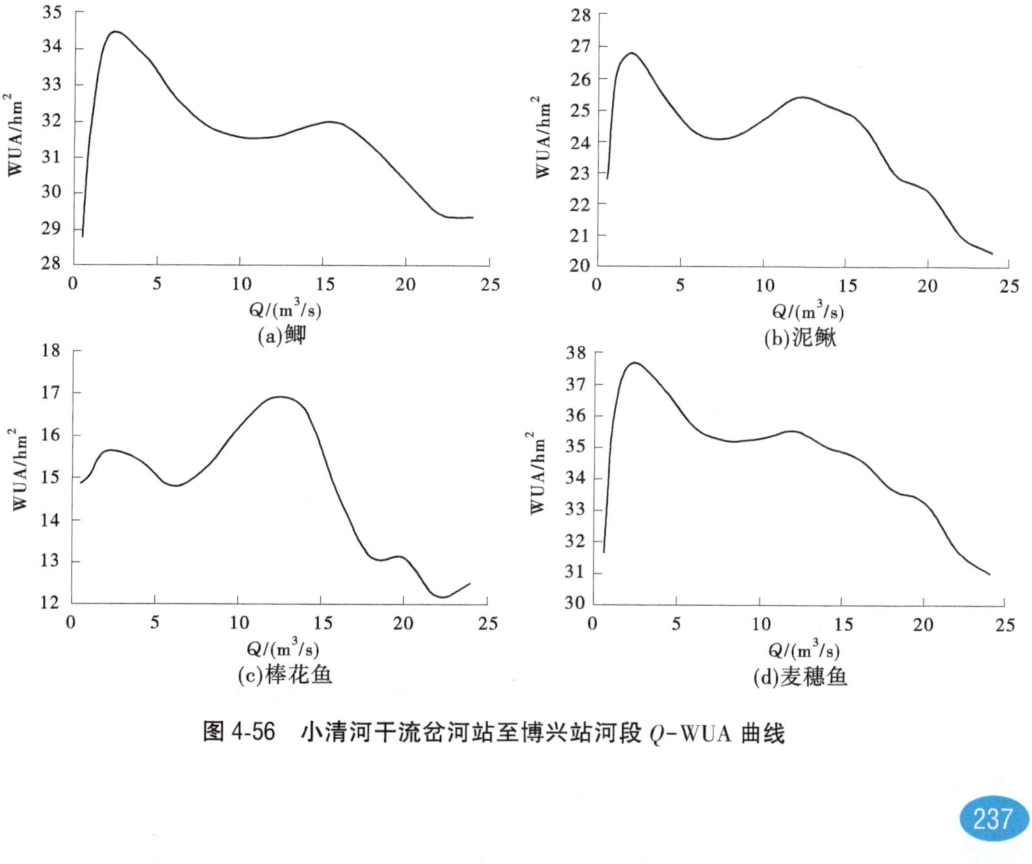

图 4-56　小清河干流岔河站至博兴站河段 Q-WUA 曲线

表 4-27　岔河站生境模拟法生态流量计算成果　　单位:m^3/s

季节	春季(3~5月)	夏季(6~8月)	秋季(9~11月)	冬季(12月至次年2月)	优势种
目标鱼种	泥鳅	棒花鱼	麦穗鱼	无	鲫
生态流量	2	12	2	2	2

小清河干流石村站至王道闸河段内 WUA 模拟结果及 Q-WUA 曲线见图 4-57 和图 4-58。由图 4-57 可以看出,小清河干流石村站至王道闸河段内鱼类栖息地主要沿河道两侧分布,与该河段存在较多浅滩的河道地形有关。由图 4-58 可知,4 种目标鱼类的 Q-WUA 曲线均呈现单峰形式,且峰值对应的流量较大,这与该河段河宽较大有一定关系。根据各曲线峰值,优势种鲫的适宜生态流量为 18 m^3/s,春季相对重要种泥鳅的最适生态流量为 18 m^3/s,夏季相对重要种棒花鱼最适生态流量为 14 m^3/s,秋季相对重要种麦穗鱼最适生态流量为 18 m^3/s。冬季以满足鱼类越冬需求为主,则采用春秋季生态流量 14 m^3/s 作为冬季生态流量。由此得石村站生境模拟法生态流量如表 4-28 所示。

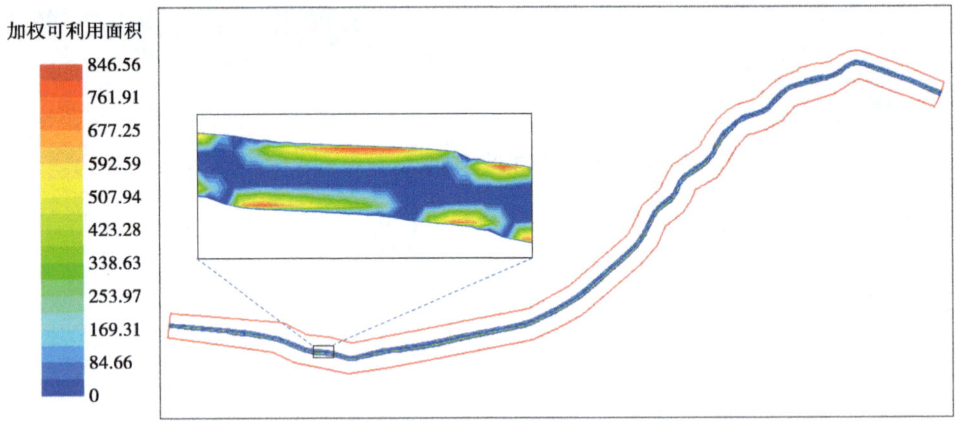

图 4-57　小清河干流石村站至王道闸河段内 WUA 模拟结果

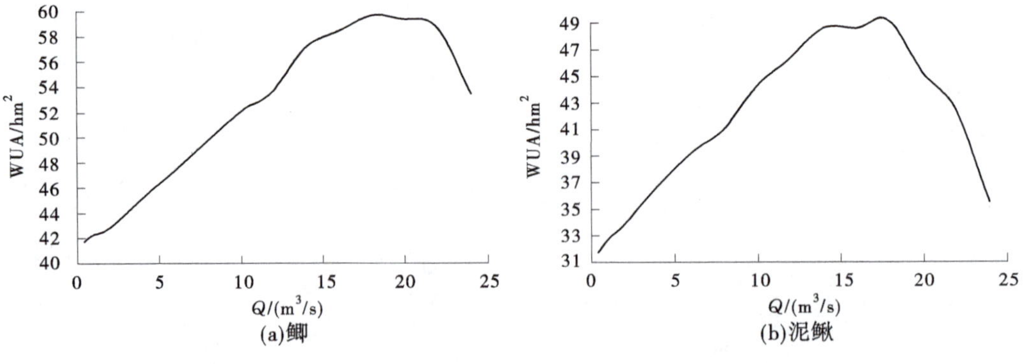

图 4-58　小清河干流石村站至王道闸河段 Q-WUA 曲线

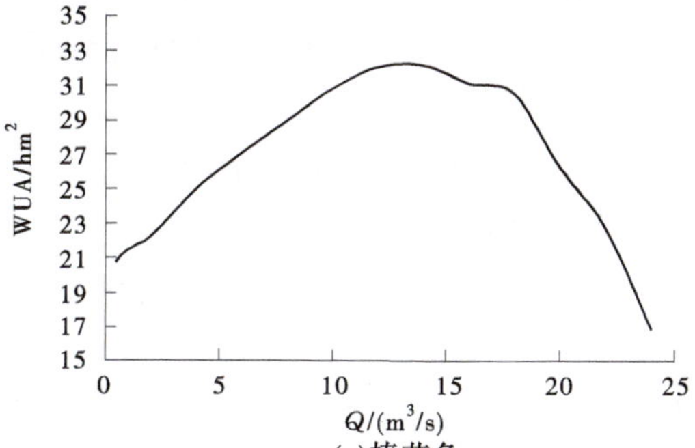

(c)棒花鱼

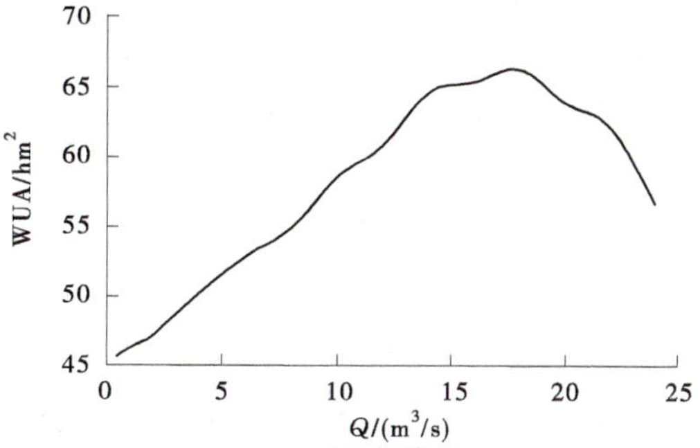

(d)麦穗鱼

续图 4-58

表 4-28　石村站生境模拟法生态流量计算成果　　单位：m^3/s

项目	春季(3~5月)	夏季(6~8月)	秋季(9~11月)	冬季(12月至次年2月)	优势种
目标鱼种	泥鳅	棒花鱼	麦穗鱼	无	鲫
生态流量	18	14	18	14	18

生境模拟法模拟了不同流量条件下河段内的水动力环境，综合考虑了鱼类指示物种对于水深和流速的适宜性以量化不同流量条件下的栖息地质量，不论是相对于水文学方法还是水力学方法都更具有进步意义，更能体现河流的生态需求。黄台桥站断面春秋冬季生态流量为 2 m^3/s，夏季为 4 m^3/s，岔河站断面春秋冬季生态流量为 2 m^3/s，夏季为 12 m^3/s，石村站断面夏冬季生态流量为 14 m^3/s，春秋季为 18 m^3/s。与水文学方法最终成果及湿周法结果相比较，对于黄台桥站断面，生境模拟法计算结果大于水文学方法计算结果，大于湿周法计算结果；岔河站断面，除 4 月、6 月、7 月外，生境模拟法计算结果小于水文学方法计算结果，春夏冬季大于生态流速法计算结果，秋季略小；石村站断面生境模拟法计算结果相较于水文学方法和湿周法均明显偏大，在 7 月、8 月、9 月则与水文学方法计算结果较为接近。

4.5　小清河干流生态位阈值方案

4.5.1　结果汇总

（1）根据小清河干流通航要求，求得了通航控制断面通航下泄流量：五龙堂桥 3.25 m^3/s、金家堰枢纽 6.9 m^3/s、博兴站 3.89 m^3/s、石村站 4.88 m^3/s。

（2）利用 Tennant 法、NGPRP 法、Texas 法、最小月平均实测径流法、90%保证率最枯日平均流量法 5 种水文学方法计算了小清河干流黄台桥站、岔河站、石村站 3 个断面的生态流量。并通过与各断面2006~2016年天然月平均流量的相关性分析，检验了5种方法的合理性，结合各断面水资源条件，确定黄台桥站的生态流量采用Texas法计算结果，岔河站和石村站生态流量采用Tennant法计算结果。

(3)水力学方法所得生态流量值悬殊，难以得到可靠结论。但改进的R2-Cross法和生态流速法在一定程度上受到了数据资料和主观因素的影响，而湿周法作为最为经典的水力学方法，通过临界栖息地区域(通常是浅滩)湿周与流量的关系曲线的转折点确定河道推荐流量值，相对来说较为可靠，因此推荐以湿周法计算结果作为参考值：黄台桥站、岔河站、石村站斜率为1法计算结果分别为1.67 m^3/s、7.75 m^3/s、2.68 m^3/s，曲率最大法计算结果分别为1.19 m^3/s、5.55 m^3/s、1.9 m^3/s。

(4)生境模拟法模拟了不同流量条件下河段内的水动力环境，综合考虑了鱼类指示物种对于水深和流速的适宜性以量化不同流量条件下的栖息地质量，不论是相对于水文学方法还是水力学方法都更具有进步意义，更能体现河流的生态需求。黄台桥站断面春秋冬季生态流量为2 m^3/s，夏季为4 m^3/s，岔河站断面春秋冬季生态流量为2 m^3/s，夏季为12 m^3/s，石村站断面夏冬季生态流量为14 m^3/s，春秋季为18 m^3/s。

4.5.2 方案比选

满足干流航运条件的流量阈值不能体现季节差异性，不同水力学方法所求的生态流量结果差异较大，难以得出可靠结论，以较为可靠的湿周法计算结果作为参考，但不能体现出水文节律性。水文学方法以河流历史水文数据为基础，根据简单的水文指标确定河道生态流量，可以较为直观地反映河流的水资源条件，而生境模拟法客观量化了不同流量条件下的鱼类栖息地质量，更能体现河流生态需求，且二者均考虑了河流流量的季节性差异，因此本书以水文学方法和生境模拟法为重点分析对象，对二者的计算结果进行保证率分析，以更好地检验两种方法的适用性，并结合航运要求，制定满足多目标需求的生态流量方案。水文学方法和生境模拟法生态流量保证率见图4-59。

由图4-59可知，对于黄台桥站断面，天然径流条件下，水文学方法所得生态流量的保证率较高，均在70%以上，生境模拟法所得生态流量保证率水平极低，仅有7月、8月、9月在70%以上，其余月份均在40%以下；实测径流条件下，水文学方法所得生态流量保证率均可达到100%，生境模拟法所得生态流量保证率除6月、7月、8月外，也均可达到100%，可见黄台桥站的径流过程受人类活动影响极为显著。考虑到黄台桥站断面水量较为丰富，建议将生境模拟法计算结果作为该断面的生态流量值。

对于岔河站断面，同种方法计算出的生态流量，除3月、4月、5月、6月外，天然径流条件下的保证率均较实测径流条件下的保证率偏高，但整体相差不大，说明该断面径流过程受人类活动影响较弱；两种方法对比，生态流量保证率整体相差不大，因此仍建议以生境模拟法计算结果作为该断面的生态流量值。

石村站缺少天然径流资料，但计算所采用的流量系列集中在1956~1998年，受人类活动影响较小。由表4-28可知，石村站断面生境模拟法所得生态流量明显偏高，通过计

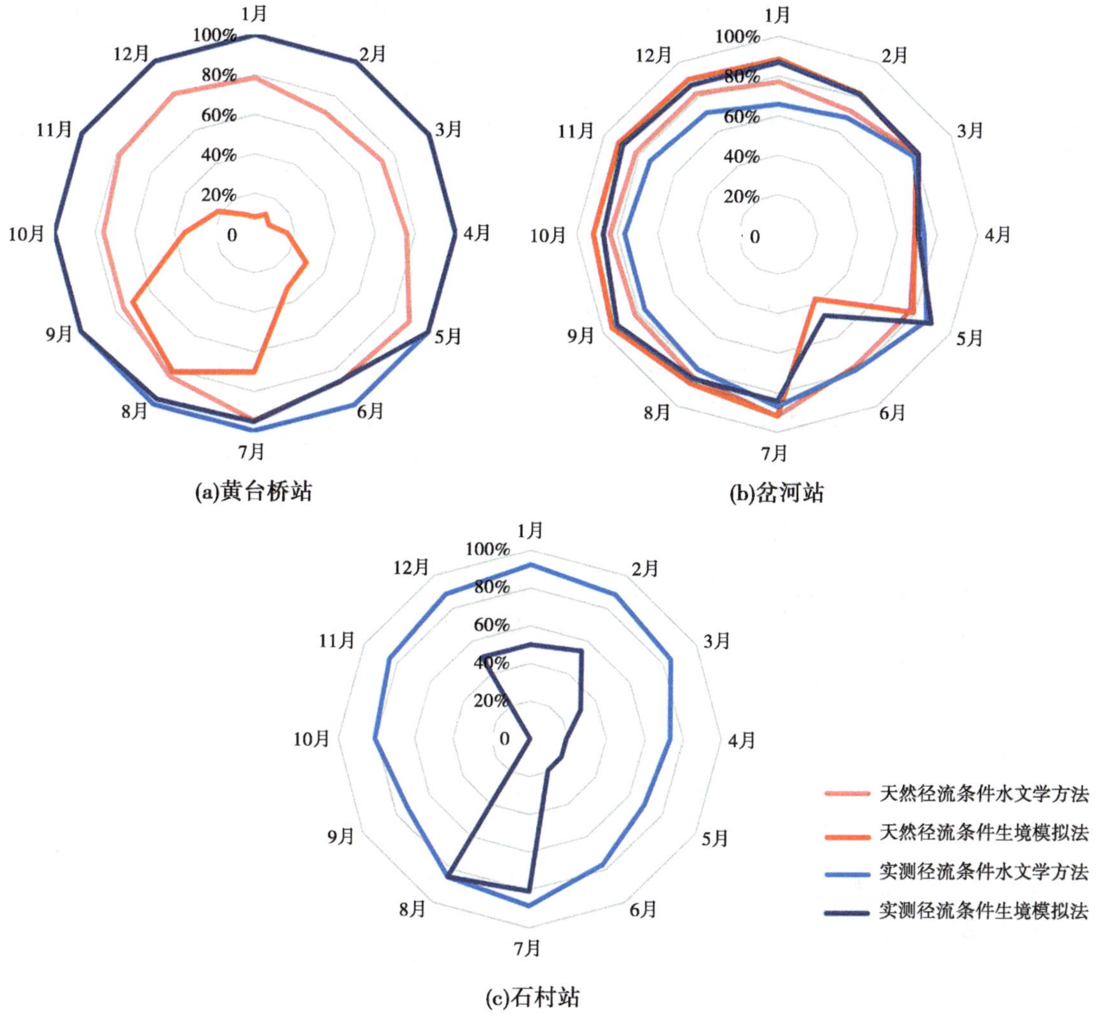

图 4-59　生态流量保证率

算两种方法的生态流量保证率也可以发现，除 7 月、8 月外，生境模拟法所得生态流量保证率明显低于水文学方法生态流量保证率。石村站至王道闸河段位于小清河下游，河宽较大，丰富的流量更有利于满足鱼类栖息地需求，但过高的生态流量则会造成沿岸较高的用水压力，因此建议 7 月、8 月采用生境模拟法计算结果，其余月份则采用水文学方法计算结果，同时也要加强流域水资源管理调度，提高该河段内保障鱼类生境适宜性需求的生态流量满足率。

受资料条件限制，本书所选取的生态流量断面和通航控制断面有所不同，本书以小清河干流分区分时段生态流量为主要目标，故仍着眼于黄台桥站、岔河站、石村站 3 个生态流量断面。小清河作为山东省内河航运“黄金水道”，通航下泄流量需予以重点保证。因此，本书将通航下泄流量作为下限流量，再结合前述水文学方法和生境模拟法比选结果，得到兼顾通航需求的多目标生态流量，见表 4-29。

表 4-29　方案比选及多目标生态流量成果

单位：m^3/s

断面	月份	生态流量		通航最大下泄流量	多目标生态流量	备注
		水文学方法	生境模拟法			
黄台桥站	1	0.13	2	0.52	2	通航下泄流量根据五龙堂桥断面比拟
	2	0.14	2	0.52	2	
	3	0.16	2	0.52	2	
	4	0.14	2	0.52	2	
	5	0.34	2	0.52	2	
	6	0.73	4	0.52	4	
	7	1.85	4	0.52	4	
	8	2.88	4	0.52	4	
	9	1.46	2	0.52	2	
	10	0.42	2	0.52	2	
	11	0.24	2	0.52	2	
	12	0.10	2	0.52	2	
岔河站	1	3.15	2	6.9	6.9	通航下泄流量以金家堰枢纽断面计，可与岔河站互认
	2	2.79	2	6.9	6.9	
	3	2.33	2	6.9	6.9	
	4	1.86	2	6.9	6.9	
	5	2.72	2	6.9	6.9	
	6	3.37	12	6.9	12	
	7	10.94	12	6.9	12	
	8	14.48	12	6.9	12	
	9	9.50	2	6.9	6.9	
	10	5.62	2	6.9	6.9	
	11	4.24	2	6.9	6.9	
	12	3.69	2	6.9	6.9	

续表 4-29

断面	月份	生态流量		通航最大下泄流量	多目标生态流量	备注
		水文学方法	生境模拟法			
石村站	1	5.65	14	4.88	5.65	通航下泄流量以石村站断面计
	2	5.13	14	4.88	5.13	
	3	3.91	18	4.88	4.88	
	4	2.77	18	4.88	4.88	
	5	3.19	18	4.88	4.88	
	6	3.34	14	4.88	4.88	
	7	14.07	14	4.88	14	
	8	19.08	14	4.88	14	
	9	13.81	18	4.88	13.81	
	10	7.96	18	4.88	7.96	
	11	7.14	18	4.88	7.14	
	12	6.28	14	4.88	6.28	

依据表 4-29 生态流量，求得黄台桥站、岔河站、石村站 3 个断面多目标生态流量年平均保证率（实测月流量大于生态流量的月份数/总月份数）分别为 98.21%、83.77%、80.13%。通过计算发现，岔河站 6 月生态流量保证率仅有 34.21%，石村站 4 月、5 月生态流量保证率不足 70%，明显低于平均水平，建议通过加强流域内水资源调度以及引黄灌溉尾水补给、南水北调补水等提高这一时期的生态流量保证率。3 个断面生态流量年平均保证率均在 80%以上，也可见本书制定的生态流量不仅兼顾了鱼类生境适宜性、水文节律性和航运多个目标需求，且在小清河现有水资源条件下也能得到较高程度的保障，证明本书所得生态流量成果具备科学性和合理性。

4.6 小　结

本章根据水文站的分布确定了小清河干流黄台桥站、岔河站、石村站作为生态流量断面，并以此划定生态分区，探究水文与水生生物、植被和生态景观的生态响应关系，并利用水文学方法、水力学方法和生境模拟法求解兼顾航运需求的生态流量。主要结论如下：

（1）枯水期低流量会导致水环境质量变差，持续的低流量导致水深降低，栖息地连通性受到破坏；汛后期高流量可提供鱼类产卵的信号，保证鱼卵悬浮于水中；汛期洪水提供丰富的营养成分,利于幼鱼索饵,以促进生长。

(2)小清河流域各分区内 NDVI 与多年平均、汛期和非汛期的平均流量之间呈正相关关系,但前者变化相对于后者存在 1~2 年的滞后性;从空间上看,黄台桥站至岔河站区间内 NDVI 与流量之间的相关性最强,岔河站至石村站区间内二者的相关性次之,黄台桥站以上区间二者相关性最弱;从时间上看,3 个区间内 NDVI 与汛期平均流量相关性较强,与非汛期平均流量相关性较弱。

(3)利用景观多样性指数探究生态景观和流域水文之间的关系,但从小清河流域 20 年间景观多样性指数变化趋势来看,2000~2015 年景观多样性指数一直保持增加趋势,2015~2020 年略有下降,与该流域天然流量变化趋势明显不符(以石村站天然年平均流量过程为代表),二者之间无明显相关性。从各种景观类型的变化来看,也均未呈现与流量相近的变化趋势。

(4)根据《小清河流域综合治理与幸福河建设关键技术研究与应用》中鱼类采样数据,引入优势种和相对重要性指数的概念来选取鱼类指示物种,分别得到春、夏、秋 3 个季节鱼类的相对重要性指数值,春、夏、秋 3 个季节中鲫的相对重要性指数均超过 1 000,因此将鲫作为优势种,春季选取泥鳅作为代表物种,夏季选取棒花鱼作为代表鱼种,秋季选取麦穗鱼作为代表鱼种。

(5)小清河全线共有柴庄、水牛韩、金家堰、金家桥、王道 5 个梯级,共划分为 5 个航道,分别为柴庄节制闸(迁建)—水牛韩船闸、水牛韩船闸—金家堰船闸、金家堰船闸—金家桥船闸、金家桥船闸—王道船闸、王道船闸—羊口港,综合考虑现有市界断面情况、水文站站点分布以及航运工程情况,沿着小清河干流由上到下,依次选取五龙堂桥、金家堰枢纽、博兴站、石村站作为控制断面。根据《小清河复航工程初步设计》成果,综合考虑断面以上天然径流量、蓄水工程蓄水量、两岸需水量、可分配地表水资源量、余缺水量、供水优先顺序等情况后确定,水牛韩枢纽、金家堰枢纽、金家桥枢纽、王道枢纽上游通航下泄水量分别为 843 万 m^3/月、1 789 万 m^3/月、1 009 万 m^3/月、1 266 万 m^3/月,相应下泄流量分别为 3.25 m^3/s、6.9 m^3/s、3.89 m^3/s、4.88 m^3/s。

(6)利用 Tennant 法、NGPRP 法、Texas 法、最小月平均实测径流法、90%保证率最枯日平均流量法 5 种水文学方法计算了小清河干流黄台桥站、岔河站、石村站 3 个断面的生态流量。并通过与各断面 2006~2016 年天然月平均流量的相关性分析,检验了 5 种方法的合理性,结合各断面水资源条件,确定黄台桥站的生态流量采用 Texas 法计算结果,岔河站和石村站生态流量采用 Tennant 法计算结果。

(7)水力学方法所得生态流量值悬殊,难以得到可靠结论。但改进的 R2-Cross 法和生态流速法在一定程度上受到了数据资料和主观因素的影响,而湿周法作为最为经典的水力学方法,通过临界栖息地区域(通常是浅滩)湿周与流量的关系曲线的转折点确定河道推荐流量值,相对来说较为可靠,因此推荐以湿周法计算结果作为参考值:黄台桥站、岔河站、石村站斜率为 1 法计算结果分别为 1.67 m^3/s、7.75 m^3/s、2.68 m^3/s,曲率最大法计算结果分别为 1.19 m^3/s、5.55 m^3/s、1.9 m^3/s。

(8)生境模拟法模拟了不同流量条件下河段内的水动力环境,综合考虑了鱼类指示物种对于水深和流速的适宜性以量化不同流量条件下的栖息地质量,不论是相对于水文学方法还是水力学方法都更具有进步意义，更能体现河流的生态需求。黄台桥站断面春秋冬季生态流量为 2 m^3/s，夏季为 4 m^3/s，岔河站断面春秋冬季生态流量为 2 m^3/s，夏季为 12 m^3/s，石村站断面夏、冬季生态流量为 14 m^3/s，春、秋季为 18 m^3/s。

(9) 以水文学方法和生境模拟法为重点分析对象，对二者的计算结果进行保证率分析，以更好地检验两种方法的适用性，并结合航运要求，制定满足多目标需求的生态流量方案：黄台桥站 6~8 月生态流量为 4 m^3/s，9 月至次年 5 月为 2 m^3/s；岔河站 6~8 月生态流量为 12 m^3/s，9 月至次年 5 月为 6.9 m^3/s；石村站 1 月、2 月、7 月、8 月、9 月、10 月、11 月、12 月生态流量分别为 5.65 m^3/s、5.13 m^3/s、14 m^3/s、14 m^3/s、13.81 m^3/s、7.96 m^3/s、7.14 m^3/s、6.28 m^3/s，其余月份为 4.88 m^3/s。通过与 3 个断面长系列实测月平均流量比较求得多目标生态流量年平均保证率分别为 98.21%、83.77% 和 80.13%，均达到 80% 以上，验证了计算结果的合理性。同时，提出在生态流量无法满足时，应加强流域内水资源调度以及引黄灌溉尾水补给、南水北调补水等的建议。

第5章
“多目标–多水源–多闸坝”条件下小清河水资源优化配置与调度

本章基于 GWAS 模型对小清河流域进行水资源优化配置及在多目标、多水源、多闸坝分析的计算上，制订小清河干流补水方案。对于小清河流域水资源优化配置，首先以 2020 年为基础，基于 GWAS 模型对小清河流域进行基于规则的水资源配置；然后以 2020 年为现状水平年，2025 年和 2035 年为规划水平年，设置平水年（50%）、枯水年（75%）和特枯水年（95%）3 种情景，进行各行业需水量和各类水源可供水量的预测，并进行水资源供需平衡分析；最后基于构建的 GWAS 模型对各水平年和不同来水情景进行水资源配置，以探求各区（县）水资源配置情景。针对小清河干流补水方案的制订，首先分析小清河干流所需补水量，然后探讨北店子、田山引黄工程和东平湖 3 种补水水源及可调水量，最后根据来水频率、再生水排入量、泉水涌水量及月换水周期的不同，设置 6 种情景，由此计算 3 种补水水源的调水天数和调水量。

5.1 小清河流域 GWAS 模型配置参数的率定与验证

5.1.1 配置模型调参方法

以 2020 年各计算单元供水信息和行业需水量为基础,对小清河流域进行基于规则的水资源配置,并根据 2020 年的实际供水量对配置模型参数进行率定与验证。在供给侧,当地地表水、地下水、跨流域调水和其他水源(污水再生回用和雨水)供水量根据现状水平年实际供水量输入;在需求侧,各行业的需水量按现状水平年的用水量输入。

对于水源供水优先顺序,根据 2021 年王浩院士在《"三先三后"倒逼升级 科学调水保障发展——纪念南水北调工程全面通水七周年》中提及优化水源利用次序时指出,"先利用雨洪资源,再利用外调水和当地地表水,最后是地下水,将地下水作为战略后备水源",因此设置本书供水优先顺序为雨水、污水再生回用、跨流域调水、地表水、地下水。行业用水优先顺序依次设置为城市生活、农村生活、城乡生态、河湖生态、工业、农业。

水资源配置结果采用相对误差率进行校验:

$$Q_{\text{sobj}} = \frac{\sum_{i=1}^{m} |W_i - W'_i|}{\sum_{i=1}^{m} W_i} \tag{5-1}$$

式中:Q_{sobj} 为区域单元(或行业)供水总量的相对误差率;W_i、W'_i 分别为实际和模拟的供水总量。

配置模型的调参与验证步骤如下:

(1)根据研究区水资源的取用耗排过程,假定配置模型参数初始值。

(2)通过规则模拟方法计算配置模型,从区域和行业两个方面进行配置结果供水与实际供水量的对比分析,并计算相对误差率。

(3)如果相对误差率低于允许值,认为参数合理,结束调参;否则重新调参并返回第(2)步。

5.1.2 社会水循环模拟验证

5.1.2.1 配置模型参数

GWAS 模型配置模块根据水资源在社会水循环系统经过的取、用、耗、排过程,将配置模型参数分为供用水关键参数、耗水关键参数和排水关键参数 3 类。

供用水过程是水资源从自然系统流入社会系统的过程,主要受水源条件、行业需水特点以及供水渠道等因素影响,其关键参数主要包括行业权重系数和水源行业分水比,行业权重系数的大小反映各行业缺水对社会经济危害程度,水源行业分水比表示各类水源向用水单元内各行业的供水比例。

耗水过程是水资源从进入社会系统后经过蒸腾蒸发、产品带走等途径消耗的过程，主要受行业用水特性影响，农业耗水按土壤蒸散发计算，生态用水一般认为全部通过蒸发消耗，因此耗水关键参数主要包括生活耗水系数和工业耗水系数。

排水过程是水资源从社会系统流向自然系统的过程，主要是生活和工业产生的废污水排入河道的水量，其关键参数主要包括污水收集系数和污水处理系数。

根据济南市、淄博市、滨州市、东营市和潍坊市 2020 年的水资源公报，现状年耗水系数见表 5-1。水库水根据水库供水规则进行供水，河网水、地下水、污水再生回用和雨水的行业分水比以区(县)为单元进行调整，通过对水源行业分水比进行迭代调整，得到供用水关键参数最终值，结果分别见表 5-2～表 5-5。

表 5-1 小清河流域各区(县)耗水系数

地市	区(县)	农村生活耗水系数	城市生活耗水系数	工业耗水系数
济南市	市区四区	0. 650	0. 50	0. 40
	历城区	0. 800	0. 52	0. 24
	章丘区	0. 500	0. 10	0. 64
淄博市	张店区	0. 150	0. 15	0. 45
	淄川区	0. 100	0. 10	0. 35
	博山区	0. 350	0. 26	0. 5
	周村区	0. 900	0. 10	0. 44
	临淄区	0. 220	0. 10	0. 50
	桓台县	0. 100	0. 12	0. 38
滨州市	邹平市	0. 200	0. 20	0. 25
	博兴县	0. 750	0. 28	0. 42
东营市	广饶县	0. 809	0. 20	0. 152
潍坊市	青州市	0. 849	0. 231	0. 45
	寿光市	0. 710	0. 231	0. 35

表 5-2 小清河流域各区(县)河网水各行业分水比

地市	区(县)	农村生活	城市生活	工业	农业	城乡生态	河湖生态
济南市	市区四区	0. 76	0. 06	0	0	0	0
	历城区	0. 36	0. 17	0. 52	0. 4	0	0
	章丘区	0	0	0. 07	0. 12	0. 2	0

续表 5-2

地市	区(县)	农村生活	城市生活	工业	农业	城乡生态	河湖生态
淄博市	张店区	1	0.58	0	0	0	0.59
	淄川区	0	0	0	0	0	0
	博山区	0	0	0	0	0	0
	周村区	0.12	0	0	0.17	0	0.66
	临淄区	0	0	0	0	0	0.24
	桓台县	0	0	0	0	0	0.67
滨州市	邹平市	0	0	0	0	0	0.72
	博兴县	0	0	0	0	0	0.55
东营市	广饶县	0	0	0	0.5	0.91	1
潍坊市	青州市	0	0.24	0	0.05	1	0
	寿光市	0	0	0	0.4	0	0

表 5-3 小清河流域各区(县)地下水各行业分水比

地市	区(县)	农村生活	城市生活	工业	农业	城乡生态	河湖生态
济南市	市区四区	0.28	0.17	0.96	0.14	0	0
	历城区	0.68	0.75	0.45	0.64	0.21	0
	章丘区	1	1	0.72	0.86	0.15	0
淄博市	张店区	0	0.001	0.41	1	0.79	0
	淄川区	0.82	0.93	0.63	0.78	1	0
	博山区	1	0.97	0.88	0.68	1	0
	周村区	0.92	0.3	0.42	0.75	1	0
	临淄区	0.92	0.57	0.71	1	0.34	0
	桓台县	1	1	0.05	0.87	1	0
滨州市	邹平市	0.66	0.59	0.04	0.06	0	0
	博兴县	0.14	0.25	0.08	0.28	0	0
东营市	广饶县	0.88	0.88	0.66	0.20	0.13	0
潍坊市	青州市	1	0.8	1	0.92	0	0
	寿光市	1	1	0.84	0.20	0.08	0

表 5-4 小清河流域各区(县)污水再生回用各行业分水比

地市	区(县)	农村生活	城市生活	工业	农业	城乡生态	河湖生态
济南市	市区四区	0	0	0	0	0.34	1
	历城区	0	0	0.08	0	0.83	0
	章丘区	0	0	0	0	0.71	1
淄博市	张店区	0	0	0	0	0.25	0.45
	淄川区	0	0	0.13	0	0	1
	博山区	0	0	0.16	0	0	1
	周村区	0	0	0	0	0	0.38
	临淄区	0	0	0	0	0.7	0.33
	桓台县	0	0	0	0	0	0
滨州市	邹平市	0	0	0	0	0.98	0.32
	博兴县	0	0	0	0	0.16	0.49
东营市	广饶县	0	0	0	0	0	0
潍坊市	青州市	0	0	0	0	0	0
	寿光市	0	0	0.2	0.28	0.96	0

表 5-5 小清河流域各区(县)雨水各行业分水比

地市	区(县)	农村生活	城市生活	工业	农业	城乡生态	河湖生态
济南市	市区四区	0	0.03	0	0	0	0
	历城区	0	0	0	0	0	0
	章丘区	0	0	0	0	0	0
淄博市	张店区	0	0	0	0	0	0
	淄川区	0	0	0	0	0	0
	博山区	0	0	0	0	0	0
	周村区	0	0	0	0	0	0
	临淄区	0	0	0	0	0	0
	桓台县	0	0	0	0	0	0
滨州市	邹平市	0	0	0	0	0	0
	博兴县	0	0	0	0	0	0
东营市	广饶县	0	0	0	0	0	0
潍坊市	青州市	0	0	0	0	0	0
	寿光市	0	0	0	0	0	0

5.1.2.2　社会水循环模拟验证结果

根据小清河流域现状水平年各区(县)和各行业的实际供水总量对模型配置结果进行对比分析,结果如图5-1和图5-2所示。

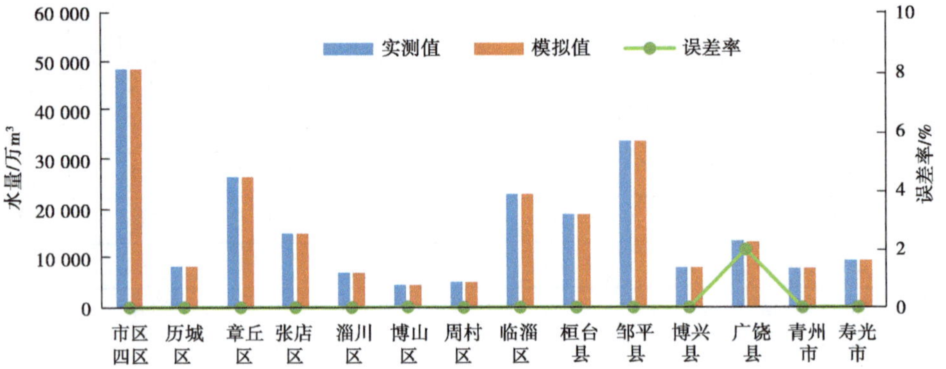

图5-1　各区(县)供水量模拟值与实际值误差

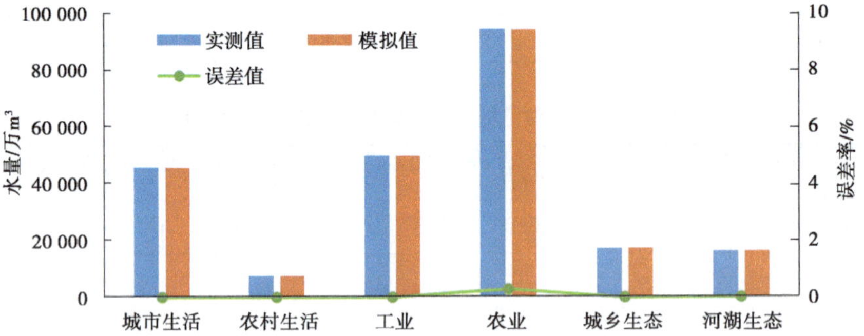

图5-2　各行业供水量模拟值与实际值误差

2020年小清河流域实际供水总量23.11亿m^3,模型模拟供水总量23.08亿m^3,总误差率为0.12%。从图5-1中可以看出,模拟供水误差率最大的是广饶县,为1.98%;其次是博山区,为0.02%;其余各区(县)模拟供水误差率均小于0.01%。从图5-2中可以看出,农业模拟供水误差率最大,为0.29%;其次为河湖生态,为0.01%;其他模拟结果与现状年供水基本一致,误差率小于0.01%。经过对区域和行业配置结果的对比分析,可以认为建立的模型合理,模拟结果具有较高的可信度。

5.2　小清河流域水资源供需平衡分析

本次研究以2020年为现状水平年,2025年为近期规划水平年,2035年为远期规划水平年,对来水设置平水年(50%)、枯水年(75%)和特枯水年(95%)3种情景,进行各行业需水量和各类水源可供水量的预测,并进行水资源供需平衡分析。

5.2.1 需水量预测

5.2.1.1 经济社会发展指标

根据国民经济发展的总体部署、贯彻可持续发展原则,结合《山东省水资源综合利用中长期规划》及山东省、济南市、淄博市、滨州市、东营市、潍坊市《国民经济和社会发展第十四个五年规划和2035年远景目标纲要》等相关规划,同时考虑到经济发展方式转变、产业结构调整、城市职能的拓展提升、人口政策等因素,结合小清河流域内各区(县)经济社会发展的新情况,提出不同水平年经济社会发展指标,主要包括人口数量(常住人口)、经济和农林渔畜等指标。其中,人口预测包含人口数量和城镇化率;经济预测包括经济总量(GDP)和产业结构,产业结构按一、二、三次产业划分,第二产业区分工业和建筑业;农林渔畜预测包含其发展规模的确定。

1. 人口预测

根据2020年济南市、淄博市、滨州市、东营市及潍坊市统计年鉴中小清河流域内各区(县)的人口统计资料及近几年人口实际增长情况,结合《山东省第七次全国人口普查公报》(第一号)文件的普查结果,预测2020~2025年、2025~2035年人口年平均增长率为0.58%。

根据山东省及小清河流域内5个地市的《国民经济和社会发展第十四个五年规划和2035年远景目标纲要》,与2020年相比,近期规划水平年2025年济南市、淄博市、滨州市、东营市及潍坊市的累计增长率分别为3.2%、2.96%、3.75%、3.2%和0.5%,远期规划水平年2035年的增长率与2025年相同。

2. 国民经济发展预测

根据山东省及小清河流域内5个地市的《国民经济和社会发展第十四个五年规划和2035年远景目标纲要》,与2020年相比,近期规划水平年2025年济南市、淄博市、滨州市、东营市及潍坊市的年均增长率分别为7%、7%、5.5%、7%和7%,远期规划水平年2035年的年均增长率适当放缓,为2025年的70%~80%。

考虑到经济发展方式转变、产业结构调整,与2020年相比,预测规划水平年2025年和2035年三次产业结构变化趋势为一产和二产的比例逐渐降低,三产比例逐渐增加。

3. 农业发展指标预测

根据相关文件精神,考虑到城镇化的发展和日益严重的供需矛盾,综合确定规划水平年2025年和2035年的农田有效灌溉面积维持现状年水平不变。

考虑到退耕还果还林政策的实施、农业转型升级、农业总产值中畜牧业比例稳步增加等因素,规划水平年牧草地面积、大小牲畜存栏量保持稳定增长,林果地面积、鱼塘面积适当增加等因素,确定2025年、2035年小清河流域内各区(县)林牧渔畜指标。

综上所述,预测规划水平年经济社会指标如表5-6所示。

表 5-6　规划水平年经济社会指标预测值统计

地市	区(县)	水平年	总人口/万人	城镇化率/%	GDP/亿元	耕地有效灌溉面积/万亩	园林牧面积/万亩	渔业面积/万亩	牲畜/万头	三次产业结构
济南市	市区四区	2020	131.00	97.71	3 948.61	10.02	0.71	0.22	0.28	0.10:23.36:76.54
		2025	134.84	100.00	5 538.14	10.02	0.78	0.24	0.30	0.09:22.90:77.01
		2035	142.87	100.00	8 935.49	10.02	0.78	0.24	0.34	0.09:22.44:77.48
	历城区	2020	81.76	86.29	1 017.05	19.00	2.50	0.06	1.26	2.09:26.24:71.67
		2025	84.16	89.49	1 426.47	19.00	2.76	0.06	1.34	1.98:25.71:72.30
		2035	89.17	93.10	2 301.53	19.00	2.76	0.06	1.51	1.88:25.20:72.92
	章丘区	2020	90.03	38.75	978.37	55.51	3.09	0.14	30.83	5.97:53.55:40.49
		2025	92.67	41.95	1 372.22	55.51	3.41	0.15	32.89	5.67:52.48:41.85
		2035	98.19	44.68	2 214.00	55.51	3.41	0.15	37.06	5.38:51.43:43.19
淄博市	张店区	2020	87.94	91.26	966.90	8.50	3.15	0	4.26	0.23:39.50:60.28
		2025	90.52	94.22	1 356.13	8.50	3.48	0	4.54	0.22:38.71:61.08
		2035	95.91	96.11	2 188.04	8.50	3.48	0	5.12	0.21:37.93:61.86
	淄川区	2020	63.05	65.59	461.10	10.90	1.30	0.03	11.20	1.84:52.72:45.43
		2025	64.90	68.55	646.72	10.90	1.44	0.03	11.95	1.75:51.67:46.58
		2035	68.76	72.67	1 043.44	10.90	1.44	0.03	13.46	1.66:50.63:47.70

续表 5-6

地市	区(县)	水平年	总人口/万人	城镇化率/%	GDP/亿元	耕地有效灌溉面积/万亩	园林牧面积/万亩	渔业面积/万亩	牲畜/万头	三次产业结构
淄博市	博山区	2020	43.52	75.64	234.03	4.17	1.32	0.03	1.76	3.72:49.60:46.68
		2025	44.80	78.60	328.24	4.17	1.46	0.03	1.88	3.53:48.61:47.86
		2035	47.46	83.32	529.60	4.17	1.46	0.03	2.12	3.36:47.64:49.00
	周村区	2020	34.22	64.50	215.39	1.50	1.96	0.06	4.65	4.12:43.13:52.75
		2025	35.23	67.46	302.10	1.50	2.16	0.07	4.96	3.92:42.27:53.81
		2035	37.32	71.51	487.42	1.50	2.16	0.07	5.59	3.72:41.42:54.86
	临淄区	2020	61.12	60.59	733.27	41.10	0	0	53.11	5.42:59.00:35.58
		2025	62.91	63.55	1 028.45	41.10	0	0	56.65	5.15:57.82:37.03
		2035	66.66	67.37	1 659.35	41.10	0	0	63.83	4.89:56.66:38.45
	桓台县	2020	50.37	66.58	588.47	42.50	0.08	0.03	5.65	2.35:55.39:42.26
		2025	51.85	69.54	825.36	42.50	0.09	0.03	6.03	2.23:54.28:43.49
		2035	54.94	73.72	1 331.67	42.50	0.09	0.03	6.79	2.12:53.20:44.68
东营市	广饶县	2020	28.97	48.30	336.81	42.91	1.95	0.54	7.69	7.58:59.85:32.57
		2025	29.82	51.50	440.20	42.91	2.16	0.60	8.20	7.20:58.65:34.15
		2035	31.59	54.85	677.10	42.91	2.16	0.60	9.24	6.84:57.48:35.68

续表 5-6

地市	区(县)	水平年	总人口/万人	城镇化率/%	GDP/亿元	耕地有效灌溉面积/万亩	园林牧面积/万亩	渔业面积/万亩	牲畜/万头	三次产业结构
潍坊市	青州市	2020	49.87	30.32	241.74	51.72	7.63	0	52.41	11.12:39.73:49.15
		2025	51.33	31.08	339.05	51.72	8.42	0	55.90	10.56:38.93:50.50
		2035	54.39	32.67	547.04	51.72	8.42	0	62.98	10.04:38.16:51.81
	寿光市	2020	46.00	65.22	167.68	59.10	0.39	0	12.70	27.92:50.94:21.15
		2025	47.35	66.86	235.18	59.10	0.43	0	13.55	26.52:49.92:23.56
		2035	50.17	70.28	379.45	59.10	0.43	0	15.26	25.19:48.92:25.89
滨州市	邹平市	2020	76.03	64.15	525.68	81.00	7.76	0.38	22.67	5.46:49.43:45.11
		2025	78.26	65.65	737.30	81.00	8.57	0.42	24.18	5.19:48.44:46.38
		2035	82.92	67.64	1 189.59	81.00	8.57	0.42	27.25	4.93:47.47:47.60
	博兴县	2020	16.08	54.89	118.79	21.05	0.70	2.70	6.93	6.69:40.85:52.46
		2025	16.56	60.89	158.97	21.05	0.77	2.99	7.40	6.36:40.03:53.61
		2035	17.54	68.41	246.87	21.05	0.77	2.99	8.33	6.04:39.23:54.73

5.2.1.2 用水指标

本次需水分为生活用水、生产用水、生态环境用水三大类。生活用水分城镇、农村居民生活用水及城镇公共用水(含建筑业和服务业用水)。生产用水包括农业及工业用水,其中农业包括种植业和林牧渔畜业。生态环境用水主要指河道外城乡生态环境需水和河湖补水。

依据各地市国民经济发展指标,分析现状用水及用水发展趋势,依照先节水后用水的原则,并考虑新旧动能转换、乡村振兴、城乡一体化、生态建设等国家及地区战略,拟定行业用水定额。

1. 生活用水指标

生活需水预测采用人均日用水量定额法。综合考虑城市规模、水源类型、基础设施和社会经济发展水平,以现状用水水平分别拟定现状水平年城镇居民和农村居民用水定额。随着人民群众生活水平的提高、生活质量的改善,居民生活人均用水标准将有所提高,参考《山东省农村居民生活用水定额》(DB37/T 3773—2019),以及考虑到全社会节水型社会建设的有关要求,预测2025年和2035年各区(县)的城镇居民和农村居民生活用水定额。

2. 农田灌溉定额

农田灌溉需水包括水田、水浇地、菜田灌溉需水,基于小清河流域内各区(县)近10年的用水情况分析,根据现状用水水平分析分别拟定现状水平年50%、75%和95%保证率下的农田灌溉需水定额。

以近5年农田实际灌溉统计资料为依据,采用历史资料、调查统计和理论计算相结合的方法,按照基本满足作物生长需求的非充分灌溉定额考虑,并考虑农业种植结构调整、山东省节水型社会技术指标、当地地表水部分归还农业用水等因素,综合确定规划水平年50%、75%和95%保证率下的农田灌溉需水定额。

现状水平年各区(县)的农田灌溉水有效利用系数采用各地市2020年数值,规划水平年2025年农田灌溉水有效利用系数采用各地市《关于印发“十四五”用水总量和强度双控目标的通知》中的数值,规划水平年2035年比2025年适当增大。

3. 林牧渔畜定额

现状水平年各区(县)林地、果园、草场和渔业的亩均用水量采用2020年数值;考虑山东省节水型社会技术指标等因素,规划2025年和2035年按照年均0.5%的幅度减小。综合确定大牲畜用水定额为40 L/(头·日),小牲畜用水定额为10 L/(头·日)。

4. 工业用水定额

工业需水预测均采用定额法。现状水平年工业用水量基本按实际用水水平,并考虑现状实际供水存在一定程度的非充分供水影响;规划水平年用水定额考虑产业结构优化调整,工艺水平的不断提高和节水技术的不断完善,以及工业用水的重复利用率不断提高,结合节水型社会指标以及各地市《关于印发"十四五"用水总量和强度双控目标的通知》中的用水强度管控目标,综合确定。

5. 建筑业和第三产业用水定额

现状水平年各区(县)建筑业万元增加值用水量和第三产业万元增加值用水量采用2020年用水水平,考虑到节水边际成本不断提高等因素,预测2025年和2035年稍有降低。

6. 生态环境需水指标

生态环境需水包括城乡生态环境需水及河湖补水。其中,城乡生态环境需水包括城乡绿地需水、城乡河湖补水、城乡环境卫生需水等河道外生态环境需水,以及部分骨干河道的河道内生态补水;河湖补水主要为湖泊、沼泽湿地及生态林等生态环境补水,保障河湖生态基流,维持河湖基本生态用水需求,维护河湖健康生态。结合生态文明建设,并参考《山东省节水型社会建设技术指标》,综合确定小清河流域内各区(县)的生态环境需水量。

5.2.1.3 需水预测结果

根据经济社会发展指标及预测的用水指标,对不同水平年需水量进行预测,见表5-7。由表5-7可知,小清河流域现状水平年2020年、规划水平年2025年和2035年的居民生活需水量分别为35 833万m^3、37 026万m^3、39 098万m^3,工业需水量分别为49 772万m^3、60 060万m^3、85 038万m^3,城镇公共需水量分别为17 391万m^3、23 384万m^3、36 169万m^3,50%频率农田灌溉需水量分别为86 983万m^3、81 903万m^3、73 408万m^3,75%和95%频率农田灌溉需水量分别为95 679万m^3、90 092万m^3、80 749万m^3,林果需水量分别为4 411万m^3、4 748万m^3、4 517万m^3,牧草需水量分别为24万m^3、25万m^3、24万m^3,渔业需水量分别为2 053万m^3、2 211万m^3、2 100万m^3,牲畜需水量分别为897万m^3、957万m^3、1 079万m^3,生态环境需水量分别为33 478万m^3、37 211万m^3、45 668万m^3,50%频率总需水量分别为230 842万m^3、247 525万m^3、287 101万m^3,75%和95%频率总需水量分别为239 538万m^3、255 714万m^3、294 442万m^3。

由此可见,小清河流域和同一区(县)内需水量具有如下特征:①同一水平年,随着频率的增大,需水量增多;②规划水平年的需水量大于现状水平年;③相较于现状水平年,规划水平年的居民生活需水量、工业需水量、城镇公共需水量、牲畜需水量和生态环境需水量大致呈现增加趋势,农田灌溉需水量呈减少趋势,林果、牧草需水量呈先增加后减少的趋势。

表 5-7 小清河流域各区(县)不同水平年需水预测成果表

单位:万 m^3

地市	区(县)	水平年	居民生活需水		工业需水	城镇公共需水	农田灌溉需水			林果需水	牧草需水	渔业需水	牲畜需水	生态环境需水	总需水量		
			城镇	农村			50%	75%	95%						50%	75%	95%
济南市	市区四区	2020	11 579	482	1 297	11 852	6 592	7 251	7 251	97	0	377	1	16 298	48 575	49 234	49 234
		2025	11 812	0	1 658	15 842	6 265	6 892	6 892	104	0	405	1	18 440	54 527	55 154	55 154
		2035	11 473	0	2 360	24 358	5 610	6 171	6 171	99	0	386	1	23 605	67 892	68 453	68 453
	历城区	2020	2 576	428	1 355	443	3 145	3 460	3 460	337	0	14	6	67	8 371	8 686	8 686
		2025	2 886	342	1 713	586	2 989	3 288	3 288	362	0	15	7	74	8 974	9 273	9 273
		2035	3 333	247	2 438	892	2 676	2 944	2 944	345	0	14	8	86	10 039	10 307	10 307
	章丘区	2020	1 410	1 429	3 810	1 203	14 072	15 479	15 479	1 810	0	90	118	1 945	25 887	27 294	27 294
		2025	1 632	1 473	4 818	1 639	13 370	14 707	14 707	1 949	0	97	126	2 095	27 199	28 536	28 536
		2035	1 922	1 586	6 856	2 565	11 972	13 169	13 169	1 854	0	92	142	2 314	29 303	30 500	30 500
淄博市	张店区	2020	4 811	522	6 072	1 165	1 105	1 216	1 216	211	0	0	17	1 252	15 155	15 266	15 266
		2025	4 981	344	7 344	1 567	1 011	1 112	1 112	227	0	0	18	1 451	16 943	17 044	17 044
		2035	5 047	232	10 452	2 424	905	996	996	216	0	0	21	1 951	21 248	21 339	21 339
	淄川区	2020	1 348	539	3 069	209	1 294	1 423	1 423	168	0	10	43	390	7 070	7 199	7 199
		2025	1 543	521	3 797	286	1 228	1 350	1 350	181	0	11	46	463	8 076	8 198	8 198
		2035	1 824	514	5 403	448	1 099	1 209	1 209	172	0	10	52	593	10 115	10 225	10 225
	博山区	2020	804	491	1 563	170	1 218	1 340	1 340	5	0	10	6	340	4 607	4 729	4 729
		2025	900	420	1 934	232	1 155	1 270	1 270	5	0	11	7	385	5 049	5 164	5 164
		2035	1 083	318	2 752	364	1 034	1 137	1 137	5	0	10	8	469	6 043	6 146	6 146
	周村区	2020	844	320	1 778	103	1 236	1 360	1 360	90	0	20	18	799	5 208	5 332	5 332
		2025	954	314	2 175	139	1 172	1 289	1 289	97	0	22	19	917	5 809	5 926	5 926
		2035	1 120	310	3 095	216	1 049	1 154	1 154	92	0	20	22	1 140	7 064	7 169	7 169

续表 5-7

地市	区(县)	水平年	居民生活需水		工业需水	城镇公共需水	农田灌溉需水			林果需水	牧草需水	渔业需水	牲畜需水	生态环境需水	总需水量		
			城镇	农村			50%	75%	95%						50%	75%	95%
淄博区	临淄区	2020	1 090	615	9 567	846	9 703	10 673	10 673	0	0	0	209	1 150	23 180	24 150	24 150
		2025	1 240	611	11 378	1 173	9 180	10 098	10 098	0	0	0	223	1 320	25 125	26 043	26 043
		2035	1 475	619	16 017	1 867	8 261	9 087	9 087	0	0	0	251	1 609	30 099	30 925	30 925
	桓台县	2020	489	609	8 374	196	7 002	7 702	7 702	496	0	50	37	1 733	18 986	19 686	19 686
		2025	592	576	9 956	268	6 638	7 302	7 302	534	0	54	39	1 990	2 0647	21 311	21 311
		2035	739	553	14 168	421	5 973	6 571	6 571	508	0	51	44	2 473	24 930	25 528	25 528
东营市	广饶县	2020	326	217	2 387	217	8 247	9 071	9 071	271	0	434	46	1 411	13 556	14 380	14 380
		2025	392	238	2 721	273	7 171	7 888	7 888	292	0	467	49	1 446	13 049	13 766	13 766
		2035	474	260	3 692	405	6 421	7 063	7 063	278	0	444	55	1 598	13 627	14 269	14 269
潍坊市	青州市	2020	380	620	663	145	5 523	6 075	6 075	385	0	0	198	124	8 038	8 590	8 590
		2025	437	710	847	196	5 248	5 773	5 773	415	0	0	211	130	8 194	8 719	8 719
		2035	519	802	1 206	305	4 700	5 170	5 170	394	0	0	238	144	8 308	8 778	8 778
	寿光市	2020	1 185	421	677	394	6 514	7 165	7 165	40	0	0	54	357	9 642	10 293	10 293
		2025	1 271	424	837	584	6 190	6 809	6 809	43	0	0	58	375	9 782	10 401	10 401
		2035	1 480	414	1 192	982	5 543	6 097	6 097	41	0	0	65	414	10 131	10 685	10 685
滨州市	邹平市	2020	1 143	643	7 856	365	17 068	18 774	18 774	374	24	94	111	6 195	33 873	35 579	35 579
		2025	1 219	638	9 394	492	16 231	17 854	17 854	402	25	101	118	6 673	35 293	36 916	36 916
		2035	1 433	686	13 369	763	14 534	15 987	15 987	383	24	96	133	7 745	39 166	40 619	40 619
	博兴县	2020	318	194	1 304	83	4 264	4 690	4 690	127	0	954	33	1 417	8 694	9 120	9 120
		2025	379	177	1 488	107	4 055	4 460	4 460	137	0	1 028	35	1 452	8 858	9 263	9 263
		2035	473	162	2 038	159	3 631	3 994	3 994	130	0	977	39	1 527	9 136	9 499	9 499

5.2.2 可供水量预测

5.2.2.1 预测方法

小清河流域的供水水源分为当地地表水、跨流域调水(黄河水、长江水)、地下水、非常规水(污水处理回用、雨水利用和矿坑水等)等。地表水可供水量按照 50%、75%、95% 3 种频率进行分析;地下水、跨流域调水、非常规水等供水量基本稳定,不再分情况预测。本次可供水量分析考虑两种方案:一是考虑当地水及现状外调水的可供水量(地表水、地下水、非常规水、黄河水、一期长江水);二是考虑当地水、现状外调水及规划二期江水(仅 2035 年考虑)的可供水量。各水源可供水量预测方法如下。

1. 地表水可供水量

现状水平年地表水可供水量为 2020 年实际数据。对于规划水平年的地表水可供水量,以小清河流域内 5 地市《关于印发“十四五”用水总量和强度双控目标的通知》中的用水总量控制指标为上限,参考《山东省水资源综合规划》《山东省水资源综合利用中长期规划》《山东省水安全保障总体规划》等,同时在考虑近 5 年地表水供水量的基础上确定。

2. 地下水可供水量

现状水平年地下水可供水量采用 2020 年实际数据。对于规划水平年,以《山东省水利厅关于印发〈山东省地下水管控指标〉的通知》(鲁水资字〔2024〕1 号)中 2025 年、2030 年各区(县)的地下水取水总量控制指标作为本书规划水平年 2025 年和 2035 年的地下水可供水量的上限。

3. 跨流域调水可供水量

小清河跨流域调水主要有黄河水和南水北调东线工程调引长江水。现状水平年采用小清河流域内 5 地市《关于印发 2020 年度水资源管理控制目标的通知》中各区(县)外调水的引黄和引江控制目标,规划水平年 2025 年、2035 年采用各地市《关于印发“十四五”用水总量和强度双控目标的通知》中各区(县)外调水的引黄和引江控制目标。其中,规划二期江水以地市上报需求数据作为二期江水的可供水量上限。

4. 非常规水可供水量

现状水平年非常规水可供水量采用 2020 年实际数据。规划水平年 2025 年采用小清河流域内 5 地市《关于印发“十四五”用水总量和强度双控目标的通知》中各区(县)非常规水源利用量作为下限值。规划水平年 2035 年与 2025 年相比,按照年均 4%的增长率递增。

5.2.2.2 可供水量计算结果

根据 2020 年各区(县)地表水、地下水、外调水及非常规水供水量为基础,通过对上述各水源的可供水量进行预测分析,以小清河流域内 5 地市《关于印发“十四五”用水总量和强度双控目标的通知》中用水总量控制指标为上限,分析计算现状水平年和规划水平年的可供水量,见表 5-8。由表 5-8 可知,小清河流域现状水平年 2020 年、规划水平年

表 5-8　小清河流域各区(县)不同水平年可供水量预测成果

单位:万 m³

地市	区(县)	水平年	当地地表水可供水量			地下水可供水量	跨流域调水可供水量				其他水源可供水量				考虑本地水、现状外调水可供水量			考虑本地水、现状外调水及二期江水可供水量		
			50%	75%	95%		引黄	引江一期	引江二期多年平均	引江二期95%	污水处理回用量	雨水利用	矿坑水	小计	50%	75%	95%	50%	75%	95%
济南市	市区四区	2020	1 296	1 007	871	5 744	19 879	8 300			7 373	210	933	8 516	43 735	43 446	43 310	43 735	43 446	43 310
		2025	3 313	2 576	2 228	8 826	19 879	8 300			9 597	268	1 135	11 001	51 319	50 582	50 234	51 319	50 582	50 234
		2035	3 313	2 576	2 228	8 826	19 879	8 300	19 800	26 280	14 206	437	1 681	16 324	56 642	55 905	55 557	76 442	75 705	81 837
	历城区	2020	2 955	2 298	1 987	5 264	1 300	0			130	0	0	130	9 649	8 992	8 681	9 649	8 992	8 681
		2025	2 455	1 909	1 651	2 325	1 300	0			700	0	0	700	6 780	6 234	5 976	6 780	6 234	5 976
		2035	2 955	2 298	1 987	2 831	1 300	0	0	0	1 036	0	0	1 036	8 122	7 465	7 154	8 122	7 465	7 154
	章丘区	2020	3 115	2 422	2 095	21 106	1 045	1 700			1 510	0	0	1 510	28 476	27 783	27 456	28 476	27 783	27 456
		2025	4 379	3 404	2 945	19 157	1 045	1 700			2 000	0	0	2 000	28 281	27 306	26 847	28 281	27 306	26 847
		2035	4 379	3 404	2 945	19 524	1 045	1 700	3 060	4 000	2 960	0	0	2 960	29 608	28 633	28 174	32 668	31 693	32 174
淄博市	张店区	2020	4 446	3 457	2 990	3 954	4 405	995			486	0	0	486	14 286	13 297	12 830	14 286	13 297	12 830
		2025	4 134	3 214	2 780	3 816	5 485	995			1 350	0	0	1 350	15 780	14 860	14 426	15 780	14 860	14 426
		2035	4 134	3 214	2 780	3 816	5 485	995	5 740	6 000	1 998	0	0	1 998	16 428	15 508	15 074	22 168	21 248	21 074
	淄川区	2020	1 472	1 144	990	5 001	0	0			629	0	0	629	7 102	6 774	6 620	7 102	6 774	6 620
		2025	1 934	1 504	1 301	5 366	0	0			700	0	0	700	8 000	7 570	7 367	8 000	7 570	7 367
		2035	1 934	1 504	1 301	7 481	0	0	3 830	4 000	1 036	0	0	1 036	10 451	10 021	9 818	14 281	13 851	13 818

续表 5-8

地市	区(县)	水平年	当地地表水可供水量			地下水可供水量	跨流域调水可供水量				其他水源可供水量				考虑本地水、现状外调水可供水量			考虑本地水、现状外调水及二期江水可供水量		
			50%	75%	95%		引黄	引江一期	引江二期多年平均	引江二期95%	污水处理回用量	雨水利用	矿坑水	小计	50%	75%	95%	50%	75%	95%
淄博市	博山区	2020	490	381	330	3 649	0	0			499	0	0	499	4 638	4 529	4 478	4 638	4 529	4 478
		2025	360	280	242	4 300	0	0			520	0	0	520	5 180	5 100	5 062	5 180	5 100	5 062
		2035	360	280	242	5 207	0	0	0	0	770	0	0	770	6 337	6 257	6 219	6 337	6 257	6 219
	周村区	2020	1 146	891	771	2 327	1 300	300			266	0	0	266	5 339	5 084	4 964	5 339	5 084	4 964
		2025	1 242	966	835	2 143	1 490	300			420	0	0	420	5 595	5 319	5 188	5 595	5 319	5 188
		2035	1 242	966	835	2 143	1 490	300	2 390	2 500	622	0	0	622	5 797	5 521	5 390	8 187	7 911	7 890
	临淄区	2020	234	182	157	17 996	7 180	1 645			385	0	0	385	27 440	27 388	27 363	27 440	27 388	27 363
		2025	300	233	202	18 775	4 545	1 645			1 400	0	0	1 400	26 665	26 598	26 567	26 665	26 598	26 567
		2035	300	233	202	19 553	4 545	1 645	1 150	1 200	2 072	0	0	2 072	28 115	28 048	28 017	29 265	29 198	29 217
	桓台县	2020	1 100	855	740	8 028	9 020	2 060			0	0	0	0	20 208	19 963	19 848	20 208	19 963	19 848
		2025	1 000	778	673	8 188	7 980	2 060			1 200	0	0	1 200	20 428	20 206	20 101	20 428	20 206	20 101
		2035	1 000	778	673	8 347	7 980	2 060	2 390	2 500	1 776	0	0	1 776	21 163	20 941	20 836	23 553	23 331	23 336
东营市	广饶县	2020	5 737	4 461	3 858	3 920	3 038	1 356			0	0	0	0	14 051	12 775	12 172	14 051	12 775	12 172
		2025	5 222	4 060	3 512	3 184	3 038	1 356			458	0	0	458	13 258	12 096	11 548	13 258	12 096	11 548
		2035	5 222	4 060	3 512	3 040	3 038	1 356	0	0	679	0	0	679	13 335	12 173	11 625	13 335	12 173	11 625

续表 5-8

地市	区(县)	水平年	当地地表水可供水量			地下水可供水量	跨流域调水可供水量				其他水源可供水量				考虑本地水、现状外调水可供水量			考虑本地水、现状外调水及二期江水可供水量		
			50%	75%	95%		引黄	引江一期	引江二期多年平均	引江二期95%	污水处理回用量	雨水利用	矿坑水	小计	50%	75%	95%	50%	75%	95%
潍坊市	青州市	2020	820	638	552	7 156	0	0			0	0	0	0	7 976	7 794	7 708	7 976	7 794	7 708
		2025	1 245	968	837	6 126	0	0			639	0	0	639	8 010	7 733	7 602	8 010	7 733	7 602
		2035	1 481	1 151	996	6 007	0	0	0	0	946	0	0	946	8 434	8 104	7 949	8 434	8 104	7 949
	寿光市	2020	2 506	1 948	1 685	3 748	1 442	620			2 211	0	0	2 211	10 527	9 969	9 706	10 527	9 969	9 706
		2025	2 506	1 948	1 685	3 680	1 752	930			2 441	0	0	2 441	11 309	10 751	10 488	11 309	10 751	10 488
		2035	2 506	1 948	1 685	3 680	1 752	930	570	620	3 613	0	0	3 613	12 481	11 923	11 660	13 051	12 493	12 280
滨州市	邹平市	2020	2 991	2 326	2 011	2 183	9 784	9 266			3 123	0	0	3 123	27 347	26 682	26 367	27 347	26 682	26 367
		2025	4 426	3 442	2 977	3 445	9 784	9 266			3 986	0	0	3 986	30 907	29 923	29 458	30 907	29 923	29 458
		2035	4 426	3 442	2 977	3 445	9 784	9 266	1 411	1 411	5 900	0	0	5 900	32 821	31 837	31 372	34 232	33 248	32 783
	博兴县	2020	522	406	351	1 441	2 863	1 654			527	0	0	527	7 007	6 891	6 836	7 007	6 891	6 836
		2025	1 008	783	678	1 273	2 863	1 654			673	0	0	673	7 471	7 246	7 141	7 471	7 246	7 141
		2035	1 008	783	678	1 273	2 863	1 654	318	318	996	0	0	996	7 794	7 569	7 464	8 112	7 887	7 782

2025 年和 2035 年时,当地地表水 50%频率可供水量分别为 28 830 万 m^3、33 524 万 m^3、34 260 万 m^3,当地地表水 75%频率可供水量分别为 22 416 万 m^3、26 065 万 m^3、26 637 万 m^3,当地地表水 95%频率可供水量分别为 19 388 万 m^3、22 546 万 m^3、23 041 万 m^3,引黄水量分别为 61 256 万 m^3、59 161 万 m^3、59 161 万 m^3,考虑二期的引江水量分别为 27 896 万 m^3、28 206 万 m^3、117 694 万 m^3,地下水可供水量分别为 91 517 万 m^3、90 604 万 m^3、95 173 万 m^3,其他水源可供水量分别为 18 282 万 m^3、27 488 万 m^3、40 728 万 m^3,50%频率可供水总量分别为 227 781 万 m^3、238 983 万 m^3、298 187 万 m^3,75%频率可供水总量分别为 221 367 万 m^3、231 524 万 m^3、290 564 万 m^3,95%频率可供水总量分别为 218 339 万 m^3、228 005 万 m^3、295 138 万 m^3。

5.2.3 水资源供需平衡

依据需水预测和供水预测结果,计算不同水平年供需平衡分析结果见表 5-9、表 5-10。

现状水平年 2020 年,除历城区 50%、75%频率,章丘区、临淄区、桓台县 50%、75%和 95%频率,淄川区、博山区、周村区、广饶县、寿光市 50%频率外,其他情形均缺水。缺水量和缺水率最大的是邹平市 95%频率,分别为 9 212 万 m^3 和 25.9%。总体来看,邹平市、博兴县缺水程度最为严重,其次是市区四区及张店区。

规划水平年 2025 年,除章丘区、博山区、广饶县 50%频率,临淄区和寿光市 50%、75%和 95%频率外,其他情形均缺水。缺水量最大的仍是邹平市 95%频率,为 7 458 万 m^3;缺水率最大的是历城区,为 35.6%。总体来看,历城区、邹平市、博兴县缺水程度最为严重,其次是市区四区、张店区、周村区、广饶县及青州市。

规划水平年 2035 年,在考虑当地水、现状外调水的情况下,除章丘区、淄川区、青州市 50%频率,博山区、寿光市 50%、75%和 95%频率外,其他情形均缺水。缺水量最大的是市区四区 95%频率,为 12 896 万 m^3;缺水率最大的是历城区,为 30.6%。总体来看,市区四区、历城区、张店区、周村区、临淄区、桓台县、广饶县、邹平市和博兴县缺水程度均较为严重。

规划水平年 2035 年,在考虑当地水、现状外调水及规划二期江水的情况下,与考虑当地水、现状外调水相比,市区四区、周村区 50%、75%和 95%频率,章丘区、淄川区 75%和 95%频率,张店区 50%频率,均由缺水变为不缺水,张店区 75%和 95%频率的缺水率分别由 27.3%、29.4%减小到 0.4%、1.2%,临淄区 50%、75%和 95%频率的缺水率分别由 6.6%、9.3%、9.4%减小到 2.8%、5.6%、5.5%,桓台县 50%、75%和 95%频率的缺水率分别由 15.1%、18.0%、18.4%减小到 5.5%、8.6%、8.6%,邹平市 50%、75%和 95%频率的缺水率分别由 16.2%、21.6%、22.8%减小到 12.6%、18.1%、19.3%,博兴县 50%、75%和 95%频率的缺水率分别由 14.7%、20.3%、21.4%减小到 11.2%、17.0%、18.1%。综上所述,远期规划水平年 2035 年受南水北调东线二线工程的影响,跨流域调水中引江水量增加,总供水量相比 2025 年有所增加,使得规划年 2035 年缺水量和缺水率大幅降低,然而历城区、桓台县、广饶县、邹平市和博兴县缺水程度依然较为严重。

表 5-9 小清河流域各区(县)不同水平年水资源供需平衡分析汇总表——考虑当地水、现状外调水

地市	区(县)	水平年	需水量/万 m^3			可供水量/万 m^3			余/缺水量(余水+,缺水-)/万 m^3			缺水率/%		
			50%	75%	95%	50%	75%	95%	50%	75%	95%	50%	75%	95%
济南市	市区四区	2020	48 575	49 234	49 234	43 735	43 446	43 310	-4 840	-5 788	-5 924	10.0	11.8	12.0
		2025	54 527	55 154	55 154	51 319	50 582	50 234	-3 208	-4 572	-4 920	5.9	8.3	8.9
		2035	67 892	68 453	68 453	56 642	55 905	55 557	-11 250	-12 548	-12 896	16.6	18.3	18.8
	历城区	2020	8 371	8 686	8 686	9 649	8 992	8 681	1 278	306	-5	—	—	0.04
		2025	8 974	9 273	9 273	6 780	6 234	5 976	-2 194	-3 039	-3 297	24.4	32.8	35.6
		2035	10 039	10 307	10 307	8 122	7 465	7 154	-1 917	-2 842	-3 153	19.1	27.6	30.6
	章丘区	2020	25 887	27 294	27 294	28 476	27 783	27 456	2 589	489	162	—	—	—
		2025	27 199	28 536	28 536	28 281	27 306	26 847	1 082	-1 230	-1 689	—	4.3	5.9
		2035	29 303	30 500	30 500	29 608	28 633	28 174	305	-1 867	-2 326	—	6.1	7.6
淄博市	张店区	2020	15 155	15 266	15 266	14 286	13 297	12 830	-869	-1 969	-2 436	5.7	12.9	16.0
		2025	16 943	17 044	17 044	15 780	14 860	14 426	-1 163	-2 184	-2 618	6.9	12.8	15.4
		2035	21 248	21 339	21 339	16 428	15 508	15 074	-4 820	-5 831	-6 265	22.7	27.3	29.4
	淄川区	2020	7 070	7 199	7 199	7 102	6 774	6 620	32	-425	-579	—	5.9	8.0
		2025	8 076	8 198	8 198	8 000	7 570	7 367	-76	-628	-831	0.9	7.7	10.1
		2035	10 115	10 225	10 225	10 451	10 021	9 818	336	-204	-407	—	2.0	4.0
	博山区	2020	4 607	4 729	4 729	4 638	4 529	4 478	31	-200	-251	—	4.2	5.3
		2025	5 049	5 164	5 164	5 180	5 100	5 062	131	-64	-102	—	1.2	2.0
		2035	6 043	6 146	6 146	6 337	6 257	6 219	294	111	73	—	—	—

续表 5-9

地市	区(县)	水平年	需水量/万 m^3			可供水量/万 m^3			余/缺水量(余水+,缺水-)/万 m^3			缺水率/%		
			50%	75%	95%	50%	75%	95%	50%	75%	95%	50%	75%	95%
淄博市	周村区	2020	5 208	5 332	5 332	5 339	5 084	4 964	131	-248	-368	—	4.7	6.9
		2025	5 809	5 926	5 926	5 595	5 319	5 188	-214	-607	-738	3.7	10.2	12.5
		2035	7 064	7 169	7 169	5 797	5 521	5 390	-1 267	-1 648	-1 779	17.9	23.0	24.8
	临淄区	2020	23 180	24 150	24 150	27 440	27 388	27 363	4 260	3 238	3 213	—	—	—
		2025	25 125	26 043	26 043	26 665	26 598	26 567	1 540	555	524	—	—	—
		2035	30 099	30 925	30 925	28 115	28 048	28 017	-1 984	-2 877	-2 908	6.6	9.3	9.4
	桓台县	2020	18 986	19 686	19 686	20 208	19 963	19 848	1 222	277	162	—	—	—
		2025	20 647	21 311	21 311	20 428	20 206	20 101	-219	-1 105	-1 210	1.1	5.2	5.7
		2035	24 930	25 528	25 528	21 163	20 941	20 836	-3 767	-4 587	-4 692	15.1	18.0	18.4
东营市	广饶县	2020	13 556	14 380	14 380	14 051	12 775	12 172	495	-1 605	-2 208	—	11.2	15.4
		2025	13 049	13 766	13 766	13 258	12 096	11 548	209	-1 670	-2 218	—	12.1	16.1
		2035	13 627	14 269	14 269	13 335	12 173	11 625	-292	-2 096	-2 644	2.1	14.7	18.5
潍坊市	青州市	2020	8 038	8 590	8 590	7 976	7 794	7 708	-62	-796	-882	0.8	9.3	10.3
		2025	8 194	8 719	8 719	8 010	7 733	7 602	-184	-986	-1 117	2.2	11.3	12.8
		2035	8 308	8 778	8 778	8 434	8 104	7 949	126	-674	-829	—	7.7	9.4
	寿光市	2020	9 642	10 293	10 293	10 527	9 969	9 706	885	-324	-587	—	3.1	5.7
		2025	9 782	10 401	10 401	11 309	10 751	10 488	1 527	350	87	—	—	—
		2035	10 131	10 685	10 685	12 481	11 923	11 660	2 350	1 238	975	—	—	—

续表 5-9

地市	区(县)	水平年	需水量/万 m^3			可供水量/万 m^3			余/缺水量(余水+,缺水-)/万 m^3			缺水率/%		
			50%	75%	95%	50%	75%	95%	50%	75%	95%	50%	75%	95%
滨州市	邹平市	2020	33 873	35 579	35 579	27 347	26 682	26 367	-6 526	-8 897	-9 212	19.3	25.0	25.9
		2025	35 293	36 916	36 916	30 907	29 923	29 458	-4 386	-6 993	-7 458	12.4	18.9	20.2
		2035	39 166	40 619	40 619	32 821	31 837	31 372	-6 345	-8 782	-9 247	16.2	21.6	22.8
	博兴县	2020	8 694	9 120	9 120	7 007	6 891	6 836	-1 687	-2 229	-2 284	19.4	24.4	25.0
		2025	8 858	9 263	9 263	7 471	7 246	7 141	-1 387	-2 017	-2 122	15.7	21.8	22.9
		2035	9 136	9 499	9 499	7 794	7 569	7 464	-1 342	-1 930	-2 035	14.7	20.3	21.4

表 5-10 小清河流域各区(县)不同水平年水资源供需平衡分析汇总表——考虑当地水、现状外调水及规划二期江水

地市	区(县)	水平年	需水量/万 m^3			可供水量/万 m^3			余/缺水量(余水+,缺水-)/万 m^3			缺水率/%		
			50%	75%	95%	50%	75%	95%	50%	75%	95%	50%	75%	95%
济南市	市区四区	2020	48 575	49 234	49 234	43 735	43 446	43 310	-4 840	-5 788	-5 924	10.0	11.8	12.0
		2025	54 527	55 154	55 154	51 319	50 582	50 234	-3 208	-4 572	-4 920	5.9	8.3	8.9
		2035	67 892	68 453	68 453	76 442	75 705	81 837	8 550	7 252	13 384	—	—	—
	历城区	2020	8 371	8 686	8 686	9 649	8 992	8 681	1 278	306	-5	—	—	0.04
		2025	8 974	9 273	9 273	6 780	6 234	5 976	-2 194	-3 039	-3 297	24.4	32.8	35.6
		2035	10 039	10 307	10 307	8 122	7 465	7 154	-1 917	-2 842	-3 153	19.1	27.6	30.6
	章丘区	2020	25 887	27 294	27 294	28 476	27 783	27 456	2 589	489	162	—	—	—
		2025	27 199	28 536	28 536	28 281	27 306	26 847	1 082	-1 230	-1 689	—	4.3	5.9
		2035	29 303	30 500	30 500	32 668	31 693	32 174	3 365	1 193	1 674	—	—	—
淄博市	张店区	2020	15 155	15 266	15 266	14 286	13 297	12 830	-869	-1 969	-2 436	5.7	12.9	16.0
		2025	16 943	17 044	17 044	15 780	14 860	14 426	-1 163	-2 184	-2 618	6.9	12.8	15.4
		2035	21 248	21 339	21 339	22 168	21 248	21 074	920	-91	-265	—	0.4	1.2
	淄川区	2020	7 070	7 199	7 199	7 102	6 774	6 620	32	-425	-579	—	5.9	8.0
		2025	8 076	8 198	8 198	8 000	7 570	7 367	-76	-628	-831	0.9	7.7	10.1
		2035	10 115	10 225	10 225	14 281	13 851	13 818	4 166	3 626	3 593	—	—	—
	博山区	2020	4 607	4 729	4 729	4 638	4 529	4 478	31	-200	-251	—	4.2	5.3
		2025	5 049	5 164	5 164	5 180	5 100	5 062	131	-64	-102	—	1.2	2.0
		2035	6 043	6 146	6 146	6 337	6 257	6 219	294	111	73	—	—	—

续表 5-10

地市	区(县)	水平年	需水量/万 m^3			可供水量/万 m^3			余/缺水量(余水+,缺水-)/万 m^3			缺水率/%		
			50%	75%	95%	50%	75%	95%	50%	75%	95%	50%	75%	95%
淄博市	周村区	2020	5 208	5 332	5 332	5 339	5 084	4 964	131	-248	-368	—	4.7	6.9
		2025	5 809	5 926	5 926	5 595	5 319	5 188	-214	-607	-738	3.7	10.2	12.5
		2035	7 064	7 169	7 169	8 187	7 911	7 890	1 123	742	721	—	—	—
	临淄区	2020	23 180	24 150	24 150	27 440	27 388	27 363	4 260	3 238	3 213	—	—	—
		2025	25 125	26 043	26 043	26 665	26 598	26 567	1 540	555	524	—	—	—
		2035	30 099	30 925	30 925	29 265	29 198	29 217	-834	-1 727	-1 708	2.8	5.6	5.5
	桓台县	2020	18 986	19 686	19 686	20 208	19 963	19 848	1 222	277	162	—	—	—
		2025	20 647	21 311	21 311	20 428	20 206	20 101	-219	-1 105	-1 210	1.1	5.2	5.7
		2035	24 930	25 528	25 528	23 553	23 331	23 336	-1 377	-2 197	-2 192	5.5	8.6	8.6
东营市	广饶县	2020	13 556	14 380	14 380	14 051	12 775	12 172	495	-1 605	-2 208	—	11.2	15.4
		2025	13 049	13 766	13 766	13 258	12 096	11 548	209	-1 670	-2 218	—	12.1	16.1
		2035	13 627	14 269	14 269	13 335	12 173	11 625	-292	-2 096	-2 644	2.1	14.7	18.5
潍坊市	青州市	2020	8 038	8 590	8 590	7 976	7 794	7 708	-62	-796	-882	0.8	9.3	10.3
		2025	8 194	8 719	8 719	8 010	7 733	7 602	-184	-986	-1 117	2.2	11.3	12.8
		2035	8 308	8 778	8 778	8 434	8 104	7 949	126	-674	-829	—	7.7	9.4
	寿光市	2020	9 642	10 293	10 293	10 527	9 969	9 706	885	-324	-587	—	3.1	5.7
		2025	9 782	10 401	10 401	11 309	10 751	10 488	1 527	350	87	—	—	—
		2035	10 131	10 685	10 685	13 051	12 493	12 280	2 920	1 808	1 595	—	—	—

续表 5-10

地市	区(县)	水平年	需水量/万 m^3			可供水量/万 m^3			余/缺水量(余水+,缺水-)/万 m^3			缺水率/%		
			50%	75%	95%	50%	75%	95%	50%	75%	95%	50%	75%	95%
滨州市	邹平市	2020	33 873	35 579	35 579	27 347	26 682	26 367	-6 526	-8 897	-9 212	19. 3	25. 0	25. 9
		2025	35 293	36 916	36 916	30 907	29 923	29 458	-4 386	-6 993	-7 458	12. 4	18. 9	20. 2
		2035	39 166	40 619	40 619	34 232	33 248	32 783	-4 934	-7 371	-7 836	12. 6	18. 1	19. 3
	博兴县	2020	8 694	9 120	9 120	7 007	6 891	6 836	-1 687	-2 229	-2 284	19. 4	24. 4	25. 0
		2025	8 858	9 263	9 263	7 471	7 246	7 141	-1 387	-2 017	-2 122	15. 7	21. 8	22. 9
		2035	9 136	9 499	9 499	8 112	7 887	7 782	-1 024	-1 612	-1 717	11. 2	17. 0	18. 1

5.3 基于 GWAS 的小清河流域水资源配置研究

通过已建好的 GWAS 模型进行现状水平年和规划水平年 50%、75%和 95%频率下的水资源配置，其中规划水平年 2035 年考虑规划二期引江水，见表 5-11～表 5-19。

表 5-11　小清河流域各区(县)现状水平年 50%保证率水资源配置结果

区(县)	用水类型	当地地表水/万 m^3	跨流域调水/万 m^3	地下水/万 m^3	污水再生回用/万 m^3	雨水/万 m^3	合计/万 m^3	缺水量/万 m^3	缺水率/%
市区四区	城市生活	1 296	17 942	3 983	0	210	23 431	0	0
	农村生活	0	347	135	0	0	482	0	0
	工业	0	52	1 245	0	0	1 297	0	0
	农业	0	5 019	381	0	0	5 400	−1 667	−23.6
	城乡生态	0	4 741	0	4 000	0	8 741	−3 023	−25.7
	河湖生态	0	78	0	4 306	0	4 384	−150	−3.3
	小计	1 296	28 179	5 744	8 306	210	43 735	−4 840	−10.0
历城区	城市生活	513	242	2 264	0	0	3 019	0	0
	农村生活	154	0	274	0	0	428	0	0
	工业	705	0	576	74	0	1 355	0	0
	农业	1 583	1 058	861	0	0	3 502	0	0
	城乡生态	0	0	11	56	0	67	0	0
	河湖生态	0	0	0	0	0	0	0	0
	小计	2 955	1 300	3 986	130	0	8 371	0	0
章丘区	城市生活	0	0	2 613	0	0	2 613	0	0
	农村生活	0	0	1 429	0	0	1 429	0	0
	工业	0	1 689	2 121	0	0	3 810	0	0
	农业	2 846	1 056	12 188	0	0	16 090	0	0
	城乡生态	309	0	126	973	0	1 408	0	0
	河湖生态	0	0	0	537	0	537	0	0
	小计	3 155	2 745	18 477	1 510	0	25 887	0	0

续表 5-11

区(县)	用水类型	当地地表水/万 m^3	跨流域调水/万 m^3	地下水/万 m^3	污水再生回用/万 m^3	雨水/万 m^3	合计/万 m^3	缺水量/万 m^3	缺水率/%
张店区	城市生活	3 466	2 492	18	0	0	5 976	0	0
	农村生活	522	0	0	0	0	522	0	0
	工业	0	2 908	2 490	0	0	5 398	-674	-11.1
	农业	0	0	1 247	0	0	1 247	-86	-6.5
	城乡生态	0	0	199	66	0	265	0	0
	河湖生态	458	0	0	420	0	878	-109	-11.0
	小计	4 446	5 400	3 954	486	0	14 286	-869	-5.7
淄川区	城市生活	109	0	1 448	0	0	1 557	0	0
	农村生活	97	0	442	0	0	539	0	0
	工业	807	0	1 933	329	0	3 069	0	0
	农业	459	0	1 056	0	0	1 515	0	0
	城乡生态	0	0	90	0	0	90	0	0
	河湖生态	0	0	0	300	0	300	0	0
	小计	1 472	0	4 969	629	0	7 070	0	0
博山区	城市生活	29	0	945	0	0	974	0	0
	农村生活	0	0	491	0	0	491	0	0
	工业	0	0	1 344	219	0	1 563	0	0
	农业	461	0	778	0	0	1 239	0	0
	城乡生态	0	0	60	0	0	60	0	0
	河湖生态	0	0	0	280	0	280	0	0
	小计	490	0	3 618	499	0	4 607	0	0
周村区	城市生活	388	275	284	0	0	947	0	0
	农村生活	38	0	282	0	0	320	0	0
	工业	0	1 124	654	0	0	1 778	0	0
	农业	237	201	926	0	0	1 364	0	0
	城乡生态	0	0	50	0	0	50	0	0
	河湖生态	483	0	0	266	0	749	0	0
	小计	1 146	1 600	2 196	266	0	5 208	0	0

续表 5-11

区(县)	用水类型	当地地表水/万 m³	跨流域调水/万 m³	地下水/万 m³	污水再生回用/万 m³	雨水/万 m³	合计/万 m³	缺水量/万 m³	缺水率/%
临淄区	城市生活	0	833	1 103	0	0	1 936	0	0
	农村生活	0	49	566	0	0	615	0	0
	工业	0	7 034	2 533	0	0	9 567	0	0
	农业	0	405	9 507	0	0	9 912	0	0
	城乡生态	0	0	27	63	0	90	0	0
	河湖生态	234	504	0	322	0	1 060	0	0
	小计	234	8 825	13 736	385	0	23 180	0	0
桓台县	城市生活	0	0	685	0	0	685	0	0
	农村生活	0	0	609	0	0	609	0	0
	工业	0	8 374	0	0	0	8 374	0	0
	农业	0	2 123	5 462	0	0	7 585	0	0
	城乡生态	0	0	50	0	0	50	0	0
	河湖生态	1 100	583	0	0	0	1 683	0	0
	小计	1 100	11 080	6 806	0	0	18 986	0	0
邹平市	城市生活	0	618	890	0	0	1 508	0	0
	农村生活	0	219	424	0	0	643	0	0
	工业	0	7 542	314	0	0	7 856	0	0
	农业	0	10 671	555	0	0	11 226	-6 445	-36.5
	城乡生态	0	0	0	1 896	0	1 896	0	0
	河湖生态	2 991	0	0	1 227	0	4 218	-81	-1.9
	小计	2 991	19 050	2 183	3 123	0	27 347	-6 526	-19.3
博兴县	城市生活	0	301	100	0	0	401	0	0
	农村生活	0	167	27	0	0	194	0	0
	工业	0	1 200	104	0	0	1 304	0	0
	农业	0	2 481	1 210	0	0	3 691	-1 687	-31.4
	城乡生态	0	0	0	430	0	430	0	0
	河湖生态	522	368	0	97	0	987	0	0
	小计	522	4 517	1 441	527	0	7 007	-1 687	-19.4

续表 5-11

区(县)	用水类型	当地地表水/万 m^3	跨流域调水/万 m^3	地下水/万 m^3	污水再生回用/万 m^3	雨水/万 m^3	合计/万 m^3	缺水量/万 m^3	缺水率/%
广饶县	城市生活	0	65	478	0	0	543	0	0
	农村生活	0	26	191	0	0	217	0	0
	工业	0	2 168	219	0	0	2 387	0	0
	农业	4 371	2 135	2 492	0	0	8 998	0	0
	城乡生态	444	0	45	0	0	489	0	0
	河湖生态	922	0	0	0	0	922	0	0
	小计	5 737	4 394	3 425	0	0	13 556	0	0
青州市	城市生活	126	0	399	0	0	525	0	0
	农村生活	0	0	620	0	0	620	0	0
	工业	0	0	663	0	0	663	0	0
	农业	570	0	5 474	0	0	6 044	-62	-1.0
	城乡生态	124	0	0	0	0	124	0	0
	河湖生态	0	0	0	0	0	0	0	0
	小计	820	0	7 156	0	0	7 976	-62	-0.8
寿光市	城市生活	0	469	1 110	0	0	1 579	0	0
	农村生活	0	0	421	0	0	421	0	0
	工业	0	542	0	135	0	677	0	0
	农业	2 506	1 051	1 318	1 733	0	6 608	0	0
	城乡生态	0	0	14	343	0	357	0	0
	河湖生态	0	0	0	0	0	0	0	0
	小计	2 506	2 062	2 863	2 211	0	9 642	0	0

表 5-12　小清河流域各区(县)现状水平年 75%保证率水资源配置结果

区(县)	用水类型	当地地表水/万 m^3	跨流域调水/万 m^3	地下水/万 m^3	污水再生回用/万 m^3	雨水/万 m^3	合计/万 m^3	缺水量/万 m^3	缺水率/%
市区四区	城市生活	1 007	18 230	3 984	0	210	23 431	0	0
	农村生活	0	347	135	0	0	482	0	0
	工业	0	52	1 245	0	0	1 297	0	0
	农业	0	5 352	380	0	0	5 732	-1 994	-25.8
	城乡生态	0	4 120	0	4 000	0	8 120	-3 644	-31.0
	河湖生态	0	79	0	4 306	0	4 384	-150	-3.3
	小计	1 007	28 179	5 744	8 306	210	43 446	-5 788	-11.8
历城区	城市生活	513	242	2 264	0	0	3 019	0	0
	农村生活	154	0	274	0	0	428	0	0
	工业	344	361	576	74	0	1 355	0	0
	农业	1 287	697	1 833	0	0	3 817	0	0
	城乡生态	0	0	11	56	0	67	0	0
	河湖生态	0	0	0	0	0	0	0	0
	小计	2 298	1 300	4 958	130	0	8 686	0	0
章丘区	城市生活	0	0	2 613	0	0	2 613	0	0
	农村生活	0	0	1 429	0	0	1 429	0	0
	工业	0	1 407	2 403	0	0	3 810	0	0
	农业	2 113	1 338	14 046	0	0	17 497	0	0
	城乡生态	309	0	126	973	0	1 408	0	0
	河湖生态	0	0	0	537	0	537	0	0
	小计	2 422	2 745	20 617	1 510	0	27 294	0	0
张店区	城市生活	3 457	2 501	18	0	0	5 976	0	0
	农村生活	0	522	0	0	0	522	0	0
	工业	0	2 377	2 490	0	0	4 867	-1 205	-19.8
	农业	0	0	1 247	0	0	1 247	-197	-13.6
	城乡生态	0	0	199	66	0	265	0	0
	河湖生态	0	0	0	420	0	420	-567	-57.4
	小计	3 457	5 400	3 954	486	0	13 297	-1 969	-12.9

续表 5-12

区(县)	用水类型	当地地表水/万 m^3	跨流域调水/万 m^3	地下水/万 m^3	污水再生回用/万 m^3	雨水/万 m^3	合计/万 m^3	缺水量/万 m^3	缺水率/%
淄川区	城市生活	109	0	1 448	0	0	1 557	0	0
	农村生活	97	0	442	0	0	539	0	0
	工业	806	0	1 934	329	0	3 069	0	0
	农业	132	0	1 087	0	0	1 219	-425	-25.9
	城乡生态	0	0	90	0	0	90	0	0
	河湖生态	0	0	0	300	0	300	0	0
	小计	1 144	0	5 001	629	0	6 774	-425	-5.9
博山区	城市生活	29	0	945	0	0	974	0	0
	农村生活	0	0	491	0	0	491	0	0
	工业	0	0	1 344	219	0	1 563	0	0
	农业	352	0	809	0	0	1 161	-200	-14.7
	城乡生态	0	0	60	0	0	60	0	0
	河湖生态	0	0	0	280	0	280	0	0
	小计	381	0	3 649	499	0	4 529	-200	-4.2
周村区	城市生活	293	370	284	0	0	947	0	0
	农村生活	38	0	282	0	0	320	0	0
	工业	0	1 031	747	0	0	1 778	0	0
	农业	86	190	964	0	0	1 240	-248	-16.7
	城乡生态	0	0	50	0	0	50	0	0
	河湖生态	474	9	0	266	0	749	0	0
	小计	891	1 600	2 327	266	0	5 084	-248	-4.7
临淄区	城市生活	0	833	1 103	0	0	1 936	0	0
	农村生活	0	49	566	0	0	615	0	0
	工业	0	2 774	6 793	0	0	9 567	0	0
	农业	0	4 613	6 269	0	0	10 882	0	0
	城乡生态	0	0	27	63	0	90	0	0
	河湖生态	182	556	0	322	0	1 060	0	0
	小计	182	8 825	14 758	385	0	24 150	0	0

续表 5-12

区(县)	用水类型	当地地表水/万 m^3	跨流域调水/万 m^3	地下水/万 m^3	污水再生回用/万 m^3	雨水/万 m^3	合计/万 m^3	缺水量/万 m^3	缺水率/%
桓台县	城市生活	0	0	685	0	0	685	0	0
	农村生活	0	0	609	0	0	609	0	0
	工业	0	8 232	142	0	0	8 374	0	0
	农业	0	2 020	6 265	0	0	8 285	0	0
	城乡生态	0	0	50	0	0	50	0	0
	河湖生态	855	828	0	0	0	1 683	0	0
	小计	855	11 080	7 751	0	0	19 686	0	0
邹平市	城市生活	0	618	890	0	0	1 508	0	0
	农村生活	0	219	424	0	0	643	0	0
	工业	0	7 542	314	0	0	7 856	0	0
	农业	0	10 671	555	0	0	11 226	−8 151	−42. 1
	城乡生态	0	0	0	1 896	0	1 896	0	0
	河湖生态	2 326	0	0	1 227	0	3 553	−746	−17. 4
	小计	2 326	19 050	2 183	3 123	0	26 682	−8 897	−25. 0
博兴县	城市生活	0	301	100	0	0	401	0	0
	农村生活	0	167	27	0	0	194	0	0
	工业	0	1 200	104	0	0	1 304	0	0
	农业	0	2 365	1 210	0	0	3 575	−2 229	−38. 4
	城乡生态	0	0	0	430	0	430	0	0
	河湖生态	406	484	0	97	0	987	0	0
	小计	406	4 517	1 441	527	0	6 891	−2 229	−24. 4
广饶县	城市生活	0	65	478	0	0	543	0	0
	农村生活	0	26	191	0	0	217	0	0
	工业	0	812	1 575	0	0	2 387	0	0
	农业	3 094	3 491	1 632	0	0	8 217	−1 605	−16. 3
	城乡生态	445	0	44	0	0	489	0	0
	河湖生态	922	0	0	0	0	922	0	0
	小计	4 461	4 394	3 920	0	0	12 775	−1 605	−11. 2

续表 5-12

区(县)	用水类型	当地地表水/万 m^3	跨流域调水/万 m^3	地下水/万 m^3	污水再生回用/万 m^3	雨水/万 m^3	合计/万 m^3	缺水量/万 m^3	缺水率/%
青州市	城市生活	126	0	399	0	0	525	0	0
	农村生活	0	0	620	0	0	620	0	0
	工业	0	0	663	0	0	663	0	0
	农业	388	0	5 474	0	0	5 862	-796	-12.0
	城乡生态	124	0	0	0	0	124	0	0
	河湖生态	0	0	0	0	0	0	0	0
	小计	638	0	7 156	0	0	7 794	-796	-9.3
寿光市	城市生活	0	0	1 579	0	0	1 579	0	0
	农村生活	0	0	421	0	0	421	0	0
	工业	0	0	542	135	0	677	0	0
	农业	1 948	2 062	1 192	1 733	0	6 935	-324	-4.5
	城乡生态	0	0	14	343	0	357	0	0
	河湖生态	0	0	0	0	0	0	0	0
	小计	1 948	2 062	3 748	2 211	0	9 969	-324	-3.1

表 5-13 小清河流域各区(县)现状年 95%保证率水资源配置结果

区(县)	用水类型	当地地表水/万 m^3	跨流域调水/万 m^3	地下水/万 m^3	污水再生回用/万 m^3	雨水/万 m^3	合计/万 m^3	缺水量/万 m^3	缺水率/%
市区四区	城市生活	871	18 366	3 984	0	210	23 431	0	0
	农村生活	0	347	135	0	0	482	0	0
	工业	0	52	1 245	0	0	1 297	0	0
	农业	0	5 305	380	0	0	5 685	-2 041	-26.4
	城乡生态	0	4 031	0	4 000	0	8 031	-3 733	-31.7
	河湖生态	0	78	0	4 306	0	4 384	-150	-3.3
	小计	871	28 179	5 744	8 306	210	43 310	-5 924	-12.0

续表 5-13

区(县)	用水类型	当地地表水/万 m^3	跨流域调水/万 m^3	地下水/万 m^3	污水再生回用/万 m^3	雨水/万 m^3	合计/万 m^3	缺水量/万 m^3	缺水率/%
历城区	城市生活	513	242	2 264	0	0	3 019	0	0
	农村生活	154	0	274	0	0	428	0	0
	工业	705	0	576	74	0	1 355	0	0
	农业	615	1 058	2 139	0	0	3 812	−5	−0.1
	城乡生态	0	0	11	56	0	67	0	0
	河湖生态	0	0	0	0	0	0	0	0
	小计	1 987	1 300	5 264	130	0	8 681	−5	−0.1
章丘区	城市生活	0	0	2 613	0	0	2 613	0	0
	农村生活	0	0	1 429	0	0	1 429	0	0
	工业	0	1 067	2 743	0	0	3 810	0	0
	农业	1 786	1 678	14 034	0	0	17 498	0	0
	城乡生态	309	0	126	973	0	1 408	0	0
	河湖生态	0	0	0	537	0	537	0	0
	小计	2 095	2 745	20 945	1 510	0	27 295	1	0
张店区	城市生活	2 990	2 968	18	0	0	5 976	0	0
	农村生活	0	522	0	0	0	522	0	0
	工业	0	1 910	2 490	0	0	4 400	−1 672	−27.5
	农业	0	0	1 247	0	0	1 247	−197	−13.6
	城乡生态	0	0	199	66	0	265	0	0
	河湖生态	0	0	0	420	0	420	−567	−57.4
	小计	2 990	5 400	3 954	486	0	12 830	−2 436	−16.0
淄川区	城市生活	109	0	1 448	0	0	1 557	0	0
	农村生活	97	0	442	0	0	539	0	0
	工业	527	0	1 934	329	0	2 790	−279	−9.1
	农业	257	0	1 087	0	0	1 344	−300	−18.2
	城乡生态	0	0	90	0	0	90	0	0
	河湖生态	0	0	0	300	0	300	0	0
	小计	990	0	5 001	629	0	6 620	−579	−8.0

续表 5-13

区(县)	用水类型	当地地表水/万 m^3	跨流域调水/万 m^3	地下水/万 m^3	污水再生回用/万 m^3	雨水/万 m^3	合计/万 m^3	缺水量/万 m^3	缺水率/%
博山区	城市生活	29	0	945	0	0	974	0	0
	农村生活	0	0	491	0	0	491	0	0
	工业	0	0	1 344	219	0	1 563	0	0
	农业	301	0	809	0	0	1 110	-251	-18.4
	城乡生态	0	0	60	0	0	60	0	0
	河湖生态	0	0	0	280	0	280	0	0
	小计	330	0	3 649	499	0	4 478	-251	-5.3
周村区	城市生活	248	415	284	0	0	947	0	0
	农村生活	38	0	282	0	0	320	0	0
	工业	0	1 031	747	0	0	1 778	0	0
	农业	49	107	964	0	0	1 120	-368	-24.7
	城乡生态	0	0	50	0	0	50	0	0
	河湖生态	436	47	0	266	0	749	0	0
	小计	771	1 600	2 327	266	0	4 964	-368	-6.9
临淄区	城市生活	0	833	1 103	0	0	1 936	0	0
	农村生活	0	49	566	0	0	615	0	0
	工业	0	2 774	6 793	0	0	9 567	0	0
	农业	0	4 588	6 294	0	0	10 882	0	0
	城乡生态	0	0	27	63	0	90	0	0
	河湖生态	157	581	0	322	0	1 060	0	0
	小计	157	8 825	14 783	385	0	24 150	0	0
桓台县	城市生活	0	0	685	0	0	685	0	0
	农村生活	0	0	609	0	0	609	0	0
	工业	0	8 117	257	0	0	8 374	0	0
	农业	0	2 020	6 265	0	0	8 285	0	0
	城乡生态	0	0	50	0	0	50	0	0
	河湖生态	740	943	0	0	0	1 683	0	0
	小计	740	11 080	7 866	0	0	19 686	0	0

续表 5-13

区(县)	用水类型	当地地表水/万 m³	跨流域调水/万 m³	地下水/万 m³	污水再生回用/万 m³	雨水/万 m³	合计/万 m³	缺水量/万 m³	缺水率/%
邹平市	城市生活	0	618	890	0	0	1 508	0	0
	农村生活	0	219	424	0	0	643	0	0
	工业	0	7 542	314	0	0	7 856	0	0
	农业	0	9 610	555	0	0	10 164	-9 212	-47.5
	城乡生态	0	0	0	1 896	0	1 896	0	0
	河湖生态	2 011	1 061	0	1 227	0	4 299	0	0
	小计	2 011	19 050	2 183	3 123	0	26 367	-9 212	-25.9
博兴县	城市生活	0	301	100	0	0	401	0	0
	农村生活	0	167	27	0	0	194	0	0
	工业	0	1 200	104	0	0	1 304	0	0
	农业	0	2 310	1 210	0	0	3 520	-2 284	-39.4
	城乡生态	0	0	0	430	0	430	0	0
	河湖生态	351	539	0	97	0	987	0	0
	小计	351	4 517	1 441	527	0	6 836	-2 284	-25.0
广饶县	城市生活	0	65	478	0	0	543	0	0
	农村生活	0	26	191	0	0	217	0	0
	工业	0	812	1 575	0	0	2 387	0	0
	农业	2 491	3 491	1 632	0	0	7 614	-2 208	-22.5
	城乡生态	445	0	44	0	0	489	0	0
	河湖生态	922	0	0	0	0	922	0	0
	小计	3 858	4 394	3 920	0	0	12 172	-2 208	-15.4
青州市	城市生活	126	0	399	0	0	525	0	0
	农村生活	0	0	620	0	0	620	0	0
	工业	0	0	663	0	0	663	0	0
	农业	302	0	5 474	0	0	5 776	-882	-13.3
	城乡生态	124	0	0	0	0	124	0	0
	河湖生态	0	0	0	0	0	0	0	0
	小计	552	0	7 156	0	0	7 708	-882	-10.3

续表 5-13

区(县)	用水类型	当地地表水/万 m³	跨流域调水/万 m³	地下水/万 m³	污水再生回用/万 m³	雨水/万 m³	合计/万 m³	缺水量/万 m³	缺水率/%
寿光市	城市生活	0	0	1 579	0	0	1 579	0	0
	农村生活	0	0	421	0	0	421	0	0
	工业	0	0	542	135	0	677	0	0
	农业	1 685	2 062	1 192	1 733	0	6 672	-587	-8.1
	城乡生态	0	0	14	343	0	357	0	0
	河湖生态	0	0	0	0	0	0	0	0
	小计	1 685	2 062	3 748	2 211	0	9 706	-587	-5.7

表 5-14 小清河流域各区(县)2025 年 50%保证率水资源配置结果

区(县)	用水类型	当地地表水/万 m³	跨流域调水/万 m³	地下水/万 m³	污水再生回用/万 m³	雨水/万 m³	合计/万 m³	缺水量/万 m³	缺水率/%
市区四区	城市生活	3 313	17 989	6 084	0	268	27 654	0	0
	农村生活	0	0	0	0	0	0	0	0
	工业	0	497	1 161	0	0	1 658	0	0
	农业	0	4 089	1 581	0	0	5 670	-1 105	-16.3
	城乡生态	0	5 516	0	5 856	0	11 372	-1 938	-14.6
	河湖生态	0	88	0	4 876	0	4 964	-166	-3.3
	小计	3 313	28 179	8 826	10 732	268	51 318	-3 209	-5.9
历城区	城市生活	641	1 021	1 810	0	0	3 472	0	0
	农村生活	127	82	133	0	0	342	0	0
	工业	600	197	290	626	0	1 713	0	0
	农业	1 087	0	92	0	0	1 179	-2 194	-65.0
	城乡生态	0	0	0	74	0	74	0	0
	河湖生态	0	0	0	0	0	0	0	0
	小计	2 455	1 300	2 325	700	0	6 780	-2 194	-24.4

续表 5-14

区(县)	用水类型	当地地表水/万 m³	跨流域调水/万 m³	地下水/万 m³	污水再生回用/万 m³	雨水/万 m³	合计/万 m³	缺水量/万 m³	缺水率/%
章丘区	城市生活	0	0	3 271	0	0	3 271	0	0
	农村生活	0	0	1 473	0	0	1 473	0	0
	工业	434	2 361	2 023	0	0	4 818	0	0
	农业	3 945	384	11 213	0	0	15 542	0	0
	城乡生态	0	0	95	1 421	0	1 516	0	0
	河湖生态	0	0	0	579	0	579	0	0
	小计	4 379	2 745	18 075	2 000	0	27 199	0	0
张店区	城市生活	3 929	2 613	6	0	0	6 548	0	0
	农村生活	205	139	0	0	0	344	0	0
	工业	0	3 728	2 571	0	0	6 299	-1 045	-14. 2
	农业	0	0	1 144	0	0	1 144	-112	-8. 9
	城乡生态	0	0	95	212	0	307	0	0
	河湖生态	0	0	0	1 138	0	1 138	-6	-0. 5
	小计	4 134	6 480	3 816	1 350	0	15 780	-1 163	-6. 9
淄川区	城市生活	274	0	1 555	0	0	1 829	0	0
	农村生活	47	0	474	0	0	521	0	0
	工业	1 358	0	2 202	237	0	3 797	0	0
	农业	255	0	1 135	0	0	1 390	-76	-5. 2
	城乡生态	0	0	0	107	0	107	0	0
	河湖生态	0	0	0	356	0	356	0	0
	小计	1 934	0	5 366	700	0	8 000	-76	-0. 9
博山区	城市生活	23	0	1 109	0	0	1 132	0	0
	农村生活	0	0	420	0	0	420	0	0
	工业	0	0	1 799	135	0	1 934	0	0
	农业	337	0	841	0	0	1 178	0	0
	城乡生态	0	0	0	68	0	68	0	0
	河湖生态	0	0	0	317	0	317	0	0
	小计	360	0	4 169	520	0	5 049	0	0

续表 5-14

区(县)	用水类型	当地地表水/万 m^3	跨流域调水/万 m^3	地下水/万 m^3	污水再生回用/万 m^3	雨水/万 m^3	合计/万 m^3	缺水量/万 m^3	缺水率/%
周村区	城市生活	0	831	262	0	0	1 093	0	0
	农村生活	53	0	261	0	0	314	0	0
	工业	0	959	1 216	0	0	2 175	0	0
	农业	749	0	347	0	0	1 096	−214	−16.3
	城乡生态	0	0	57	0	0	57	0	0
	河湖生态	440	0	0	420	0	860	0	0
	小计	1 242	1 790	2 143	420	0	5 595	−214	−3.7
临淄区	城市生活	0	1 255	1 158	0	0	2 413	0	0
	农村生活	0	18	593	0	0	611	0	0
	工业	0	4 687	6 311	380	0	11 378	0	0
	农业	0	230	9 173	0	0	9 403	0	0
	城乡生态	0	0	0	103	0	103	0	0
	河湖生态	300	0	0	917	0	1 217	0	0
	小计	300	6 190	17 235	1 400	0	25 125	0	0
桓台县	城市生活	0	0	860	0	0	860	0	0
	农村生活	0	0	576	0	0	576	0	0
	工业	0	9 382	364	210	0	9 956	0	0
	农业	0	658	6 388	0	0	7 046	−219	−3.0
	城乡生态	0	0	0	57	0	57	0	0
	河湖生态	1 000	0	0	933	0	1 933	0	0
	小计	1 000	10 040	8 188	1 200	0	20 428	−219	−1.1
邹平市	城市生活	0	325	1 386	0	0	1 711	0	0
	农村生活	0	0	638	0	0	638	0	0
	工业	0	9 019	375	0	0	9 394	0	0
	农业	1 739	9 706	1 046	0	0	12 491	−4 386	−26.0
	城乡生态	0	0	0	2 043	0	2 043	0	0
	河湖生态	2 687	0	0	1 943	0	4 630	0	0
	小计	4 426	19 050	3 445	3 986	0	30 907	−4 386	−12.4

续表 5-14

区(县)	用水类型	当地地表水/万 m³	跨流域调水/万 m³	地下水/万 m³	污水再生回用/万 m³	雨水/万 m³	合计/万 m³	缺水量/万 m³	缺水率/%
博兴县	城市生活	0	394	92	0	0	486	0	0
	农村生活	0	152	25	0	0	177	0	0
	工业	0	1 259	0	229	0	1 488	0	0
	农业	0	2 712	1 156	0	0	3 816	−1 387	−26.4
	城乡生态	0	0	0	441	0	441	0	0
	河湖生态	1 008	0	0	3	0	1 011	0	0
	小计	1 008	4 517	1 273	673	0	7 471	−1 387	−15.7
广饶县	城市生活	0	273	392	0	0	665	0	0
	农村生活	0	81	157	0	0	238	0	0
	工业	0	1 415	1 306	0	0	2 721	0	0
	农业	4 269	2 625	1 085	0	0	7 979	0	0
	城乡生态	466	0	35	0	0	501	0	0
	河湖生态	487	0	0	458	0	945	0	0
	小计	5 222	4 394	2 975	458	0	13 049	0	0
青州市	城市生活	190	0	443	0	0	633	0	0
	农村生活	0	0	710	0	0	710	0	0
	工业	0	0	338	509	0	847	0	0
	农业	1 055	0	4 635	0	0	5 690	−184	−3.1
	城乡生态	0	0	0	130	0	130	0	0
	河湖生态	0	0	0	0	0	0	0	0
	小计	1 245	0	6 126	639	0	8 010	−184	−2.2
寿光市	城市生活	0	1 123	732	0	0	1 855	0	0
	农村生活	0	0	424	0	0	424	0	0
	工业	0	527	0	310	0	837	0	0
	农业	2 506	1 032	997	1 756	0	6 291	0	0
	城乡生态	0	0	0	375	0	375	0	0
	河湖生态	0	0	0	0	0	0	0	0
	小计	2 506	2 682	2 153	2 441	0	9 782	0	0

表 5-15 小清河流域各区(县)2025 年 75%保证率水资源配置结果

区(县)	用水类型	当地地表水/万 m^3	跨流域调水/万 m^3	地下水/万 m^3	污水再生回用/万 m^3	雨水/万 m^3	合计/万 m^3	缺水量/万 m^3	缺水率/%
市区四区	城市生活	2 576	18 727	6 083	0	268	27 654	0	0
	农村生活	0	0	0	0	0	0	0	0
	工业	0	497	1 161	0	0	1 658	0	0
	农业	0	4 246	1 582	0	0	5 828	-1 574	-21.3
	城乡生态	0	4 621	0	5 856	0	10 477	-2 832	-21.3
	河湖生态	0	88	0	4 876	0	4 964	-167	-3.3
	小计	2 576	28 179	8 826	10 732	268	50 581	-4 573	-8.3
历城区	城市生活	641	1 021	1 810	0	0	3 472	0	0
	农村生活	127	82	133	0	0	342	0	0
	工业	600	197	290	626	0	1 713	0	0
	农业	541	0	92	0	0	633	-3 039	-82.8
	城乡生态	0	0	0	74	0	74	0	0.1
	河湖生态	0	0	0	0	0	0	0	0
	小计	1 909	1 300	2 325	700	0	6 234	-3 039	-32.8
章丘区	城市生活	0	0	3 271	0	0	3 271	0	0
	农村生活	0	0	1 473	0	0	1 473	0	0
	工业	433	2 361	2 024	0	0	4 818	0	0
	农业	2 971	349	12 329	0	0	15 649	-1 230	-7.3
	城乡生态	0	0	60	1 456	0	1 516	0	0
	河湖生态	0	35	0	544	0	579	0	0
	小计	3 404	2 745	19 157	2 000	0	27 306	-1 230	-4.3
张店区	城市生活	3 214	3 327	7	0	0	6 548	0	0
	农村生活	0	344	0	0	0	344	0	0
	工业	0	2 809	2 571	0	0	5 380	-1 964	-26.7
	农业	0	0	1 143	0	0	1 143	-214	-15.8
	城乡生态	0	0	95	212	0	307	0	0
	河湖生态	0	0	0	1 138	0	1 138	-6	-0.5
	小计	3 214	6 480	3 816	1 350	0	14 860	-2 184	-12.8

续表 5-15

区(县)	用水类型	当地地表水/万 m^3	跨流域调水/万 m^3	地下水/万 m^3	污水再生回用/万 m^3	雨水/万 m^3	合计/万 m^3	缺水量/万 m^3	缺水率/%
淄川区	城市生活	274	0	1 555	0	0	1 829	0	0
	农村生活	47	0	474	0	0	521	0	0
	工业	1 183	0	2 377	237	0	3 797	0	0
	农业	0	0	960	0	0	960	−628	−39.5
	城乡生态	0	0	0	107	0	107	0	0
	河湖生态	0	0	0	356	0	356	0	0
	小计	1 504	0	5 366	700	0	7 570	−628	−7.7
博山区	城市生活	23	0	1 109	0	0	1 132	0	0
	农村生活	0	0	420	0	0	420	0	0
	工业	0	0	1 799	135	0	1 934	0	0
	农业	257	0	972	0	0	1 229	−64	−4.9
	城乡生态	0	0	0	68	0	68	0	0
	河湖生态	0	0	0	317	0	317	0	0
	小计	280	0	4 300	520	0	5 100	−64	−1.2
周村区	城市生活	0	831	262	0	0	1 093	0	0
	农村生活	53	0	261	0	0	314	0	0
	工业	0	959	1 216	0	0	2 175	0	0
	农业	473	0	347	0	0	820	−607	−42.5
	城乡生态	0	0	57	0	0	57	0	0
	河湖生态	440	0	0	420	0	860	0	0
	小计	966	1 790	2 143	420	0	5 319	−607	−10.2
临淄区	城市生活	0	1 255	1 158	0	0	2 413	0	0
	农村生活	0	18	593	0	0	611	0	0
	工业	0	3 215	7 850	313	0	11 378	0	0
	农业	0	1 702	8 619	0	0	10 321	0	0
	城乡生态	0	0	0	103	0	103	0	0
	河湖生态	233	0	0	984	0	1 217	0	0
	小计	233	6 190	18 220	1 400	0	26 043	0	0

续表 5-15

区(县)	用水类型	当地地表水/万 m^3	跨流域调水/万 m^3	地下水/万 m^3	污水再生回用/万 m^3	雨水/万 m^3	合计/万 m^3	缺水量/万 m^3	缺水率/%
桓台县	城市生活	0	0	860	0	0	860	0	0
	农村生活	0	0	576	0	0	576	0	0
	工业	0	9 382	398	176	0	9 956	0	0
	农业	0	658	6 354	0	0	7 012	−917	−11.6
	城乡生态	0	0	0	57	0	57	0	0
	河湖生态	778	0	0	967	0	1 745	−188	−9.7
	小计	778	10 040	8 188	1 200	0	20 206	−1 105	−5.2
邹平市	城市生活	0	325	1 386	0	0	1 711	0	0
	农村生活	0	0	638	0	0	638	0	0
	工业	0	9 019	375	0	0	9 394	0	0
	农业	755	9 706	1 046	0	0	11 507	−6 993	−37.8
	城乡生态	0	0	0	2 043	0	2 043	0	0
	河湖生态	2 687	0	0	1 943	0	4 630	0	0
	小计	3 442	19 050	3 445	3 986	0	29 923	−6 993	−18.9
博兴县	城市生活	0	394	92	0	0	486	0	0
	农村生活	0	152	25	0	0	177	0	0
	工业	0	1 395	89	4	0	1 488	0	0
	农业	0	2 576	1 067	0	0	3 643	−2 017	−35.6
	城乡生态	0	0	0	441	0	441	0	0
	河湖生态	783	0	0	228	0	1 011	0	0
	小计	783	4 517	1 273	673	0	7 246	−2 017	−21.8
广饶县	城市生活	0	273	392	0	0	665	0	0
	农村生活	0	81	157	0	0	238	0	0
	工业	0	1 415	1 306	0	0	2 721	0	0
	农业	3 107	2 625	1 294	0	0	7 026	−1 670	−19.2
	城乡生态	466	0	35	0	0	501	0	0
	河湖生态	487	0	0	458	0	945	0	0
	小计	4 060	4 394	3 184	458	0	12 096	−1 670	−12.1

续表 5-15

区(县)	用水类型	当地地表水/万 m³	跨流域调水/万 m³	地下水/万 m³	污水再生回用/万 m³	雨水/万 m³	合计/万 m³	缺水量/万 m³	缺水率/%
青州市	城市生活	190	0	443	0	0	633	0	0
	农村生活	0	0	710	0	0	710	0	0
	工业	0	0	338	509	0	847	0	0
	农业	778	0	4 635	0	0	5 413	−986	−15.4
	城乡生态	0	0	0	130	0	130	0	0
	河湖生态	0	0	0	0	0	0	0	0
	小计	968	0	6 126	639	0	7 733	−986	−11.3
寿光市	城市生活	0	1 123	732	0	0	1 855	0	0
	农村生活	0	0	424	0	0	424	0	0
	工业	0	527	0	310	0	837	0	0
	农业	1 948	1 032	2 174	1 756	0	6 910	0	0
	城乡生态	0	0	0	375	0	375	0	0
	河湖生态	0	0	0	0	0	0	0	0
	小计	1 948	2 682	3 330	2 441	0	10 401	0	0

表 5-16　小清河流域各区(县)2025 年 95%保证率水资源配置结果

区(县)	用水类型	当地地表水/万 m³	跨流域调水/万 m³	地下水/万 m³	污水再生回用/万 m³	雨水/万 m³	合计/万 m³	缺水量/万 m³	缺水率/%
市区四区	城市生活	2 228	19 075	6 083	0	268	27 654	0	0
	农村生活	0	0	0	0	0	0	0	0
	工业	0	497	1 161	0	0	1 658	0	0
	农业	0	4 126	1 582	0	0	5 708	−1 694	−22.9
	城乡生态	0	4 393	0	5 856	0	10 249	−3 060	−23.0
	河湖生态	0	88	0	4 876	0	4 964	−167	−3.3
	小计	2 228	28 179	8 826	10 732	268	50 233	−4 921	−8.9

续表 5-16

区(县)	用水类型	当地地表水/万 m^3	跨流域调水/万 m^3	地下水/万 m^3	污水再生回用/万 m^3	雨水/万 m^3	合计/万 m^3	缺水量/万 m^3	缺水率/%
历城区	城市生活	641	1 021	1 810	0	0	3 472	0	0
	农村生活	127	82	133	0	0	342	0	0
	工业	600	197	290	626	0	1 713	0	0
	农业	283	0	92	0	0	375	−3 297	−89. 8
	城乡生态	0	0	0	74	0	74	0	0
	河湖生态	0	0	0	0	0	0	0	0
	小计	1 651	1 300	2 325	700	0	5 976	−3 297	−35. 6
章丘区	城市生活	0	0	3 271	0	0	3 271	0	0
	农村生活	0	0	1 473	0	0	1 473	0	0
	工业	434	2 360	2 024	0	0	4 818	0	0
	农业	2 511	350	12 329	0	0	15 190	−1 689	−10. 0
	城乡生态	0	0	60	1 456	0	1 516	0	0
	河湖生态	0	35	0	544	0	579	0	0
	小计	2 945	2 745	19 157	2 000	0	26 847	−1 689	−5. 9
张店区	城市生活	2 780	3 761	7	0	0	6 548	0	0
	农村生活	0	344	0	0	0	344	0	0
	工业	0	2 375	2 570	0	0	4 945	−2 399	−32. 7
	农业	0	0	1 144	0	0	1 144	−213	−15. 7
	城乡生态	0	0	95	212	0	307	0	0
	河湖生态	0	0	0	1 138	0	1 138	−6	−0. 5
	小计	2 780	6 480	3 816	1 350	0	14 426	−2 618	−15. 4
淄川区	城市生活	274	0	1 555	0	0	1 829	0	0
	农村生活	47	0	474	0	0	521	0	0
	工业	980	0	2 580	237	0	3 797	0	0
	农业	0	0	757	0	0	757	−831	−52. 3
	城乡生态	0	0	0	107	0	107	0	0
	河湖生态	0	0	0	356	0	356	0	0
	小计	1 301	0	5 366	700	0	7 367	−831	−10. 1

续表 5-16

区(县)	用水类型	当地地表水/万 m³	跨流域调水/万 m³	地下水/万 m³	污水再生回用/万 m³	雨水/万 m³	合计/万 m³	缺水量/万 m³	缺水率/%
博山区	城市生活	23	0	1 109	0	0	1 132	0	0
	农村生活	0	0	420	0	0	420	0	0
	工业	0	0	1 799	135	0	1 934	0	0
	农业	219	0	972	0	0	1 191	-102	-7.8
	城乡生态	0	0	0	68	0	68	0	0
	河湖生态	0	0	0	317	0	317	0	0
	小计	242	0	4 300	520	0	5 062	-102	-2.0
周村区	城市生活	0	831	262	0	0	1 093	0	0
	农村生活	53	0	261	0	0	314	0	0
	工业	0	959	1 216	0	0	2 175	0	0
	农业	342	0	347	0	0	689	-738	-51.7
	城乡生态	0	0	57	0	0	57	0	0
	河湖生态	440	0	0	420	0	860	0	0
	小计	835	1 790	2 143	420	0	5 188	-738	-12.5
临淄区	城市生活	0	1 255	1 158	0	0	2 413	0	0
	农村生活	0	18	593	0	0	611	0	0
	工业	0	3 246	7 850	282	0	11 378	0	0
	农业	0	1 671	8 650	0	0	10 321	0	0
	城乡生态	0	0	0	103	0	103	0	0
	河湖生态	202	0	0	1 015	0	1 217	0	0
	小计	202	6 190	18 251	1 400	0	26 043	0	0
桓台县	城市生活	0	0	860	0	0	860	0	0
	农村生活	0	0	576	0	0	576	0	0
	工业	0	9 382	398	176	0	9 956	0	0
	农业	0	658	6 354	0	0	7 012	-917	-11.6
	城乡生态	0	0	0	57	0	57	0	0
	河湖生态	673	0	0	967	0	1 640	-293	-15.2
	小计	673	10 040	8 188	1 200	0	20 101	-1 210	-5.7

续表 5-16

区(县)	用水类型	当地地表水/万 m^3	跨流域调水/万 m^3	地下水/万 m^3	污水再生回用/万 m^3	雨水/万 m^3	合计/万 m^3	缺水量/万 m^3	缺水率/%
邹平市	城市生活	0	325	1 386	0	0	1 711	0	0
	农村生活	0	0	638	0	0	638	0	0
	工业	0	9 019	375	0	0	9 394	0	0
	农业	290	9 706	1 046	0	0	11 042	−7 458	−40. 3
	城乡生态	0	0	0	2 043	0	2 043	0	0
	河湖生态	2 687	0	0	1 943	0	4 630	0	0
	小计	2 977	19 050	3 445	3 986	0	29 458	−7 458	−20. 2
博兴县	城市生活	0	394	92	0	0	486	0	0
	农村生活	0	152	25	0	0	177	0	0
	工业	0	1 399	89	0	0	1 488	0	0
	农业	0	2 471	1 067	0	0	3 538	−2 122	−37. 5
	城乡生态	0	101	0	340	0	441	0	0
	河湖生态	678	0	0	333	0	1 011	0	0
	小计	678	4 517	1 273	673	0	7 141	−2 122	−22. 9
广饶县	城市生活	0	273	392	0	0	665	0	0
	农村生活	0	81	157	0	0	238	0	0
	工业	0	1 415	1 306	0	0	2 721	0	0
	农业	2 559	2 625	1 294	0	0	6 478	−2 218	−25. 5
	城乡生态	466	0	35	0	0	501	0	0
	河湖生态	487	0	0	458	0	945	0	0
	小计	3 512	4 394	3 184	458	0	11 548	−2 218	−16. 1
青州市	城市生活	190	0	443	0	0	633	0	0
	农村生活	0	0	710	0	0	710	0	0
	工业	0	0	338	509	0	847	0	0
	农业	647	0	4 635	0	0	5 282	−1 117	−17. 5
	城乡生态	0	0	0	130	0	130	0	0
	河湖生态	0	0	0	0	0	0	0	0
	小计	837	0	6 126	639	0	7 602	−1 117	−12. 8

续表 5-16

区(县)	用水类型	当地地表水/万 m³	跨流域调水/万 m³	地下水/万 m³	污水再生回用/万 m³	雨水/万 m³	合计/万 m³	缺水量/万 m³	缺水率/%
寿光市	城市生活	0	0	1 855	0	0	1 855	0	0
	农村生活	0	0	424	0	0	424	0	0
	工业	0	0	527	310	0	837	0	0
	农业	1 685	2 682	787	1 756	0	6 910	0	0
	城乡生态	0	0	0	375	0	375	0	0
	河湖生态	0	0	0	0	0	0	0	0
	小计	1 685	2 682	3 593	2 441	0	10 401	0	0

表 5-17　小清河流域各区(县)2035 年 50%保证率水资源配置结果

区(县)	用水类型	当地地表水/万 m³	跨流域调水/万 m³	地下水/万 m³	污水再生回用/万 m³	雨水/万 m³	合计/万 m³	缺水量/万 m³	缺水率/%
市区四区	城市生活	3 313	32 081	0	0	437	35 831	0	0
	农村生活	0	0	0	0	0	0	0	0
	工业	0	2 360	0	0	0	2 360	0	0
	农业	0	5 820	276	0	0	6 096	0	0
	城乡生态	0	7 326	0	9 712	0	17 038	0	0
	河湖生态	0	392	0	6 175	0	6 567	0	0
	小计	3 313	47 979	276	15 887	437	67 892	0	0
历城区	城市生活	719	909	2 597	0	0	4 225	0	0
	农村生活	151	0	96	0	0	247	0	0
	工业	731	391	37	950	0	2 109	-329	-13.5
	农业	1 354	0	101	0	0	1 455	-1 588	-52.2
	城乡生态	0	0	0	86	0	86	0	0
	河湖生态	0	0	0	0	0	0	0	0
	小计	2 955	1 300	2 831	1 036	0	8 122	-1 917	-19.1

续表 5-17

区(县)	用水类型	当地地表水/万 m^3	跨流域调水/万 m^3	地下水/万 m^3	污水再生回用/万 m^3	雨水/万 m^3	合计/万 m^3	缺水量/万 m^3	缺水率/%
章丘区	城市生活	0	0	4 487	0	0	4 487	0	0
	农村生活	0	0	1 586	0	0	1 586	0	0
	工业	480	3 605	2 125	646	0	6 856	0	0
	农业	3 899	2 200	7 961	0	0	14 060	0	0
	城乡生态	0	0	0	1 675	0	1 675	0	0
	河湖生态	0	0	0	639	0	639	0	0
	小计	4 379	5 805	16 159	2 960	0	29 303	0	0
张店区	城市生活	3 913	3 552	6	0	0	7 471	0	0
	农村生活	221	11	0	0	0	232	0	0
	工业	0	8 399	2 006	47	0	10 452	0	0
	农业	0	258	884	0	0	1 142	0	0
	城乡生态	0	0	0	413	0	413	0	0
	河湖生态	0	0	0	1 538	0	1 538	0	0
	小计	4 134	12 220	2 896	1 998	0	21 248	0	0
淄川区	城市生活	1 934	114	224	0	0	2 272	0	0
	农村生活	0	0	514	0	0	514	0	0
	工业	0	3 571	1 389	443	0	5 403	0	0
	农业	0	145	1 188	0	0	1 333	0	0
	城乡生态	0	0	0	137	0	137	0	0
	河湖生态	0	0	0	456	0	456	0	0
	小计	1 934	3 830	3 315	1 036	0	10 115	0	0
博山区	城市生活	43	0	1 404	0	0	1 447	0	0
	农村生活	0	0	318	0	0	318	0	0
	工业	0	0	2 451	301	0	2 752	0	0
	农业	317	0	740	0	0	1 057	0	0
	城乡生态	0	0	0	83	0	83	0	0
	河湖生态	0	0	0	386	0	386	0	0
	小计	360	0	4 913	770	0	6 043	0	0

续表 5-17

区(县)	用水类型	当地地表水/万 m^3	跨流域调水/万 m^3	地下水/万 m^3	污水再生回用/万 m^3	雨水/万 m^3	合计/万 m^3	缺水量/万 m^3	缺水率/%
周村区	城市生活	0	1 069	267	0	0	1 336	0	0
	农村生活	53	0	257	0	0	310	0	0
	工业	0	3 037	58	0	0	3 095	0	0
	农业	742	74	367	0	0	1 183	0	0
	城乡生态	0	0	71	0	0	71	0	0
	河湖生态	447	0	0	622	0	1 069	0	0
	小计	1 242	4 180	1 020	622	0	7 064	0	0
临淄区	城市生活	0	2 106	1 236	0	0	3 342	0	0
	农村生活	0	6	613	0	0	619	0	0
	工业	0	5 228	9 611	763	0	15 602	-415	-2.6
	农业	0	0	8 093	0	0	8 093	-419	-4.9
	城乡生态	0	0	0	126	0	126	0	0
	河湖生态	300	0	0	1 183	0	1 483	0	0
	小计	300	7 340	19 553	2 072	0	29 265	-834	-2.8
桓台县	城市生活	0	0	1 160	0	0	1 160	0	0
	农村生活	0	0	553	0	0	553	0	0
	工业	0	12 430	567	303	0	13 300	-868	-6.1
	农业	0	0	6 067	0	0	6 067	-509	-7.7
	城乡生态	0	0	0	71	0	71	0	0
	河湖生态	1 000	0	0	1 402	0	2 402	0	0
	小计	1 000	12 430	8 347	1 776	0	23 553	-1 377	-5.5
邹平市	城市生活	0	812	1 384	0	0	2 196	0	0
	农村生活	0	0	686	0	0	686	0	0
	工业	0	12 834	535	0	0	13 369	0	0
	农业	2 581	6 815	840	0	0	10 236	-4 934	-32.5
	城乡生态	0	0	0	2 371	0	2 371	0	0
	河湖生态	1 845	0	0	3 529	0	5 374	0	0
	小计	4 426	20 461	3 445	5 900	0	34 232	-4 934	-12.6

续表 5-17

区(县)	用水类型	当地地表水/万 m^3	跨流域调水/万 m^3	地下水/万 m^3	污水再生回用/万 m^3	雨水/万 m^3	合计/万 m^3	缺水量/万 m^3	缺水率/%
博兴县	城市生活	0	537	95	0	0	632	0	0
	农村生活	0	138	24	0	0	162	0	0
	工业	0	1 936	102	0	0	2 038	0	0
	农业	477	2 224	1 052	0	0	3 753	−1 024	−21. 4
	城乡生态	0	0	0	464	0	464	0	0
	河湖生态	531	0	0	532	0	1 063	0	0
	小计	1 008	4 835	1 273	996	0	8 112	−1 024	−11. 2
广饶县	城市生活	0	501	378	0	0	879	0	0
	农村生活	0	112	148	0	0	260	0	0
	工业	0	2 437	1 255	0	0	3 692	0	0
	农业	4 336	1 344	1 226	0	0	6 906	−292	−4. 1
	城乡生态	520	0	33	0	0	553	0	0
	河湖生态	366	0	0	679	0	1 045	0	0
	小计	5 222	4 394	3 040	679	0	13 335	−292	−2. 1
青州市	城市生活	396	0	428	0	0	824	0	0
	农村生活	0	0	802	0	0	802	0	0
	工业	0	0	404	802	0	1 206	0	0
	农业	1 085	0	4 247	0	0	5 332	0	0
	城乡生态	0	0	0	144	0	144	0	0
	河湖生态	0	0	0	0	0	0	0	0
	小计	1 481	0	5 881	946	0	8 308	0	0
寿光市	城市生活	0	2 397	65	0	0	2 462	0	0
	农村生活	0	0	414	0	0	414	0	0
	工业	0	525	0	667	0	1 192	0	0
	农业	2 506	330	281	2 532	0	5 649	0	0
	城乡生态	0	0	0	414	0	414	0	0
	河湖生态	0	0	0	0	0	0	0	0
	小计	2 506	3 252	760	3 613	0	10 131	0	0

表 5-18　小清河流域各区(县)2035 年 75%保证率水资源配置结果

区(县)	用水类型	当地地表水/万 m^3	跨流域调水/万 m^3	地下水/万 m^3	污水再生回用/万 m^3	雨水/万 m^3	合计/万 m^3	缺水量/万 m^3	缺水率/%
市区四区	城市生活	2 576	32 818	0	0	437	35 831	0	0
	农村生活	0	0	0	0	0	0	0	0
	工业	0	2 360	0	0	0	2 360	0	0
	农业	0	5 083	1 574	0	0	6 657	0	0
	城乡生态	0	7 326	0	9 712	0	17 038	0	0
	河湖生态	0	392	0	6 175	0	6 567	0	0
	小计	2 576	47 979	1 574	15 887	437	68 453	0	0
历城区	城市生活	167	909	2 831	318	0	4 225	0	0
	农村生活	151	0	0	0	0	151	-96	-38.9
	工业	732	391	0	632	0	1 755	-683	-28.0
	农业	1 248	0	0	0	0	1 248	-2 063	-62.3
	城乡生态	0	0	0	86	0	86	0	0
	河湖生态	0	0	0	0	0	0	0	0
	小计	2 298	1 300	2 831	1 036	0	7 465	-2 842	-27.6
章丘区	城市生活	0	0	4 487	0	0	4 487	0	0
	农村生活	0	0	1 586	0	0	1 586	0	0
	工业	480	3 605	2 125	646	0	6 856	0	0
	农业	2 924	2 200	10 133	0	0	15 257	0	0
	城乡生态	0	0	0	1 675	0	1 675	0	0
	河湖生态	0	0	0	639	0	639	0	0
	小计	3 404	5 805	18 331	2 960	0	30 500	0	0
张店区	城市生活	3 214	4 251	6	0	0	7 471	0	0
	农村生活	0	232	0	0	0	232	0	0
	工业	0	7 477	2 928	47	0	10 452	0	0
	农业	0	260	882	0	0	1 142	-91	-7.4
	城乡生态	0	0	0	413	0	413	0	0
	河湖生态	0	0	0	1 538	0	1 538	0	0
	小计	3 214	12 220	3 816	1 998	0	21 248	-91	-0.4

续表 5-18

区(县)	用水类型	当地地表水/万 m^3	跨流域调水/万 m^3	地下水/万 m^3	污水再生回用/万 m^3	雨水/万 m^3	合计/万 m^3	缺水量/万 m^3	缺水率/%
淄川区	城市生活	1 504	114	654	0	0	2 272	0	0
	农村生活	0	0	514	0	0	514	0	0
	工业	0	3 461	1 499	443	0	5 403	0	0
	农业	0	255	1 188	0	0	1 443	0	0
	城乡生态	0	0	0	137	0	137	0	0
	河湖生态	0	0	0	456	0	456	0	0
	小计	1 504	3 830	3 855	1 036	0	10 225	0	0
博山区	城市生活	43	0	1 404	0	0	1 447	0	0
	农村生活	0	0	318	0	0	318	0	0
	工业	0	0	2 451	301	0	2 752	0	0
	农业	237	0	923	0	0	1 160	0	0
	城乡生态	0	0	0	83	0	83	0	0
	河湖生态	0	0	0	386	0	386	0	0
	小计	280	0	5 096	770	0	6 146	0	0
周村区	城市生活	0	1 069	267	0	0	1 336	0	0
	农村生活	53	0	257	0	0	310	0	0
	工业	0	2 942	153	0	0	3 095	0	0
	农业	466	169	653	0	0	1 288	0	0
	城乡生态	0	0	71	0	0	71	0	0
	河湖生态	447	0	0	622	0	1 069	0	0
	小计	966	4 180	1 401	622	0	7 169	0	0
临淄区	城市生活	0	2 106	1 236	0	0	3 342	0	0
	农村生活	0	6	613	0	0	619	0	0
	工业	0	5 228	9 611	730	0	15 569	-448	-2. 8
	农业	0	0	8 093	0	0	8 093	-1 245	-13. 3
	城乡生态	0	0	0	126	0	126	0	0
	河湖生态	233	0	0	1 216	0	1 449	-34	-2. 3
	小计	233	7 340	19 553	2 072	0	29 198	-1 727	-5. 6

续表 5-18

区(县)	用水类型	当地地表水/万 m³	跨流域调水/万 m³	地下水/万 m³	污水再生回用/万 m³	雨水/万 m³	合计/万 m³	缺水量/万 m³	缺水率/%
桓台县	城市生活	0	0	1 160	0	0	1 160	0	0
	农村生活	0	0	553	0	0	553	0	0
	工业	0	12 430	567	264	0	13 261	−907	−6.4
	农业	0	0	6 067	0	0	6 067	−1 107	−15.4
	城乡生态	0	0	0	71	0	71	0	0
	河湖生态	778	0	0	1 441	0	2 219	−183	−7.6
	小计	778	12 430	8 347	1 776	0	23 331	−2 197	−8.6
邹平市	城市生活	0	812	1 384	0	0	2 196	0	0
	农村生活	0	0	686	0	0	686	0	0
	工业	0	12 834	535	0	0	13 369	0	0
	农业	1 597	6 815	840	0	0	9 252	−7 371	−44.3
	城乡生态	0	0	0	2 371	0	2 371	0	0
	河湖生态	1 845	0	0	3 529	0	5 374	0	0
	小计	3 442	20 461	3 445	5 900	0	33 248	−7 371	−18.1
博兴县	城市生活	0	537	95	0	0	632	0	0
	农村生活	0	138	24	0	0	162	0	0
	工业	0	1 936	102	0	0	2 038	0	0
	农业	252	2 224	1 052	0	0	3 528	−1 612	−31.4
	城乡生态	0	0	0	464	0	464	0	0
	河湖生态	531	0	0	532	0	1 063	0	0
	小计	783	4 835	1 273	996	0	7 887	−1 612	−17.0
广饶县	城市生活	0	501	378	0	0	879	0	0
	农村生活	0	112	148	0	0	260	0	0
	工业	0	2 437	1 255	0	0	3 692	0	0
	农业	3 174	1 344	1 226	0	0	5 744	−2 096	−26.7
	城乡生态	520	0	33	0	0	553	0	0
	河湖生态	366	0	0	679	0	1 045	0	0
	小计	4 060	4 394	3 040	679	0	12 173	−2 095	−14.7

续表 5-18

区(县)	用水类型	当地地表水/万 m^3	跨流域调水/万 m^3	地下水/万 m^3	污水再生回用/万 m^3	雨水/万 m^3	合计/万 m^3	缺水量/万 m^3	缺水率/%
青州市	城市生活	396	0	428	0	0	824	0	0
	农村生活	0	0	802	0	0	802	0	0
	工业	0	0	404	802	0	1 206	0	0
	农业	755	0	4 373	0	0	5 128	-674	-11.6
	城乡生态	0	0	0	144	0	144	0	0
	河湖生态	0	0	0	0	0	0	0	0
	小计	1 151	0	6 007	946	0	8 104	-674	-7.7
寿光市	城市生活	0	2 114	348	0	0	2 462	0	0
	农村生活	0	0	414	0	0	414	0	0
	工业	0	525	0	667	0	1 192	0	0
	农业	1 948	613	1 110	2 532	0	6 203	0	0
	城乡生态	0	0	0	414	0	414	0	0
	河湖生态	0	0	0	0	0	0	0	0
	小计	1 948	3 252	1 872	3 613	0	10 685	0	0

表 5-19 小清河流域各区(县)2035 年 95%保证率水资源配置结果

区(县)	用水类型	当地地表水/万 m^3	跨流域调水/万 m^3	地下水/万 m^3	污水再生回用/万 m^3	雨水/万 m^3	合计/万 m^3	缺水量/万 m^3	缺水率/%
市区四区	城市生活	2 228	33 166	0	0	437	35 831	0	0
	农村生活	0	0	0	0	0	0	0	0
	工业	0	2 360	0	0	0	2 360	0	0
	农业	0	6 657	0	0	0	6 657	0	0
	城乡生态	0	7 326	0	9 712	0	17 038	0	0
	河湖生态	0	392	0	6 175	0	6 567	0	0
	小计	2 228	49 901	0	15 887	437	68 453	0	0

续表 5-19

区(县)	用水类型	当地地表水/万 m³	跨流域调水/万 m³	地下水/万 m³	污水再生回用/万 m³	雨水/万 m³	合计/万 m³	缺水量/万 m³	缺水率/%
历城区	城市生活	167	909	2 831	318	0	4 225	0	0
	农村生活	151	0	0	0	0	151	-96	-38.9
	工业	731	391	0	632	0	1 754	-684	-28.1
	农业	938	0	0	0	0	938	-2 373	-71.7
	城乡生态	0	0	0	86	0	86	0	0
	河湖生态	0	0	0	0	0	0	0	0
	小计	1 987	1 300	2 831	1 036	0	7 154	-3 153	-30.6
章丘区	城市生活	0	0	4 487	0	0	4 487	0	0
	农村生活	0	0	1 586	0	0	1 586	0	0
	工业	480	3 605	2 125	646	0	6 856	0	0
	农业	2 465	3 140	9 652	0	0	15 257	0	0
	城乡生态	0	0	0	1 675	0	1 675	0	0
	河湖生态	0	0	0	639	0	639	0	0
	小计	2 945	6 745	17 850	2 960	0	30 500	0	0
张店区	城市生活	2 780	4 685	6	0	0	7 471	0	0
	农村生活	0	232	0	0	0	232	0	0
	工业	0	7 477	2 928	47	0	10 452	0	0
	农业	0	86	882	0	0	968	-265	-21.5
	城乡生态	0	0	0	413	0	413	0	0
	河湖生态	0	0	0	1 538	0	1 538	0	0
	小计	2 780	12 480	3 816	1 998	0	21 074	-265	-1.2
淄川区	城市生活	1 301	114	857	0	0	2 272	0	0
	农村生活	0	0	514	0	0	514	0	0
	工业	0	3 631	1 329	443	0	5 403	0	0
	农业	0	255	1 188	0	0	1 443	0	0
	城乡生态	0	0	0	137	0	137	0	0
	河湖生态	0	0	0	456	0	456	0	0
	小计	1 301	4 000	3 888	1 036	0	10 225	0	0

续表 5-19

区(县)	用水类型	当地地表水/万 m³	跨流域调水/万 m³	地下水/万 m³	污水再生回用/万 m³	雨水/万 m³	合计/万 m³	缺水量/万 m³	缺水率/%
博山区	城市生活	43	0	1 404	0	0	1 447	0	0
	农村生活	0	0	318	0	0	318	0	0
	工业	0	0	2 451	301	0	2 752	0	0
	农业	199	0	961	0	0	1 160	0	0
	城乡生态	0	0	0	83	0	83	0	0
	河湖生态	0	0	0	386	0	386	0	0
	小计	242	0	5 134	770	0	6 146	0	0
周村区	城市生活	0	1 069	267	0	0	1 336	0	0
	农村生活	53	0	257	0	0	310	0	0
	工业	0	3 046	49	0	0	3 095	0	0
	农业	335	175	778	0	0	1 288	0	0
	城乡生态	0	0	71	0	0	71	0	0
	河湖生态	447	0	0	622	0	1 069	0	0
	小计	835	4 290	1 422	622	0	7 169	0	0
临淄区	城市生活	0	2 106	1 236	0	0	3 342	0	0
	农村生活	0	6	613	0	0	619	0	0
	工业	0	5 278	9 611	730	0	15 619	−398	−2. 5
	农业	0	0	8 093	0	0	8 093	−1 245	−13. 3
	城乡生态	0	0	0	126	0	126	0	0
	河湖生态	202	0	0	1 216	0	1 418	−65	−4. 4
	小计	202	7 390	19 553	2 072	0	29 217	−1 708	−5. 5
桓台县	城市生活	0	0	1 160	0	0	1 160	0	0
	农村生活	0	0	553	0	0	553	0	0
	工业	0	12 540	567	264	0	13 371	−797	−5. 6
	农业	0	0	6 067	0	0	6 067	−1 107	−15. 4
	城乡生态	0	0	0	71	0	71	0	0
	河湖生态	673	0	0	1 441	0	2 114	−288	−12. 0
	小计	673	12 540	8 347	1 776	0	23 336	−2 192	−8. 6

续表 5-19

区(县)	用水类型	当地地表水/万 m³	跨流域调水/万 m³	地下水/万 m³	污水再生回用/万 m³	雨水/万 m³	合计/万 m³	缺水量/万 m³	缺水率/%
邹平市	城市生活	0	812	1 384	0	0	2 196	0	0
	农村生活	0	0	686	0	0	686	0	0
	工业	0	12 834	535	0	0	13 369	0	0
	农业	1 132	6 815	840	0	0	8 787	-7 836	-47.1
	城乡生态	0	0	0	2 371	0	2 371	0	0
	河湖生态	1 845	0	0	3 529	0	5 374	0	0
	小计	2 977	20 461	3 445	5 900	0	32 783	-7 836	-19.3
博兴县	城市生活	0	537	95	0	0	632	0	0
	农村生活	0	138	24	0	0	162	0	0
	工业	0	1 936	102	0	0	2 038	0	0
	农业	147	2 224	1 052	0	0	3 423	-1 717	-33.4
	城乡生态	0	0	0	464	0	464	0	0
	河湖生态	531	0	0	532	0	1 063	0	0
	小计	678	4 835	1 273	996	0	7 782	-1 717	-18.1
广饶县	城市生活	0	501	378	0	0	879	0	0
	农村生活	0	112	148	0	0	260	0	0
	工业	0	2 437	1 255	0	0	3 692	0	0
	农业	2 626	1 344	1 226	0	0	5 196	-2 644	-33.7
	城乡生态	520	0	33	0	0	553	0	0
	河湖生态	366	0	0	679	0	1 045	0	0
	小计	3 512	4 394	3 040	679	0	11 625	-2 644	-18.5
青州市	城市生活	396	0	428	0	0	824	0	0
	农村生活	0	0	802	0	0	802	0	0
	工业	0	0	404	802	0	1 206	0	0
	农业	600	0	4 373	0	0	4 973	-829	-14.3
	城乡生态	0	0	0	144	0	144	0	0
	河湖生态	0	0	0	0	0	0	0	0
	小计	996	0	6 007	946	0	7 949	-829	-9.4

续表 5-19

区(县)	用水类型	当地地表水/万 m^3	跨流域调水/万 m^3	地下水/万 m^3	污水再生回用/万 m^3	雨水/万 m^3	合计/万 m^3	缺水量/万 m^3	缺水率/%
寿光市	城市生活	0	2 142	320	0	0	2 462	0	0
	农村生活	0	0	414	0	0	414	0	0
	工业	0	525	0	667	0	1 192	0	0
	农业	1 685	635	1 351	2 532	0	6 203	0	0
	城乡生态	0	0	0	414	0	414	0	0
	河湖生态	0	0	0	0	0	0	0	0
	小计	1 685	3 302	2 085	3 613	0	10 685	0	0

5.3.1 现状年结果分析

5.3.1.1 50%保证率下结果分析

小清河流域总供水量为 216 858 万 m^3,其中:当地地表水供水量为 28 870 万 m^3,占 13.3%;跨流域调水供水量为 89 152 万 m^3,占 41.1%;地下水供水量为 80 554 万 m^3,占 37.2%;污水再生回用供水量为 18 072 万 m^3,占 8.3%;雨水供水量为 210 万 m^3,占 0.1%。可见,跨流域调水供水量占比最大,其次为地下水供水量,雨水供水量最小,仅限市区四区。小清河流域总用水量为 216 858 万 m^3,其中:城市生活用水量为 45 694 万 m^3,占 21.1%;农村生活用水量为 7 530 万 m^3,占 3.5%;工业用水量为 49 098 万 m^3,占 22.6%;农业用水量为 84 421 万 m^3,占 38.9%;城乡生态用水量为 14 117 万 m^3,占 6.5%;河湖生态用水量为 15 998 万 m^3,占 7.4%。可见,农业用水量占比最大,其次为工业用水量,农村生活用水量最小。

城市生活用水量由当地地表水、跨流域调水、地下水和雨水供给,供水量占比分别为 13.0%、50.9%、35.7%和 0.4%,可见,跨流域调水供水量占比最大,其次为地下水,雨水供水量最小。农村生活用水量由当地地表水、跨流域调水和地下水供给,供水量占比分别为 10.8%、10.7%和 78.5%,可见,地下水供水量占比最大,其次为当地地表水用水量,跨流域调水供水量最小。工业用水量由当地地表水、跨流域调水、地下水和污水再生回用供给,供水量占比分别为 3.1%、66.5%、28.9%和 1.5%,可见,跨流域调水供水量占比最大,其次为地下水供水量,污水再生回用供水量最小。农业用水量由当地地表水、跨流域调水、地下水和污水再生回用供给,供水量占比分别为 15.4%、31.0%、51.5%和 2.1%,可见,地下水供水量占比最大,其次为跨流域调水供水量,污水再生回用供水量最小。城乡生态用水量由当地地表水、跨流域调水、地下水和污水再生回用供给,供水量占比分别为 6.2%、33.6%、4.8%和 55.4%,可见,污水再生回用供水量占比最大,其次为跨流域调水供水量,地表水供水量最小。河湖生态用水量由当地地表水、跨流域调水和污水再生回用供给，供水量占比分别为41.9%、9.6%和48.5%，可见，污水再生回用供水量占比最大，其次为当地地表水供水量，跨流域调水供水量最小。

从流域缺水情况来看，城市生活和农村生活不缺水，工业、农业、城乡生态和河湖生态缺水，缺水量分别为674万m^3、9 947万m^3、3 023万m^3和340万m^3，缺水率分别为1.4%、10.5%、17.6%和2.1%，全流域缺水量和缺水率分别为13 984万m^3和6.1%。可见，农业缺水量最大，其次为城乡生态缺水量，河湖生态缺水量最小；城乡生态缺水率最大，其次为农业缺水率，工业缺水率最小。从各区(县)缺水情况来看，缺水量由大到小依次为邹平市、市区四区、博兴县、张店区和青州市，缺水量依次是6 526万m^3、4 840万m^3、1 687万m^3、869万m^3和62万m^3；缺水率由大到小依次为博兴县、邹平市、市区四区、张店区和青州市，缺水率依次是19.4%、19.3%、10.0%、5.7%和0.8%。从各区(县)各用水类型缺水情况来看，邹平市农业缺水量和缺水率均最大，分别为6 445万m^3和36.5%。

5.3.1.2 75%保证率下结果分析

小清河流域总供水量为217 057万m^3，其中：当地地表水供水量为22 416万m^3，占10.3%；跨流域调水供水量为89 152万m^3，占41.1%；地下水供水量为87 207万m^3，占40.2%；污水再生回用供水量为18 072万m^3，占8.3%；雨水供水量为210万m^3，占0.1%。可见，跨流域调水供水量占比最大，其次为地下水供水量，雨水供水量最小，仅限市区四区。小清河流域总用水量为217 057万m^3，其中：城市生活用水量为45 694万m^3，占21.0%；农村生活用水量为7 530万m^3，占3.5%；工业用水量为48 567万m^3，占22.4%；农业用水量为86 895万m^3，占40.0%；城乡生态用水量为13 496万m^3，占6.2%；河湖生态用水量为14 875万m^3，占6.9%。可见，农业用水量占比最大，其次为工业用水量，农村生活用水量最小。

城市生活用水量由当地地表水、跨流域调水、地下水和雨水供给，供水量占比分别为12.1%、50.7%、36.7%和0.5%，可见，跨流域调水供水量占比最大，其次为地下水供水量，雨水供水量最小。农村生活用水量由当地地表水、跨流域调水和地下水供给，供水量占比分别为3.8%、17.7%和78.5%，可见，地下水供水量占比最大，其次为跨流域调水供水量，当地地表水供水量最小。工业用水量由当地地表水、跨流域调水、地下水和污水再生回用供给，供水量占比分别为2.4%、53.1%、43.0%和1.5%，可见，跨流域调水供水量占比最大，其次为地下水供水量，污水再生回用供水量最小。农业用水量由当地地表水、跨流域调水、地下水和污水再生回用供给，供水量占比分别为10.8%、37.7%、49.5%和2.0%，可见，地下水供水量占比最大，其次为跨流域调水供水量，污水再生回用供水量最小。城乡生态用水量由当地地表水、跨流域调水、地下水和污水再生回用供给，供水量占比分别为6.5%、30.5%、5.0%和58.0%，可见，污水再生回用供水量占比最大，其次为跨流域调水供水量，地表水供水量最小。河湖生态用水量由当地地表水、跨流域调水和污水再生回用供给，供水量占比分别为34.7%、13.2%和52.1%，可见，污水再生回用供水量占比最大，其次为当地地表水供水量，跨流域调水供水量最小。

从流域缺水情况来看，城市生活和农村生活不缺水，工业、农业、城乡生态和河湖生态缺水，缺水量分别为1 205万m^3、16 169万m^3、3 644万m^3和1 463万m^3，缺水率分别为2.4%、15.7%、21.3%和9.0%，全流域缺水量和缺水率分别为22 481万m^3和9.4%。可见，跨流域农业缺水量最大，其次为城乡生态缺水量，工业缺水量最小；城乡生态缺水率最大，其次为农业，工业缺水率最小。从各区(县)缺水情况来看，缺水量由大到小依次为邹平市、市区四区、博兴县、张店区、广饶县、青州市、淄川区、寿光市、周村区、博山区，缺水量依次是 8 897 万 m^3、5 788 万 m^3、2 229 万 m^3、1 969 万 m^3、1 605 万 m^3、796 万 m^3、425 万 m^3、324 万 m^3、248 万 m^3、200 万 m^3；缺水率由大到小依次为邹平市、博兴县、张店区、市区四区、广饶县、青州市、淄川区、周村区、博山区、寿光市，缺水率依次是 25.0%、24.4%、12.9%、11.8%、11.2%、9.3%、5.9%、4.7%、4.2 %、3.1%。从各区(县)各用水类型缺水情况来看，邹平市农业缺水量最大，为 8 151 万 m^3，张店区河湖生态缺水率最大，为 57.5%。

5.3.1.3 95%保证率下结果分析

小清河流域总供水量为 214 803 万 m^3，其中：当地地表水供水量为 19 388 万 m^3，占 9.0%；跨流域调水供水量为 89 152 万 m^3，占 41.5%；地下水供水量为 87 981 万 m^3，占 41.0%；污水再生回用供水量为 18 072 万 m^3，占 8.4%；雨水供水量为 210 万 m^3，占 0.1%。可见，跨流域调水供水量占比最大，其次为地下水供水量，雨水供水量最小，仅限市区四区。小清河流域总用水量为 214 803 万 m^3，其中：城市生活用水量为 45 694 万 m^3，占 21.3%；农村生活用水量为 7 530 万 m^3，占 3.5%；工业用水量为 47 821 万 m^3，占 22.3%；农业用水量为 84 730 万 m^3，占 39.4%；城乡生态用水量为 13 407 万 m^3，占 6.2%；河湖生态用水量为 15 621 万 m^3，占 7.3%。可见，农业用水量占比最大，其次为工业用水量，农村生活用水量最小。

城市生活用水量由当地地表水、跨流域调水、地下水和雨水供给，供水量占比分别为 10.7%、52.1%、36.7%和 0.5%，可见，跨流域调水供水量占比最大，其次为地下水供水量，雨水供水量最小。农村生活用水量由当地地表水、跨流域调水和地下水供给，供水量占比分别为 3.8%、17.7%和 78.5%，可见，地下水供水量占比最大，其次为跨流域调水供水量，当地地表水供水量最小。工业用水量由当地地表水、跨流域调水、地下水和污水再生回用供给，供水量占比分别为 2.6%、51.2%、44.6%和 1.6%，可见，跨流域调水供水量占比最大，其次为地下水供水量，污水再生回用供水量最小。农业用水量由当地地表水、跨流域调水、地下水和污水再生回用供给，供水量占比分别为 8.8%、38.0%、51.1%和 2.1%，可见，地下水供水量占比最大，其次为跨流域调水供水量，污水再生回用供水量最小。城乡生态用水量由当地地表水、跨流域调水、地下水和污水再生回用供给，供水量占比分别为 6.5%、30.1%、5.0%和 58.4%，可见，污水再生回用供水量占比最大，其次为跨流域调水供水量，地表水供水量最小。河湖生态用水量由当地地表水、跨流域调水和污水再生回用供给，供水量占比分别为 29.6%、20.8%和 49.6%，可见，污水再生回用供水量占比最大，其次为当地地表水供水量，跨流域调水供水量最小。

从流域缺水情况来看，城市生活和农村生活不缺水，工业、农业、城乡生态和河湖生态缺水，缺水量分别为 1 951 万 m^3、18 335 万 m^3、3 733 万 m^3 和 717 万 m^3，缺水率分别为 3.9%、17.8%、21.8%和 4.4%，全流域缺水量和缺水率分别为 24 736 万 m^3 和 10.3%。可见，农业缺水量最大，其次为城乡生态缺水量，河湖生态缺水量最小；城乡生态缺水率最大，其次为农业缺水率，工业缺水率最小。从各区(县)缺水情况来看，缺水量由大到小依次为邹平市、市区四区、张店区、博兴县、广饶县、青州市、寿光市、淄川区、周村区、博山区、历城区，缺水量依次是 9 212 万 m^3、5 924 万 m^3、2 436 万 m^3、2 284 万 m^3、2 208 万 m^3、882 万 m^3、587 万 m^3、579 万 m^3、368 万 m^3、251 万 m^3、5 万 m^3；缺水率由大到小依次为邹平市、博兴县、张店区、广饶县、市区四区、青州市、淄川区、周村区、寿光市、博山区、历城区，缺水率依次是 25.9%、25.0%、16.0%、15.4%、12.0%、10.3%、8.0%、6.9%、5.7%、5.3%、0.1%。从各区(县)各用水类型缺水情况来看，邹平市农业缺水量最大，为 9 212 万 m^3，张店区河湖生态缺水率最大，为 57.5%。

5.3.2 规划水平年 2025 年结果分析

5.3.2.1 50%保证率下结果分析

小清河流域总供水量为 234 443 万 m^3，其中：当地地表水供水量为 33 524 万 m^3，占 14.3%；跨流域调水供水量为 87 367 万 m^3，占 37.3%；地下水供水量为 86 115 万 m^3，占 36.7%；污水再生回用供水量为 27 219 万 m^3，占 11.6%；雨水供水量为 268 万 m^3，占 0.1%。可见，跨流域调水供水量占比最大，其次为地下水供水量，雨水供水量最小，仅限市区四区。小清河流域总用水量为 234 443 万 m^3，其中：城市生活用水量为 53 622 万 m^3，占 22.9%；农村生活用水量为 6 788 万 m^3，占 2.9%；工业用水量为 59 015 万 m^3，占 25.2%；农业用水量为 79 967 万 m^3，占 34.1%；城乡生态用水量为 17 151 万 m^3，占 7.3%；河湖生态用水量为 17 950 万 m^3，占 7.6%。可见，农业用水量占比最大，其次为工业用水量，农村生活用水量最小。

城市生活用水量由当地地表水、跨流域调水、地下水和雨水供给，供水量占比分别为 15.6%、48.2%、35.7%和 0.5%，可见，跨流域调水供水量占比最大，其次为地下水供水量，雨水供水量最小。农村生活用水量由当地地表水、跨流域调水和地下水供给，供水量占比分别为 6.3%、7.0%和 86.7%，可见，地下水供水量占比最大，其次为跨流域调水供水量，当地地表水供水量最小。工业用水量由当地地表水、跨流域调水、地下水和污水再生回用供给，供水量占比分别为 4.0%、57.7%、33.8%和 4.5%，可见，跨流域调水供水量占比最大，其次为地下水供水量，当地地表水供水量最小。农业用水量由当地地表水、跨流域调水、地下水和污水再生回用供给，供水量占比分别为 19.9%、26.8%、51.1%和 2.2%，可见，地下水供水量占比最大，其次为跨流域调水供水量，污水再生回用供水量最小。城乡生态用水量由当地地表水、跨流域调水、地下水和污水再生回用供给，供水量占比分别为 2.7%、32.2%、1.6%和 63.5%，可见，污水再生回用供水量占比最大，其次为跨流域调水供水量，地下水供水量最小。河湖生态用水量由当地地表水、跨流域调水和污水再生回用供给，供水量占比分别为 33.0%、0.5%和 66.5%，可见，污水再生回用供水量占比最大，其次为当地地表水供水量，跨流域调水供水量最小。

从流域缺水情况来看，城市生活和农村生活不缺水，工业、农业、城乡生态和河湖生态缺水，缺水量分别为 1 045 万 m^3、9 877 万 m^3、1 938 万 m^3 和 172 万 m^3，缺水率分别为 1.7%、11.1%、10.2%和 0.9%，全流域缺水量和缺水率分别为 13 032 万 m^3 和 5.3%。可见，农业缺水量和缺水率最大，其次为城乡生态，河湖生态最小。从各区(县)缺水情况来看，缺水量由大到小依次为邹平市、市区四区、历城区、博兴县、张店区、桓台县、周村区、青州市和淄川区，缺水量依次是 4 386 万 m^3、3 209 万 m^3、2 194 万 m^3、1 387 万 m^3、1 163 万 m^3、219 万 m^3、214 万 m^3、186 万 m^3 和 76 万 m^3；缺水率由大到小依次为历城区、博兴县、邹平市、张店区、市区四区、周村区、青州市、桓台县和淄川区，缺水率依次是 24.4%、15.7%、12.4%、6.9%、5.9%、3.7%、2.2%、1.1%和 0.9%。从各区(县)各用水类型缺水情况来看，邹平市农业缺水量最大，为 4 386 万 m^3，历城区农业缺水率最大，为 65.0%。

5.3.2.2 75%保证率下结果分析

小清河流域总供水量为 230 618 万 m^3，其中：当地地表水供水量为 26 065 万 m^3，占 11.3%；跨流域调水供水量为 87 367 万 m^3，占 37.9%；地下水供水量为 89 699 万 m^3，占 38.9%；污水再生回用供水量为 27 219 万 m^3，占 11.8%；雨水供水量为 268 万 m^3，占 0.1%。可见，地下水供水量占比最大，其次为跨流域调水供水量，雨水供水量最小，仅限市区四区。小清河流域总用水量为 230 618 万 m^3，其中：城市生活用水量为 53 622 万 m^3，占 23.3%；农村生活用水量为 6 788 万 m^3，占 2.9%；工业用水量为 58 096 万 m^3，占 25.2%；农业用水量为 78 094 万 m^3，占 33.9%；城乡生态用水量为 16 256 万 m^3，占 7.0%；河湖生态用水量为 17 762 万 m^3，占 7.7%。可见，农业用水量占比最大，其次为工业用水量，农村生活用水量最小。

城市生活用水量由当地地表水、跨流域调水、地下水和雨水供给，供水量占比分别为 12.9%、50.9%、35.7%和 0.5%，可见，跨流域调水供水量占比最大，其次为地下水供水量，雨水供水量最小。农村生活用水量由当地地表水、跨流域调水和地下水供给，供水量占比分别为 3.3%、10.0%和 86.7%，可见，地下水供水量占比最大，其次为跨流域调水供水量，当地地表水供水量最小。工业用水量由当地地表水、跨流域调水、地下水和污水再生回用供给，供水量占比分别为 3.8%、54.7%、37.5%和 4.0%，可见，跨流域调水供水量占比最大，其次为地下水供水量，当地地表水供水量最小。农业用水量由当地地表水、跨流域调水、地下水和污水再生回用供给，供水量占比分别为 13.9%、29.3%、54.6%和 2.2%，可见，地下水供水量占比最大，其次为跨流域调水供水量，污水再生回用供水量最小。城乡生态用水量由当地地表水、跨流域调水、地下水和污水再生回用供给，供水量占比分别为 2.9%、28.4%、1.5%和 67.2%，可见，污水再生回用供水量占比最大，其次为跨流域调水供水量，地下水供水量最小。河湖生态用水量由当地地表水、跨流域调水和污水再生回用供给，供水量占比分别为 30.4%、0.7%和 68.9%，可见，污水再生回用供水量占比最大，其次为当地地表水供水量，跨流域调水供水量最小。

从流域缺水情况来看，城市生活和农村生活不缺水，工业、农业、城乡生态和河湖生态缺水，缺水量分别为 1 964 万 m^3、19 939 万 m^3、2 832 万 m^3 和 361 万 m^3，缺水率分别为 3.3%、20.3%、14.8%和 2.0%，全流域缺水量和缺水率分别为 25 096 万 m^3 和 9.8%。可见，农业缺水量和缺水率最大，其次为城乡生态，河湖生态最小。从各区(县)缺水情况来看，缺水量由大到小依次为邹平市、市区四区、历城区、张店区、博兴县、广饶县、章丘区、桓台县、青州市、淄川区、周村区和博山区，缺水量依次是 6 993 万 m^3、4 573 万 m^3、3 039 万 m^3、2 184 万 m^3、2 017 万 m^3、1 670 万 m^3、1 230 万 m^3、1 105 万 m^3、986 万 m^3、628 万 m^3、607 万 m^3 和 64 万 m^3；缺水率由大到小依次为历城区、博兴县、邹平市、张店区、广饶县、青州市、周村区、市区四区、淄川区、桓台县、章丘区和博山区，缺水率依次是 32.8%、

21.8%、18.9%、12.8%、12.1%、11.3%、10.2%、8.3%、7.7%、5.2%、4.3%和1.2%。从各区(县)各用水类型缺水情况来看,邹平市农业缺水量最大,为6 883万 m^3,历城区农业缺水率最大,为82.8%。

5.3.2.3　95%保证率下结果分析

小清河流域总供水量为227 393万 m^3,其中:当地地表水供水量为22 546万 m^3,占9.9%;跨流域调水供水量为87 367万 m^3,占38.4%;地下水供水量为89 993万 m^3,占39.6%;污水再生回用供水量为27 219万 m^3,占12.0%;雨水供水量为268万 m^3,占0.1%。可见,地下水供水量占比最大,其次为跨流域调水供水量,雨水供水量最小,仅限市区四区。小清河流域总用水量为227 393万 m^3,其中:城市生活用水量为53 622万 m^3,占23.6%;农村生活用水量为6 788万 m^3,占3.0%;工业用水量为57 661万 m^3,占25.3%;农业用水量为75 637万 m^3,占33.3%;城乡生态用水量为16 028万 m^3,占7.0%;河湖生态用水量为17 657万 m^3,占7.8%。可见,农业用水量占比最大,其次为工业用水量,农村生活用水量最小。

城市生活用水量由当地地表水、跨流域调水、地下水和雨水供给,供水量占比分别为11.5%、50.2%、37.8%和0.5%,可见,跨流域调水供水量占比最大,其次为地下水供水量,雨水供水量最小。农村生活用水量由当地地表水、跨流域调水和地下水供给,供水量占比分别为3.3%、10.0%和86.7%,可见,地下水供水量占比最大,其次为跨流域调水供水量,当地地表水供水量最小。工业用水量由当地地表水、跨流域调水、地下水和污水再生回用供给,供水量占比分别为3.5%、53.5%、39.1%和3.9%,可见,跨流域调水供水量占比最大,其次为地下水供水量,当地地表水供水量最小。农业用水量由当地地表水、跨流域调水、地下水和污水再生回用供给,供水量占比分别为11.3%、32.1%、54.3%和2.3%,可见,地下水供水量占比最大,其次为跨流域调水供水量,污水再生回用供水量最小。城乡生态用水量由当地地表水、跨流域调水、地下水和污水再生回用供给,供水量占比分别为2.9%、28.1%、1.5%和67.5%,可见,污水再生回用供水量占比最大,其次为跨流域调水供水量,地下水供水量最小。河湖生态用水量由当地地表水、跨流域调水和污水再生回用供给,供水量占比分别为29.3%、0.7%和70.0%,可见,污水再生回用供水量占比最大,其次为当地地表水供水量,跨流域调水供水量最小。

从流域缺水情况来看,城市生活和农村生活不缺水,工业、农业、城乡生态和河湖生态缺水,缺水量分别为2 399万 m^3、22 396万 m^3、3 060万 m^3 和466万 m^3,缺水率分别为4.0%、22.8%、16.0%和2.6%,全流域缺水量和缺水率分别为28 321万 m^3 和11.1%。可见,农业缺水量和缺水率最大,其次为城乡生态,河湖生态最小。从各区(县)缺水情况来看,缺水量由大到小依次为邹平市、市区四区、历城区、张店区、广饶县、博兴县、章丘区、桓台县、青州市、淄川区、周村区和博山区,缺水量依次是7 458万 m^3、4 921万 m^3、3 297万 m^3、2 618万 m^3、2 218万 m^3、2 122万 m^3、1 689万 m^3、1 210万 m^3、1 117万 m^3、831万 m^3、738万 m^3 和102万 m^3;缺水率由大到小依次为历城区、博兴县、邹平市、广饶县、张店区、青州市、周村区、淄川区、市区四区、章丘区、桓台县和博山区,缺水率依次是35.6%、22.9%、20.2%、16.1%、15.4%、12.8%、12.5%、10.1%、8.9%、5.9%、5.7%和2.0%。从各区(县)各用水类型缺水情况来看,邹平市农业缺水量最大,为7 458万 m^3,历城区农业缺水率最大,为 89.8%。

5.3.3 规划水平年 2035 年结果分析

5.3.3.1 50%保证率下结果分析

小清河流域总供水量为 276 723 万 m^3,其中:当地地表水供水量为 34 260 万 m^3,占 12.4%;跨流域调水供水量为 128 026 万 m^3,占 46.3%;地下水供水量为 73 709 万 m^3,占 26.6%;污水再生回用供水量为 40 291 万 m^3,占 14.6%;雨水供水量为 437 万 m^3,占 0.1%。可见,跨流域调水供水量占比最大,其次为地下水供水量,雨水供水量最小,仅限市区四区。小清河流域总用水量为 276 723 万 m^3,其中:城市生活用水量为 68 564 万 m^3,占 24.8%;农村生活用水量为 6 703 万 m^3,占 2.4%;工业用水量为 83 426 万 m^3,占 30.1%;农业用水量为 72 362 万 m^3,占 26.2%;城乡生态用水量为 23 646 万 m^3,占 8.5%;河湖生态用水量为 22 022 万 m^3,占 8.0%。可见,工业用水量占比最大,其次为农业用水量,农村生活用水量最小。

城市生活用水量由当地地表水、跨流域调水、地下水和雨水供给,供水量占比分别为 15.1%、64.3%、20.0%和 0.6%,可见,跨流域调水供水量占比最大,其次为地下水供水量,雨水供水量最小。农村生活用水量由当地地表水、跨流域调水和地下水供给,供水量占比分别为 6.3%、4.0%和 89.7%,可见,地下水供水量占比最大,其次为当地地表水,跨流域调水供水量最小。工业用水量由当地地表水、跨流域调水、地下水和污水再生回用供给,供水量占比分别为 1.5%、68.0%、24.6%和 5.9%,可见,跨流域调水供水量占比最大,其次为地下水供水量,当地地表水供水量最小。农业用水量由当地地表水、跨流域调水、地下水和污水再生回用供给,供水量占比分别为 23.9%、26.6%、46.0%和 3.5%,可见,地下水供水量占比最大,其次为跨流域调水供水量,污水再生回用供水量最小。城乡生态用水量由当地地表水、跨流域调水、地下水和污水再生回用供给,供水量占比分别为 2.2%、31.0%、0.4%和 66.4%,可见,污水再生回用供水量占比最大,其次为跨流域调水供水量,地下水供水量最小。河湖生态用水量由当地地表水、跨流域调水和污水再生回用供给,供水量占比分别为 20.4%、1.8%和 77.8%,可见,污水再生回用供水量占比最大,其次为当地地表水供水量,跨流域调水供水量最小。

从流域缺水情况来看,城市生活、农村生活、城乡生态和河湖生态不缺水,工业和农业缺水,缺水量分别为 1 612 万 m^3 和 8 766 万 m^3,缺水率分别为 1.9%和 10.8%,全流域缺水量和缺水率分别为 10 378 万 m^3 和 3.6%。可见,农业缺水量和缺水率均大于工业。从各区(县)缺水情况来看,缺水量由大到小依次为邹平市、历城区、桓台县、博兴县、临淄区和广饶县,缺水量依次是 4 934 万 m^3、1 917 万 m^3、1 377 万 m^3、1 024 万 m^3、834 万 m^3 和 292 万 m^3;缺水率由大到小依次为历城区、邹平市、博兴县、桓台县、临淄区和广饶县,缺水率依次为 19.1%、12.6%、11.2%、5.5%、2.8%和 2.1%。从各区(县)各用水类型缺水情况来看,邹平市农业缺水量最大,为 4 934 万 m^3,历城区农业缺水率最大,为 52.2%。

5.3.3.2 75%保证率下结果分析

小清河流域总供水量为 275 832 万 m^3,其中:当地地表水供水量为 26 637 万 m^3,占 9.7%;跨流域调水供水量为 128 026 万 m^3,占 46.4%;地下水供水量为 80 441 万 m^3,占

29.2%;污水再生回用供水量为 40 291 万 m^3,占 14.6%;雨水供水量为 437 万 m^3,占 0.1%。可见,跨流域调水供水量占比最大,其次为地下水供水量,雨水供水量最小,仅限市区四区。小清河流域总用水量为 275 832 万 m^3,其中:城市生活用水量为 68 564 万 m^3,占 24.8%;农村生活用水量为 6 607 万 m^3,占 2.4%;工业用水量为 83 000 万 m^3,占 30.1%;农业用水量为 72 210 万 m^3,占 26.2%;城乡生态用水量为 23 646 万 m^3,占 8.6%;河湖生态用水量为 21 805 万 m^3,占 7.9%。可见,工业用水量占比最大,其次为农业用水量,农村生活用水量最小。

城市生活用水量由当地地表水、跨流域调水、地下水、污水再生回用和雨水供给,供水量占比分别为 11.5%、66.0%、21.4%、0.5%和 0.6%,可见,跨流域调水供水量占比最大,其次为地下水供水量,污水再生回用供水量最小。农村生活用水量由当地地表水、跨流域调水和地下水供给,供水量占比分别为 3.1%、7.4%和 89.5%,可见,跨流域地下水供水量占比最大,其次为跨流域调水供水量,当地地表水供水量最小。工业用水量由当地地表水、跨流域调水、地下水和污水再生回用供给,供水量占比分别为 1.5%、67.0%、26.0%和 5.5%,可见,跨流域调水供水量占比最大,其次为地下水供水量,当地地表水供水量最小。农业用水量由当地地表水、跨流域调水、地下水和污水再生回用供给,供水量占比分别为 17.4%、26.3%、52.8%和 3.5%,可见,地下水供水量占比最大,其次为跨流域调水供水量,污水再生回用供水量最小。城乡生态用水量由当地地表水、跨流域调水、地下水和污水再生回用供给,供水量占比分别为 2.2%、31.0%、0.4%和 66.4%,可见,污水再生回用供水量占比最大,其次为跨流域调水供水量,地下水供水量最小。河湖生态用水量由当地地表水、跨流域调水和污水再生回用供给,供水量占比分别为 19.3%、1.8%和 78.9%,可见,污水再生回用供水量占比最大,其次为当地地表水供水量,跨流域调水供水量最小。

从流域缺水情况来看,城市生活和城乡生态不缺水,农村生活、工业、农业和河湖生态均缺水,缺水量分别为 96 万 m^3、2 038 万 m^3、16 259 万 m^3 和 217 万 m^3,缺水率分别为 1.4%、2.4%、18.4%和 1.0%,全流域缺水量和缺水率分别为 18 610 万 m^3 和 6.3%。可见,农业缺水量和缺水率均最大,其次为工业。需要指出的是,仅历城区农村生活缺水,其他区(县)均不缺水。从各区(县)缺水情况来看,缺水量由大到小依次为邹平市、历城区、桓台县、广饶县、临淄区、博兴县、青州市和张店区,缺水量依次是 7 371 万 m^3、2 842 万 m^3、2 197 万 m^3、2 096 万 m^3、1 727 万 m^3、1 612 万 m^3、674 万 m^3 和 91 万 m^3;缺水率由大到小依次为历城区、邹平市、博兴县、广饶县、桓台县、青州市、临淄区和张店区,缺水率依次是 27.6%、18.1%、17.0%、14.7%、8.6%、7.7%、5.6%和 0.4%。从各区(县)各用水类型缺水情况来看,邹平市农业缺水量最大,为 7 371 万 m^3;历城区农业缺水率最大,为 62.3%。

5.3.3.3 95%保证率下结果分析

小清河流域总供水量为 274 098 万 m^3,其中:当地地表水供水量为 23 041 万 m^3,占 8.4%;跨流域调水供水量为 131 638 万 m^3,占 48.0%;地下水供水量为 78 691 万 m^3,占 28.7%;污水再生回用供水量为 40 291 万 m^3,占 14.7%;雨水供水量为 437 万 m^3,占 0.2%。可见,跨流域调水供水量占比最大,其次为地下水供水量,雨水供水量最小,仅限市区四区。小清河流域总用水量为 274 098 万 m^3,其中:城市生活用水量为 68 564 万 m^3,占 25.0%;农村生活用水量为 6 607 万 m^3,占 2.4%;工业用水量为 83 159 万 m^3,占

30.3%；农业用水量为 70 453 万 m^3，占 25.7%；城乡生态用水量为 23 646 万 m^3，占 8.7%；河湖生态用水量为 21 669 万 m^3，占 7.9%。可见，工业用水量占比最大，其次为农业用水量，农村生活用水量最小。

城市生活用水量由当地地表水、跨流域调水、地下水、污水再生回用和雨水供给，供水量占比分别为 10.1%、67.1%、21.7%、0.5%和 0.6%，可见，跨流域调水供水量占比最大，其次为地下水供水量，污水再生回用供水量最小。农村生活用水量由当地地表水、跨流域调水和地下水供给，供水量占比分别为 3.1%、7.4%和 89.5%，可见，地下水供水量占比最大，其次为跨流域调水，当地地表水供水量最小。工业用水量由当地地表水、跨流域调水、地下水和污水再生回用供给，供水量占比分别为 1.5%、67.4%、25.7%和 5.4%，可见，跨流域调水供水量占比最大，其次为地下水供水量，当地地表水供水量最小。农业用水量由当地地表水、跨流域调水、地下水和污水再生回用供给，供水量占比分别为 14.4%、30.3%、51.7%和 3.6%，可见，地下水供水量占比最大，其次为跨流域调水供水量，污水再生回用供水量最小。城乡生态用水量由当地地表水、跨流域调水、地下水和污水再生回用供给，供水量占比分别为 2.2%、31.0%、0.4%和 66.4%，可见，污水再生回用供水量占比最大，其次为跨流域调水供水量，地下水供水量最小。河湖生态用水量由当地地表水、跨流域调水和污水再生回用供给，供水量占比分别为 18.8%、1.8%和 79.4%，可见，污水再生回用供水量占比最大，其次为当地地表水供水量，跨流域调水供水量最小。

从流域缺水情况来看，城市生活和城乡生态不缺水，农村生活、工业、农业和河湖生态均缺水，缺水量分别为 96 万 m^3、1 879 万 m^3、18 016 万 m^3 和 353 万 m^3，缺水率分别为 1.4%、2.2%、20.4%和 1.6%，全流域缺水量和缺水率分别为 20 344 万 m^3 和 6.9%。可见，农业缺水量和缺水率均最大，其次为工业。需要指出的是，仅历城区农村生活缺水，其他区(县)均不缺水。从各区(县)缺水情况来看，缺水量由大到小依次为邹平市、历城区、广饶县、桓台县、博兴县、临淄区、青州市和张店区，缺水量依次为 7 836 万 m^3、3 153 万 m^3、2 644 万 m^3、2 192 万 m^3、1 717 万 m^3、1 708 万 m^3、829 万 m^3 和 265 万 m^3；缺水率由大到小依次为历城区、邹平市、广饶县、博兴县、青州市、桓台县、临淄区和张店区，缺水率依次是 30.6%、19.3%、18.5%、18.1%、9.4%、8.6%、5.5%和 1.2%。从各区(县)各用水类型缺水情况来看，邹平市农业缺水量最大，为 7 836 万 m^3，历城区农业缺水率最大，为 71.7%。

综上所述，得出如下结论：

(1) 由于气候条件、自然地质条件以及水源性质的不同，不同区(县)不同供水水源供给的用水类型存在差异，总的来说，地表水水源主要供给城市生活、农村生活、农业、城乡生态和河湖生态，跨流域调水主要供给城市生活、工业和农业，地下水水源主要供给城市生活、农村生活、工业和农业，污水再生回用主要供给工业、城乡生态和河湖生态，雨水供给城市生活。

(2) 针对小清河流域供水水源的总供水量而言，现状水平年 3 个频率和规划水平年 2025 年 50%频率时，各供水水源供水量由大到小分别为跨流域调水、地下水、当地地表水、污水再生回用和雨水；规划水平年 2025 年 75%和 95%频率时，各供水水源供水量由大到小分别为地下水、跨流域调水、污水再生回用、当地地表水和雨水；规划水平年 2035 年 3 个频率时，各供水水源供水量由大到小分别为跨流域调水、地下水、污水再生回用、当地地表水和雨水。

(3)针对小清河流域用水量而言,现状水平年 2020 年和规划水平年 2025 年各频率时,各用水类型用水量由大到小分别为农业、工业、城市生活、河湖生态、城乡生态和农村生活;规划水平年 2035 年各频率时,各用水类型用水量由大到小分别为工业、农业、城市生活、城乡生态、河湖生态和农村生活。可见,工业用水量在 2035 年将超过农业用水量,成为第 1 用水大户。

(4)不同用水类型的供水水源存在差异。城市和农村生活用水主要由当地地表水、跨流域调水和地下水供给,其中跨流域调水供给城市生活用水的占比最大,地下水供给农村生活用水的占比最大。工业用水主要由跨流域调水、地下水和再生水供给,跨流域调水供给占比最大。农业用水量主要由当地地表水、跨流域调水和地下水供给,地下水供给占比最大。城乡生态和河湖生态用水主要由当地地表水和污水再生回用供给,污水再生回用供给占比最大。

(5)现状水平年 2020 年和规划水平年 2025 年时,工业、农业、城乡生态和河湖生态缺水,其中农业缺水量和缺水率均最大。规划水平年 2035 年 50%频率时,工业、农业缺水;75%和 95%频率时,农村生活、工业、农业和河湖生态缺水,其中农业缺水量最大,工业缺水率最大。

(6)现状水平年 2020 年时,缺水量较大的区(县)为邹平市、市区四区、博兴县、张店区和青州市;规划水平年 2025 年时,缺水量较大的区(县)为邹平市、市区四区、历城区、博兴县和张店区;规划水平年 2035 年时,缺水量较大的区(县)为邹平市、历城区、桓台县、广饶县和博兴县。可见,邹平市和博兴县在各水平年缺水量均较大。

(7)同一水平年,随着频率的增大,流域缺水总量和缺水率均呈增大趋势。同一频率,随着水平年的增大,流域总供水量呈增大趋势。

5.4 “多目标–多水源–多闸坝”小清河干流调度研究

根据第 5.3 节小清河流域水资源配置结果可知,跨流域调水在各供水水源供水量中位居第 1 或第 2,由此可知小清河自身的水源远远不能满足其用水要求,要实现其通航、水环境和水生态良性循环以及综合治理的目标,必须实施跨流域调水。本节在分析小清河干流所需补水量及补水水源和可调水量的基础上,根据来水频率、再生水排入量、泉水涌水量及月换水周期的不同,设置了 16 种情景,计算了北店子、田山引黄工程及东平湖的调水天数和调水量,为小清河相关管理部门提供参考。

5.4.1 小清河干流客水补水量分析

5.4.1.1 小清河干流生态流量控制断面需水量分析

根据第 4 章可知,本书选择了黄台桥站、岔河站和石村站 3 个断面作为生态流量控制断面,结合水文学方法、水力学方法和生境模拟法,同时在满足通航下泄流量的情况下综合确定了上述 3 个断面的生态流量,见表 4-29,因此只要达到 3 个断面生态流量的要求,即可满足小清河通航和生态等目标的要求。3 个生态流量控制断面的流量和水量见表 5-20。

表 5-20　小清河干流生态控制断面的流量和水量

月份	黄台桥站		岔河站		石村站	
	流量/(m^3/s)	水量/万 m^3	流量/(m^3/s)	水量/万 m^3	流量/(m^3/s)	水量/万 m^3
1	2	536	6.9	1 789	5.65	1 513
2	2	484	6.9	1 789	5.13	1 241
3	2	536	6.9	1 789	4.88	1 266
4	2	518	6.9	1 789	4.88	1 266
5	2	536	6.9	1 789	4.88	1 266
6	4	1 037	12	3 110	4.88	1 266
7	4	1 071	12	3 214	14.00	3 750
8	4	1 071	12	3 214	14.00	3 750
9	2	518	6.9	1 789	13.81	3 580
10	2	536	6.9	1 789	7.96	2 132
11	2	518	6.9	1 789	7.14	1 851
12	2	536	6.9	1 789	6.28	1 682
合计		7 897		25 639		24 563

5.4.1.2　小清河干流来水量

小清河干流水源主要包括流域径流、再生水、农业灌溉尾水、地下泉水和客水补水等组成。由于农业灌溉尾水和小清河蒸发渗漏损失在 75%和 95%保证率下均较小，因此认为两者相互抵消。对于客水补水量，第 5.4.2 节将进行详细介绍，以下分析流域径流量、再生水排入量和地下泉水涌水量 3 种来水量情况。

1. 流域径流量

根据第 2.4 节构建的小清河流域 GWAS 模型，求出了黄台桥站、岔河站和石村站的天然径流量，由此进行频率分析，分别求出 3 个站点 75%、95%频率下径流量，进而可以求得黄台桥站、黄台桥站—岔河站区间及岔河站—石村站区间的天然径流量，再依据相似和不利原则分别选取 3 个站点的典型年进行天然径流量的年内分配，见表 5-21。

2. 再生水排入量

根据《小清河水量调度方案（试行）编制说明》，估计再生水入小清河干流水量多年平均为 43 633.7 万 m^3，见表 2-4。由此可计算出黄台桥站上游、黄台桥站—岔河站区间及岔河站—石村站区间的再生水排入量分别为 6 588 万 m^3、27 024 万 m^3 和 4 956 万 m^3，由于再生水主要是各区（县）工业和生活退水，故不会随月份有太大差异，故按每月相同计，见表 5-22。随着水生态文明建设的不断推进，再生水回用的节水政策逐步实现，后期进入小清河再生水量逐步减少，因此本书拟定两种再生水排入量情景，分别为维持现状再生水排入量和减少为现状再生水排入量的 80%。

表 5-21　黄台桥站、黄台桥站—岔河站及岔河站—石村站区间天然径流量　　单位：万 m^3

月份	黄台桥站上游		黄台桥站—岔河站区间		岔河站—石村站区间	
	75%	95%	75%	95%	75%	95%
1	406	84	1 135	435	495	113
2	434	71	836	276	691	158
3	332	305	358	139	612	140
4	514	150	328	57	285	65
5	603	750	552	109	216	49
6	507	2 230	2 692	461	85	19
7	2 698	1 872	5 334	2 141	1 194	273
8	4 061	1 748	4 368	1 387	1 734	396
9	1 806	351	901	154	589	135
10	2 243	505	669	91	613	140
11	475	121	651	81	329	75
12	208	61	549	113	522	119
合计	14 287	8 248	18 373	5 444	7 365	1 682

表 5-22　再生水排入量　　单位：万 m^3

月份	黄台桥站上游	黄台桥站—岔河站区间	岔河站—石村站区间
1	549	2 252	413
2	549	2 252	413
3	549	2 252	413
4	549	2 252	413
5	549	2 252	413
6	549	2 252	413
7	549	2 252	413
8	549	2 252	413
9	549	2 252	413
10	549	2 252	413
11	549	2 252	413
12	549	2 252	413
合计	6 588	27 024	4 956

3. 地下泉水涌水量

在天然状态下,济南地区岩溶水的最主要排泄方式是泉水自流,市区有著名的趵突泉群、黑虎泉群、珍珠泉群和五龙潭泉群等四大泉群,总流量在 19 世纪 50 年代可达 30 万~35 万 m^3/d。随着济南地区经济社会的发展,人工开采排泄成为济南地区岩溶水系统的重要排泄项。自 1959 年以来,济南岩溶水系统经历了少量开采(1959~1968 年),超量开采(1968~1980 年),限量、回灌(1981 年至今)3 个阶段。结合参考文献[26],拟定两种泉水涌水量情景,分别为 5 万 m^3/d 和 10 万 m^3/d,即年供水量分别为 1 825 万 m^3 和 3 650 万 m^3。

5.4.1.3 小清河流域当地地表水用水量分析

第 5.4.1.2 小节计算的流域径流量为不考虑人类用水情况下天然径流量,该值减去流域内当地地表水用水量即为补给小清河干流的径流量,本小节主要求解小清河流域内当地地表水用水量。

以小清河流域内 5 地市的《关于印发“十四五”用水总量和强度双控目标的通知》为参考,根据第 5.2.2.2 小节可供水量计算结果,小清河流域当地地表水用水量采用 2025 年 75%和 95%保证率下各区(县)的当地地表水可供水量数据,见表 5-8,再根据黄台桥站上游、黄台桥站—岔河站区间、岔河站—石村站区间所占各区(县)的面积,求出 3 个区域的当地地表水年可供水量。最后,依据表 5-15 和表 5-16 划分当地地表水对用水类型的供水量,即城市生活、农村生活、工业、城乡生态、河湖生态和农业用水量,其中前 5 种按每月相同计,农业用水量按 75%保证率时农业用水月分配情况进行分配,由此可得 3 个区域 75%和 95%保证率下的月用水量,见表 5-23。

表 5-23 黄台桥站、黄台桥站—岔河站区间及岔河站—石村站区间当地地表水用水量 单位:万 m^3

月份	黄台桥站上游		黄台桥站—岔河站区间		岔河站—石村站区间	
	75%	95%	75%	95%	75%	95%
1	171	147	746	693	255	221
2	171	147	746	693	255	221
3	171	147	1 320	1 110	255	221
4	171	147	1 341	1 125	255	221
5	171	147	1 341	1 125	255	221
6	171	147	1 614	1 323	255	221
7	171	147	877	788	255	221
8	171	147	818	746	255	221
9	171	147	939	833	255	221
10	171	147	1 302	1 097	255	221
11	171	147	763	705	255	221
12	171	147	1 285	1 085	255	221
合计	2 052	1 764	13 092	11 323	3 060	2 652

5.4.1.4 不同情景下小清河干流客水补水量分析

通过第5.4.1.1~5.4.1.3小节分析，当黄台桥站、岔河站和石村站的来水量与用水量之差大于断面生态需水量时，则满足生态和通航要求；否则不满足要求，需要客水补给。

根据来水量情况，天然径流量为75%和95%两个频率，再生水排入量为现状和0.8现状再生水排入量两种情景，泉水涌水量为5万 m^3/d和10万 m^3/d两种情景，同时参考《小清河水资源开发利用潜力研究》拟定航运换水周期为每月1次和2次，共设置了6种情景，见表5-24。换水量根据各航段最低通航水位静态水量计算，见表5-25。根据闸门和3个生态控制断面的位置，确定满足最低通航水位时，岔河站需满足的静态水量为柴庄闸—水牛韩闸和水牛韩闸—金家堰闸最低通航水位静态水量之和，即1 923.45万 m^3，取整数为1 924万 m^3，石村站为金家堰闸—金桥闸和金桥闸—王道闸最低通航水位静态水量之和，即1 769.89万 m^3 取整数为1 770万 m^3。各情景客水补水量计算过程见表5-26~表5-31，汇总表见表5-32。

表5-24 小清河干流补水情景组合

序号	天然径流量频率/%	泉水涌水量/(万 m^3/d)	再生水排入量	月换水次数
情景1	75	5	0.8现状	2
情景2	95	5	现状	1
情景3	95	5	0.8现状	1
情景4	95	5	0.8现状	2
情景5	95	10	现状	2
情景6	95	10	0.8现状	2

表5-25 分航段最低通航水位静态水量计算结果

<table>
<tr><td>节制闸</td><td colspan="4">柴庄闸 | 水牛韩闸 | 金家堰闸 | 金桥闸 | 王道闸</td></tr>
<tr><td>航段</td><td>航段1</td><td>航段2</td><td>航段3</td><td>航段4</td></tr>
<tr><td>航段长度/m</td><td>46 480</td><td>22 620</td><td>44 025</td><td>24 475</td></tr>
<tr><td>最低通航水位平均水深/m</td><td>5.00</td><td>4.09</td><td>4.51</td><td>4.30</td></tr>
<tr><td>最低通航水位水面宽度/m</td><td>75.00</td><td>69.51</td><td>72.03</td><td>70.80</td></tr>
<tr><td>最低通航水位静态水量/万 m^3</td><td>1 394.40</td><td>529.05</td><td>1 160.54</td><td>609.35</td></tr>
<tr><td>全航段合计水量/万 m^3</td><td colspan="4">3 693.34</td></tr>
</table>

表 5-26 小清河干流客水补水量计算(情景 1)

单位:万 m³

月份	黄台桥站						黄台桥站—岔河站							岔河站—石村站						
	来水量			用水量	需水量	补水量	来水量			用水量	最低通航水位静态水量	需水量	补水量	来水量			用水量	最低通航水位静态水量	需水量	补水量
	天然径流量	城市中水	泉水				黄台桥站入流	区间入流	城市中水					岔河站入流	区间入流	城市中水				
1	406	439	155	171	536	0	829	1 135	1 802	746	1 924	1 789	826	3 848	495	330	255	1 770	1 513	0
2	434	439	140	171	484	0	842	836	1 802	746	1 924	1 789	1 114	3 848	691	330	255	1 770	1 241	0
3	332	439	155	171	536	0	755	358	1 802	1 320	1 924	1 789	2 253	3 848	612	330	255	1 770	1 266	0
4	514	439	150	171	518	0	932	328	1 802	1 341	1 924	1 789	2 127	3 848	285	330	255	1 770	1 266	0
5	603	439	155	171	536	0	1 026	552	1 802	1 341	1 924	1 789	1 809	3 848	216	330	255	1 770	1 266	0
6	507	439	150	171	1 037	112	0	2 692	1 802	1 614	1 924	3 110	968	3 848	85	330	255	1 770	1 266	0
7	2 698	439	155	171	1 071	0	3 121	5 334	1 802	877	1 924	3 214	0	9 380	1 194	330	255	1 770	3 750	0
8	4 061	439	155	171	1 071	0	4 484	4 368	1 802	818	1 924	3 214	0	9 836	1 734	330	255	1 770	3 750	0
9	1 806	439	150	171	518	0	2 224	901	1 802	939	1 924	1 789	0	3 988	589	330	255	1 770	3 580	0
10	2 243	439	155	171	536	0	2 666	669	1 802	1 302	1 924	1 789	103	3 848	613	330	255	1 770	2 132	0
11	475	439	150	171	518	0	893	651	1 802	763	1 924	1 789	1 265	3 848	329	330	255	1 770	1 851	0
12	208	439	155	171	536	0	631	549	1 802	1 285	1 924	1 789	2 151	3 848	522	330	255	1 770	1 682	0
合计	14 287	5 268	1 825	2 052	7 897	112	18 403	18 373	21 624	13 092	23 088	25 639	12 528	57 836	7 365	3 960	3 060	21 240	24 563	0

表 5-27 小清河干流客水补水量计算(情景 2)

单位：万 m^3

月份	黄台桥站						黄台桥站—岔河站							岔河站—石村站						
	来水量			用水量	需水量	补水量	来水量			用水量	最低通航水位静态水量	需水量	补水量	来水量			用水量	最低通航水位静态水量	需水量	补水量
	天然径流量	城市中水	泉水				黄台桥站入流	区间入流	城市中水					岔河站入流	区间入流	城市中水				
1	84	549	155	147	536	0	641	435	2 252	693	1 924	1 789	0	2 635	113	413	221	1 770	1 513	0
2	71	549	140	147	484	0	613	276	2 252	693	1 924	1 789	0	2 448	158	413	221	1 770	1 241	0
3	305	549	155	147	536	0	862	139	2 252	1 110	1 924	1 789	0	2 143	140	413	221	1 770	1 266	0
4	150	549	150	147	518	0	702	57	2 252	1 125	1 924	1 789	38	1 924	65	413	221	1 770	1 266	0
5	750	549	155	147	536	0	1 307	109	2 252	1 125	1 924	1 789	0	2 543	49	413	221	1 770	1 266	0
6	2 230	549	150	147	1 037	0	2 782	461	2 252	1 323	1 924	3 110	0	4 172	19	413	221	1 770	1 266	0
7	1 872	549	155	147	1 071	0	2 429	2 141	2 252	788	1 924	3 214	0	6 034	273	413	221	1 770	3 750	0
8	1 748	549	155	147	1 071	0	2 305	1 387	2 252	746	1 924	3 214	0	5 198	396	413	221	1 770	3 750	0
9	351	549	150	147	518	0	903	154	2 252	833	1 924	1 789	0	2 476	135	413	221	1 770	3 580	777
10	505	549	155	147	536	0	1 062	91	2 252	1 097	1 924	1 789	0	2 308	140	413	221	1 770	2 132	0
11	121	549	150	147	518	0	673	81	2 252	705	1 924	1 789	0	2 301	75	413	221	1 770	1 851	0
12	61	549	155	147	536	0	618	113	2 252	1 085	1 924	1 789	26	1 924	119	413	221	1 770	1 682	0
合计	8 248	6 588	1 825	1 764	7 897	0	14 897	5 444	27 024	11 323	23 088	25 639	64	36 106	1 682	4 956	2 652	21 240	24 563	777

表 5-28 小清河干流客水补水量计算(情景 3)

单位:万 m^3

月份	黄台桥站						黄台桥站—岔河站							岔河站—石村站						
	来水量			用水量	需水量	补水量	来水量			用水量	最低通航水位静态水量	需水量	补水量	来水量			用水量	最低通航水位静态水量	需水量	补水量
	天然径流量	城市中水	泉水				黄台桥站入流	区间入流	城市中水					岔河站入流	区间入流	城市中水				
1	84	439	155	147	536	5	0	435	1 802	693	1 924	1 789	380	1 924	113	330	221	1 770	1 513	0
2	71	439	140	147	484	0	503	276	1 802	693	1 924	1 789	36	1 924	158	330	221	1 770	1 241	0
3	305	439	155	147	536	0	752	139	1 802	1 110	1 924	1 789	341	1 924	140	330	221	1 770	1 266	0
4	150	439	150	147	518	0	592	57	1 802	1 125	1 924	1 789	598	1 924	65	330	221	1 770	1 266	0
5	750	439	155	147	536	0	1 197	109	1 802	1 125	1 924	1 789	0	1 983	49	330	221	1 770	1 266	0
6	2 230	439	150	147	1 037	0	2 672	461	1 802	1 323	1 924	3 110	0	3 612	19	330	221	1 770	1 266	0
7	1 872	439	155	147	1 071	0	2 319	2 141	1 802	788	1 924	3 214	0	5 474	273	330	221	1 770	3 750	0
8	1 748	439	155	147	1 071	0	2 195	1 387	1 802	746	1 924	3 214	0	4 638	396	330	221	1 770	3 750	0
9	351	439	150	147	518	0	793	154	1 802	833	1 924	1 789	8	1 924	135	330	221	1 770	3 580	1 412
10	505	439	155	147	536	0	952	91	1 802	1 097	1 924	1 789	176	1 924	140	330	221	1 770	2 132	0
11	121	439	150	147	518	0	563	81	1 802	705	1 924	1 789	183	1 924	75	330	221	1 770	1 851	0
12	61	439	155	147	536	28	0	113	1 802	1 085	1 924	1 789	1 094	1 924	119	330	221	1 770	1 682	0
合计	8 248	5 268	1 825	1 764	7 897	33	12 538	5 444	21 624	11 323	23 088	25 639	2 816	31 099	1 682	3 960	2 652	21 240	24 563	1 412

表 5-29　小清河干流客水补水量计算(情景 4)

单位:万 m^3

月份	黄台桥站						黄台桥站—岔河站							岔河站—石村站						
	来水量			用水量	需水量	补水量	来水量			用水量	最低通航水位静态水量	需水量	补水量	来水量			用水量	最低通航水位静态水量	需水量	补水量
	天然径流量	城市中水	泉水				黄台桥站入流	区间入流	城市中水					岔河站入流	区间入流	城市中水				
1	84	439	155	147	536	5	0	435	1 802	693	1 924	1 789	2 304	3 848	113	330	221	1 770	1 513	0
2	71	439	140	147	484	0	503	276	1 802	693	1 924	1 789	1 960	3 848	158	330	221	1 770	1 241	0
3	305	439	155	147	536	0	752	139	1 802	1 110	1 924	1 789	2 265	3 848	140	330	221	1 770	1 266	0
4	150	439	150	147	518	0	592	57	1 802	1 125	1 924	1 789	2 522	3 848	65	330	221	1 770	1 266	0
5	750	439	155	147	536	0	1 197	109	1 802	1 125	1 924	1 789	1 865	3 848	49	330	221	1 770	1 266	0
6	2 230	439	150	147	1 037	0	2 672	461	1 802	1 323	1 924	3 110	236	3 848	19	330	221	1 770	1 266	0
7	1 872	439	155	147	1 071	0	2 319	2 141	1 802	788	1 924	3 214	0	5 474	273	330	221	1 770	3 750	0
8	1 748	439	155	147	1 071	0	2 195	1 387	1 802	746	1 924	3 214	0	4 638	396	330	221	1 770	3 750	0
9	351	439	150	147	518	0	793	154	1 802	833	1 924	1 789	1 932	3 848	135	330	221	1 770	3 580	0
10	505	439	155	147	536	0	952	91	1 802	1 097	1 924	1 789	2 100	3 848	140	330	221	1 770	2 132	0
11	121	439	150	147	518	0	563	81	1 802	705	1 924	1 789	2 107	3 848	75	330	221	1 770	1 851	0
12	61	439	155	147	536	28	0	113	1 802	1 085	1 924	1 789	3 018	3 848	119	330	221	1 770	1 682	0
合计	8 248	5 268	1 825	1 764	7 897	33	12 538	5 444	21 624	11 323	23 088	25 639	20 309	48 592	1 682	3 960	2 652	21 240	24 563	0

表 5-30 小清河干流客水补水量计算(情景 5)

单位:万 m^3

月份	黄台桥站						黄台桥站—岔河站							岔河站—石村站						
	来水量			用水量	需水量	补水量	来水量			用水量	最低通航水位静态水量	需水量	补水量	来水量			用水量	最低通航水位静态水量	需水量	补水量
	天然径流量	城市中水	泉水				黄台桥站入流	区间入流	城市中水					岔河站入流	区间入流	城市中水				
1	84	549	310	147	536	0	796	435	2 252	693	1 924	1 789	1 058	3 848	113	413	221	1 770	1 513	0
2	71	549	280	147	484	0	753	276	2 252	693	1 924	1 789	1 260	3 848	158	413	221	1 770	1 241	0
3	305	549	310	147	536	0	1 017	139	2 252	1 110	1 924	1 789	1 550	3 848	140	413	221	1 770	1 266	0
4	150	549	300	147	518	0	852	57	2 252	1 125	1 924	1 789	1 812	3 848	65	413	221	1 770	1 266	0
5	750	549	310	147	536	0	1 462	109	2 252	1 125	1 924	1 789	1 150	3 848	49	413	221	1 770	1 266	0
6	2 230	549	300	147	1 037	0	2 932	461	2 252	1 323	1 924	3 110	0	4 322	19	413	221	1 770	1 266	0
7	1 872	549	310	147	1 071	0	2 584	2 141	2 252	788	1 924	3 214	0	6 189	273	413	221	1 770	3 750	0
8	1 748	549	310	147	1 071	0	2 460	1 387	2 252	746	1 924	3 214	0	5 353	396	413	221	1 770	3 750	0
9	351	549	300	147	518	0	1 053	154	2 252	833	1 924	1 789	1 222	3 848	135	413	221	1 770	3 580	0
10	505	549	310	147	536	0	1 217	91	2 252	1 097	1 924	1 789	1 385	3 848	140	413	221	1 770	2 132	0
11	121	549	300	147	518	0	823	81	2 252	705	1 924	1 789	1 397	3 848	75	413	221	1 770	1 851	0
12	61	549	310	147	536	0	773	113	2 252	1 085	1 924	1 789	1 795	3 848	119	413	221	1 770	1 682	0
合计	8 248	6 588	3 650	1 764	7 897	0	16 722	5 444	27 024	11 323	23 088	25 639	12 629	50 496	1 682	4 956	2 652	21 240	24 563	0

表 5-31　小清河干流客水补水量计算(情景 6)

单位：万 m^3

月份	黄台桥站						黄台桥站—岔河站							岔河站—石村站						
	来水量			用水量	需水量	补水量	来水量			用水量	最低通航水位静态水量	需水量	补水量	来水量			用水量	最低通航水位静态水量	需水量	补水量
	天然径流量	城市中水	泉水				黄台桥站入流	区间入流	城市中水					岔河站入流	区间入流	城市中水				
1	84	439	310	147	536	0	686	435	1 802	693	1 924	1 789	1 618	3 848	113	330	221	1 770	1 513	0
2	71	439	280	147	484	0	643	276	1 802	693	1 924	1 789	1 820	3 848	158	330	221	1 770	1 241	0
3	305	439	310	147	536	0	907	139	1 802	1 110	1 924	1 789	2 110	3 848	140	330	221	1 770	1 266	0
4	150	439	300	147	518	0	742	57	1 802	1 125	1 924	1 789	2 372	3 848	65	330	221	1 770	1 266	0
5	750	439	310	147	536	0	1 352	109	1 802	1 125	1 924	1 789	1 710	3 848	49	330	221	1 770	1 266	0
6	2 230	439	300	147	1 037	0	2 822	461	1 802	1 323	1 924	3 110	86	3 848	19	330	221	1 770	1 266	0
7	1 872	439	310	147	1 071	0	2 474	2 141	1 802	788	1 924	3 214	0	5 629	273	330	221	1 770	3 750	0
8	1 748	439	310	147	1 071	0	2 350	1 387	1 802	746	1 924	3 214	0	4 793	396	330	221	1 770	3 750	0
9	351	439	300	147	518	0	943	154	1 802	833	1 924	1 789	1 782	3 848	135	330	221	1 770	3 580	0
10	505	439	310	147	536	0	1 107	91	1 802	1 097	1 924	1 789	1 945	3 848	140	330	221	1 770	2 132	0
11	121	439	300	147	518	0	713	81	1 802	705	1 924	1 789	1 957	3 848	75	330	221	1 770	1 851	0
12	61	439	310	147	536	0	663	113	1 802	1 085	1 924	1 789	2 355	3 848	119	330	221	1 770	1 682	0
合计	8 248	5 268	3 650	1 764	7 897	0	15 402	5 444	21 624	11 323	23 088	25 639	17 755	48 902	1 682	3 960	2 652	21 240	24 563	0

表 5-32 小清河干流客水补水量汇总 单位：万 m^3

序号	补水月份	黄台桥站补水量	岔河站补水量	石村站补水量	月补水量	年补水量
情景 1	1	0	826	0	826	12 640
	2	0	1 114	0	1 114	
	3	0	2 253	0	2 253	
	4	0	2 127	0	2 127	
	5	0	1 809	0	1 809	
	6	112	968	0	1 080	
	10	0	103	0	103	
	11	0	1 265	0	1 265	
	12	0	2 151	0	2 151	
情景 2	4	0	38	0	38	841
	9	0	0	777	777	
	12	0	26	0	26	
情景 3	1	5	380	0	385	4 261
	2	0	36	0	36	
	3	0	341	0	341	
	4	0	598	0	598	
	9	0	8	1 412	1 420	
	10	0	176	0	176	
	11	0	183	0	183	
	12	28	1 094	0	1 122	
情景 4	1	5	2 304	0	2 309	20 342
	2	0	1 960	0	1 960	
	3	0	2 265	0	2 265	
	4	0	2 522	0	2 522	
	5	0	1 865	0	1 865	
	6	0	236	0	236	
	9	0	1 932	0	1 932	
	10	0	2 100	0	2 100	
	11	0	2 107	0	2 107	
	12	28	3 018	0	3 046	

续表 5-32

序号	补水月份	黄台桥站补水量	岔河站补水量	石村站补水量	月补水量	年补水量
情景 5	1	0	1 058	0	1 058	12 629
	2	0	1 260	0	1 260	
	3	0	1 550	0	1 550	
	4	0	1 812	0	1 812	
	5	0	1 150	0	1 150	
	9	0	1 222	0	1 222	
	10	0	1 385	0	1 385	
	11	0	1 397	0	1 397	
	12	0	1 795	0	1 795	
情景 6	1	0	1 618	0	1 618	17 755
	2	0	1 820	0	1 820	
	3	0	2 110	0	2 110	
	4	0	2 372	0	2 372	
	5	0	1 710	0	1 710	
	6	0	86	0	86	
	9	0	1 782	0	1 782	
	10	0	1 945	0	1 945	
	11	0	1 957	0	1 957	
	12	0	2 355	0	2 355	

由表 5-32 可见，其他条件相同的情况下，随着天然径流量的增大、泉水涌水量和再生水排入量的减少，以及月换水次数的增多，补水月份和补水量呈增大趋势。例如，情景 1 和情景 4 相比，天然径流量频率由 75%增大到 95%，补水月份由 9 个月增加到 10 个月，补水量由 12 640 万 m^3 增加到 20 342 万 m^3；情景 4 与情景 6 相比，泉水涌水量由 5 m^3/d 增大到 10 m^3/d，补水量由 20 342 万 m^3 减少到 17 755 万 m^3；情景 2 和情景 3 相比，再生水排入量减少，补水月份由 3 个月增加到 8 个月，补水量由 841 万 m^3 增加到 4 261 万 m^3；情景 3 和情景 4 相比，每月换水次数增加 1 次，补水月份由 8 个月增加到 10 个月，补水量由 4 261 万 m^3 增加到 20 342 万 m^3。

5.4.2 小清河补水水源及可调水量分析

考虑到小清河现有的水资源情况，主要可通过 3 种方式进行调水补源：一是黄河干流调水；二是卧虎山玉符河当地地表水通过睦里闸自流入小清河源头；三是东平湖水、长江水通过济平干渠为小清河补水。其中，卧虎山水库和玉符河的主要供水任务是济南市区生活用水、市区保泉和南部山区灌溉用水，在 75%和 95%保证率下，来水量减少，而灌溉用水量增大，因此可调引的水量有限，不具备向小清河调水的条件。因此，本书考虑第一、第三两种补水水源。

5.4.2.1 引黄补水方案及其可引水量分析

经全面调研、综合分析研究，目前黄河干流向小清河的补水方案包括：①黄河水通过北店子引黄闸、泵站、玉清湖沉沙池至睦里闸输水线路补水；②田山引黄水通过田山沉沙池与济平干渠连通工程、济平干渠至小清河补水。上述补水方案涉及北店子引黄闸、田山引黄工程、田山灌区与济平干渠连通工程及济平干渠等工程。以下首先介绍各水利工程概况及详细补水线路，再分别介绍两种补水方案的可引水天数及可引水量。

1. 工程概况及补水线路

1）北店子引黄闸

北店子引黄闸修建于 1981 年，位于黄河右岸、济南槐荫区境内，泺口断面上游 19.9 km 处，相应大堤桩号 8+750，1 级建筑物，钢筋混凝土箱式涵洞结构，设计防洪水位 40.40 m（大沽标高，下同），校核防洪水位 41.40 m，设计上游引水位 28.90 m，引水流量 50.0 m^3/s。该河段险工、护滩工程控制河势，河槽比较稳定。

2）田山灌区工程及田山引黄工程

田山灌区位于济南市黄河右岸平阴县和泰安市肥城境内，是山东省最大的电力引黄灌溉工程，工程由水利部和黄河水利委员会批准后于 1968 年 11 月正式动工，1971 年 1 月竣工，年底投入运行。灌区东西长 36 km、南北宽 30 km，总面积 162 万亩，设计灌溉面积 31.7 万亩，配套灌溉面积 14 万亩，排涝面积 1.6 万亩，灌区主要分布于平阴、肥城两县（市）的 12 个乡（镇），解决了 81 个村的人畜吃水困难，同时还担负平阴县城周围近 50 km 的排洪排涝任务。目前，田山灌区有 150 万 m^3、500 万 m^3 的沉沙调蓄水库。

主体工程有五项：①一级站。位于黄河右岸田山脚下黄河弯道顶点下游 300 m 处，取水不脱流且含沙量少，取水条件良好；设计总扬程 7.7 m，配有 36 in（1 in＝2.54 cm，余同）轴流泵 12 台，装机容量 2 520 kW，设计流量 24 m^3/s。经机泵更新改造后，已达 30 m^3/s。②一级总干渠及沉沙渠。全长 6 650 m，全部为土渠，是利用自然洼地沉沙。③二级站。位于平阴县城南青龙山下，设计扬程 59.5 m，配有 24 in 离心泵 20 台，装机容量 13 000 kW，设计流量 18 m^3/s，经技术改造后，实际已达到 19.4 m^3/s。④二级总干渠。总长 8 445 m（其中隧洞 2 440 m，高 5 m、宽 5.4 m），全部为浆砌石渠，除隧洞外均呈梯形断面。输水能力 18 m^3/s，末端设分水闸，在此为平、肥两县分水。⑤一、二级站配有 35 kV 变电站两座，总容量 23 600 kVA，并有专用 35 kV 双回路高压输电线路 31 km。

田山引黄供水工程于 1993 年经国家计划委员会批准立项，工程自平阴县田山一级泵站提取黄河水，利用灌区沉沙池和沿黄洼地沉沙，澄清水沿济平干渠送入小清河，实现向小清河补水。

3）田山沉沙池与济平干渠连通工程

田山灌区一级泵站将黄河水抽入沉沙池，经总长度约 8 km、占地面积 2 700 余亩的 2 个沉沙池沉淀后（在沉沙池东条渠东堤新建沉沙池出口引水闸，闸后建输水暗涵 145.5

m,东北折向并入济平干渠),通过田山灌区与济平干渠连通工程进入济平干渠,在睦里闸附近注入小清河。在南水北调非输水期,该工程相机利用济平干渠为玉清湖水库、小清河济南市区段补水和其他供水。

根据《南水北调东线一期工程山东省续建配套工程规划》及济南市有关规划,玉清湖水库分水闸设计流量为 5.9 m^3/s,向小清河补水设计流量 5 m^3/s,按同时向玉清湖水库和济南市区小清河补水,并考虑沿程输水损失,确定田山沉沙池与济平干渠连通工程的设计规模为 12 m^3/s。

4)济平干渠

2002 年底开工的济平干渠是南水北调首批开工、首个建成的项目,是南水北调东线胶东输水干线的重要组成部分,自东平湖渠首闸开始,经平阴、长清、槐荫,在玉清湖水库东侧穿玉符河,于睦里庄跌水入小清河,接南水北调济南市区段工程。干渠除汛期(6~9月)外全年 243 d 输送长江水,设计输水流量 50 m^3/s,加大输水流量 60 m^3/s。济平干渠为全断面现浇混凝土衬砌梯形明渠,总长 90.01 km,其中泰安境内 5.81 km、济南境内 84.2 km。渠道底宽 10~15 m,上口宽 27~33 m。

5)北店子引黄闸补水线路

先由玉清湖沉沙池 1 号泵站(位于济南市西郊吴家堡镇北店子)通过北店子引黄闸引黄河水提升输送到沉沙池,该泵站由原扬水泵站南侧的 6 台水泵机组改建而成,再由沉沙池 2 号泵站通过沉沙池—睦里闸输水管线将沉沙后的黄河水引入小清河。沉沙池—睦里闸输水管线设计供水能力 40 万 m^3/s,睦里闸最大过流能力 10 万 m^3/s。

6)田山引黄补水线路

利用田山灌区一级泵站提取黄河水,经沉沙池沉沙后,通过田山灌区与济平干渠连通工程进入济平干渠,通过济平干渠于睦里庄跌水入小清河,实现向小清河补水,解决小清河水量不足,改善小清河水质。根据《山东省小清河干流(济南段)环境补水项目研究报告》,田山路线具有引水条件好、水质较好、沉沙条件好,且具有调蓄能力、供水保证率高的优点。

2. 黄河可引水天数分析

田山引水口和北店子引黄闸上游有艾山水文站,其在田山引水口上游 14.1 km。根据《小清河上游补源可行性研究技术报告》及 1970~2015 年实测水文资料,在小浪底水库建成运用前后的径流量和含沙量均有较大差异,均变小,因此本书以小浪底水库运行后的 2000~2015 年水文资料为基础,分析可引水天数及引水量。

按黄河来水情况确定引黄取水控制条件:

(1)黄河艾山站日平均流量小于 5 000 m^3/s;

(2)日平均流量大于 50 m^3/s;

(3)实测日平均含沙量小于 30 kg/m^3;

(4)艾山站流冰期为非取水日,冰淞至封水期取 1/2 天数为取水日。

根据以上条件控制,据艾山站 2000~2015 年实测资料,得历年可引水天数(见表 5-33),通过频率分析得到 75%、95%保证率下可引水天数(见表 5-34)。

表 5-33 2000~2015 年可引水天数 单位:d

年度	月份												全年
	1	2	3	4	5	6	7	8	9	10	11	12	
2000	0	10	16	25	13	1	21	10	22	30	28	21	197
2001	21	23	31	29	11	0	13	20	11	24	3	18	204
2002	6	0	19	17	21	20	30	26	10	24	2	1	176
2003	1	2	12	5	3	10	29	19	24	31	30	25	191
2004	29	22	31	29	31	30	31	25	29	14	25	24	320
2005	28	24	25	30	31	30	29	30	30	31	30	31	349
2006	22	28	31	30	31	14	22	27	26	31	30	10	302
2007	20	26	31	30	31	12	23	31	27	31	30	15	307
2008	19	26	31	30	31	18	19	31	25	31	30	15	306
2009	20	25	31	30	31	12	24	31	30	31	30	31	326
2010	18	20	31	30	31	22	18	31	30	31	30	12	304
2011	22	28	31	30	31	14	19	31	30	31	30	15	312
2012	25	25	31	30	31	15	20	31	30	31	30	20	319
2013	17	28	31	30	31	18	17	20	30	29	30	25	306
2014	31	28	30	21	13	9	19	31	30	31	30	15	288
2015	25	28	31	30	31	11	20	31	30	31	30	14	312

表 5-34 75%、95%保证率下可引水天数分配 单位:d

频率	典型年	不同月份引水天数												合计
		1	2	3	4	5	6	7	8	9	10	11	12	
75%	2001	21	23	31	29	17	10	13	20	11	24	23	18	240
95%	2000	10	10	16	25	13	11	11	10	18	25	23	21	193

3. 北店子引黄工程可引水量计算

北店子引黄工程通过玉清湖水库 2 号取水泵站从沉沙池取水,该工程位于山东省玉清湖水库东入口南侧、水库大坝桩号 K6+900 处的坝后,主要由取水头部、引水管线、进水阀门池、进水前池、吸水井、泵房、变配电室及控制室、出水管、闸阀井等组成。取水采用虹吸取水方式,取水头部、虹吸最大取水规模为 60 万 m^3/d,向玉清湖水库供水规模为 40 万 m^3/d,向小清河补水量为 20 万 m^3/d。取水时间与表 5-34 一致,其引水量见表 5-35。

表 5-35 北店子引黄闸可引水天数及引水量

频率	项目	月份												合计
		1	2	3	4	5	6	7	8	9	10	11	12	
75%	可引水天数/d	21	23	31	29	17	10	13	20	11	24	23	18	240
	可引水量/万 m^3	420	460	620	580	340	200	260	400	220	480	460	360	4 800
95%	可引水天数/d	10	10	16	25	13	11	11	10	18	25	23	21	193
	可引水量/万 m^3	200	200	320	500	260	220	220	200	360	500	460	420	3 860

4. 田山引黄工程可引水量计算

1) 主要供水对象用水量

田山一级泵站供水对象有三个，一是田山灌区，二是石横电厂，三是小清河补源。

(1) 田山灌区灌溉用水量。

灌区有效灌溉面积为 14 万亩，设计灌溉面积为 31.7 万亩。据 1980~2002 年统计资料，灌区灌溉面积为 0.5 万~10 万亩，灌区最大引水量为 4 970 万 m^3，最小引水量为 447 万 m^3，年平均引水量为 1 896 万 m^3。按照灌区多年灌溉最大面积 10 万亩计，查灌区最大模数图，最大灌水模数为 0.32 m^3/(s · 万亩)，农灌时间根据作物生育阶段需水量确定。考虑部分田地节水灌溉后，根据调整后的灌水模数图和作物面积确定各月灌水时间和流量，见表 5-36、表 5-37。经计算，灌区面积 10 万亩时，年需水量为 2 072 万 m^3。

表 5-36 田山灌区农灌时间-流量表(75%保证率)

项目	1	2	3	4	5	6	7	8	9	10	11	12	全年
天数			10	29	10	10	13	20	11		10		113
流量/(m^3/s)			3.2	2.7	3.1	1.4	1.1	1.0	2.0		2.8		

注：表中仅为引黄河水的情况下。

表 5-37 田山灌区农灌时间-流量表(95%保证率)

项目	1	2	3	4	5	6	7	8	9	10	11	12	全年
天数			10	25	10	11	11	10	18		10		105
流量/(m^3/s)			3.2	3.1	3.1	1.3	1.3	2.0	1.2		2.8		

注：表中仅为引黄河水的情况下。

(2) 石横电厂供水量。

石横电厂引黄供水工程利用田山灌区肥城分干输水入调蓄水库，调蓄水库设计库容 400 万 m^3，年需水量 2 000 万 m^3，设计引水流量 4 m^3/s。根据原设计为减少运行管理费用，在农灌引水时间引水。

(3)小清河补源。

小清河田山引黄补源工程是利用济平干渠,引黄供水时间与南水北调供水时间错开。济平干渠工程每年 10 月至次年 5 月为输水期,向胶东供水区调引长江水,全年输水 243 d,每年的汛期 6~9 月为非输水期,因此引黄供水时间是每年的 6~9 月。根据《南水北调东线一期工程山东省续建配套工程规划》及济南市有关规划,田山引黄补源工程向小清河补水设计流量 5 m^3/s,根据小清河引水补源的要求,设计引黄调水水量拟采用 5 m^3/s,经过计算,75%和 95%保证率的可引水天数和可引水量见表 5-38。

表 5-38 田山引黄补源工程可引水天数和可引水量

频率	项目	月份				合计
		6	7	8	9	
75%	可引水天数/d	10	13	20	11	54
	可引水量/万 m^3	432	562	864	475	2 333
95%	可引水天数/d	11	11	10	18	50
	可引水量/万 m^3	475	475	432	778	2 160

2)可引水量分析

综合分析田山电灌站的供水对象,确定可引水量。根据 75%和 95%保证率下典型年确定的引水天数及引水流量见表 5-39~表 5-42。

表 5-39 田山供水天数统计(75%保证率) 单位:d

项目	月份												全年
	1	2	3	4	5	6	7	8	9	10	11	12	
黄河引水	21	23	31	29	17	10	13	20	11	24	23	18	240
小清河引水						10	13	20	11				54
田山灌区			10	29	10	10	13	20	11		10		113
石横电厂			10	29	10	10			11		10		80
取最大值	0	0	10	29	10	10	13	20	11	0	10	0	113

表 5-40 田山供水天数统计(95%保证率) 单位:d

项目	月份												全年
	1	2	3	4	5	6	7	8	9	10	11	12	
黄河引水	10	10	16	25	13	11	11	10	18	25	23	21	193
小清河引水						11	11	10	18				50
田山灌区			10	25	10	11	11	10	18		10		105
石横电厂			10	25	10	11			18		10		84
取最大值	0	0	10	25	10	11	11	10	18	0	10	0	105

表 5-41　田山一级泵站提水流量统计(75%保证率)　　单位:m^3/s

项目	月份												全年
	1	2	3	4	5	6	7	8	9	10	11	12	
小清河引水						5	5	5	5				
田山灌区			3.2	2.7	3.1	1.4	1.1	1.0	2.0		2.8		
石横电厂			4	4	4	4			4		4		
合计	0	0	7.2	6.7	7.1	10.4	6.1	6.0	11.0	0	6.8	0	

表 5-42　田山一级泵站提水流量统计(95%保证率)　　单位:m^3/s

项目	月份												全年
	1	2	3	4	5	6	7	8	9	10	11	12	
小清河引水						5	5	5	5				
田山灌区			3.2	3.1	3.1	1.3	1.3	2.0	1.2		2.8		
石横电厂			4	4	4	4			4		4		
合计	0	0	7.2	7.1	7.1	10.3	6.3	7.0	10.2	0	6.8	0	

(1)供水能力分析。

从表 5-41 和表 5-42 中可以看出,设计最大引水流量为 11.0 m^3/s,小于田山一级泵站最大提水能力 30 m^3/s,故供水能力满足要求。

(2)沉沙池沉沙及蓄水能力分析。

田山引黄工程利用城西洼沉沙区一条渠进行沉沙,沉沙区面积 150 万 m^2,蓄水容积 500 万 m^3。一级泵站所抽黄河水经沉沙池沉沙后,石横电厂供水及灌区用水直接由土楼节制闸输入田山一级总干渠,小清河用水流入东条渠,由东条渠输送至济平干渠进水闸送入济平干渠。经沉沙计算,一条渠出口处水流含沙量小于 1 kg/m^3,初步认为可满足入渠要求,但还需要进行输沙能力分析计算。

由最大引水流量 11.0 m^3/s,可得日最大引水量为

$$11.0\times24\times3\,600=95.04(\text{万 m}^3)<500\text{ 万 m}^3$$

故蓄水能力满足要求。

5.4.2.2　东平湖可引水量分析

本小节主要介绍东平湖水库概况、向小清河补水线路以及可引水量分析。

1. 东平湖水库概况

东平湖是山东省第二大淡水湖泊,是南水北调东线工程及京杭运河战略枢纽,也是黄河下游唯一重要蓄滞洪区。其位于黄河下游右岸汶河汇流入黄处,北临黄河,西界梁济运河,东纳汶河来水,是黄、汶的交汇处和黄淮两大流域的交叉点。上距三门峡水库 600 km,下距入海口 430 km,地处山东省东平县、梁山县和汶上县境内,地理坐标为北纬 35°40′~36°07′、东经 115°41′~116°22′。东平湖北与黄河通过小清河连接,东与主要补给源大汶河相连,且除特殊年份湖区开闸泄洪以及南水北调蓄水外,大汶河是湖区唯一入湖径流。东

平湖总面积 627 km^2，可分为新、老两个湖区。老湖区面积 209 km^2，常年蓄水，即一般所称的东平湖，其中水域面积 124 km^2，多年平均水深 2~4 m，是典型的浅水湖泊；新湖区为滞洪区，面积 418 km^2，大部分为农耕地，除特殊洪水年份，常年无水。

2. 向小清河补水线路

利用东平湖水源补水小清河，取水口自东平湖陈山口出湖闸东侧的渠首引水闸，利用南水北调东线一期工程东平湖—济南段输水工程，沿原有的济平干渠布置，经过东鹅山、姜沟、穿越浪溪河、绕过亭山头、穿玉带河、经刁山坡高地，过李山头、前后寨，经曹山洼、穿平阴县城防洪堤、田山灌区沉沙池后至博士山口；经栾湾洼、贵平洼，出贵平山口，进入孝里洼。输水线路基本沿老 G220 国道布置，穿东风干渠、孝里河、红旗干渠，于归德镇穿南大沙河，至长清县城西，在新屯和王其封之间通过，在叶庄北穿北大沙河，然后从三合庄和小王庄之间通过，平行玉清湖水库南截渗沟外 70 m，至玉清湖水库东南角拐向东北，穿玉符河及黄河大堤，于睦里庄处进入小清河。输水渠道总长 90.01 km，设计输水流量 50 m^3/s，加大输水流量 60 m^3/s。

3. 可引水量分析

根据《小清河上游补源可行性研究技术报告》，通过兴利调节计算求出东平湖可调水量。调节已知条件如下：

(1)仅考虑老湖不考虑新湖。

(2)计算时长为月。

(3)按照实际灌溉用水量。

(4)汛限水位为 42.0 m，兴利水位为 42.5 m，引水最低控制水位分别设置为 40.5 m、40.0 m 和 39.0 m(大沽高程)。

(5)蒸发损失以大汶河蒸散发资料为基础，渗漏损失采用月库容的 1.0%计。

(6)向小清河调水流量选用 5 m^3/s、4 m^3/s、3 m^3/s、2 m^3/s、1 m^3/s 5 种供水流量。

根据以上条件，求出不同引水水位和不同供水流量的供水天数和年供水量，如表 5-43 所示。

表 5-43 东平湖供水天数、保证率及年供水量计算结果

引水水位/m	项目	供水流量/(m^3/s)				
		5	4	3	2	1
39.0	供水天数/d	290	302	312	323	335
	保证率/%	79.5	82.7	85.5	88.5	91.8
	年供水量/万 m^3	12 528	10 437	8 087	5 581	2 894
40.0	供水天数/d	260	272	280	297	308
	保证率/%	71.2	74.5	76.7	81.4	84.4
	年供水量/万 m^3	11 232	9 400	7 258	5 132	2 661
40.5	供水天数/d	232	245	258	271	286
	保证率/%	63.6	67.1	70.7	74.2	78.4
	年供水量/万 m^3	10 022	8 467	6 687	4 683	2 471

由表5-43可见,在满足水库目前承担的供水任务前提下,当水库引水控制水位为39.0 m时,调水流量为5 m^3/s时,供水保证天数为290 d,供水保证率为79.5%,年供水量为12 528万m^3。其他含义相同。在相同引水水位时,随着供水流量的减小,供水天数和保证率增大,年供水量减小。随着引水水位的增大,供水流量相同时,供水天数、保证率和年供水量均减小。

5.4.3 小清河干流调水方案研究

5.4.3.1 各调水方案蒸发渗漏水量损失

1. 北店子引黄工程蒸发渗漏损失

由于北店子引黄工程是通过玉清湖沉沙池—睦里闸输水管线输水,且距离较短,故不考虑输水损失。

2. 田山引黄调水、东平湖调水方案蒸发渗漏损失

由于田山引黄调水和东平湖调水方案均需济平干渠输水,因此蒸发渗漏损失主要产生在济平干渠输水过程中。根据《小清河上游补源可行性研究技术报告》,济平干渠全程(东平湖—睦里庄)各月平均蒸发量见表5-44。田山引黄调水方案的输水距离短,从济平干渠连通工程—睦里庄的渠道长度为58 km,其蒸发损失量根据输水距离确定。

表5-44 济平干渠月平均蒸发量

月份	1	2	3	4	5	6
蒸发量/mm	32.89	54.3	113.71	178.36	242.72	192.39
蒸发水量/m^3	71 516	118 070	247 251	387 826	52 770	418 333
蒸发流量/(m^3/s)	0.03	0.05	0.09	0.15	0.20	0.16
月份	7	8	9	10	11	12
蒸发量/mm	0	0	79.54	85.63	46.79	31.76
蒸发水量/m^3	0	0	172 952	186 194	101 740	69 059
蒸发流量/(m^3/s)	0	0	0.07	0.07	0.04	0.03

根据济平干渠初步设计报告及参考文献[32]等,济平干渠总渗漏量为0.81 m^3/s,由于其已运行20余年,故渗漏量按1 m^3/s计。同理,济平干渠连通工程—睦里庄的渗漏量根据输水距离确定。

5.4.3.2 调水原则

(1)考虑到调水的运行成本,需补水月份采用1月1次的频率进行补水,应尽量减少调水时间,采用连续调水的方式,一次性达到用水需求,考虑改善效果,采用先排后引、引排分开的调水方式。

(2)从节约调水成本和减少蒸发渗漏损失角度考虑，北店子引黄工程输水距离最短且无蒸发渗漏量，故应优先考虑为小清河补水，如其无法满足补水量要求，再根据田山引黄工程和东平湖的可引水时间依次进行补水。

5.4.3.3　不同情景下小清河干流调水方案

根据调水原则，制定第 5.4.1.4 小节 6 种情景的调水方案见表 5-45～表 5-50，汇总成果见表 5-51。计算时，北店子引黄工程日调水量为 20 万 m^3/d；田山引黄工程调水流量为 5 m^3/s，即 43.2 万 m^3/d；东平湖调水流量为 5 m^3/s，即 43.2 万 m^3/d，如不能满足补水量要求，则依次递增 0.5 m^3/s 的倍数，直到满足补水量要求。

表 5-45　小清河干流调水方案(情景 1)

补水月份	补水量/万 m^3	补水水源	日补水量/(万 m^3/d)	补水天数/d	净补水量/万 m^3	毛补水量/万 m^3
1	828	北店子	20.0	21.0	420	420
		东平湖	43.2	9.4	408	490
2	1 114	北店子	20.0	23.0	460	460
		东平湖	43.2	15.1	654	789
3	2 253	北店子	20.0	31.0	620	620
		东平湖	56.1	29.1	1 633	1 908
4	2 127	北店子	20.0	29.0	580	580
		东平湖	51.8	29.9	1 547	1 842
5	1 809	北店子	20.0	17.0	340	340
		东平湖	47.5	30.9	1 469	1 789
6	1 080	北店子	20.0	10.0	200	200
		田山	43.2	10.0	432	497
		东平湖	43.2	10.4	448	549
10	13	北店子	20.0	0.7	13	13
11	1 265	北店子	20.0	23.0	460	460
		东平湖	43.2	18.6	805	969
12	2 151	北店子	20.0	18.0	360	360
		东平湖	60.4	29.7	1 791	2 055

表 5-46 小清河干流调水方案(情景 2)

补水月份	补水量/万 m^3	补水水源	日补水量/(万 m^3/d)	补水天数/d	净补水量/万 m^3	毛补水量/万 m^3
4	38	北店子	20.0	1.9	38	38
9	777	北店子	20.0	18.0	360	360
		田山	43.2	9.7	417	475
12	26	北店子	20.0	1.3	26	26

表 5-47 小清河干流调水方案(情景 3)

补水月份	补水量/万 m^3	补水水源	日补水量/(万 m^3/d)	补水天数/d	净补水量/万 m^3	毛补水量/万 m^3
1	385	北店子	20.0	10.0	200	200
		东平湖	43.2	4.3	185	223
2	36	北店子	20.0	1.8	36	36
3	341	北店子	20.0	16.0	320	320
		东平湖	43.2	0.5	21	24
4	598	北店子	20.0	25.0	500	500
		东平湖	43.2	2.3	98	120
9	1 420	北店子	20.0	18.0	360	360
		田山	43.2	18.0	777	885
		东平湖	43.2	6.6	283	344
10	176	北店子	20.0	8.8	176	176
11	183	北店子	20.0	9.2	183	183
12	1 122	北店子	20.0	21.0	420	420
		东平湖	43.2	16.3	702	845

表 5-48 小清河干流调水方案(情景 4)

补水月份	补水量/万 m^3	补水水源	日补水量/(万 m^3/d)	补水天数/d	净补水量/万 m^3	毛补水量/万 m^3
1	2 309	北店子	20. 0	10. 0	200	200
		东平湖	69. 1	30. 5	2 109	2 381
2	1 960	北店子	20. 0	10. 0	200	200
		东平湖	64. 8	27. 2	1 760	2 006
3	2 265	北店子	20. 0	16. 0	320	320
		东平湖	64. 8	30. 0	1 945	2 228
4	2 522	北店子	20. 0	25. 0	500	500
		东平湖	69. 1	29. 3	2 022	2 313
5	1 865	北店子	20. 0	13. 0	260	260
		东平湖	51. 8	30. 9	1 605	1 928
6	236	北店子	20. 0	11. 0	220	220
		田山	43. 2	0. 4	16	18
9	1 932	北店子	20. 0	18. 0	360	360
		田山	43. 2	18. 0	777	885
		东平湖	43. 2	18. 4	795	965
10	2 100	北店子	20. 0	25. 0	500	500
		东平湖	51. 8	30. 9	1 600	1 887
11	2 107	北店子	20. 0	23. 0	460	460
		东平湖	56. 2	29. 3	1 647	1 909
12	3 046	北店子	20. 0	21. 0	420	420
		东平湖	86. 4	30. 4	2 626	2 897

表 5-49 小清河干流调水方案(情景 5)

补水月份	补水量/万 m^3	补水水源	日补水量/(万 m^3/d)	补水天数/d	净补水量/万 m^3	毛补水量/万 m^3
1	1 058	北店子	20.0	10.0	200	200
		东平湖	43.2	19.9	858	1 034
2	1 260	北店子	20.0	10.0	200	200
		东平湖	43.2	24.5	1 060	1 281
3	1 550	北店子	20.0	16.0	320	320
		东平湖	43.2	28.5	1 230	1 496
4	1 812	北店子	20.0	25.0	500	500
		东平湖	47.5	27.6	1 312	1 585
5	1 150	北店子	20.0	13.0	260	260
		东平湖	43.2	20.6	890	1 102
9	1 222	北店子	20.0	18.0	360	360
		田山	43.2	18.0	777	884
		东平湖	43.2	2.0	85	103
10	1 385	北店子	20.0	25.0	500	500
		东平湖	43.2	20.5	885	1 073
11	1 397	北店子	20.0	23.0	460	460
		东平湖	43.2	21.7	937	1 130
12	1 795	北店子	20.0	21.0	420	420
		东平湖	47.5	28.9	1 375	1 631

表 5-50 小清河干流调水方案(情景 6)

补水月份	补水量/万 m^3	补水水源	日补水量/(万 m^3/d)	补水天数/d	净补水量/万 m^3	毛补水量/万 m^3
1	1 618	北店子	20.0	10.0	200	200
		东平湖	47.5	29.9	1 418	1 684
2	1 820	北店子	20.0	10.0	200	200
		东平湖	60.5	26.8	1 620	1 862
3	2 110	北店子	20.0	16.0	320	320
		东平湖	60.5	29.6	1 790	2 066
4	2 372	北店子	20.0	25.0	500	500
		东平湖	64.8	28.9	1 872	2 157

续表 5-50

补水月份	补水量/万 m^3	补水水源	日补水量/(万 m^3/d)	补水天数/d	净补水量/万 m^3	毛补水量/万 m^3
5	1 710	北店子	20.0	13.0	260	260
		东平湖	47.5	30.5	1 450	1 766
6	86	北店子	20.0	4.3	86	86
9	1 782	北店子	20.0	18.0	360	360
		田山	43.2	18.0	777	885
		东平湖	43.2	14.9	645	783
10	1 945	北店子	20.0	25.0	500	500
		东平湖	47.5	30.4	1 445	1 726
11	1 957	北店子	20.0	23.0	460	460
		东平湖	51.8	28.9	1 497	1 757
12	2 355	北店子	20.0	21.0	420	420
		东平湖	64.8	29.9	1 935	2 199

表 5-51 小清河干流不同情景调水方案汇总成果 单位:万 m^3

序号	北店子引黄工程		田山引黄工程		东平湖		合计	
	净补水量	毛补水量	净补水量	毛补水量	净补水量	毛补水量	净补水量	毛补水量
情景 1	3 453	3 453	432	497	8 755	10 391	12 640	14 341
情景 2	424	424	417	475	0	0	841	899
情景 3	2 195	2 195	777	885	1 289	1 556	4 261	4 636
情景 4	3 440	3 440	793	903	16 109	18 514	20 342	22 857
情景 5	3 220	3 220	777	884	8 632	10 435	12 629	14 539
情景 6	3 306	3 306	777	885	13 672	16 000	17 755	20 191

由表 5-45~表 5-51 可见:

(1)情景 2 需北店子和田山引黄工程两种水源,情景 1、3、4、5、6 需北店子、田山引黄工程及东平湖 3 种水源才可满足补水要求。

(2)由于田山引黄工程仅在汛期 6~9 月补给小清河,因此 1~5 月和 10~12 月时,水源补给顺序为先由北店子引黄工程补给,如不满足补水要求再由东平湖补给;在 6~9 月,水源补给顺序为先由北店子引黄工程补给,如不满足增加田山引黄工程补给,还不满足再增加东平湖补给。

(3)根据对 6 个情景 3 种水源年供水天数、净调水量和毛调水量的统计分析可知,北店子引黄工程年供水天数为21.2~172.7 d,平均133.7 d,年净调水量、毛调水量为424万~3 453万m^3,平均2 673万m^3;田山引黄工程年供水天数为9.7~18.4 d,平均15.4 d,年净调水量为417万~793万m^3,平均662万m^3,年毛调水量为475~903万m^3,平均755万m^3;东平湖年供水天数为0~257 d,平均150.7 d,年净调水量为0~16 109万m^3,平均8 076万m^3,年毛调水量为0~18 514万m^3,平均9 483万m^3。可见,由于田山引黄工程仅在汛期6~9月调水,且受到黄河可引水天数的限制,同时汛期小清河来水量大,所需补水量少,所以调水时间和调水量均最小;北店子引黄工程受到黄河可引水天数和引水规模的限制,因此最大调水天数、平均调水天数、最大调水量和平均调水量均小于东平湖。

5.5 小 结

本章以2020年为现状水平年,2025年、2035年为规划水平年,在50%、75%、95% 3种保证率下,预测小清河流域的需水量和供水量,进行水资源供需平衡分析,基于GWAS模型求解了水资源优化配置方案。同时,在分析小清河干流所需补水量和补水水源及其可调水量的基础上,设置了6种情景,求出北店子、田山引黄工程及东平湖的调水天数和调水量。主要结论如下:

(1)通过水资源供需平衡分析可知,现状水平年邹平市、博兴县缺水程度最为严重,规划水平年2025年历城区、邹平市、博兴县缺水程度最为严重,2035年考虑二期引江水情况下历城区、桓台县、广饶县、邹平市和博兴县缺水程度较为严重。

(2)由小清河流域各区(县)水资源优化配置结果可知:

①对于供水水源而言,调水和地下水水源供水量占据前两位,是最重要的供水水源。对于用水类型而言,随着经济社会的发展,2020年、2025年各用水类型前三位为农业、工业和城市生活,2035年为工业、农业和城市生活,可见工业用水量超过了农业成为第一用水大户。

②不同供水水源供给的用水类型存在差异,总的来说,地表水水源主要供给城市生活、农村生活、农业、城乡生态和河湖生态,调水主要供给城市生活、工业和农业,地下水水源主要供给城市生活、农村生活、工业和农业,污水再生回用主要供给工业、城乡生态和河湖生态,雨水供给城市生活。

③不同用水类型的供水水源存在差异,大致来说,城市和农村生活用水主要由当地地表水、调水和地下水供给;工业用水主要由调水、地下水和再生水供给,调水供给占比最大;农业用水量主要由当地地表水、调水和地下水供给;城乡生态和河湖生态用水主要由当地地表水和污水再生回用供给。

④各频率和各水平年情景下,农业和工业缺水量和缺水率均较大。

(3)根据6种情景的调水方案可知,在汛期,各水源补给顺序依次为北店子引黄工程、田山引黄工程及东平湖;在非汛期,各水源补给顺序依次为北店子引黄工程及东平湖。田山引黄工程调水时间和调水量最小;从最大值和平均值来看,东平湖引水天数和调水量均大于北店子引黄工程。

参考文献

[1] 吴志伟,李建平,何金海,等. 大尺度大气环流异常与长江中下游夏季长周期旱涝急转[J]. 科学通报,2006,51(14):1717-1724.

[2] 张水锋,张金池,闵俊杰,等. 基于径流分析的淮河流域汛期旱涝急转研究[J]. 湖泊科学,2012,24(5):679-686.

[3] 刘春蓁,占车生,夏军,等. 关于气候变化与人类活动对径流影响研究的评述[J]. 水利学报,2014,45(4):379-385,393.

[4] 王国庆,贺瑞敏,李亚曼,等. 基于流域水文模拟的径流变化原因研究[J]. 水电能源科学,2008, 26(3):11-13.

[5] 桑学锋,王浩,王建华,等. 水资源综合模拟与调配模型 WAS(Ⅰ):模型原理与构建[J]. 水利学报,2018,49(12):1451-1459.

[6] 桑学锋,赵勇,翟正丽,等. 水资源综合模拟与调配模型 WAS(Ⅱ):应用[J]. 水利学报,2019,50(2):201-208.

[7] 陈登帅. 延河流域水供给服务的供需平衡与空间流动研究[D]. 西安:陕西师范大学,2018.

[8] 徐宗学,李鹏,侯昕玥. 河道生态基流理论基础与计算方法研究[J]. 人民黄河,2019,41(10):119-127.

[9] 兰光雄. 干旱区造林施工技术及管理探究:评《干旱区造林技术》[J]. 林业经济,2023,45(9):101.

[10] 曹杰,肖云,龙笛,等. 联合重力卫星和水井资料监测华北平原地下水储量变化[J]. 武汉大学学报(信息科学版),2024,49(5):805-818.

[11] 张向蕊. 基于多源数据的黄淮海平原陆地水储量及地下水干旱研究[D]. 邯郸:河北工程大学,2023.

[12] 山东省海河淮河小清河流域水利管理服务中心,山东省水利科学研究院,济南大学. 小清河流域综合治理与幸福河建设关键技术研究与应用[R]. 济南:山东省海河淮河小清河流域水利管理服务中心,山东省水利科学研究院,济南大学. 2023.

[13] 刘昌明,门宝辉,宋进喜. 河道内生态需水量估算的生态水力半径法[J]. 自然科学进展,2007(1):42-48.

[14] 景梦园,王立权,褚丽丽,等. 基于改进 River2D 模型的呼兰河干流生态流量研究[J]. 中国农村水利水电,2023(3):102-110,119.

[15] 侯昕玥. 生境模拟法在河道生态流量估算中的应用[D]. 大连:大连海洋大学,2019.

[16] 侯昕玥,徐宗学,任梅芳,等. 基于麦穗鱼生境模拟的渭河宝鸡段生态基流估算[J]. 北京师范大学学报(自然科学版),2019,55(3):362-368.

[17] Li X, Zhang Q, Diao Y, et al. Ecological flow considering hydrological season and habitat suitability for a variety of fish[J]. Ecological Modelling, 2024, 489: 110625.

[18] 王俊娜,董哲仁,廖文根,等. 基于水文-生态响应关系的环境水流评估方法:以三峡水库及其坝下河段为例[J]. 中国科学:技术科学,2013,43(6):715-726.

[19] Poff N L, Ward J V. Implications of streamflow variability and predictability for lotic community structure: a regional analysis of streamflow patterns[J]. Canad. J. Fish. Aquat. Sci., 1989,46(10):1805-1818.

[20] Richter B, Baumgartner J, Wigington R, et al. How much water does a river need? [J]. Freshwater Biol. ,1997,37(1):231-249.
[21] 彭涛,陈晓宏,王高旭,等. 基于湿周法的河道最小生态需水量多目标评价模型[J]. 水利水电科技进展,2012,32(5):6-10.
[22] 吴朱昊. R2-Cross 方法在南方中小型河道生态流量计算中的适用性和优化讨论[J]. 中国农村水利水电,2021(4):113-119.
[23] 罗祖奎,刘伦沛,李东平,等. 上海大莲湖春季鲫鱼生境选择[J]. 宁夏大学学报(自然科学版),2013,34(1):70-74.
[24] 王瑞玲,连煜,黄锦辉,等. 黄河三角洲湿地补水生态效益评价[J]. 人民黄河, 2011, 33(2): 78-81.
[25] 闫小斌. 基于 WAS 模型的陕北农牧交错带水资源配置研究[D]. 西安:西安理工大学,2020.
[26] 薛树文. 济南市黄河干流、玉符河与小清河雨洪水联合调控研究[D]. 济南:山东大学,2017.
[27] 韩钊. 济南市地下空间开发对泉水影响研究[D]. 济南:济南大学,2015.
[28] 山东省小清河管理局,山东大学. 小清河水资源开发利用潜力研究[R]. 济南:山东省小清河管理局,山东大学,2013.
[29] 山东省海河淮河小清河流域水利管理服务中心,水发规划设计有限公司. 小清河全线通航 2023 年蓄水安全保障方案[R]. 济南:山东省海河淮河小清河流域水利管理服务中心,水发规划设计有限公司,2023.
[30] 张庆,刘玉堂. 取水泵站取水头部施工要点研究:以玉清湖水库取水泵站为例[J]. 小水电, 2023(4):80-83.
[31] 郑永华. 济南市田山灌区与济平干渠连通工程研究[D]. 济南:山东大学,2014.
[32] 杜守建. 区域水资源优化配置研究[D]. 西安:西安理工大学,2009.
[33] 尧一骏. 临港新城滴水湖水系水利调度研究[D]. 上海:同济大学,2008.